Dietmar Zobel – Erfinderpraxis

Dietmar Zobel

ERFINDERPRAXIS

Ideenvielfalt durch systematisches Erfinden

Mit 64 Abbildungen und 9 Tabellen

Deutscher Verlag
der Wissenschaften
Berlin 1991

ISBN 3-326-00654-3

Verlagslektor: Bernd Fichte
Gesamtgestaltung: Ulrich Reuter
Herstellerin: Salka Mann
© 1991 Deutscher Verlag der Wissenschaften GmbH
Postfach 1216, Berlin, O-1080
Lizenz-Nr. 206
Printed in Germany
Gesamtherstellung: Graph. Betrieb Gebr. Garloff,
Magdeburg

Vorwort

Vorläufer dieses Buches ist die "Erfinderfibel".* Sie hat nicht nur vielen Anfängern beim schwierigen Start geholfen, sondern fand auch im Kreise der Experten sowie als Lehrmaterial für die Erfinderschulen der Kammer der Technik (KDT) in der damaligen DDR Anerkennung.

Inzwischen hat sich das faszinierende Gebiet der Erfindungsmethodik derart schnell entwickelt, daß eine grundsätzlich überarbeitete und wesentlich erweiterte Fassung notwendig erschien. Entstanden ist ein weitgehend neues Buch. Zwar finden sich einzelne Abbildungen und Textpassagen aus der Erfinderfibel in den Kapiteln 2, 3, 4, 5 und 8 wieder, jedoch wurden auch diese Kapitel wesentlich erweitert, aktualisiert, mit neuesten Beispielen versehen und methodisch z. T. erheblich verändert. Völlig neu sind die umfangreichen Kapitel 6 und 7, in denen sich denkmethodische Aspekte finden, die in anderen Büchern zum Thema fehlen. Da Denkmethodik vor Erfindungsmethodik rangiert, kommt auch der nicht speziell technisch interessierte Leser auf seine Kosten.

Ich bin kein Theoretiker, sondern ein Produktionspraktiker mit erfinderischer Erfahrung. Demgemäß habe ich berücksichtigt, daß heute nur ein Bruchteil aller Naturwissenschaftler und Ingenieure hauptberuflich Forschung und Entwicklung betreibt, Kreativität aber überall gefragt ist.

Das Buch wendet sich somit an alle, die sich für das Erfinden bzw. das technisch-schöpferische Arbeiten interessieren bzw. interessieren sollten (Forscher, Produktionspraktiker, Techniker, Grund- und Oberstufenlehrer, Fach- und Hochschullehrer naturwissenschaftlicher und technischer Richtungen, Marketing-Mitarbeiter, Schüler, Lehrlinge und Studenten, nicht zuletzt auch Künstler).

Die Auswahl unter den zahlreichen in der Literatur empfohlenen Methoden entspricht weitgehend den Erfordernissen der Praxis. Gleiches gilt für die eigenen methodischen Beiträge und Beispiele. Im Text ist zwar auf Übersichtlichkeit und Schlüssigkeit, nicht aber auf Vollständigkeit Wert gelegt. Zahlreiche Beispiele aus sehr unterschiedlichen Fachgebieten erläutern die Anwendung der wichtigsten Methoden. Die Beispiele wurden – quer durch die Fachgebiete – nach überwiegend denkmethodischen Gesichtspunkten ausgewählt, so daß Belege aus dem täglichen Leben, sofern sie bestimmten Prinzipien entsprechen, neben nicht schutzfähigen und neben schutzfähigen neuen Beispielen erscheinen.

Denkprinzipien gelten immer und überall, nicht nur beim Erfinden. Demgemäß sind unter den Quellenangaben nicht allein Patentschriften, Offenlegungsschriften und Zitate aus der wissenschaftlichen Literatur, sondern auch Angaben aus der Tagespresse sowie aus Fernsehsendungen zu finden.

Dieses Konzept spiegelt nach meiner Auffassung das für jedermann verfügbare Informations- und Assoziationsangebot besser wider als die rein schutzrechtlich orientierte Art der Darstellung. Notwendig sind dann allerdings Hinweise darauf, was schutzfähig und was nicht schutzfähig ist. Diese Hinweise werden im Text weitgehend mitgeliefert. Auf ein eigenständiges Schutzrechtskapitel wurde wegen des überwiegend denkmethodisch ausgerichteten Gesamtkonzepts verzichtet. Die schutzrechtlichen Bemerkungen beziehen sich zwar weitgehend auf den gesetzlichen DDR-Sachstand 1989, aber auch nach der Vereinigung beider deutscher Staaten ist die Aktualität nicht beeinträchtigt. Ob nun "industriell" oder "gewerblich", ob "erfinderische Leistung" oder "erfinderische Tätigkeit": aus der Sicht des Erfindungsmethodikers unterscheidet sich der technisch-sachliche Gehalt des seinerzeit gültigen DDR-Patentgesetzes kaum vom Patentgesetz der Bundesrepublik Deutschland. Sofern trotzdem notwendig, wurden entsprechende Bemerkungen noch während des Umbruchs eingefügt.

Inhaltliche Überschneidungen zum

---

* Zobel, Dietmar: Erfinderfibel: Systematisches Erfinden für Praktiker. – Berlin: Deutscher Verlag der Wissenschaften. – 1. Aufl. 1985, 2. Aufl. 1987

** Handbuch Erfindertätigkeit. – Von J. Hemmerling u. a. – Berlin: Verlag Die Wirtschaft, 1988

*** Herrlich, Michael (unter Mitarbeit von C. Christmann und D. Herrig): Erfinden – aber wie? – Leipzig: Fachbuchverlag, 1992

**** Das ausgezeichnete DABEI-Handbuch für Erfinder und Unternehmer (Hrsg.: DABEI Deutsche Aktionsgemeinschaft Bildung-Erfindung-Innovation e. V., VDI-Verlag, Düsseldorf 1987) wurde mir leider erst nach Abschluß meines Manuskripts zugänglich. Der Herausgeberrat umfaßt eine Liste großer Namen. Im gegebenen Zusammenhang besonders interessant sind die Beiträge von A. Fischer, E. Häußer, M. Heister und H. Sauer.

***** "Neben mathematisierbaren Erkenntnissen der Ingenieurwissenschaften gewinnen beschreibende, in Regeln erfaßte nicht-mathematisierbare Erfahrungen der Praktiker wieder zunehmende volkswirtschaftliche Bedeutung als immanenter Teil der komplexen ... Verfahrenstechnik. Dieser Anteil ... wurde neben dem ständig anzustrebenden hohen Mathematisierungsgrad in den letzten zwei Jahrzehnten zu Unrecht unterschätzt, erhält heute jedoch erneut tragende Bedeutung in Ausbildung, Lehre, Forschung, Entwicklung, Realisierung und Industriepraxis." (Aus dem Vorwort zur 7. Auflage des Lehrbuches "Grundoperationen chemischer Verfahrenstechnik" von W. R. A. Vauck u. H. A. Müller, Deutscher Verlag für Grundstoffindustrie, Leipzig 1987)

"Handbuch Erfindertätigkeit"**, in dem die Schwerpunkte auf Forschungsmethodik und Patentprüfverfahren gesetzt wurden, habe ich weitgehend vermieden. Das gilt sinngemäß auch für das empfehlenswerte Buch von M. Herrlich "Erfinden – aber wie?"***, in dem – neben Herrlichs eigenen Methodikbeiträgen – forschungsmethodische Aspekte und zahlreiche Erfindungsgenesen von der Aufgabe über die Lösung bis zur realisierten Erfindung behandelt werden. "Handbuch Erfindertätigkeit", "Erfinden – warum und wie?" und "Erfinderpraxis" ergänzen einander.****

Die "Erfinderpraxis" liefert dem Anfänger methodisch alles, was er braucht, um sofort mit der Arbeit beginnen zu können. Aber auch der Fortgeschrittene kann profitieren. Vieles sehe ich anders als andere Autoren, manche Empfehlungen und Aspekte dürften auch für den Experten neu sein. So werden beispielsweise ganz bewußt die nicht-mathematisierbaren Aspekte des ingenieurtechnischen Denkens besonders herausgestellt. Ich bin der Ansicht, daß gerade für den Erfinder die mathematisierbaren Zusammenhänge zwar wichtig, aber für den Erfolg durchaus nicht hinreichend sind. Auch andere Autoren sind – wenn auch aus anderem Blickwinkel – inzwischen zu ähnlichen Schlüssen gelangt.*****

Für wichtige Anregungen und Hinweise zum Entwurf bzw. zum Manuskript danke ich den Herren Prof. Dr. h. c. mult. M. von Ardenne (Dresden), Dipl.-Ing. L. Brand (Steudnitz), Prof. Dr. sc. nat. K. Busch (Rostock-Dummerstorf), Prof. Dr. sc. nat. J. Epperlein (Chemnitz), Dr. H. Gutzer (Halle-Neustadt), Dr. sc. techn. D. Herrig (Schwerin), Dipl.-Phys. B. Kahmann (Erfurt), Dr.-Ing. W. Preisler (Chemnitz) und Dr. G. Rüdrich (Berlin).

Besonderen Dank schulde ich den Gutachtern Herrn Dr.-Ing. M. Herrlich (Leipzig), Herrn Dr.-Ing. H.-J. Rindfleisch (Berlin) und Herrn Dr. phil. habil. R. Thiel (Berlin). Dabei hat es insbesondere Herr Dr.-Ing. M. Herrlich als langjähriger Leiter der Zentralen KDT-Arbeitsgruppe "Rationalisierung der geistig-schöpferischen Arbeit" über seine eigenen wesentlichen Beiträge und Anregungen hinaus stets verstanden, interessante Leute zusammenzuführen, die Neues zum Thema beizusteuern wußten. Diesen Kollegen, die ich nicht alle namentlich aufführen kann, gilt gleichermaßen mein Dank. Dankbar bin ich ferner meinen Trainerkollegen Dipl.-Ing. H. Lange und Pat.-Ing. B. Liedloff, mit denen ich über die eigene Erfindertätigkeit hinaus methodische Erfahrungen als Leittrainer in mehreren KDT-Erfinderschulen unseres Unternehmens sammeln konnte.

Dem Cheflektor für Mathematik und Naturwissenschaften des Deutschen Verlages der Wissenschaften, Herrn Dr. B. Fichte, bin ich für die kollegiale, verständnisvolle, stets konstruktive Zusammenarbeit sehr zu Dank verpflichtet. Dem Verlag danke ich für die gelungene Ausstattung des Buches.

Besonderen Dank schulde ich meiner Sekretärin, Frau H. Lehmann, für schnelle, sorgfältige und verläßliche Arbeit am Manuskript.

Kritische Bemerkungen und Änderungsvorschläge zum Text sind für mich wichtiger als allgemein gehaltene Zustimmungs- oder Ablehnungserklärungen. Auch in dieser Hinsicht bitte ich meine Leser um aktive Mitarbeit.

Dietmar Zobel
Wittenberg Lutherstadt, im Januar 1990

Inhalt

1. Begriffsbestimmungen, Leitlinien 9

2. Der schöpferische Mensch 12
2.1. Einige Merkmale des "typischen" Erfinders 12
2.2. Intuition – kein Mysterium 17

3. Suchen durch gedankliches Probieren 21
3.1. Versuch und Irrtum 21
3.2. Ideenkonferenz 23

4. Auf dem Wege zum systematischen Erfinden 28
4.1. Die Chrie 28
4.2. Analogisieren 29
4.3. Bionik 34
4.4. Kombinatorik, Morphologie 39
4.4.1. Die Ausschlußmethode 39
4.4.2. Morphologische Tabelle 40
4.5. Lösungssuche durch Umkehrung 43

5. Grundlagen des systematischen Erfindens 49
5.1. Die Lehre vom idealen Endergebnis und den technischen Widersprüchen 49
5.2. Programm zum Herausarbeiten von Erfindungsaufgaben 53
5.3. Das heuristische Oberprogramm ARIS 59
5.4. Prinzipien zum Lösen technischer Widersprüche 63
5.4.1. Die 35 Prinzipien nach Al'tšuller 64
5.4.2. Die erweiterte Prinzipienliste 108
5.4.3. Vorschläge zum Aufbau einer nutzerfreundlichen Prinzipienhierarchie 111

6. Ausgewählte Fortschritte der modernen Erfindungsmethodik 120
6.1. Die prinzipielle Struktur der Erfindungsmethodik 120
6.2. Elementarmethoden, die analytisch wie synthetisch eingesetzt werden können 127
6.2.1. Ist-Soll-Ideal-Vergleich 127
6.2.2. Schwächstes Kettenglied 128
6.2.3. Kausalitätsermittlung 129
6.2.4. Historische Methode 130
6.2.5. Operator MZK 139
6.2.6. Stoff-Feld-Betrachtungsweise 140
6.2.7. Makrosystem und Mikrosystem 142
6.3. Physikalische und andere Effekte – das Handwerkszeug des Erfinders 147
6.3.1. Physikalische und physikalisch-chemische Effekte 148
6.3.2. Denkfelder und Ideenketten 152
6.3.3. Effekte und Umkehreffekte 160
6.3.4. Effekte und Analogieeffekte 162
6.3.5. Effektgruppen, hierarchische Zuordnung, besondere Effekte 164
6.4. Gesetze der Entwicklung technischer Systeme 167
6.5. Bewertungsmethoden 173
6.6. Rechnerunterstütztes Erfinden 174

7. Das Umkehrprinzip – Universalprinzip schöpferischen Denkens und Handelns *177*
7.1. Induktives und deduktives Denken *177*
7.2. Axiome und Paradoxa *179*
7.3. Kann zu viel Wissen schädlich sein? *182*
7.4. Experten und Dilettanten *184*
7.5. Einfaches und Kompliziertes – Murphys Gesetze *186*

8. Zur Praxis des schöpferischen Arbeitens *189*
8.1. Individuelle schöpferische Arbeit *189*
8.1.1. Ideenkartei, Zettelkasten, methodisch-fachliche Anregungen *191*
8.1.2. Keine Zeit, keine Zeit? *194*
8.1.3. Humor, Phantastik, spielerisches Denken *196*
8.2. Kollektiv-schöpferische Arbeit *201*
8.2.1. Wissenschaftliche Schulen *201*
8.2.2. Erfinderschulen *204*
8.2.3. Ständige Erfinderkollektive *206*

Quellennachweis *209*

Namen- und Autorenverzeichnis *210*

Sachverzeichnis *214*

1. Begriffsbestimmungen, Leitlinien

Kein System ist so gut, daß es nicht verbesserungsfähig wäre.

Grundregel des schöpferischen Ingenieurs

[1] Die entscheidende Passage aus dem Grundsatzurteil lautet: "Die Schlichtungsstelle konnte sich der Ansicht, daß eine Erfindung keine wissenschaftliche Arbeit sei, nicht anschließen, denn eine wesensnotwendige Voraussetzung für eine Patentierung ist eine technisch-schöpferische Leistung, die zu einer sprunghaften Weiterentwicklung der Technik führt ... Die in der Bereicherung der Technik zum Ausdruck gebrachte technische Lehre beinhaltet daher eine Leistung wissenschaftlicher Natur!" (zit. bei [2], S. 173)

[1a] Gesetz über den Rechtsschutz für Erfindungen – Patentgesetz – vom 27. 10. 1983. – In: GBl. DDR T. I Nr. 29, v. 2. 11. 1983. – S. 284–288

[1b] Patentgesetz in der Fassung der Bekanntmachung vom 16.12.1980. – In: BGBl T.1 (1981) – S.1

[2] Herrlich, M.: Vorschläge zur künftigen Gestaltung der Aus- und Weiterbildung im erfinderischen Schaffen. – In: Hochschulwesen. – Berlin (1986) 7. – S. 171–175

Begriffsbestimmungen sind nützlich für eine schnelle Verständigung zwischen Leser und Autor. Deshalb sollen zunächst die wesentlichen Begriffe zum Thema erläutert werden.

Erfindungen sind technische Lösungen, die sich durch Neuheit, industrielle Anwendbarkeit und technischen Fortschritt auszeichnen und die auf einer erfinderischen Leistung beruhen ([1a], S. 285). Patente werden für Erfindungen erteilt, die neu sind, auf einer erfinderischen Tätigkeit beruhen und gewerblich anwendbar sind [1b].

In der DDR wurde zwischen "§17 – Erteilung" (die Anmeldung entspricht den formalen Erfordernissen) und "§18 – Erteilung" (die Prüfung ist im Sinne aller Schutzvoraussetzungen erfolgt) unterschieden [1a]. Bundesdeutsches Recht sieht die Stufen DOS (Deutsche Offenlegungsschrift) und DAS (Deutsche Auslegeschrift; geprüfte Schrift liegt befristet zur Kritik durch die Fachwelt/Konkurrenz aus) vor, ehe ein Patent erteilt werden kann.

Einer Erfindung liegt stets die "Schaffung eines ökonomisch effektiven und zuverlässig funktionierenden Mittel-Zweck-Zusammenhanges" ([2], S. 173) zugrunde. Der Erfinder arbeitet dabei überwiegend mit Hilfe an sich bekannten technischen Wissens, das er in oftmals recht ungewöhnlicher, zugleich aber nicht selten raffiniert einfacher Weise für die Lösung einer technischen Aufgabe bzw. die Erreichung eines technischen Zwecks einsetzt. Dafür wird unter Einsatz an sich bekannter Wissenselemente eine neue technische Lehre erarbeitet.

Hingegen basiert eine *Entdeckung* stets auf dem "Feststellen bestehender, bisher aber unbekannter Gesetzmäßigkeiten in der Natur, Gesellschaft, Technik und dem Denken, mithin dem Auffinden und Erklären von Ursache-Wirkungs-Zusammenhängen" ([2], S. 173).

Die für den Erfinder wichtigste Klasse von Entdeckungen sind die naturgesetzmäßigen Effekte, insbesondere die physikalischen Effekte. Dabei ist schutzrechtlich uninteressant, ob es sich um schon lange bekannte oder erst kürzlich gefundene Effekte handelt.

Entdeckungen sind grundsätzlich nicht schutzfähig; allerdings basieren sehr viele technische Erfindungen unmittelbar auf der Nutzung von Entdeckungen, insbesondere von physikalischen, aber auch chemischen und/oder biologischen Effekten.

Während bereits der Laie das Wort "Entdeckung" unwillkürlich mit Begriffen wie "reine Wissenschaft, genialer Wissenschaftler, hochrangige Theorie" assoziiert, genießt das Erfinden seltsamerweise noch immer deutlich geringeren Statuswert. Nicht nur aus der Sicht des Laien, sondern auch aus der Sicht mancher Theoretiker werden Erfindungen oftmals noch als Ergebnis "nur" technisch-praktisch umgesetzten Wissens angesehen. Der schöpferischen Tätigkeit des Erfinders wird gleichsam der wissenschafliche Wert abgesprochen. Daran hat auch das inzwischen bereits recht alte Grundsatzurteil des Amtes für Erfindungs- und Patentwesen der DDR "zur wissenschaftlichen Natur erfinderischer Leistungen" aus dem Jahre 1954 nur wenig ändern können.[1]

Beim Erarbeiten einer schutzfähigen Erfindung sind zwei wesensverschiedene Stufen zu unterscheiden:

● Die erste – erkenntnismethodisch entscheidende – Stufe betrifft zunächst das Herausarbeiten der erfinderisch zu lösenden Aufgabe, sodann auch die Suche nach der erfinderischen Idee, und schließlich die Wahl geeigneter technischer Mittel zur Umsetzung der Idee.

● Die zweite – erkenntnismethodisch unwesentliche, aber wirtschaftlich wichtige – Stufe betrifft die schutzrechtliche Sicherung des erfinderischen Ergebnisses (Ziel: Überleiten in die Praxis).

Die erste Stufe betrifft somit das Erfinden, die zweite das Patentieren.

Nach diesen Begriffsbestimmungen sei nun die Konzeption des Buches erläutert.

Die Einteilung der Kapitel wurde zum

einen nach historischen, zum anderen nach denkmethodischen Gesichtspunkten vorgenommen. So werden in den Kapiteln 3 und 4 die älteren "vorsystematischen" Methoden abgehandelt, gefolgt von der komplexen Methodik ARIS (Kapitel 5) und ausgewählten Fortschritten der modernen Erfindungsmethodik (Kapitel 6). Kapitel 7 ist übergreifend denkmethodischer Art, d. h. es geht über die unmittelbar technischen Interessen des Erfinders bewußt hinaus. Das 8. Kapitel betrifft praktische Hinweise zur individuellen sowie zur kollektiv-schöpferischen Arbeit.

Dieses Konzept hat den Vorteil, daß trotz erheblicher thematischer Einschränkungen (heute sind bereits Hunderte von Schöpfertumsmethoden bekannt!) alle für den Praktiker wichtigen Gesichtspunkte Berücksichtigung fanden. Das Weglassen der vermeintlich "alten" Methoden (Kapitel 3 und 4) hätte wenig Sinn, da sie zum einen – trotz fehlender Systematik – ihren eigenständigen praktischen Wert behalten haben und zum anderen in die modernen Methoden (Kapitel 5 und 6) mit eingebaut worden sind, was wiederum bedeutet, daß man die modernen Methoden ohne Kenntnis ihrer Vorgänger nicht gerecht bewerten bzw. kaum sinnvoll nutzen kann.

Erweitert und ausgebaut wurde das in den Vorauflagen der Erfinderfibel begründete Konzept einer hierarchischen Ordnung der Prinzipien zum Lösen technischer Widersprüche. Unter den systematischen Methoden bevorzugt behandelt und für den Anfänger didaktisch aufbereitet wird der Al'tšullersche ARIS. Nach eigener Erfahrung ist – mindestens für Anfänger – nicht etwa die recht unübersichtliche neueste Fassung dieses heuristischen Oberprogramms die beste Fassung; vielmehr empfehle ich den u. a. mit Hilfe eigener Beispiele bis an die Grenzen seiner Leistungsfähigkeit ausgebauten ARIS 68. – Neu dürfte auch die systematische Behandlung der Umkehreffekte und der Analogieeffekte im Kapitel über die physikalischen Phänomene sein. Ferner werden ausgewählte Aspekte der modernen Erfindungsmethodik in einer Weise behandelt, die von den üblichen Darstellungen abweicht. Das betrifft vor allem die analytisch wie synthetisch gleichermaßen einsetzbaren Elementarmethoden sowie eine neuartige Betrachtungsweise zu den Mikro/Makro-Systemen.

Besonderen didaktischen Wert messe ich der Erläuterung von Assoziationsketten bei. Gezeigt wird die erfinderische Mehrfachnutzung ein und desselben physikalischen Effektes bzw. ein und derselben Grundidee zum Lösen vermeintlich ganz verschiedenartiger Aufgaben (induktiv-deduktives Denkverbundnetz).

Ältere Beispiele wurden nur dann verwendet, wenn sie besonders aussagekräftig erschienen. Bevorzugt wurden neue und neueste Beispiele, darunter eigene Erfindungen.

Im Kapitel 7 wird das denkmethodische Universalprinzip der Umkehrung unter ebenfalls nicht alltäglichen Aspekten behandelt. Das Wirken des universellen Umkehrprinzips wird auch in allen anderen Kapiteln jeweils am konkreten Beispiel demonstriert. Die Methodik ist im Buch niemals Selbstzweck, sondern immer nur Mittel zum Zweck. Der Leser wird in die Lage versetzt, selbst auszuwählen und die ihm zusagenden Methodik-Elemente aktiv anzuwenden. Dabei sind die Beispiele so angelegt, daß der Leser ohne Schwierigkeiten Querverbindungen zu seinem eigenen Erfahrungsschatz ziehen und eigene Beispiele finden kann.

Noch ein Wort zum Stil des Buches. Fachbuchautoren, denen gelegentlich belletristische Einsprengsel unterlaufen, können so oder so beurteilt werden. Die einen mögen Schwätzer sein, die ihre fachlich unzureichende Substanz aufblasen wollen, die anderen indes wollen dem Leser den Stoff ganz einfach schmackhaft machen. Im besten Falle kommt heraus, daß ein solches Buch lesbarer, verdaulicher, einprägsamer und für lebhafte Geister anregender als ein rein fachsprachlicher Text ist.

Der Mensch ist kein Computer. Es ist deshalb keineswegs gleichgültig, in welcher Form ein Text geboten wird. Vor allem Fremdwörter werden oft mißbraucht, um Wissenschaftlichkeit vorzuspiegeln. Auf den nomalen Menschen wirken sie bestenfalls abschreckend. Ich jedenfalls setze, soweit im sprachlich verdorbenen Umfeld überhaupt noch möglich, auf ein sachgerechtes, verständliches Deutsch.

Besonders für den Anfänger, der von seiner schöpferischen Befähigung überzeugt ist, der aber noch keine Erfahrungen hat, ist der Einstieg in die Methodik schwierig. Fast jeder Kreative beginnt in seiner Jugend nicht methodisch, sondern "drauflos" zu arbeiten. Methodik wirkt auf ihn gefühlsmäßig zunächst negativ, einengend, schematisch, hölzern. Gerade deshalb wollen wir im folgenden Kapitel die besonderen Eigenschaften des schöpferischen Menschen behandeln, denn jegliche Methodik entfaltet ihre wahre Kraft nur in den Händen des kreativen, motivierten, begeisterungsfähigen, für die Sache engagierten Menschen.

Heute dürfte, betrachtet man den Weg von der Idee bis zur technisch realisierten neuen Lösung, die Zeit des einsam schaffenden Erfinders weitgehend vorbei sein. International unverkennbar ist der sich noch immer verstärkende Trend zu schöpferischen Kollektiven. Jedoch wird in der rauhen Tagespraxis nicht selten Mißbrauch getrieben. Das Kollektiv wird von einigen noch immer als Schutzschild für ein eher mäßiges Arbeitstempo zweckentfremdet. Solche Kollektivmitglieder lassen andere für sich arbeiten, sie verstecken sich hinter dem symbolträchtigen Kollektivbegriff und mißbrauchen ihn damit bedenkenlos. Anders ausgedrückt: Besteht ein Kollektiv bzw. Team überwiegend aus ungeeigneten Mitgliedern, so sind keine Wunderdinge zu erwarten.

Demgemäß stehen im folgenden Kapitel 2 ganz bewußt zunächst typische Eigenschaften der kreativen Persönlichkeit im Mittelpunkt der Betrachtungen. Sinn dieser Darstellung ist allein, bestimmte Vorbedingungen für die Bildung schöpferischer Kollektive zu beschreiben. Natürlich ist die extreme Schlußfolgerung, nur auf allen Strecken höchst befähigte Individuen seien zur Bildung wahrhaft schöpferischer Kollektive geeignet, in dieser Form falsch. Vielmehr kommt die gegenüber der Summe der Bemühungen seiner Mitglieder potenzierende Kraft des Kollektivs gerade darin zum Ausdruck, daß sehr unterschiedliche Persönlichkeiten und Charaktere mit sehr unterschiedlichen Fähigkeiten und Fertigkeiten dringend gefragt sind, wenn ebendiese potenzierende Wirkung angestrebt wird. Voraussetzung für alle ist lediglich die progressive, unkonventionelle, über die Eigeninteressen hinausgehende Grundhaltung, schöpferische Neugier, leidenschaftliches Interesse und persönlicher Einsatz.

Wenn wir den durch propagandistischen Mißbrauch etwas in Verruf geratenen Kollektivbegriff beibehalten, dann ganz einfach deshalb, weil er in der psychologischen Literatur nach wie vor eindeutig als neutraler Terminus besetzt ist.

2.
Der schöpferische Mensch

2.1. Einige Merkmale des "typischen" Erfinders

Höchste Leistungen in Wissenschaft und Technik werden in der Regel von kreativen Persönlichkeiten getragen, die sich durch schöpferische Neugier, kritische Phantasie, kombinatorisches Denken, Mut zur Tat, außergewöhnlichen Fleiß, nicht erlahmende Ausdauer und kooperative Arbeitsweise auszeichnen.
M. v. Ardenne

Viele Menschen vermuten, daß ein Erfinder vor allem außergewöhnlich *intelligent* sein muß. Nicht wenige Hochkreative sind tatsächlich zugleich auch hochintelligent. Es gibt aber auch Hochkreative, die kaum überdurchschnittlich intelligent sind, und schließlich bestenfalls durchschnittlich kreative Menschen, die ohne Zweifel hochintelligent sind.

Abgesehen von der Fragwürdigkeit vieler Intelligenztests, deren Ergebnisse sich wegen des "Trainingseffektes" verfälschen lassen, gilt heute als unbestritten, daß Intelligenz und Kreativität nicht ein und dasselbe sind. Beispielsweise antworten Hochintelligente – sofern sie nicht zugleich hochkreativ sind – auf die Frage nach Verwendungsmöglichkeiten für eine Büroklammer gemäß folgendem Schema:

– mehrere Manuskriptseiten zusammenklammern,
– Kopie an das Original heften,
– Briefumschlag, der nicht klebt, damit zusammenhalten.

Dagegen wird die gleiche Frage von hochkreativen Prüflingen (die nicht unbedingt hochintelligent sein müssen) völlig anders beantwortet:

– Spirale drehen,
– Kette anfertigen,
– aufbiegen, dann Typen der Schreibmaschine damit reinigen,
– Haken und Doppelhaken biegen, "Achter-Ketten" daraus bauen,
– dem Tischbein unterschieben, wenn der Tisch wackelt,
– als Distanzstücke für die Deckscheibe des Aquariums verwenden,
– abstrakte "Kunstwerke" während einer langweiligen Sitzung daraus formen usw.

Bereits diese sehr unvollständige Gegenüberstellung zeigt wesentliche Unterschiede in der Denkweise beider Gruppen.

Nicht wenige Hochintelligente, falls sie nicht zugleich hochkreativ sind, denken konvergent. Das konvergente Denken kreist weitgehend um die herkömmlichen Verwendungszwecke (hier: etwas befestigen, etwas anklammern). Hinzu kommt, daß sich Vertreter dieses Denktyps streng an Vorschriften jeder Art halten. Die Frage lautete hier, wie man eine Büroklammer verwenden kann. Der konvergente Denker, der u. a. auch möglichst wenig auffallen will, nimmt eine solche Frage grundsätzlich wörtlich und verzichtet daher von vornherein auf die verlockenden Möglichkeiten, die sich beim Einsatz mehrerer Büroklammern ergeben. Der Hochkreative denkt dagegen, und zwar fast unabhängig von seinem Intelligenzpotential, divergent. Er schläge zahlreiche Einsatzgebiete vor, die mit dem eigentlichen Verwendungszweck einer Büroklammer nichts zu tun haben (methodische Keimzelle der sog. Anwendungserfindungen: geringfügige Änderungen können zu verblüffenden neuen Effekten und damit zu neuen Einsatzgebieten führen!). Ferner hält sich der Erfinder, wenn irgend möglich, nicht an Vorschriften. Ohne zu zögern schlägt er auch Einsatzgebiete vor, für die man mehrere Büroklammern benötigt.[2]

Selbstverständlich ist divergentes und konvergentes Denken nicht der einzige Unterschied zwischen dem Kreativen und dem Nichtkreativen. Auch muß bedacht werden, daß divergentes Denken bis zu einem gewissen Grade trainierbar ist. Mehlhorn und Mehlhorn weisen darauf hin, daß man bei entsprechend geschickter Fragestellung und gezielter Änderung der Betrachtungsweise sogar eindeutig konvergente Denker zu "pseudodivergenten" Ergebnissen führen kann ([3], S. 93).

Abgesehen vom divergenten Denken gibt es eine ganze Reihe ziemlich ausgeprägter Eigenschaften und Neigungen, die den kreativen Menschen weitgehend charakterisieren. Sicherlich ist mindestens ein Teil dieser Eigenschaften im Persönlichkeitsbild des Kreativen fest verankert und hat somit noch am ehesten den Charakter einer ursprüngli-

---

[2] Er riskiert dabei, vom Fragesteller für die unzulässige Erweiterung seines Spielraumes kritisiert zu werden. Die Hauptsache ist für den schöpferischen Menschen nicht die Einhaltung irgendwelcher Vorschriften (die er teils nicht zur Kenntnis nimmt, teils nicht für sinnvoll hält), sondern die möglichst schnelle Produktion möglichst vieler – und dabei möglichst divergenter – Ideen.

[3] Mehlhorn, Gerlinde; Mehlhorn, Hans-Georg: Zur Kritik der bürgerlichen Kreativitätsforschung. – Berlin: Deutscher Verlag der Wissenschaften, 1977

chen Begabung. Andererseits ist bekannt, daß sich Neigungen durchaus pflegen und entwickeln, aber auch unterdrücken oder verbiegen lassen. Dies geschieht beispielsweise unter äußerem Druck, nicht selten jedoch – bei übertrieben anpassungsbereiten Individuen – auch aus freiem Willen.[3]

Grundsätzlich sollte bei allen Betrachtungen zur Kreativität bedacht werden, daß hier bereits die Ausdrucksweise subjektiv ist. Eigenschaften, die im allgemeinen als positiv gelten sollten, werden in den Augen pessimistischer, nichtkreativer Betrachter derart verfärbt, daß sie kaum noch wiederzuerkennen sind. Risikofreudigkeit und Verantwortungslosigkeit, Hartnäckigkeit und Sturheit, Phantasiereichtum und Spinnerei, Humor und Leichtfertigkeit, Fleiß und Strebertum sind korrespondierende Begriffe. Sie stehen für ein und dieselbe Eigenschaft, je nachdem, ob ein kreativer Optimist oder ein nichtkreativer Pessimist die Sache beschreibt. Aus gutem Grund wählen wir in der folgenden Darstellung die Sicht des kreativen, optimistischen Beobachters.[4]

Zunächst einmal ist der Erfinder weitgehend *frei von Vorurteilen*. Dies ermöglicht es ihm, recht unbefangen an das zu lösende Problem heranzugehen. Während vor ihm fast alle anderen in der konventionellen Richtung suchten, hat der Erfinder früher oder später Erfolg, weil er unkonventionelle Denkmethoden und Arbeitsrichtungen bevorzugt.

Die Quellen, aus denen er dabei seine Anregungen schöpft, sind außerordentlich vielfältig. Dazu gehören auch Gespräche mit sehr verschiedenartigen Partnern, und zwar unabhängig davon, ob es sich um Fachleute handelt oder nicht. Für die "Papierform" des Partners, d. h. den formalen Ausbildungsstand oder seinen Rang innerhalb der Hierarchie, interessiert sich der Erfinder kaum. Nur auf der in solchen Gesprächen erkennbaren Haltung zur Frage des Neuen beruht die Wertschätzung, die der Erfinder dem Partner entgegenbringt.

Ein krasses Negativbeispiel: Der Erfinder fragt den Partner, warum wohl für ein bestimmtes Verfahren diese – und keine andere – Ausführungsform gewählt worden sei. Antwortet der Partner: "Das war schon immer so", ist er, und zwar völlig unabhängig vor seinem dienstlichen Rang, für den Erfinder künftig nicht mehr interessant.[5]

Der Erfinder besitzt ein weitgehend *unabhängiges Wertsystem*. Er teilt seine Umgebung nicht in "oben" und "unten", "einflußreich" und "nicht einflußreich" ein, sondern in "kreativ" und "nichtkreativ". Damit ist erklärt, warum kooperationsfreudige, tatkräftige Erfinder sehr erfolgreiche Leiter von Kollektiven sein können. Solche Erfinder suchen sich, mit oder ohne Erlaubnis, ihre Partner quer durch die Hierarchie. Natürlich wird diese Arbeitsweise von Konservativen als anarchisch und somit als höchst verdächtig empfunden.[6]

Ohnehin wäre es viel zu einseitig, den Erfinder nur als enfant terrible und Hierarchienschreck zu zeichnen. Im dialektischen Sinne ebenso zutreffend ist, daß der Erfinder die Gegebenheiten und Möglichkeiten seines Umfelds bzw. Systems energischer und findiger umsetzt als der Nichterfinder. Dabei stößt er in der Praxis auch auf Schranken und muß mit Restriktionen bzw. Bremsfaktoren rechnen; genannt seien: Beharrungsvermögen, Hang zum Konventionellen, Scheu vor dem Ungewissen, ungenügende Risikobereitschaft. Diese Faktoren sollten aber keinesfalls nur negativ gesehen werden. Sie sind nicht einfach Bremsfaktoren, sondern eben auch Korrekturfaktoren, die sich beispielsweise dann positiv auswirken, wenn unausgegorene Ideen vom Erfinder zäh verfochten oder objektive mit subjektiven Einschränkungen verwechselt werden. In solchen Fällen wird der Erfinder gezwungen, sich ständig weiter mit der Sache zu befassen und die noch nicht ausgereifte Lösung so lange zu verbessern, bis sie allgemein überzeugt. Allerdings wäre die Annahme, daß sich die Lösung nunmehr im Selbstlauf – oder durch ein Kommando von oben – durchsetzt, allzu optimistisch. Ohne Zähigkeit, Beses-

---

[3] Viele im Sinne Schweijkscher Schlitzohrigkeit pfiffige Leute leben nach dem Motto "Nur nicht anecken" und unterdrücken ihre für die Umgebung lästige Kreativität bewußt. Besonders ungünstig werden in einer auf striktes Befolgen von Vorschriften orientierten Umgebung kreative Kinder beurteilt, die nicht intelligent genug sind, ihre unruhestiftende Kreativität geschickt zu verbergen. Mehlhorn und Mehlhorn kommentieren: "In einer Gesellschaft, die auf Kreativitätsentwicklung, auf die Förderung des schöpferischen Denkens in der Schule wenig Wert legt, werden niedrig intelligente, aber hochkreative Kinder notwendigerweise zu Außenseitern." ([3], S. 148)

[4] Die im folgenden beschriebenen Eigenschaften und Neigungen gelten grundsätzlich nicht nur für Erfinder, sondern für Kreative im allgemeinen (z. B. Künstler, Wissenschaftler, besonders talentierte Organisatoren).

[5] "Das war schon immer so" ist als Antwort im semantisch-logischen Sinne nicht nur unsinnig, sondern in fachlicher Hinsicht das denkbar schlimmste Armutszeugnis. Etwas nicht zu wissen ist keine Schande; eine derartige Antwort zu geben ist hingegen Ausdruck von Inkompetenz.

[6] Man sollte jedoch bedenken, daß der Erfinder nicht – wie gelegentlich noch unterstellt – Anarchie erzeugen, sondern dem Fortschritt dienen will.

senheit und kämpferische Überzeugung, ohne das Stehvermögen des Erfinders oder eines von der neuen Lösung begeisterten, fähigen Organisators dürfte die Realisierung auch der besten Lösung kaum möglich sein.

Kommen wir nun zu einigen individuellen Eigenschaften des Erfinders. Besonders wertvoll ist seine *Phantasie*. Die Phantasie ist es, welche den kreativen Menschen wesentlich über die Funktionen des besten derzeit denkbaren Computers hinaushebt.[7]

Typischerweise bereitet dem Erfinder seine Arbeit *Freude*. Erfinden sollte – nicht nur unter dem Gesichtspunkt der volkswirtschaftlichen Notwendigkeit – für alle (Mitarbeiter in Forschung und Entwicklung, Produktionsexperten, Techniker) liebstes Steckenpferd sein. Interessante Arbeit, die man freiwillig leistet, bewirkt positive Emotionen. Auch deshalb macht das Gehirn des Kreativen keineswegs mit Dienstschluß Feierabend. Oft genug gehen Arbeit, Erholung, technisches Hobby und erfinderische Aktivität fließend ineinander über. Falls der erfinderisch Interessierte hauptberuflich eine Routinetätigkeit auszuführen hat, so bemüht er sich um besonders schnelle Erledigung seiner Aufgaben. Er gewinnt so Zeit für den Bereich, der ihn wirklich interessiert. Mit organisatorischen Aufgaben betraute Erfinder schaffen es nicht selten, ihre von der Umwelt als "eigentliche" Arbeit angesehenen Aufgaben routiniert zu erledigen und sodann schöpferisch tätig zu werden.[8]

Unter den Motiven des auf Dauer erfolgreichen Erfinders steht das materielle Interesse durchaus nicht immer an erster Stelle. Natürlich ist *materielle Anerkennung* wichtig. Deshalb lassen sich gerade in diesem Punkt die gesellschaftlichen Interessen besonders eng mit den persönlichen Interessen des Erfinders verknüpfen. Jedoch stehen für den wirklich erfolgreichen Erfinder die Freude an den reichlich sprudelnden Ideen, das Bewußtsein der gesellschaftlichen Nützlichkeit seines Handelns und die schöpferische Neugier an erster Stelle. Fehleinschätzungen durch die Umgebung ("... der soll sich gefälligst um seine eigentliche Arbeit kümmern") lassen den Erfinder kalt. Er weiß, daß es zum Schluß immer genügend Außenstehende geben wird, für die schon immer "alles klar" war. Mit solchen Leuten hält sich der Erfinder grundsätzlich nicht auf. Er weiß, daß sie nicht zu ändern sind. Die etwas bittere Sentenz vom Erfolg, der viele Väter hat, ist dem Erfinder durchaus geläufig. Hat er Erfolg, so wundert es ihn deshalb nicht, wenn sich Unbeteiligte lautstark für beteiligt erklären; mißglückt das Unternehmen, so weiß "man" ohnehin sofort, wer der Alleinschuldige ist. Der Erfinder läßt sich dadurch im allgemeinen nicht abschrecken. Er arbeitet zielstrebig und risikofreudig weiter.[9]

Der Erfinder *lebt* außerordentlich *intensiv*, was sein Verhältnis zur Umgebung anbelangt. Alles, was er zu beliebiger Zeit sieht, hört oder erfährt, betrachtet er unter dem Aspekt seiner Verwendbarkeit für die gerade bearbeiteten erfinderischen Aufgaben. Die Welt ist für den – in der Wortbedeutung sinnlichen – Erfinder ein faszinierendes Kaleidoskop. Vor allem deshalb gehen ihm die Ideen niemals aus, wobei das jeweils neu Gefundene sofort in Beziehung zum allgemeinen Wissensfundus gesetzt wird. Dieses assoziative Vorgehen erzeugt fast automatisch eine stets wachsende Flut von Ideen. (Gilde: "Erfinden regt zum Erfinden an.")

Ein wesentliches Element dieser sinnlichen Komponente des Kreativen ist seine stark ausgeprägte *Beobachtungsfähigkeit*. Sie ist in gewissem Maße trainierbar. Allerdings ist die Beobachtungsfähigkeit bei verschiedenen Menschen so unterschiedlich entwickelt, daß individuelle Begabungen kaum zu übersehen sind. Viele Leute können zwar beobachten, sie sehen aber den Wald vor lauter Bäumen nicht. Der Erfinder hingegen sieht zusätzlich stets das Allgemeine im Besonderen(!). Vor allem aber besitzt er die Fähigkeit, ungewöhn-

---

[7] Unzutreffend ist die Vermutung, Phantasie verleite zu technisch nicht realisierbaren Gedanken, sei also letztlich ein anderer Ausdruck für Spinnerei. Phantasie ist vielmehr die wertvolle Fähigkeit, vermeintlich nicht Verknüpfbares spielerisch miteinander verknüpfen zu können. Der praktische Wert der Phantasie wurde von Thomas Mann treffend charakterisiert: "Phantasie heißt nicht, sich etwas auszudenken, sondern aus den Dingen etwas zu machen."

[8] Routine und Erfinden, anscheinend unüberbrückbare Gegensätze, werden zu einer neuen Einheit: Routine wirkt sich positiv aus, wenn sie zur schnellen und qualifizierten Erledigung notwendiger, aber unschöpferischer Arbeit beiträgt, und nur dann negativ, wenn sie das Denken und Handeln des Menschen völlig gefangennimmt und dabei das Schöpferische erstickt. Verloren hat der Erfinder erst, wenn auch er die routinetätigkeit für seine "eigentliche" Arbeit zu halten beginnt.

[9] Edison: "Die anderen machen den Fehler, zu früh aufzuhören, ich höre niemals auf!"

[10] "Ungewöhnlich" natürlich nur aus der Sicht des konventionell denkenden Normalbürgers – aus der Sicht des Kreativen handelt es sich um ziemlich selbstverständliche Schlüsse, fast um Banalitäten. Der Erfinder verfügt – und dies zu begreifen fällt seinen Neidern schwer – nicht etwa über ganz besondere Informationsmöglichkeiten/Quellen/Mittel/Anregungen, sondern er vermag die jedermann zugänglichen Informationen ganz einfach nur kreativ zu nutzen.
(A. v. Szent-Györgyi: "Sehen, was jeder sieht, und dabei denken, was noch niemand gedacht hat.")

[11] Besser als mit Strittmatters Worten läßt sich der Sachverhalt kaum darstellen: "Alle Neuerer haben etwas von einem Eigenbrötler, von einem Starrsinnigen, einem Dickkopf, weil sie eine bestimmte Sache schon sehen, die ihre Umwelt noch nicht sehen kann. Sie sind davon überzeugt, daß diese Sache sich verwirklichen läßt, und deshalb – weil sie etwas noch nicht Sichtbares schon sehen – wirken sie zunächst merkwürdig auf ihre Umwelt, so als wären sie nicht der Normalfall ... Es ist meistens nicht bequem, einem Neuerer zu folgen, und darum sind seine größten Feinde die Bürokraten, auf die er stößt und die ihm das Leben schwer machen."
([4], S. 240)

[4] Strittmatter, Erwin: Schriftsteller der Gegenwart – Berlin: Volk und Welt, 1985. – Bd. 3. – S. 250

[5] Keller, R. T.: Profile of a technical Innovator. – In: Chem. Engng. – Hightstown (1980) 3. – S. 155–158

liche Schlüsse aus ganz gewöhnlichen Beobachtungen ziehen zu können.[10]

Diese Fähigkeit wird als *Assoziationsvermögen* bezeichnet. Auch das Assoziationsvermögen ist trainierbar, am besten in einer Gruppe. Verwendet werden z. B. Beispiele, die weit außerhalb des Fachgebietes liegen, so daß die praktischen Nutzungsmöglichkeiten bestenfalls dem Trainer, nicht aber den Schülern bekannt sind. Anhand ihrer – vom Trainer steuerbaren – Assoziationsbemühungen läßt sich das Kreativitätspotential der Schüler dann einigermaßen sicher beurteilen.

Eine besonders wichtige Fähigkeit des Erfinders ist die vorausschauende, bildhafte *Vorstellungskraft* ("Imagination"). Der Erfinder sieht Künftiges bereits in Form fertiger Lösungen, wo andere noch gar kein Problem sehen. Geht ein unschöpferischer Mensch z. B. durch eine Produktionsanlage, so sieht er, sofern sich alles dreht, buchstäblich nichts, zumindest nicht im Sinne eventuell anzupackender Probleme. Der Erfinder hingegen erkennt heute schon die Mängel und Schwachstellen des Prozesses und beginnt vorausschauend zu handeln. Diese Problemsensibilität kann fast als ein Gespür für die verborgenen Defektstellen eines Prozesses bezeichnet und mit dem absoluten Gehör verglichen werden; ein Mensch, der mit dem absoluten Gehör geschlagen ist, hört bereits Mißtöne, wo andere noch in eitel Harmonie schwelgen.[11] Da sich aber der Erfinder – dem das Hineindenken in die Mentalität unschöpferischer Menschen recht schwerfällt – durchaus als Normalfall betrachtet, kommt es nicht selten zu ernsten Auseinandersetzungen, mindestens aber zu einer Kette verdrießlicher Mißverständnisse.

Häufig wird beobachtet, daß ein Erfinder innerhalb weniger Jahre mindestens ein Fachgebiet sehr gut zu beherrschen und erfinderisch zu nutzen lernt, dann jedoch früher oder später auf Nachbargebiete übergeht. Die sehr einseitige Binsenweisheit "Schuster, bleib bei deinen Leisten!" gilt für ihn nicht. Der besondere Vorteil, ein Gebiet völlig unbefangen anzugehen, wird dabei bewußt genutzt. Die Tätigkeit solcher Erfinder gewinnt manchmal geradezu etwas Künstlerisches. Besonders erfolgreiche Erfinder meinen sogar, daß in dieser ersten Phase der Bearbeitung eines neuen Gebietes jede Art spezieller Sachkenntnis, insbesondere Literaturkenntnis, das Entstehen hochkreativer Lösungen blockiert. Ausgesprochene Pioniergebiete sind zudem dadurch gekennzeichnet, daß Literaturkenntnisse ohnehin nichts nützen, eben weil niemand nennenswerte Fachkenntnisse auf diesen völlig neuen Gebieten haben kann – sonst wären es keine Pioniergebiete.

Im Kontrast zu diesen für Kreative besonders verlockenden Pioniergebieten gibt es Gebiete, auf denen der erfinderisch veranlagte Mensch nicht besonders effektiv arbeitet. Sie werden von Keller ([5], S. 158) treffend als "Problemfelder" bezeichnet – wohl deshalb, weil in verknöcherten Unternehmenshierarchien unruhestiftende Kreative auf eben diesen Tätigkeitsfeldern tatsächlich Probleme haben bzw. die Unternehmensleitung dies so sieht und dementsprechend unzufrieden mit den Ergebnissen ist. Nach Keller tritt dieser Fall immer dann ein, wenn restriktive, gewissermaßen unbewegliche Objekte bearbeitet werden sollen, oder wenn man dem Erfinder Projekte zur Realisierung überträgt, denen völlig etablierte Technologien zugrundeliegen. Tatsächlich langweilen sich Kreative geradezu bei der Verwaltung des Bestehenden. Erfinder sind an konventionellen oder orthodoxen Lösungen nicht interessiert, schwache Chefs hingegen sehr – des klar überschaubaren und bald realisierbaren Gewinnes wegen. Dies führt zwangsläufig zur Frustration für den Erfinder.

Zwar werden bei Keller [5] amerikanische Bedingungen beschrieben, indes ist es nirgendwo besonders leicht, völlig unkonventionelle Entwicklungsrichtungen beherzt anzupacken, wenn aus der Sicht des mit den Tagesaufgaben befaßten Leiters die augenblicklich betriebene Technologie noch prächtig funktioniert.

Natürlich gibt es "den Erfinder" niemals in reiner Ausprägung (dies gilt für jede Art von Typisierung, z. B. auch für "den schwedischen Holzfäller" oder "den verknöcherten Beamten"). Jedoch dürfte es aus Gründen der Übersichtlichkeit erlaubt sein, mehr oder minder typische Eigenschaften einer Gruppe zu einem Idealbild zusammenzufügen. Jeder Versuch, die Eigenheiten des erfinderisch aktiven Menschen zu schildern, muß ohnehin lückenhaft bleiben. In den Veröffentlichungen zum Thema wird nachdrücklich darauf hingewiesen, daß man solche charakterisierenden Merkmale nicht einfach wie eine Checkliste auf sich anwenden kann, um z. B. aus dem Verhältnis von "trifft zu" und "trifft nicht zu" auf das eigene Kreativitätspotential zu schließen. Schlicksupp schreibt dazu: "Erstens sind Persönlichkeiten zu komplex, um derart einfach analysiert zu werden, und zweitens muß ein kreativer Mensch nicht notwendigerweise alle diese Eigenschaften auf sich vereinen." ([6], S. 27)

Schlicksupp bezieht sich bei dieser Feststellung auf eine Liste, die nach der Monographie von Ulmann [7] zusammengestellt wurde und folgende Merkmale kreativer Personen aufführt:

– offene und kritische Haltung gegenüber der Umwelt
– Loslösung von konventionellen und traditionellen Anschauungen
– Vorliebe für Neues
– Fähigkeit, das Wahrnehmungsfeld unter verschiedenen Aspekten zu sehen
– Fähigkeit, Konflikte aus Wahrnehmungen und Handlungen ertragen zu können
– Vorliebe für komplexe Situationen und mehrdeutige Stimuli
– Fähigkeit, ausdauernd an einer Lösung zu arbeiten

– Zentrierung auf die Lösung einer Aufgabe, nicht auf die Erlangung von Ruhm und Anerkennung
– energisch, initiativ, erfolgmotiviert
– mutig, autonom
– sozial introvertiert, sich selbst genügend
– emotional stabil
– dominant, Neigung zur Aggressivität
– hohes Verantwortungsgefühl
– ästhetisch
– weniger ausgeprägte soziale und religiöse Werthaltungen
– sensibles und differenziertes Reagieren auf die Umwelt
– humorvoll.

Natürlich ist auch diese Liste nicht vollständig. Ferner enthält sie Merkmale, die von der Gesellschaftsordnung beeinflußt sind. Auch gilt nicht jeder Anstrich absolut (z. B. ist Neues um jeden Preis kaum sinnvoll). Trotzdem ist die Persönlichkeitsstruktur des Erfinders mit dieser Liste von Merkmalen recht treffend umrissen.

Ähnliche Merkmalslisten betonen noch wesentlich stärker die absolut persönlichkeitsspezifischen Eigenschaften, Neigungen und Besonderheiten des Kreativen. So führte Schenk [8] u. a. folgende Merkmale des schöpferischen Menschen auf:

– macht nur das, was er kann
– macht, wenn irgend möglich, nur das, was ihn wirklich interessiert
– erlebt die schöpferische Arbeit als Rauschzustand
– sieht Lachen und Humor als erstrangige Lockerungsfaktoren für erfolgreiche geistige Arbeit an und weiß sehr genau, warum Diktaturen zuallererst den Humor verbieten.

Somit können Kreative das Weltbild des braven, ein wenig bürokratischen, vorsichtigen, um buchstabengetreue Erfüllung von Routineaufgaben bemühten Bürgers kaum verstehen. Leidenschaftlichere Naturen empören sich nicht selten gegen diese ihnen unverständliche

[6] Schlicksupp, Helmut: Innovation, Kreativität und Ideenfindung. – 3. Aufl. – Würzburg: Vogel-Verlag, 1983

[7] Ulmann, Gisela: Kreativität. – Weinheim/Bergstr.; Berlin; Basel: Beltz-Verlag, 1968

[8] Schenk, O.: TV-Sendung (NDR III) v. 23. 1. 1982

[12] "Ich erinnere mich an die Abende im Café Josty, in Gesellschaft von Heine, Frank und Stampfer – des 'vielversprechenden Nachwuchses'. In Wirklichkeit waren sie unglaublich fad und gottesfürchtig, folgten sie in allem dem Verstand ... Keine Selbstlosigkeit, kein qualvolles Suchen nach neuen Wegen, kein ungeduldiges Vorwärtsdrängen der Parteiführer, sondern eine bürokratische Maschinerie, die Vorsicht, Disziplin und eine schematische Organisation predigte." ([9], S. 196)

[9] Kollontai, Alexandra: Ich habe viele Leben gelebt. – Berlin: Dietz Verlag, 1980

2.2. Intuition – kein Mysterium

Viele von uns sind vertraut mit jenem intensiven Denken, mit dem ruhelosen Spiel der Phantasie, mit den kapriziösen Stimmungen des Augenblicks, die uns heute wie hellsehend machen, morgen in unbehagliche Nebel hüllen ... Das ist der Ursprung, der Nährboden, der geistige Kern jeder Erfindung. M. Eyth

[13] Ostwald bespöttelt diese "Gabe höherer Mächte" ([12], S. 32).

[14] "Wenn Ihr's nicht fühlt, Ihr werdet's nie erjagen."

[10] Peter, Laurence: Das Peter-Programm. – Reinbeck bei Hamburg: Rowohlt-Taschenbuchverlag, 1976. – (rororo Sachbuch)

[11] Speicher, K.: Vortrag auf dem KDT-Lehrgang "Demonstration der Erfinderschulen". Feldberg, 30. 05. 1984

[12] Ostwald, W.: Die Lehre vom Erfinden. – In: Feinmechanik u. Präzision (1932) 10

Haltung, und dies gilt wahrlich nicht nur auf dem Gebiet der Technik.[12]

Der Soziologe und Pädagoge L. J. Peter hat für Vertreter dieser Richtung den bösen Terminus "Prozessionsmarionette" geprägt ([10], S. 47), in höchstem Maße bildhaft und kaum erläuterungsbedürftig. Der Kreative ist, vor allem durch sein eigenes Wertsystem bedingt, das genaue Gegenteil einer solchen Prozessionsmarionette.

Eine weitere Merkmalsliste wurde von Speicher angegeben, der – selbst erfolgreicher Erfinder – von persönlichen Erfahrungen und Erkenntnissen ausgeht, die er in Gesprächen mit besonders herausragenden Erfindern (z. B. M. v. Ardenne, H. Mauersberger) gewonnen hat [11]:

– Der Erfinder kennt keine Furcht, sein bequemes Leben aufzugeben.

Intuition ist ein Begriff, der oft gebraucht und nicht immer verstanden wird. In der Kreativitätstheorie zählt man die intuitive Phase des schöpferischen Prozesses zu den logisch nicht erfaßbaren Schritten. Die Intuition (Eingebung, Erleuchtung, unmittelbares Erschließen des Ergebnisses ohne sichtbares Urteilen und Begründen), so wird sinngemäß behauptet, sei ein Vorgang, der jeglicher Gesetzmäßigkeiten, einschließlich logischer Gesetze, vom Prinzip her vollständig entbehre. Folglich muß, so meinen die Anhänger dieser These, auf die Erforschung des Vorganges der Intuition verzichtet werden.

Andererseits ließe sich die Intuition als eine der notwendigen Phasen des schöpferischen Denkens deuten. Dabei verliefe der Vollzug der dem Denken zugrundeliegenden Gesetze (logische u. a.) überwiegend spontan, so daß neue Ideen unerwartet und plötzlich auftreten, was zugleich heißt, daß der Zeitpunkt des Auftauchens der Ideen weitgehend zufällig ist.

Diese Anschauungsweise räumt ein, daß wir den Vorgang noch nicht kennen, erklärt die intuitive Phase aber für er-

– Er bemerkt Probleme, die andere nicht sehen können oder aus purer Bequemlichkeit geflissentlich übersehen.
– Er fühlt sich persönlich betroffen von der Existenz des Problems, hält das Problem für lösbar und betrachtet die Existenz des Problems als persönlichen Auftrag.
– Er geht davon aus, daß er selbst (und kein anderer) das Problem lösen kann, lösen will und unbedingt lösen wird.
– Der problemfühlige Erfinder empfindet es als Qual, eine aus seiner Sicht mangelhafte, nicht perfekte Maschine von den "zuständigen" Leuten beweihräuchert zu sehen.
– Der Erfinder engagiert sich bis zur Besessenheit für sein Projekt. (R. Diesel in einem Brief an seine Frau: "... und denke ich Tag und Nacht nur noch an meine Maschine!")

forschbar, weil von Gesetzmäßigkeiten bestimmt.

Leider konserviert die allgemein übliche Mystifizierung der Intuition einen Zustand, der das eigentlich Schöpferische, jene spezifisch menschliche Fähigkeit, weitgehend im Dunkeln beläßt.[13]

Selbst wenn die zweifellos schwierigen Untersuchungen zur Erforschung der Intuition nur ganz allmählich verwertbare Ergebnisse liefern, sollte die Aufklärung des intuitiven Vorgangs im Interesse jedes Erfinders liegen. Indes sind offensichtlich viele Hochkreative nicht an der Klärung des Prozesses interessiert. Vielleicht hängt dies mit dem subjektiv verständlichen Hang jedes Menschen zusammen, sich – eingestanden oder nicht – für etwas Besonderes, für einmalig, unverwechselbar und absolut originell zu halten. Es besteht dann natürlich kaum Interesse, solche Prozesse näher zu analysieren und die Ergebnisse anschließend der Allgemeinheit mitzuteilen.[14]

Lösen wir uns von diesem subjektiven Hemmnis und betrachten die Frage mit den Augen des Normalbürgers. Unsere

17

Alltagssprache enthält viele Formulierungen, die unmittelbar zum Thema passen. Man braucht gewiß kein Erfinder zu sein, um die folgenden Wendungen aus dem täglichen Sprachgebrauch zu verstehen:

"... blitzartig kam mir die Idee"
"... plötzlich fiel mir die Lösung ein"
"... da kam mir die Erleuchtung"
"... endlich fiel bei mir der Groschen".

Fast jeder Mensch kennt das Phänomen, und entsprechend bildhaft drückt sich der Volksmund aus. Die plötzlich eintretende Klarheit, von vielen Autoren als Qualitätssprung definiert, rückt den bis dahin im Unbewußten kombinatorisch bearbeiteten Sachverhalt in das Licht des Bewußten. Indes sollte die Tatsache, daß die intuitiven Vorgänge noch weitgehend unbekannt sind, nicht zu der Schlußfolgerung führen, es handle sich dabei ausschließlich um unlogische Vorgänge.

Der Wahrheit möglicherweise sehr nahe kommt Selye, der die Intuition als Kopplungs- und Rückkopplungsglied zwischen bewußtem Denken und Phantasie betrachtet.[15]

Wie bedeutsam in diesem Wechselspiel zwischen Phantasie und Denken die Rolle des bewußten Denkens ist, zeigt beispielsweise das Phänomen der Doppelerfindungen, die immer wieder – annähernd oder genau zeitgleich, manchmal auch um Jahrzehnte gegeneinander versetzt – von verschiedenen Erfindern völlig unabhängig voneinander gemacht werden. Bewußtes Denken, gespeist aus solider Sach- und Fachkenntnis, ist in solchen Fällen ganz gewiß ein wesentliches Element der Intuition.

Doppelerfindungen liegen eben "in der Luft", wenn die Zeit reif ist (das Bedürfnis muß vorhanden, die Lösungsmöglichkeiten müssen gegeben sein). Begünstigend für das Entstehen von Doppelerfindungen sind Spezialisten ähnlicher Denk- und Arbeitsweise, die unabhängig voneinander das gleiche Gebiet bearbeiten.

In seiner Autobiographie führt M. v. Ardenne im Zusammenhang mit derartigen Doppelerfindungen das Beispiel des Rundfunk- und Fernsehpioniers Zworykin an und schreibt:

"Unsere Gehirnstrukturen waren einander offenbar sehr ähnlich, denn wir zogen aus den wissenschaftlich-technischen Entwicklungen stets fast die gleichen Schlußfolgerungen für die eigene Erfindertätigkeit. Ein Beweis dafür, daß sich der Erkenntnisprozeß aus der Umwelt heraus formt und es die Aufgabe der Forscher und Erfinder ist, die Zeichen der Zeit zu deuten und ihnen praktisch verwertbare Form zu geben."
([13], S. 114)

Daß diese Betrachtungsweise zutreffend, und daß zugleich eine sinnvolle Verknüpfung mit dem von Selye gebrauchten – etwas mystisch klingenden – Terminus "Erleuchtung" möglich ist, zeigt Suchotin in seinem sehr empfehlenswerten Büchlein "Kuriositäten in der Wissenschaft".[16]

Versuchen wir der Frage durch möglichst vorurteilsfreies Nachdenken näherzukommen, wobei wir die umfangreiche und z. T. tiefschürfende Literatur zum Thema bewußt nicht näher berücksichtigen wollen. Dieses Vorgehen erscheint berechtigt, da fast jeder von uns die Intuition aus eigenem Erleben kennt. Es ist deshalb speziell in dieser Frage nicht zwingend notwendig, sich an die Meinungen der Experten zu halten und die vielfältige Literatur umfassend zu analysieren.

Zunächst dürfte klar sein, daß die Phantasie in der intuitiven Phase eine entscheidende Rolle spielt. Demnach werden im Unbewußten erst einmal zahlreiche – darunter völlig unsinnige – Kombinationen durchgespielt, ehe sich die Lösung an die Oberfläche wagt, d. h. in die Sphäre des Bewußten tritt. Wenn dann plötzlich ein völlig vernünftiger und brauchbarer Gedanke aus den "Terrazzo-Visionen" (dem kombinatorisch-phantastischen Gedankenwirrwarr des Unbewußten) emporsteigt, so wäre immerhin daran zu denken, daß sich unser

---

[15] Intuition ist die Intelligenz des Unterbewußten; Intuition ist der Funke, an dem sich alle Formen der Originalität, des Einfallsreichtums und der Findigkeit entzünden. Sie ist die Erleuchtung, die notwendig ist, um das bewußte Denken mit der Phantasie zu verbinden.
(zit. bei [13], S. 312)

[16] "Die Mehrzahl der Forscher nimmt an, daß das Intuitive und das Logische nicht durch die 'undurchlässige Membran' getrennt sind. Der Prozeß des Suchens hat seine Quellen im Bewußten, wechselt anschließend in den Bereich des Unbewußten, kehrt zurück und geht erneut. Zwischen ihnen besteht eine ständige Verbindung, und nur dadurch entsteht eine Entdeckung ...
Die Logik ist eine Art 'Hygiene', die von der Wissenschaft beachtet wird, damit die hervorgebrachten Ideen lebensfähig bleiben ...
Die moderne Neurophysiologie hat überzeugend genug das Vorhandensein funktioneller Asymmetrie in der Arbeit der Hirnhemisphären bewiesen; die linke konzentriert sich auf das abstrakte, logisch-analytische Denken; die rechte entsprechend auf die Intuition und Bildhaftigkeit, auf das künstlerische Schöpfertum!"
([14], S. 140)

[13] Ardenne, Manfred von: Ein glückliches Leben für Technik und Forschung. – 4. Aufl. – Berlin: Verlag der Nation, 1976

[14] Suchotin, Anatoli Konstantinovič: Kuriositäten in der Wissenschaft. – Moskau/Leipzig: Verlag MIR/Fachbuchverlag, 1983

[17] Natürlich gilt das nicht absolut. Auch beim direkten Betrachten von Assoziationsobjekten denkt der Mensch schöpferisch. Bis er allerdings merkt, daß er ein für sein Problem möglicherweise zutreffendes Analogie- bzw. Assoziationsobjekt im Visier hat, vergeht oft sehr viel Zeit. In dieser Zeitspanne läuft ebenfalls ein halbintuitiver Vorgang ab (tiefsinniges Anstarren eines Objektes: Woran erinnert mich das eigentlich? Was könnte ich mit dieser zunächst mehr gefühlten als klar erkannten Ähnlichkeit vielleicht anfangen?).

[18] So äußerten sich Beethoven, Helmholtz, Mendeleev, Kekulé, Čajkovskij: Die entscheidenden Einfälle kommen wie zufällig irgendwann, meist aber in völlig ruhiger Umgebung oder aber in Situationen, die mit der eigentlichen Berufsarbeit räumlich und zeitlich nichts zu tun haben. Helmholtz schätzte "gemächliches Steigen über waldige Berge in sonnigem Wetter", und Kekulé träumte auf dem Dach eines Londoner Omnibusses von der Benzolformel. Mendeleev suchte gerade verschiedene Reiseutensilien zusammen, als ihm die langgesuchte Ordnung der Elemente plötzlich bewußt wurde.

[15] Küttner, L.: Gestützte und geschützte Intuition. – In: Wiss. u. Fortschr. – Berlin 29 (1979) 3. – S. 94–98

von Kindheit an – z. B. durch die schulische und nicht selten auch häusliche Anpassungsdressur – auf klischeehaftes Denken trainiertes Gehirn ganz einfach scheut, die zahllosen unsinnigen Kombinationen, die jeder brauchbaren Lösung vorangehen, bei vollem Bewußtsein durchzuspielen. Unser derart ungünstig programmiertes Gehirn schämt sich gewissermaßen, verdorben durch die bisher erlittene Dressur, der vielen wertvollen, weil unkonventionellen, aber eben zunächst nicht sinnhaltigen Verknüpfungen, die es im Unterbewußten spielend und völlig hemmungslos produziert.

Die Natur hat somit im Laufe der Evolution eine Besonderheit des Menschen aufgebaut, die wir zwar untersuchen, andererseits aber völlig unbefangen nutzen sollten.

Das ist schon deshalb notwendig, weil das Gehirn des Menschen im Wachzustand überwiegend auf Informationsaufnahme geschaltet ist. Dabei entfallen ungefähr 80 % der Umweltreize auf optische Reize. Erst im Schlafzustand, beim Dämmern, Träumen, beim Grübeln mit geschlossenen Augen bzw. bei der bildhaften Vorstellung problembezogener (z. B. analoger) Objekte denkt der Mensch schöpferisch.[17]

In einer Arbeit von Küttner, die sich mit gestützter und geschützter Intuition befaßt, wird u. a. die Sonderrolle der Intuition im Schöpfungsprozeß behandelt [15]. Küttner unterscheidet im Ablauf des intuitiven Denkprozesses sinngemäß die folgenden (recht vereinfacht dargestellten) Phasen und Unterphasen:

A. Inkubation
a) Sammeln von Informationen, Analyse der Aufgabe
b) Formulieren des Problems
c) Anlegen einer Liste mit fehlenden Unterlagen, um die Analyse zu verbessern

B. Kulmination
sprunghafter, überraschender Übergang vom Nichtwissen zum Wissen (bezogen auf die angestrebte neue Lösung); der Überraschungseffekt tritt dann ein, wenn die im Unterbewußtsein erarbeitete Lösung das Bewußtsein erreicht.

C. Abschluß
a) Ausarbeiten und Verbessern der Lösung
b) umfassende Überprüfung der neuen Lösung.

Küttner zitiert u. a. die Äußerungen hochkreativer Künstler und Wissenschaftler zur Frage der Intuition.[18]

Bekanntermaßen ist der Kreative unter gleichsam offiziellen Bedingungen (d. h. an seinem Arbeitsplatz, der gewöhnlich ein Schreibtisch ist) ohnehin einigermaßen gehemmt, was die zündenden Einfälle betrifft. Auch ist das, was dort von ihm verlangt wird, zumeist nicht gerade schöpferischer Natur: pausenlos klingelt das Telefon, jemand stürmt herein und erwartet die Klärung irgendeiner Banalität, der Chef fordert einen Bericht (sofort!), zwei aneinandergeratene Kontrahenten verlangen lautstark die unverzügliche Bestrafung des vermeintlichen Gegners, irgendjemand ruft völlig überflüssigerweise per Havarietelefon an ... Spätestens nach einer weiteren vergleichbaren Störung dieser Art reißt jede noch so aussichtsreich begonnene Gedankenkette ab.

Küttner [15] gibt deshalb einige Empfehlungen, um schöpferische Menschen vor antischöpferischen Störungen zu bewahren:

– Diskussion in selbstgewählter Umgebung
– Arbeitszimmer in lärmerfüllter Umgebung sind zu vermeiden
– Türschilder mit der Aufschrift "Störfreie Arbeitszeit von ... bis ..." sind zu empfehlen
– der Betrieb sollte schöpferischen Menschen gestatten, gegebenenfalls zu Hause zu arbeiten

[19] Tatsächlich lassen die Hektik des Tages, Lärm, sinnlose Versammlungen usw. bei vielen Kreativen keine geistigen Spitzenleistungen zu. Herrlich [16] verweist auf eigene Erfahrungen zur Verbesserung der Situation: Einführung der gleitenden Arbeitszeit, Arbeitsurlaub für Hochkreative, Internatsarbeit der Gruppen in kreativen Phasen (bei klarer Zielbestimmung!), unkonventionelle Nutzung der Werkstattkapazität (sofortige Fertigung von Modellen anhand von Maßskizzen).

[20] Der aufmerksame Leser erkennt gewiß, daß hier nicht dem täglich zu beobachtenden "Verheizen" von Spitzenkräften das Wort geredet wird. Es soll nur klargestellt werden, daß beide Extreme (stilles Kämmerlein bzw. in Klausur schöpferisch tätiges Team einerseits, Turbulenz und Streß im Alltag andererseits) ihre ganz bestimmten Funktionen im schöpferischen Gesamtprozeß haben.

[16] Herrlich, M.: Brief vom 16. 7. 1988 an den Verfasser

[17] Meyer, Hermann J.: Göthe's Gartenhaus bei Weimar. – In: Meyers Volksbibliothek für Länder-, Völker- u. Naturkunde. – Bd. 21. – Hildburghausen; New York: o. J. (nach den behandelten, zeitlich einzuordnenden Fakten im Gesamtwerk: etwa 1848)

– Eingriffe "von außen" sind auf das absolut unumgängliche Minimum zu reduzieren.[19]

Andererseits brauchen viele Kreative regelrecht die Anforderungen der täglichen Arbeit – ohne Sonderbedingungen – zum Bewahren ihrer Kreativität.

Fast alle Menschen – dies gilt ganz besonders auch für Hochkreative – benötigen immer und immer wieder neue Anregungen. Im "stillen Kämmerlein", das für das Ausarbeiten in der Rohform bereits vorliegender Gedanken natürlich besonders nützlich ist, fällt Menschen diesen Typs meist nichts Besonderes ein. Dazu sind die oft turbulenten, streßgeprägten Tagesabschnitte mit ihren zahllosen Assoziationsangeboten besser geeignet. Auch stellt sich dann – teils freiwillig, teils notgedrungen – ein gewissermaßen angeregter, günstigenfalls rauschartiger Zustand ein, so daß solcherart Turbulenzen wegen des fast automatischen Erzeugens kreativer Gedankensplitter (Kaleidoskopprinzip) für manche Erfinder eher nützlich als schädlich sind.[20]

Betrachtet man die Biographien hervorragender Erfinder (z. B. Edison, Mauersberger), so waren es ganz gewiß nicht günstige Sonderbedingungen, die zum Erfolg führten. Im Gegenteil: widrigste Umstände mußten überwunden, recht ungünstige Bedingungen durch Fleiß, Leistung und Beharrlichkeit kompensiert werden. Auch für die Intuition gilt eben, wie für alle Elemente der in den folgenden Kapiteln behandelten Methoden: es kommt immer darauf an, wer über eine derartige Fähigkeit (bzw. eine besonders wirksame Methode) verfügt und was er damit anfängt.

Der häufig zu hörende Spruch: "Wäre ich nicht so belastet, könnte ich mehr leisten" ist keine brauchbare Ausrede. Wer daran zweifelt, lese den vorliegenden Abschnitt 2.2. noch einmal!

Gesellschaftliche Tätigkeit und Ehrenämter sind als Alibi ebenfalls untauglich. Denken wir an Goethe, dem gewiß jedermann intuitive Fähigkeiten und schöpferische Leistungen im höchsten Maße zugesteht. Indes sagt dies noch nichts über die Ursachen seiner ungewöhnlichen Leistungen aus; dazu abschließend eine ältere Quelle, die für sich spricht:

"Göthe war der fleißigste Mensch unter der Sonne, nach dem Zeugniß seines Sekretärs. Die Manuskripte, die er in dem Garten angefangen hatte, begleiteten ihn gewöhnlich auf seinen Amtsreisen und Ausflügen in Sachen seines Departements, das die heterogensten Dinge: Kriegsangelegenheiten, Einquartirung, Berg= und Straßenbau, Rekrutirung, Katastervermessung einschloß. Ein Aktenbündel auf dem Schooße diente ihm im Wagen als Pult, wenn er seine Manuskripte überlas und mit der Bleifeder daran änderte und besserte, oder andeutete, was der weiteren Ausführung im Gartenhäuschen vorbehalten blieb." ([17], S. 188/189)

3.

Suchen durch gedankliches Probieren

3.1. Versuch und Irrtum

Wenn man nicht weiß, wohin man geht, landet man irgendwo anders.
L. J. Peter

Versuch und Irrtum ("trial and error") ist das zweifellos älteste und vermutlich noch immer am weitesten verbreitete Vorgehen. Es beruht darauf, daß der Erfinder auf gut Glück zu suchen beginnt. Bestenfalls hat er die zu bewältigende Aufgabe klar formuliert. Dann jedoch beginnt bereits die weitgehend unsystematische Suche nach Lösungen.

Dem Erfinder kommt eine Idee: "Wie wäre es, wenn ich es einmal so versuche?" Es folgt die theoretische bzw. praktische Überprüfung. Die Idee erweist sich als untauglich. Alsdann wird eine weitere Idee gesucht, gefunden, erprobt, verworfen – und der Zyklus beginnt von neuem. Das Schema des Vorgehens ist in Abbildung 1 dargestellt.[21]

Eine besonders anschauliche Illustration zum Sachverhalt liefert der polnische Karikaturist Lengren [19]. Die Originalbildunterschrift von Abbildung 2 lautet: "Zum Schießen, weit und breit nichts zum Schießen." Diese Karikatur ist nun ganz gewiß nicht für den angehenden Erfinder gedacht. Sie beleuchtet aber eine Reihe von für unser Thema wichtigen Punkten. Die Assoziationen drängen sich förmlich auf:

– Was alle denken, bringt uns nur äußerst selten ans Ziel.
– Wer um die Ecke denken kann, ist stets im Vorteil.
– Dicht neben der optischen Achse unseres Auges liegt der blinde Fleck. Wer

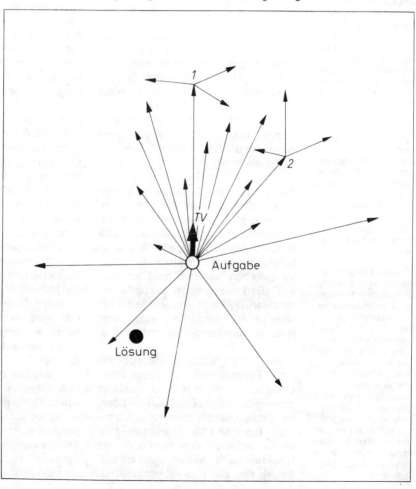

Abb. 1
Schematische Darstellung zum "trial and error" (nach [18], S. 17)
Die Lösung des Problems liegt nur äußerst selten in Richtung des Trägheits-Vektors ("TV"). Das konventionelle Denken verleitet die meisten Menschen, das zu denken, was fast alle anderen vor ihnen auch schon gedacht haben.
(1,2: Ausgangspunkte von Sekundärideen)

[21] Besonders nachteilig ist, daß überdurchschnittlich viele Versuche in Richtung des "Trägheitsvektors" unternommen werden. [18] Da es sich um ein ungelöstes Problem handelt, darf angenommen werden, daß die Lösung meist außerhalb des Trägheitsbereiches (d. h. nicht in der Umgebung des Trägheitsvektors) zu suchen ist.

[18] Al'tšuller, Genrich Saulovič: Erfinden – (k)ein Problem? – Berlin: Verlag Tribüne, 1973

[19] Lengren, Zbigniew: Das dicke Lengren-Buch. – Hrsg.: Hilde Arnold. – 3. Aufl. – Berlin: Eulenspiegel Verlag, 1980

Abb. 2
Das Wild befindet sich nicht dort, wo es vom Jäger vermutet wird (aus [19], S. 249)
Der Suchwinkel umfaßt zwar beinahe den gesamten Gesichtskreis, aber das Wild – die gesuchte Lösung – befindet sich prompt im toten Winkel. Wer um die Ecke denken kann, ist im Vorteil (siehe den Elefanten, siehe den Inder!).

[22] Das Scharren der Henne ist dabei noch ein einigermaßen schmeichelhafter Vergleich. Wegen des Trägheitsvektors ist der ungeübte Erfinder eher noch mit einer Henne zu vergleichen, die an einem Zaun hin- und herläuft und nur deshalb nicht auf die andere Seite gelangt, weil sie durch die halb offenstehende Tür in ihrer vermeintlich geradlinigen Sucharbeit behindert wird. Drei Schritte an der Tür entlang (und dabei relativ zum Ziel etwas zurück) würden das Problem lösen – dies kommt aber wegen der besonders gearteten "Zielstrebigkeit" der Henne überhaupt nicht in Frage.

[23] Einige Kritiker gestehen immerhin zu, die systematischen Methoden seien vielleicht nützlich, ihre Anwendung koste aber auch allerhand Zeit und Kraft, so daß man vom eigentlichen Erfinden nur abgelenkt werde. Hinzu kommt, daß viele erfinderisch hochbegabte Menschen kein rechtes Interesse zeigen, den schöpferischen Prozeß näher zu untersuchen – noch dazu für andere – in einfachen Worten zu beschreiben.

prinzipiell geradeaus startet, sieht deshalb weniger als einer, der das Ziel zutreffendermaßen nicht dort vermutet und sich entsprechend verhält.
– Hast Du etwas vergessen, versuche es nicht krampfhaft zu finden, sondern denke "an der Sache vorbei", dann fällt es Dir wieder ein.

Wenn eine solche Karikatur als besonders treffende Illustration für einen durchaus seriösen Gedankengang dienen kann, so ist zu vermuten, daß es für Kreative allgemeingültige Denk- und Arbeitsprinzipien gibt. Warum also sollen wir zwischen "seriösen" und "unseriösen" Gedankengängen streng unterscheiden? Vielleicht sind gerade die weniger seriösen Gedankengänge – ihrer Natur entsprechend – besonders kreativ?

Der typische Nutzer des Versuch- und Irrtum-Prinzips weiß von diesen durch einfaches Betrachten einer Karikatur zugänglichen Schlußfolgerungen offenbar nichts. Deshalb erinnert das Vorgehen – besonders bei Ungeübten – fatal an das Scharren einer Henne, die ein Körnchen sucht. Warum eigentlich sollten wir eine derartige Arbeitsweise als für den Menschen vorbildlich betrachten? Auch ohne jegliche Kenntnis systematischer Methoden dürfte klar sein, daß die Möglichkeiten des menschlichen Geistes dabei nicht annähernd ausgeschöpft werden.[22]

Trotzdem ist diese Vorgehensweise noch immer sehr weit verbreitet. Von fleißigen Menschen angewandt liefert sie Ergebnisse, die eine systematische Arbeit, oberflächlich betrachtet, als nicht unbedingt notwendig erscheinen lassen.

Jeder kreative Mensch, sofern er nicht übermäßig an Minderwertigkeitskomplexen leidet, ahnt ziemlich genau, was sein Gehirn für ihn wert ist. Die vielen blitzartig auftauchenden und oft recht ungewöhnlichen Gedankenverknüpfungen legen die durchaus berechtigte Vermutung nahe, unser Gehirn sei derart leistungsfähig, daß man sich mit Hilfsmitteln – wie den Methoden des systematischen Erfindens – nicht abzugeben brauche. Bestärkt wird diese Meinung durch neuere physiologische Erkenntnisse: Der Auslastungsgrad des menschlichen Gehirns liegt bei durchschnittlich 6 %![23]

Abschließend eine Bemerkung zur Ehrenrettung des Versuch-und-Irrtum-Vorgehens: Tatsächlich verläuft der Prozeß nicht ganz so unsystematisch wie in Abbildung 1 dargestellt. Wird das Verfahren von intelligenten Menschen gehandhabt, so ist jeder Versuch mit einem Lernergebnis verbunden. Ein Teil der theoretisch denkbaren weiteren Versuche wird dann vom Erfinder wegen vorhersehbarer Erfolglosigkeit weggelassen. Dabei kann durchaus ein allmähliches Abdriften von der konventionellen Richtung (Trägheitsvektor) eintreten, verbunden mit einer Verbesserung der Chancen.

Bereits hier zeigt sich der prinzipielle Unterschied zwischen dem Erfinder und einem Computer. Der Computer kann weder kreativ wichten noch ohne Neuprogrammierung derart grundsätzliche Entscheidungen treffen (Weglassen mehrerer, einander bedingender Versuchsserien).

Wenn wir hier vergleichsweise ausführlich auf Versuch und Irrtum eingegangen sind, dann deshalb, weil jeder, auch der systematisch arbeitende und methodisch interessierte Erfinder, immer wieder dazu neigt, in tastendes Herum"pröbeln" zu verfallen. Besonders gilt dies für ideensprühende Kreative, denen es oft leichter fällt, hundert Ideen zu produzieren, als zielstrebig einen zwar erfolgversprechenden, aber langwierigen, Disziplin und das zwischenzeitliche Abarbeiten formaler Schritte erfordernden Weg zu gehen.

3.2. Ideenkonferenz

Ich glaube nicht an die kollektive Weisheit individueller Unwissenheit.
T. Carlyle

Unbestritten ist zwar, daß jede Idee zunächst in einem Kopf entsteht, jedoch potenziert die Mitarbeit kreativer Menschen unter günstigen Bedingungen Qualität und Menge der gesuchten Ideen. Dabei kommt es, neben dem Befolgen einiger Grundregeln, vor allem auf den sorgfältig ausgewählten Teilnehmerkreis an.

Die Ideenkonferenz ("brainstorming") geht auf den amerikanischen Psychologen Osborne zurück. Osborne erkannte, daß es Menschen gibt, die in der Gruppe ohne Schwierigkeiten zahlreiche Ideen produzieren können. Besonders kreative, unkonventionell denkende Menschen finden sich zusammen und versuchen das Problem ge-

Abb. 3
Schematische Darstellung der Ideenkonferenz bzw. des Brainstorming (nach [18], S. 35)

Im Vergleich zum "trial and error" (Abb. 1) sind weniger konventionelle Versuche in Richtung des Trägheitsvektors zu beobachten. Die Zahl der Sekundärideen (Verästelungen) steigt, da ein Team kreativer Köpfe gleichsam als erweitertes Hirn wirkt ("Lawineneffekt").

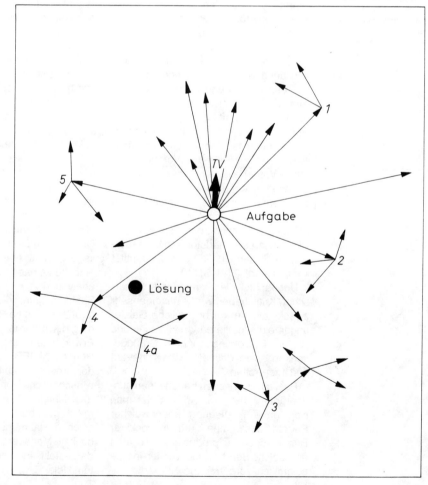

[24] Es darf bezweifelt werden, daß Osborne als erster auf diese methodisch entscheidende Idee verfallen ist, denn bereits Leibniz gibt in seinem grundlegenden Werk, der *Ars magna*, eine derartige Trennung an. Leibniz unterscheidet eindeutig zwischen "ars inveniendi" (Erzeugungskunst) und "ars indicandi" (Entscheidungskunst).

[25] Es dauert nicht lange, und das Kind befolgt den zweifelhaften Ratschlag der Erwachsenen. Das Ergebnis ist ein weiterer angepaßter Mensch, der – sofern er überhaupt noch ungewöhnliche Ideen entwickelt – den Ergebnissen seines kreativen Denkens mehr oder minder mißtraut.

---

wissermaßen im Sturm zu besiegen, (deshalb "brainstorming") wobei sich jeder an den Ideen der anderen entzündet und so ein Lawineneffekt erzielt wird. Die geäußerten Ideen dürfen beliebig verrückt sein. Kritik in jeder Form ist zunächst grundsätzlich untersagt.

Die Auswertung der Ideen wird von einer zweiten Gruppe vorgenommen. Bedachtsam vorgehende, kenntnisreiche und nüchtern wägende Fachleute sind im allgemeinen besser als die eigentlichen "Ideengeneratoren" geeignet, die wahllos hervorgebrachten und oft recht phantastischen Ideen der erstgenannten Gruppe zu prüfen und zu analysieren.

Diese Trennung der beiden wichtigen Schritte des erfinderischen Prozesses ist als Kernstück jeder ordnungsgemäß ausgeführten Ideenkonferenz anzusehen.[24]

Das Prinzip der Ideensuche geht aus Abbildung 3 hervor. Zu erkennen ist, daß das weitgehend ungeordnete Suchen durchaus nicht beseitigt werden konnte. Vorteilhaft ist lediglich, daß weniger vergebliche Versuche in Richtung des Trägheitsvektors unternommen werden als im Falle des Versuch- und Irrtum-Vorgehens.

Unbefriedigend bleibt, daß das "Suchen ohne Verstand" (Al'tšuller) zum Prinzip erhoben wird. Die spektakulären Erfolge der Methode beruhen nach den Worten ihres schärfsten Kritikers darauf, "daß man Qualität durch Quantität kompensiert" ([18], S. 36).

Ungeachtet dieser herben Al'tšullerschen Kritik haben wir es mit einer sehr zweckmäßigen, für bewegliche Geister ungemein stimulierenden Hilfsmethode zu tun. Die obengenannten Grundgekanken seien deshalb näher erläutert und interpretiert.

Fast alle Menschen haben einen ausgeprägten Hang zur Kritik. Setzt man sich ohne Festlegung irgendwelcher Regeln zusammen, um in lockerer Runde Ideen zu produzieren, so artet eine solche Beratung nicht selten in eine polemisch vorgetragene Kritik derjenigen Vorschläge aus, welche die anderen gemacht haben. Hinzu kommt, daß wir unseren eigenen Ideen nicht recht trauen. Selbstkritik ist zwar eine gesunde und normale Eigenschaft, jedoch führt sie beim eigenbrötlerischen schöpferischen Arbeiten oftmals dazu, eigene Gedankengänge als "Spinnerei" abzutun und damit vorzeitig zu beenden. Gerade der gute Fachmann fällt dieser Gefahr zum Opfer. Er vermutet entweder, daß seine jeweilige Idee sicherlich schon irgendwo gedacht und realisiert worden sei, oder er hält – gerade weil er naturwissenschaftlich allzusehr gebildet ist – seine Phantasieprodukte von vornherein für nicht realisierbar. Hinzu kommt ein erziehungsbedingter Faktor: Jedem Kleinkind wird der von den Erwachsenen unmerklich verbogene Begriff "Vernunft" eingetrichtert. "Sei doch vernünftig" heißt aber für den Durchschnittserwachsenen im Klartext: "Unterdrücke schnellstens deine Phantasie und höre auf zu spinnen, dann wirst du keine Schwierigkeiten mehr haben."[25]

Auf diesen Sachverhalt nimmt die strenge Trennung zwischen Ideenproduktion und Ideenbewertung Rücksicht.

Die erste Phase betrifft die eigentliche *Ideenkonferenz*. Solche Konferenzen können mit oder ohne Vorbereitung abgehalten werden. Teilnehmerzahlen zwischen 2 und 10 sind – je nach Problem und Situation – angemessen. Das Optimum dürfte bei 2 bis 5 Teilnehmern liegen. Stets empfiehlt sich zunächst eine kurze, aber sorgfältige Problemanalyse durch den Leiter oder einen Sachkundigen, die jedoch nicht "gefärbt" sein sollte. Es folgt die Erläuterung der **A**nforderungen, **B**edingungen, **E**rwartungen und **R**estriktionen (von Herrlich "ABER" genannt). Kein Erfinder arbeitet im luftleeren Raum. Harte wirtschaftliche Forderungen sind zu berücksichtigen, klar absehbare Grenzen meist gegeben. Die Darlegung eines solchen Rahmens erfordert allerdings höchste Managerqualitäten: ungeschickt dargestellt, lähmen sie das Schöpfertum vieler Beratungsteilnehmer.

Der Leiter der Konferenz hat ferner die Regeln zu erklären und sich im übrigen weitgehend zurückzuhalten. Man kann z. B. reihum die Vorstellungen und Ideen der Teilnehmer abfragen, sollte jedoch die spontane – in der Reihenfolge nicht reglementierte – Meinungsäußerung auf keinen Fall unterbinden. Gelockerte Atmosphäre ist Bedingung, Kritik untersagt.

In der zweiten Phase erfolgt dann durch andere (und anders veranlagte) Personen die systematische Analyse bzw. Kritik der Vorschläge. Sehr wichtig ist, daß diese Experten nicht einfach nur die Frage "geht das?" beantworten, sondern die Ideen zu vervollständigen suchen. Nur so ist zu vermeiden, daß völlig unkonventionelle Ideen vorzeitig "niedergemacht" werden.

Nach guter methodischer Vorbereitung können auch die Schöpfer der Ideen ihre eigenen Ideen kritisieren ("inverse Ideenkonferenz"). So wird übrigens auch in den Erfinderschulen verfahren (s. Abschn. 8.2.2.) Streng zu unterscheiden ist dabei zwischen Restriktionen und Bedingungen. Vieles, was zuvor als Restriktion galt, erweist sich bei näherem Hinsehen nur noch als Bedingung.[26]

Verzichtet man bewußt auf die strenge Forderung, Kritik dürfte auf einer Ideenkonferenz nicht geäußert werden, so kommt man zu einer sehr interessanten Variante. Es handelt sich um einen Typ der Problemberatung, die auf dem Prinzip der "Rollenkomplementarität" beruht. Zahlreiche Beispiele aus der Geschichte belegen, daß ein besonders kreativer, ideenreicher Mensch sachkundige, ernsthafte Kritiker braucht und – solange er kompetent bleibt – solche Mitarbeiter zu gewinnen und für die eigene Arbeit heranzuziehen trachtet. Wer hingegen Lobhudelei zu schätzen beginnt, blockiert sich – auch in kreativer Hinsicht.

Karcev [20] führt ein Beispiel an: Das "Heldenkollektiv" bei Dumas besteht aus d'Artagnan (Ideengenerator, Organisator), Athos (Kritiker), Aramis (Experte) und Porthos (Ausführender). Die Struktur dieses einzigartigen Kollektivs, so meint Karcev, kam der Optimalität sehr nahe, und eine z. B. aus vier d'Artagnans bestehende Gruppe von Musketieren hätte mit hoher Sicherheit ein überaus trauriges Ende gefunden.[27]

Die Schlußfolgerungen für den erfinderisch aktiven Leiter einer Gruppe liegen auf der Hand: Mitarbeiter sehr unterschiedlicher Neigungen, Begabungen und Fähigkeiten sind erforderlich, um schnell zum gemeinsamen Ziel zu gelangen. Daraus ergeben sich zwanglos Wertschätzung, Achtung und Vertrauen dem Partner gegenüber, gerade weil die Fähigkeiten des Partners auf einem völlig anderen, für das Gesamtvorhaben jedoch wichtigen Gebiet liegen.

Der Leiter ist aus ebendiesem Grunde gut beraten, wenn er Partner sehr unterschiedlicher Ansichten, Temperamente und Charaktere zur Ideenkonferenz einlädt. Allen gemeinsam sollte Unvoreingenommenheit, Engagement für die Sache, geistige Beweglichkeit und Kreativität sein. Fachwissen ist ohne Zweifel nützlich bis unerläßlich, aber nur in Verbindung mit den obengenannten Eigenschaften optimal einsetzbar. Nur-Fachleute unter sich nützen wenig, denn sonst gäbe es ja das zu lösende Problem nicht mehr.[28]

Unwichtig ist im Prinzip die Stellung der Teilnehmer in der offiziellen Hierarchie. Die in der Praxis üblichen Kompromisse führen allerdings nicht selten dazu, daß minder kreative Partner wegen ihrer Stellung in der Hierarchie eingeladen und höchst kreative (jedoch unbequeme) Partner der unteren Ebene nicht berücksichtigt werden.

Der konsequente Leiter tut gut daran, solche Kompromisse nicht überhand nehmen zu lassen. Da es sich bei der Ideenkonferenz um eine typische Zufallsmethode handelt, ist es wichtig, Partner zu haben, die mit Zufällen etwas anfangen können. Im Abschnitt 2.2. haben wir den Gedankengang im Zusammenhang mit der Intuition bereits gestreift. Ergänzend könnte Intuition als

---

[26] Scharf aufzupassen ist, daß keine vermeintlich unsinnige Idee vorzeitig gestrichen wird, denn vieles erscheint uns nur deshalb unsinnig, weil wir weitgehend in konventionellen Bahnen denken. Andererseits ist die gelegentlich zu hörende Forderung "Keine Idee darf verloren gehen" vom Prinzip her falsch. Ohne schließliches Wichten, Wägen (und gegebenenfalls auch Verwerfen) hat eine konsequent gehandhabte Ideenkonferenz keinen Sinn.

[27] Tatsächlich haben Untersuchungen in amerikanischen Konzernen ergeben, daß eine in einem Arbeitsbereich absichtlich erzeugte Häufung von hochkreativen Ideengeneratoren der Effektivität sehr abträglich ist. Ohne es zu wollen, treten sich die Vertreter einer solchen Gruppe gewissermaßen gegenseitig auf die Zehen. Keiner will sich in den Niederungen der Realisierung/technischen Anpassung tummeln, schon gar nicht, wenn die Ideen der anderen überführt werden sollen.

[28] Die Nichtfachleute unter den Teilnehmern sollten nach Möglichkeit Fachleute auf einem anderen – beliebig weit entfernten – Gebiet sein und sich ebenfalls vor allem durch erwiesene Kreativität auszeichnen. Gerade bedeutende Synektikerfindungen (s. Abschn. 4.2.) sind nicht selten der Mitarbeit fachfremder Fachleute zu verdanken.

[20] Karcev, V.: Verteilte Rollen. – In: neuerer. – Berlin 28 (1979) 11. – S. 368 u. 369

[29] Auch jene Leser, die kein amerikanisch gefärbtes Englisch beherrschen, erkennen viele Wendungen ohne Schwierigkeiten als "alte Bekannte" wieder. Es ist erstaunlich, wie international einheitlich doch die Sprache der Neinsager ist.

[30] Im Prinzip folgt der hinhaltende Hinderer mit sicherem Instinkt dem "Mañana-Gesetz". Er beherrscht souverän die Kunst, Entscheidungen auf die lange Bank zu schieben. Der hinhaltende Hinderer erstickt praktisch sämtliche Ideen sofort nach ihrem Entstehen im Keim, und zwar nicht durch brutale Verneinung, sondern durch die viel wirksamere Technik der Verzögerung. Auch hierbei scheint es sich um ein internationales Phänomen zu handeln.

[21] Raudsepp, E.: Games to make you more creative. – In: Chem. Engng. – Hightstown (1980) 10. – S. 155–160

[22] Parkinson, Charles Northcote: Das Mañana-Gesetz oder Parkinsons Gesetz der Verzögerung. – In: Das Mañana-Gesetz. – Reinbek bei Hamburg: Rowohlt-Verlag, 1973

[23] Gilde, Werner; Starke, Claus-Dieter: Ideen muß man haben. – 2. Aufl. – Leipzig; Jena; Berlin: Urania-Verlag, 1970

für den Normalbürger ungewöhnliches Reagieren auf ein zeitlich und räumlich zufälliges Zusammentreffen von mindestens zwei gedanklichen Ereignissen definiert werden. Wer auf ein derartiges zufälliges Zusammentreffen von Gedankenketten nicht schöpferisch reagieren kann, hat in einer Ideenkonferenz nichts zu suchen; dort werden Gehirne gebraucht, die auf Zufälle vorbereitet sind.

Besonders wichtig für den Leiter einer Ideenkonferenz ist demnach die Frage, wen man nicht einladen sollte. Zunächst kann man ohne weiteres auf eingefleischte Pessimisten und prinzipielle Meckerer verzichten. Wer nur mäkelnd kritisiert und keine Verbesserungsvorschläge anzubieten hat, der stört. Besonders bekannt sind jene hartnäckigen Neinsager, die in der Praxis als böswillige Ideentöter auftreten. Sie zu erkennen fällt nicht sonderlich schwer, da sie sich eines Standardrepertoires ablehnender Phrasen bedienen. In einer amerikanischen Arbeit [21] finden wir die Empfehlung, solche Phrasen für Lehr- und Trainingszwecke zu sammeln. Nützlich ist ein solches Vorgehen auch deshalb, weil wir uns oft genug selbst dabei ertappen, niveaulose, destruktive Kritik zu äußern. Die von Raudsepp sehr bildhaft mit "Killerphrasen" überschriebene Blütenlese umfaßt insgesamt 40 solcher destruktiven Phrasen. Sehen wir uns besonders einprägsame Beispiele im Original an ([21], S. 159 f.):

– We've never done it that way before.
– It's not in the budget.
– We're not ready for it yet.
– All right in theory, but can you put it into practice?
– Too academic.
– Too modern.
– Too old-fashioned.
– Let's discuss it at some othertime.
– You don't understand our problem.
– Production won't accept it.
– Engineering can't do it.
– Why try something new? Our sales are up.
– Won't work in our industry.
– Let's. think it over and watch for developments.
– Let's put it in writing.
– Let's wait and see.[29]

Beachtet werden sollte, daß sich die Neinsager häufig geschickt tarnen. Wenn man den Forschungsergebnissen Parkinsons Glauben schenken darf, treten sie heute meist verkappt als "hinhaltende Hinderer" ([22], S. 113) auf. Diese Abart ist wegen ihrer pseudo-fortschrittlichen Maske, die Besonnenheit, Umsicht und Verantwortungsbewußtsein vorspiegelt, nicht immer leicht zu durchschauen. Die Übergänge zwischen "abscheulichen Neinsagern" und "hinhaltenden Hinderern" sind allerdings fließend, wie die Liste der o. a. Killerphrasen überzeugend belegt.[30]

Zu warnen ist auch vor den Perfektionisten, die alles "großartig, fehlerlos und universell brauchbar" haben möchten ([23], S. 65). Zwar ist Perfektion im Prinzip erstrebenswert, jedoch gibt es eben – wie von Al'tšuller [18] ausdrücklich eingeräumt – die "ideale Maschine" (das ideale Endergebnis, s. Abschn. 5.1.) nur als theoretisches Leitbild, nicht aber als vollständig realisierbare technische Lösung. Deshalb gilt: Alle, die das Prinzip "Unvollständige Lösung" (von Gilde und Starke "85-Prozent-Regel" genannt) grundsätzlich ablehnen, stören auf einer Ideenkonferenz. Wir haben es bei Perfektionisten dieses Typs gewissermaßen mit den "Metaphysikern des Alles oder Nichts" (Thiel) zu tun, die – beispielsweise im Falle einer angestrebten Kombinationserfindung – sinngemäß mindestens das violettschwänzige eierlegende Wollmilchschwein fordern.

Schließlich sei noch auf die sogenannten Super-Experten eingegangen. Natürlich braucht man unter den Teilnehmern stets gute Fachleute, allein schon, um die Diskussion zum technischen Sachverhalt nicht ins Nebelhafte entgleiten zu lassen. Negativ wirkt sich jedoch der einseitige Schmalspurspe-

[31] Tatsächlich handelt es sich bei Kowalskis Betrachtungsweise nicht nur um eine Satire, sondern um eine genaue Analogie zur Rollenverteilung zwischen dem Nichtfachmann und dem Superspezialisten in einer Ideenkonferenz. Ohne kreative (aus der Sicht des befangenen Superspezialisten "dumme") Vorschläge geht es in einer Ideenkonferenz nicht voran.

[32] Es handelt sich um das in der Segelschiffära praktizierte Prinzip des "Schiffsrates". Begann ein Schiff trotz sachkundiger Bemühungen der Experten (Kapitän, Offiziere) zu sinken, so wurde der Schiffsrat einberufen. Nun sprach der Schiffsjunge zuerst, dann der Ranghöhere usw. Zum Schluß fällte der Kapitän die Entscheidung.
In vielen Leitungsberatungen geht es bekanntlich umgekehrt zu: Der Chef monologisiert endlos und fragt dann bestenfalls, ob jemand etwas dagegen hat.

[33] Diese spezielle Methode hat den Nachteil, daß keiner so recht weiß, wer eigentlich für ein bestimmtes Gebiet als Experte zu gelten hat. Lem bemerkt zum Versagen der u. a. für prognostische Zwecke häufig benutzten Delphi-Methode: "... was leicht begreiflich zu machen ist, wenn man bedenkt, daß ein Patentbeamter namens Einstein im Jahre 1904 nirgends als Physikexperte galt". ([25], S. 7)

[24] Kowalski, Emil: Management by errors. – Düsseldorf; Wien: Econ-Verlag, 1973

[25] Lem, Stanislaw: Summa technologiae. – Berlin: Volk und Welt, 1980

zialist aus. Tief in sein geliebtes Fachgebiet verstrickt, kann er unmittelbar nur wenig zum Ergebnis beitragen (Trägheitsvektor!). Hinzu kommt seine Frustration: Gerade weil er Spezialist auf dem zur Diskussion stehenden Gebiet ist, hätte er das Problem am liebsten längst selbst gelöst. Da ihm dies jedoch nicht gelungen ist, zeigt er automatisch Voreingenommenheit gegenüber den Ideen der "Grünschnäbel" und "Spinner".

Hinzu kommt ein Phänomen, das nur anhand einer Analogie aus dem Bereich der Leitungswissenschaften erläutert werden kann. In seiner Schrift "Management by errors" [24] behandelt Kowalski den Typ des Managers, der gerade deshalb besonders erfolglos ist, weil er in seiner bisherigen Tätigkeit Experte auf einem technischen Spezialgebiet war und die dort übliche Arbeitsweise auf seine neue Tätigkeit anzuwenden versucht. Ein solcher Manager wird mit zahlreichen neuen Disziplinen konfrontiert. Er versucht in Anlehnung an seine bisherige Arbeitsweise zunächst intensiv, überall Experte zu werden; er liest, studiert, informiert und überarbeitet sich schließlich ohne jeden Erfolg. Im Gegenteil: seine Bemühungen wirken sich negativ aus. Weder gelingt es ihm, auf irgendeinem Gebiet ein wirklicher Experte zu werden oder auch nur zu bleiben, noch würde ihm dies, falls es gelänge, in seiner neuen Funktion im geringsten nützen. Fachkenntnisse jeder Art hindern ihn, frei und unbefangen "kreative Fehlentscheidungen" zu treffen.[31]

In diesem Zusammenhang erscheint es angemessen, unsere Betrachtungen über die negative Rolle der Ideentöter, hinhaltender Hinderer sowie der Perfektionisten zu relativieren. Ein gewisses Maß an derartigen Einflüssen ist eher nützlich als schädlich, da es die manchmal etwas in den Wolken schwebenden Kreativen zwingt, sich Punkt für Punkt mit den Gegenargumenten auseinanderzusetzen. Natürlich sei hierbei vorausgesetzt, daß beispielsweise der Per-

fektionist seine Einwände in der Absicht äußert, der Sache zu nützen.

Ein wichtiger Punkt betrifft die Reihenfolge, in der man die Teilnehmer in der Ideenkonferenz zu Wort kommen läßt. Der Unerfahrenste – falls richtig ausgewählt, damit zugleich der Unbefangenste – sollte zuerst sprechen. Er wird dann durch die Meinungen der von ihm bewunderten Experten nicht beeinflußt.[32]

Extra wegen dieser stets vorhandenen Gefahr wurde eine Sondermethode ("Anonyme Expertenbefragung", "Delphi-Methode") entwickelt. Dabei wird eine Reihe von Experten parallel und unabhängig voneinander schriftlich zum Thema befragt. Die Antworten werden eingesammelt und ausgewertet. In der nächsten Runde wird jedem Teilnehmer die Meinung aller anderen Teilnehmer – ebenfalls schriftlich, aber ohne Autorenangabe – zugestellt. Jeder kann seine eigene Auffassung an den Äußerungen der anderen messen und sich gegebenenfalls ohne Gesichtsverlust korrigieren. Das Verfahren wird so lange wiederholt, bis ausreichende Übereinstimmung der Meinungen vorliegt.[33]

Unabhängig von der Art der Ideenkonferenz resultiert kaum jemals sofort eine fertige Erfindung. Bestenfalls werden Erfindungsideen geboren, die durch Patent- und Literaturstudium, klärende Experimente, Modellierung und Optimierung erst zu Erfindungen reifen müssen. In diesem Sinne ist die Ideenkonferenz eine – wenn auch sehr effektive – Hilfsmethode.

4. Auf dem Wege zum systematischen Erfinden

4.1. Die Chrie

Wenn du eine weise Antwort verlangst, mußt du vernünftig fragen.
J. W. v. Goethe

[34] Erfreulicherweise hat sich das seit Oktober 1989 gründlich geändert. Wie aber steht es um die Vollständigkeit ganz gewöhnlicher Sachmitteilungen, die doch ebenfalls dem Muster der W-Fragen entsprechen sollten? Häufig bekomme ich Einladungen, auf denen irgendetwas fehlt. Entweder läßt man mich über den Ort des Geschehens im Dunkeln, oder man vergißt die Uhrzeit, ist aber ersatzweise stolz darauf, wenigstens das Datum vermerkt zu haben. Wer sonst nicht eingeladen ist, bleibt unklar, nicht selten auch das Thema. Eine hübsche Kombination besteht darin, daß Wochentag und Datum nicht zueinander passen. Vom Absender wird (wie Rückfragen zeigten) dann merkwürdigerweise angenommen, im Zweifelsfalle gelte das Datum.

[26] Mehlhorn, Gerlinde; Mehlhorn, Hans-Georg: Heureka – Methoden des Erfindens. – Berlin: Neues Leben, 1979. – (nl-konkret; 39)

Keineswegs interessieren sich die Menschen erst seit kurzem für die Rationalisierung der geistigen Arbeit. Griechen und Römer besaßen berühmte Denkerschulen, deren Methoden noch heute Gültigkeit haben. So entwickelte beispielsweise Aphthonius bereits im dritten Jahrhundert die "Chrie" ([26], S. 62).

Dabei wird das zu bearbeitende Problem zunächst exakt definiert und begründet. Sodann untersucht man fertige Problemlösungen aus anderen Bereichen auf verwertbare Anregungen für die Lösung des eigenen Problems. Aphthonius entwickelte dazu ein System von Fragen bzw. "Prüfstufen":

a) quis – quid / wer – was: Erklärung, Fragen nach dem Thema
b) cur / warum: Begründung im Ergebnis vernünftiger Überlegung
c) contra / gegen: die gegenteilige Behauptung wird analysiert; läßt sie sich widerlegen?
d) simile / ähnlich: Gleichnis, Vergleich mit der Natur
e) paradigmata / Beispiele: Beispiele aus der Geschichte, der Literatur, dem täglichen Leben
f) testes / Zeugnisse: Autoritätsbeweise durch Anführen von Experten, Gewährsmännern, Sprichwörtern, Sitten und Gebräuchen.

Auffallend ist, daß diese alte Frage- und Denkmethode bereits sehr moderne Gesichtspunkte berücksichtigt, so verbergen sich hinter dem Punkt "simile" die jetzt gebräuchlichen synektischen und bionischen Verfahren (s. Abschn. 4.2. und 4.3.). Allerdings stimmt auch die Umkehrbehauptung: denkmethodisch sind wir heute noch nicht wesentlich weiter. Jedenfalls wußte bereits Aphthonius, daß Autoritätssprüche zum Versiegen dringend benötigter Ideen führen können, und setzte deshalb den Abschnitt "testes" wohlweislich an das Ende.

Der anspruchsvolle Leser könnte trotzdem einwenden, diese sechsstufige Fragetechnik sei im Prinzip doch recht banal; es sei schließlich selbstverständlich, daß man ein Problem durch Fragen analysiere und dann mit Hilfe gezielter Fragen stufenweise löse.

Indes zeigt die tägliche Praxis ein völlig anderes Bild. Bereits dem jungen Journalisten wird beigebracht, daß er sich grundsätzlich sechs "W-Fragen" zu stellen habe, damit er in der Lage ist, für seine Leser eben diese Fragen zu beantworten. Sie lauten:

– Wann? (fand das Ereignis statt)
– Wo? (fand das Ereignis statt)
– Was? (ist geschehen)
– Wer? (war beteiligt)
– Warum? (welche Gründe oder Hintergründe waren entscheidend)
– Wem? (nützt oder schadet es, weshalb haben die Akteure gehandelt).

Man sehe noch einmal nach, ob die ostdeutsche Zeitungsberichterstattung bis Ende Oktober 1989 diesen Mindestanforderungen gerecht wurde.[34]

Es gibt offensichtlich Grund zu der Annahme, daß die so einfach anmutenden "W-Fragen" durchaus nicht selbstverständlich sind. Nur wer sich selbst tatsächlich stets vorurteilsfrei anhand derartiger W-Fragen prüft, kann einigermaßen sicher sein, nichts Wichtiges übersehen zu haben.

In diesem Sinne ist die Chrie alles andere als banal. Vielmehr kann sie durchaus als Urform der Systemanalyse, Keimzelle der Heuristik oder als Rahmenvorschrift für wichtige Stufen der modernen Erfindungsmethodik angesehen werden (s. dazu Abschn. 5.2.). Natürlich muß der Erfinder sich selbst und anderen wesentlich mehr W-Fragen als der Journalist stellen und beantworten. Wird auch nur eine Frage ausgelassen, sinken die Erfolgschancen sofort rapide.

In den Folgekapiteln gehen wir immer wieder auf diesen Sachverhalt ein, wobei Hauptgegenstand der Fragetechnik zunächst nicht etwa die eigentliche Lösung des Problems, sondern vielmehr die exakte Formulierung der erfinderischen Aufgabe ist. Ist die erfinderische

Aufgabe nicht einwandfrei definiert und formuliert, so nützt die Fortsetzung der Arbeit wenig, da der Erfinder dann nicht etwa den Kernpunkt des Problems, sondern irgendeine Randerscheinung bearbeitet. Das Ergebnis, falls es überhaupt den Schutzrechtskriterien entspricht, kann in solchen Fällen niemals hochwertig sein.

4.2. Analogisieren

Wenn die geläufigen Vorstellungen und Gesichtspunkte eines Gebietes auf ein anderes übertragen werden, so ist dies immer für dieses zweite anregend, gewöhnlich auch bereichernd und förderlich.
E. Mach

[35] Man versuche beispielsweise, innerhalb weniger Minuten zwanzig unkonventionelle Verwendungsmöglichkeiten für Büroklammern [28] zu finden (s. auch Kap. 2).

[36] Kommt jemand völlig unvorbereitet in eine derartige Synektiksitzung, so ruft er vermutlich umgehend nach dem Nervenarzt, denn die synektisch produzierten persönlichen und symbolischen Analogien klingen wahrlich recht seltsam. Indes: was zählt, ist schließlich der Erfolg. Wenn man von der persönlichen Analogie "ich fühle mich als frisches Brötchen: locker, leicht, luftig, porös – und habe doch eine feste, knusprige Kruste" ohne größere Umwege zum Untergrund-Porenspeicher (z. B. für Erdgas) kommt, sind skurrile Mittel schließlich gerechtfertigt.

[27] Gordon, W. J. J.: Synectics, the development of creative capacity. – New York; Evanston; London, 1961

[28] Mehlhorn, H.-G.: Ideenwecker. – In: neuerer. – Berlin (1979) 1. – S. 27

Analogien gehören zu den wichtigsten methodischen Mitteln des Erfinders. Eine nicht nur für erfinderische Zwecke geeignete Methode, deren Kernpunkt das Analogisieren ist, wurde von Gordon [27] auf der Grundlage intensiver Studien des Denk- und Problemlösungsprozesses entwickelt ("Synektik").

Die Methode beruht auf der bewußten Übernahme von Ideen aus fremden Gebieten. Dabei werden alle Möglichkeiten geprüft, die sich im Sinne von Analogien ergeben, falls ein ähnliches Problem irgendwo bereits gelöst wurde.

Andererseits kann auch ein längst bekanntes Verfahren dort eingesetzt werden, wo es unerwartete Wirkungen hervorbringt bzw. Probleme zu lösen gestattet, die bisher nur deshalb nicht gelöst wurden, weil man das anderswo geläufige Verfahren für nicht einsetzbar hielt oder ganz einfach nicht kannte. Günstig wirkt sich für die Anwendung der Methode aus, wenigstens mittelmäßige (besser: überdurchschnittliche) Kenntnisse auf möglichst vielen Wissensgebieten zu besitzen. Auch sollte man die zahlreichen Anregungen zu nutzen verstehen, welche durch Presse, Rundfunk und Fernsehen täglich frei Haus geliefert werden. Die synektische Arbeitsweise, bei streng systematischer Anwendung nicht unkompliziert, läßt sich trainieren.[35]

In der Patentspruchpraxis wird auf die synektische Verfahrensweise sinngemäß Bezug genommen. Die Benutzung einer bekannten Vorrichtung wird dann als erfinderisch angesehen, wenn sie ohne die Aufdeckung einer unbekannten Wirkung dieser bekannten Vorrichtung unterblieben wäre.

Bei korrekter Durchführung arbeitet das synektische Verfahren, das ähnlich wie eine Ideenkonferenz in Gruppen durchgeführt wird, mit folgenden z. T. etwas skurrilen Arbeitsschritten (überwiegend nach [6], S. 72):

– Problemanalyse und -definition
– spontane Lösungen
– neu definiertes Problem (Neuformulierung des Problems)
– direkte Analogien zum Problem (z. B. aus der Natur)
– persönliche Analogien (wie fühle ich mich selbst, wenn ich mich körperlich mit dem Problem identifiziere, z. B. als frisches Brötchen, als häutende Schlange)
– symbolische Analogien (Analogien, die sich anscheinend noch weiter vom Thema entfernen; für "häutende Schlange" z. B. "lückenlose Fessel"; für "Kaskadeur springt aus einem Schnellzug in den anderen" z. B. "rasender Stillstand"
– direkte Analogien aus der Technik (allmähliche Rückkehr aus der Verfremdungsphase auf den Boden der Tatsachen; für "rasender Stillstand" z. B. "Geschwindigkeitssynchronisation")
– Analyse der direkten Analogien
– Übertragung auf das Problem, Entwicklung konkreter Lösungsideen.[36]

Gordon hat sein Synektikverfahren zunächst nicht vordergründig für technische Erfindungen, sondern vor allem im Rahmen des Kreativitätstrainings für Manager eingesetzt. Synektikkurse sind nicht eben billig, aber das Management zahlt, weil der Erfolg derartiger Kurse überzeugend ist. Allerdings werden die teuren Kurse (6 Monate!) nur noch in den USA durchgeführt.

Außerdem behagt sicherlich nicht jedem Erfinder die zwar anregende, zugleich aber auch irre Atmosphäre einer Synektiksitzung. Die strenge Anwendung der Synektik ist deshalb unter anderem auch Geschmackssache. Indes verzichtet kein wirklich erfolgreicher Erfinder auf die Hauptelemente der synektischen Arbeitsweise, und sei es nur für den nichtöffentlichen Gebrauch (z. B. "Spinnstunden" im kleinsten Kreis).

29

Folgendes einfache Beispiel ist nicht in einer Synektiksitzung entstanden, jedoch ist das synektische Vorgehen sinngemäß zu erkennen. Vor allem kann das erzielte Ergebnis als typisch synektisch angesehen werden.

Aufgabe
Zu lösen war das technische Problem, das Überschäumen des Inhalts eines Rührwerksreaktors zu verhindern. Wegen der Explosibilität des Reaktorinhalts beim Kontakt mit Luftsauerstoff sollte der Reaktor unter Schutzgas (Stickstoff) gefahren werden, wobei das während der Reaktion entstehende Gas unter Eigendruck abgeleitet und alsdann verbrannt werden sollte. Gefährlich war, daß der Reaktorinhalt gelegentlich unkontrolliert überschäumte, wobei der stark verschmutzte Schaum in das Gasaustrittsrohr geriet oder gar über die Sicherheitsschleife ins Freie austrat.

Gegebene technische Lösungen
Bekannt ist, daß man Flüssigkeiten durch Zugabe oberflächenaktiver Mittel entschäumen kann. Diese Möglichkeit schied jedoch aus, da sich im vorliegenden Falle derartige Mittel zersetzen, bevor sie ihre Wirkung entfalten können. Bekannt ist ferner, daß man Schaumblasen durch plötzliches Entspannen des Gasraumes oberhalb der Schaumschicht zum Zerplatzen bringen kann. Es gibt dafür z. B. die Möglichkeit, den Schaum in einem Entspannungsraum durch plötzliches Ändern der Druckverhältnisse zu zerstören. Auch das Beeinflussen der Druckverhältnisse durch äußeren Zwang (intermittierendes Absperren eines Druck- bzw. Vakuumstutzens) ist für den gleichen Zweck bereits vorgeschlagen worden.
Diese Vorschläge sind vergleichsweise kompliziert. Eine einfachere Lösung sollte gefunden werden.

Vermeintlich unabhängig existierender Sachverhalt (zunächst keine Verbindung zur Aufgabe erkennbar)
Chemikern und vielen Nichtchemikern ist das Prinzip der Laboratoriumswaschflasche geläufig. Ein Gas "blubbert" durch eine Flüssigkeitsschicht, wobei ein glatt abgeschnittenes oder mit einer Fritte versehenes Eintrittsrohr Verwendung findet. Die vorgelegte Flüssigkeit bewegt sich im Rhythmus der sie passierenden Gasblasen auf und ab. Die Waschflasche wird (bis auf Eintritts- und Austrittsrohr) gasdicht betrieben, d. h., die Zwangsführung des gesamten Gases durch die Flüssigkeit ist gewährleistet. Eine solche Vorrichtung dient – je nach verwendeter Flüssigkeit – z. B. zum Befeuchten oder Trocknen von Gasen. Auch läßt sich über die Zahl der Blasen pro Zeiteinheit eine für viele Zwecke ausreichend genaue Gasmengenmessung durchführen ("Blasenzähler"). Ferner lassen sich vom Gasstrom mitgerissene Feststoffe abtrennen. Schließlich kann man z. B. wasserlösliche Gase bequem aus Gasgemischen entfernen.

Synektische Verknüpfung von Aufgabe und damit anscheinend nicht zusammenhängendem Sachverhalt
Bisher wurde offensichtlich noch nicht darüber nachgedacht, daß die in all den genannten Anwendungsfällen auf- und abschaukelnde Flüssigkeitssäule im eintretenden Gasstrom zwangsläufig Phasen relativer Kompression, wechselnd mit Phasen relativer Dekompression, erzeugt. Nun ist dieser Sachverhalt, so könnte man einwenden, schließlich im Zusammenhang mit der Funktion einer Waschflasche zwar möglicherweise bisher nicht beachtet worden, anwendungstechnisch bzw. funktionell jedoch bedeutungslos. Hier aber hat die synektische Denkweise einzusetzen: Was heißt "funktionell bedeutungslos"? In unserem Falle bedeutet es nur, daß dieser Sachverhalt zwar für die bisher bekannten Funktionen unwichtig sein mag, im übrigen jedoch zum Weiterdenken anzuregen hat.[37]

Rückkehr zur Aufgabe, Lösung
Durch Kopplung der im Stadium "Gege-

---

[37] "Wo kann ich das verwenden? Handelt es sich dabei möglicherweise um ein weiteres Einsatzgebiet für Waschflaschen?" Dieses Weiterdenken braucht, wie unser Beispiel zeigt, nicht unbedingt im Sinne der etwas skurrilen Verfremdung (d. h. der zwischenzeitlichen Suche nach völlig sachfernen Analogien, s. oben) zu erfolgen.

bene technische Lösungen" analysierten Überdruck-Unterdruck-Varianten mit der durch Beobachtung begründeten Annahme, daß eine in der Waschflasche auf- und abschaukelnde Flüssigkeitssäule automatisch die gleiche Funktion ausüben könnte, läßt sich die Vermutung gewinnen, daß mit einer dem Rührwerksreaktor gasseitig nachgeschalteten (getaucht betriebenen) Flüssigkeitsvorlage, die einer Waschflasche "nachempfunden" ist, die Aufgabe möglicherweise zu lösen ist. Die Vermutung wurde durch das Experiment bestätigt; die großtechnisch betriebene Vorrichtung hat sich bestens bewährt (Abb. 4).

Typisch für dieses Beispiel ist, daß es sich um eine offensichtlich sehr einfache Lösung handelt. Als technisch günstig und im besonderen Maße erfinderisch ist zu werten, daß Frequenz und Intensität der Druckstöße zum einen durch die Reaktionsgeschwindigkeit, zum anderen durch die Höhe des Flüssigkeitsspiegels in der Wasservorlage zu regulieren sind. Bezüglich der Frequenz handelt es sich sogar um ein selbstregulierendes System, denn mit steigender Reaktionsgeschwindigkeit – hier verbunden mit verstärkter Schaumbildung – erhöht sich die Frequenz der Druckstöße automatisch, was wiederum den praktischen Erfordernissen bzw. der verfahrenstechnisch gegebenen Notwendigkeit (die Schaumentwicklung

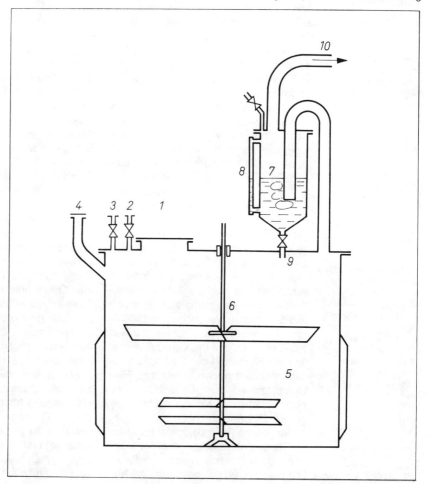

Abb. 4
Eine typische Synektik-Erfindung: Verfahren zur Verminderung der Schaumbildung bei der technischen Durchführung chemischer Reaktionen (nach [29])

Das im Reaktor *5* entstehende, zur Schaumbildung führende Gas kann durch die Wasservorlage *7* nur stoßweise austreten. Die dadurch im Gasraum des Reaktors verursachten intermittierenden Druckschwankungen wirken schaumbremsend.
Durch das Schauglas *1* ist die im Reaktor synchron zum stoßweisen Gasaustritt pulsierende Schaumschicht zu beobachten.

2, 3, 4 Eintrittsstutzen für die Reaktionskomponenten, *6* Rührwerk, *8* Standglas, *9* Ablaßstutzen, *10* Reingas zur Verbrennung

[38] Vor allem konnte der Erfinder darlegen, daß dem Erfindungsgedanken ein zwar "im nachhinein" klarer, bislang aber noch nicht in Betracht gezogener Effekt zugrunde liegt, d. h. also, daß im schutzrechtlichen Sinne eine eigene Entdeckung (auch kleinste Effekte sind in diesem Sinne Entdeckungen) zur Basis der Erfindung gemacht wurde. Äußerlich erscheint die Sache dem Nichtfachmann vor allem deshalb merkwürdig, weil das angewandte Mittel (die gewissermaßen hypertrophierte Waschflasche) im apparativen Sinne ohne Zweifel banal ist. Nicht banal hingegen ist die Benutzung im oben erläuterten Zusammenhang. Sehr wahrscheinlich hatte bislang tatsächlich niemand an die eingangsseitigen Druckverhältnisse in einer Waschflasche gedacht, jedenfalls nicht im Zusammenhang mit einer möglichen technischen Nutzung. [29]

[39] Zufällig heißt allerdings nicht selten, daß sehr wohl synektisch gearbeitet worden ist, nur eben nicht bewußt. Befähigte Erfinder analogisieren unentwegt, und irgendwann "klingelt" es.

[40] Speziell die als elastische Profile ausgeführten Dichtflächen sind ausgesprochen ähnlich. Abbildung 13 zeigt beide Stopfen (die Abbildung demonstriert zugleich ein erfinderisches Prinzip zum Lösen technischer Widersprüche und findet sich deshalb im Kapitel 5).

[29] Zobel, D.: Verfahren zur Verminderung der Schaumbildung bei der technischen Durchführung chemischer Reaktionen. – DD-PS 121 030 v. 12. 07. 1976, ert. 28. 05. 1980

zu bremsen) entspricht. Frequenz und Amplitude der Druckstöße lassen sich über das kommunizierende Standglas 8 verfolgen.

Natürlich löst man mit einer solchen Anmeldung beim Patentprüfer nicht gerade Jubel und Begeisterung aus, erscheint doch die Lösung dermaßen trivial, daß weder der Laie noch der Fachmann zunächst so recht einsehen wollen, worin der Neuheitswert der Sache eigentlich besteht. So war es auch im Falle dieses Patentes. Erst während der Anhörung, die dem Erfinder die Möglichkeit gab, sich im Patentamt mündlich zur Sache zu äußern, konnte Klarheit geschaffen werden. Tatsächlich existierte zum Zeitpunkt der Anmeldung keine Veröffentlichung, die eine getaucht betriebene Flüssigkeitsvorlage für einen derartigen Zweck zum Gegenstand gehabt bzw. genügend klar beschrieben hätte.[38]

Die Arbeitsergebnisse des Synektikverfahrens beruhen, wie das Beispiel zeigt, auf den erfinderisch wichtigen Grundoperationen Analogisieren und Transformieren. Viele Ideenketten basieren auf der wiederholten Anwendung eines einzigen erfinderischen Grundgedankens in möglichst weit voneinander entfernten Fachgebieten, wobei sich beim näheren Hinsehen stets zeigt, daß die zu lösenden Probleme in ihrer Grundstruktur entscheidende Ähnlichkeiten aufweisen. Um dies herausfinden zu können, benötigt der Erfinder fast immer einen Abstraktionsschritt, denn die konkreten technischen Gebilde kanalisieren durch ihre oftmals spezifischen Ausführungsformen beim oberflächlichen Hinsehen unsere Aufmerksamkeit meist derartig, daß das Grundsätzliche, das innere Wesen der Sache, das auf zunächst ganz anders anmutende Fälle Übertragbare, dem Betrachter ohne einen solchen Abstraktionsschritt verborgen bleibt.

Der gleiche Abstraktionsschritt ist zuvor bereits notwendig, wenn der Erfinder die zu lösende Aufgabe definiert. Hat man herausgefunden, welche Auf-

gabe prinzipiell zu lösen ist, so ist man auch in der Lage zu erkennen, ob diese Aufgabe in fachfremden Fachgebieten – als vermeintlich spezielle, tatsächlich aber prinzipielle Aufgabe! – ebenfalls besteht oder nicht.

Häufig ist allerdings nur das Ergebnis – aus der Sicht des Methodikers – synektisch, die reale Vorgehensweise auf dem Weg zur Lösung hingegen mehr oder minder zufällig.[39]

Auch sind regionale Besonderheiten und vom Anmelder nicht selten erfolgreich angewandte Tricks zu beachten.

Manche technischen Lösungen sind in bestimmten Ländern geläufig, in anderen völlig unbekannt. Ob nun der Erfinder in einem Land, in dem die Lösung unbekannt ist, eine zufällige Doppelerfindung gemacht hat, oder ob er in Kenntnis der anderswo bekannten Lösung den Prüfer in seinem nationalen Patentamt zu unterlaufen trachtet (in der Hoffnung, der Prüfer werde die im Ausland geläufige Lösung nicht kennen), bleibt offen.

Jedenfalls finden sich immer wieder Anmeldungen, die sehr vordergründige und damit an sich kaum schutzfähige Analogien zum Gegenstand haben. So beschreibt eine Deutsche Offenlegungsschrift (DOS) einen Stopfen zum Verschließen von Hüllrohren im Betonbau [30]. Der Anspruch lautet: "Stopfen zum Verschließen von Hüllrohren im Betonbau, dadurch gekennzeichnet, daß der Stopfen außen als elastisches Profil ausgebildet ist." Die Zeichnung zur Offenlegungsschrift zeigt diesen Stopfen, der – fast im Sinne einer geometrisch genauen Kopie – einem seit Jahren für das Verschließen von Weinflaschen üblichen Polyethylen-Stopfen entspricht.[40]

Klar zu erkennen ist, daß es sich um eine möglicherweise nicht schutzfähige Übertragung handelt. In beiden Fällen wird ein Rohr bzw. rohrförmiges Gebilde (Hüllrohr im Betonbau einerseits, Flaschenhals andererseits) mittels Stopfens verschlossen, wobei die technischen Mittel praktisch gleich sind.

[41] Nicht naheliegend sind im allgemeinen Analogien aus anderen Sektionen der Internationalen Patentklassifikation.

[30] Döllen, H.: Stopfen zum Verschließen von Hüllrohren im Betonbau. – DOS 3 4 33 575 v. 13. 9. 1984, offengel. 20. 3. 1986

[31] Kühnlein, H.; Küng, H. R.; Molnar, G.: Verfahren und Vorrichtung zum Konzentrieren von Alkalilauge. – DOS 3 123 367 v. 12. 6. 1981, offengel. 1. 4. 1982

[32] Holland, H.: Fallstromverdampfer. – DOS 2 812 094 v. 20. 3. 1978, offengel. 27. 9. 1979

[33] Hochkirch, H.; Zobel, D.; Kulwatz, G.; Rossmann, S.: Vorrichtung zur Absorption von P_4O_{10} mittels Phosphorsäure. – DD-PS 157 444 v. 19. 3. 1981, ert. 10. 11. 1982

[34] Fallfilmzelle nach De Nora. – In: Anorganisch-technische Verfahren / Hrsg.: Franz Matthes, Günther Wehner. – Leipzig: Deutscher Verlag für Grundstoffindustrie, 1964

Auf dem Wege von der Offenlegungsschrift zur Auslegeschrift ist die Meinung des Prüfers gefragt. Sieht er die Übertragung als naheliegend an, so wird die Stufe der Auslegeschrift (DAS) gar nicht erst erreicht; wird sie erreicht, so erfolgt – während der Auslegefrist – die gewissermaßen öffentliche Prüfung durch die Konkurrenz.

Im vorliegenden Falle könnte das z. B. – hier allerdings nur aus der Sicht der Analogie – die Getränkeindustrie betreffen. Alles Weitere ist eine Frage der Information einerseits bzw. des kommerziell-fachlichen Engagements andererseits. Erfahren die Verantwortlichen der Getränkeindustrie (bzw. der Abfüllbetriebe) nichts von der Sache, weil sie z. B. die *Express-Information* des Deutschen Patentamtes München nicht oder nur für ihren Fachbereich lesen, so hängt es demnach allein von den oft nur zufälligen allgemeinen Kenntnissen des Prüfers ab, ob das Patent erteilt oder die Patenterteilung verweigert wird. Auch ist keineswegs gewiß, ob sich in Kenntnis der oben genannten Auslegeschrift jemand, der – aus methodischer Sicht – Interesse aufbringen und entsprechend handeln müßte, überhaupt betroffen fühlt. Hier liegt ein solcher Fall vor: welcher Getränkefabrikant interessiert sich schon für das Verschließen von Hüllrohren im Betonbau?

Erfolgt aber kein Einspruch, so wird das Schutzrecht erteilt. Das Beispiel zeigt, daß im Erteilungsverfahren auch sehr subjektive Faktoren eine Rolle spielen können. Grundsätzlich sagt deshalb die Tatsache der Erteilung des Schutzrechts nichts über das Niveau einer Erfindung aus.

Die Frage, wie weit Fachgebiete voneinander entfernt sein müssen, um auf synektischem Wege mit Hilfe fachfremder Analogien zum Ziel zu gelangen, hängt jedenfalls in starkem Maße von der Qualifikation des Prüfers ab. Ein universell qualifizierter, auf vielen verschiedenen Gebieten überdurchschnittlich bewanderter Prüfer wird eine synektische Analogie viel eher als ein hochspezialisierter Prüfer für naheliegend erklären.[41]

Ziemlich klar ist die Sache, wenn wir die Verhältnisse innerhalb eines einzigen – wenn auch sehr umfangreichen – Fachgebietes betrachten. So werden beispielsweise innerhalb der anorganisch-technischen Chemie noch immer

– Fallfilmverdampfer [31]
– Fallstromverdampfer [32] sowie
– Fallfilm-/Fallstrom-Absorber [33]

angemeldet, die im Prinzip alle auf dem Stoffaustausch am bzw. im Fallfilm/Fallstrom (insbesondere unter Verwendung röhren- oder plattenförmiger Vorrichtungselemente) beruhen und vom Grundprinzip her sämtlich durch die aus der Chloralkalielektrolyse bekannte De-Nora-Fallfilmzelle ([34], S. 386) beeinflußt sein dürften ("Gebilde-Struktur-Prinzip"). Jedoch betreffen die genannten Anmeldungen niemals das schon lange nicht mehr schutzfähige Prinzip, sondern lediglich sehr spezielle, oft stark eingeengte, stoff- oder anwendungsbezogene Varianten. Damit ist die Frage beantwortet: innerhalb eines – wenn auch umfangreichen – Fachgebietes sind Analogien ohne überraschende Wirkung nicht schutzfähig. Sie gelten als fachmännisches Handeln im Sinne einer direkten Übertragung; die einzige Ausweichmöglichkeit besteht dann in einer Erfindung mit stark eingeschränktem Schutzumfang, die allerdings – ihrem Charakter nach – niemals prinzipiellen Wert besitzt.

Weit günstiger sieht es aus, wenn die Gebiete untereinander keinen direkten Zusammenhang erkennen lassen, obzwar gewisse Elemente der zu lösenden Aufgabe – was ja den prinzipiellen Ansatzpunkt des Analogisierens stets ausmacht – ähnlich definiert werden können.

Ein Erfinder, der sein Fachgebiet wechselt, ist dabei im Vorteil, wie das abschließende Beispiel belegt.

Ein modernes Autopflegemittel für

verwitterte Lackflächen enthält neben einer Fülle konventioneller Mittel (Montanwachse, Triethanolamin, Emulgatoren, Hartparaffine, Stearate, Gemische ungesättigter Fettsäuren, Mineralöle, Verdickungsmittel, Wasser usw.) als Polierkörper 5 bis 20 % Calciumpyrophosphat der Korngröße ≤ 40 μm, wobei im kennzeichnenden Teil des Patentanspruchs ausschließlich dieser in der Autopflegemittelbranche bislang unübliche Polierkörper aufgeführt wird [35].[42]

4.3. Bionik

Das Fenster ist ein zivilisiertes Loch, der Stuhl ein zivilisierter Stein, und der Schrank eine zivilisierte Vertiefung im Gefels. Der Teller ist die Nachbildung einer Hand, die Schüssel eine Nachbildung zweier aneinandergehaltener Hände, und die Gabel ist eine stilisierte Hand mit gespreizten Fingern.
Es macht mir zuweilen Spaß, die Urform der Dinge zu ergründen, ohne die zu befragen, die von Berufs wegen darüber Bescheid wissen.
E. Strittmatter

[42] Der Vater der Idee hatte zuvor jahrelang in einem branchenfremden Werk gearbeitet; dort war ein Verfahren zur Herstellung von Calciumpyrophosphat entwickelt worden, wobei das Mittel als Polierkörper in Zahnpasten vorgesehen war und später auch in dieser Weise zum Einsatz kam. Das Putzen der Zähne ist vom Polieren/Pflegen von Autolackschichten offenbar weit genug entfernt, um eine erlaubte Übertragung vornehmen zu können.

[43] Die Ergebnisse ähneln einander deshalb, weil von allen überhaupt in Frage kommenden Lösungen zwangsläufig früher oder später die technisch bzw. biologisch zweckmäßigsten übrigbleiben. Dies gilt auch dann, wenn zwischenzeitlich beliebig viele Irrwege beschritten und beliebig viele Fehler begangen werden.

Das Gebiet der Bionik umfaßt den umfangreichen Bereich derjenigen Analogien, die wir durch unmittelbares oder mittelbares Auswerten der Form- und Funktionsprinzipien der belebten (bzw. der ehemals belebten) Natur nutzen können.

Die Bionik hat sich innerhalb der letzten Jahrzehnte zu einem geradezu modischen Wissenschaftszweig entwickelt. Heute können wir beispielsweise auf Sachgebietslexika [36] sowie auf Werke mit fast reißerischem, aber durchaus zutreffenden Titel ("Geniale Ingenieure der Natur") zurückgreifen [37]. Populärwissenschaftliche Darstellungen erfreuen sich wachsender Beliebtheit [38].

Dabei geriet weitgehend in Vergessenheit, daß bionische Studien – man nannte das Gebiet nur noch nicht "Bionik" – schon vor mehr als hundert Jahren betrieben wurden. So kam Kapp [39] durch gewissermaßen retrospektive Sicht zu der etwas seltsam anmutenden Theorie der "Organprojektion". Kapp versteht darunter, daß der Mensch auf unbewußtem Wege technische Kopien pflanzlicher, tierischer und menschlicher Organe anzufertigen in der Lage ist. Belegt wird diese Theorie u. a. mit der Erfindung der Camera obscura sowie der Photographie. In beiden Fällen war zum Zeitpunkt der Erfindung noch nicht bekannt, wie Auge bzw. Netzhaut funktionieren. Noch im Jahre 1901 wurde die Theorie der Organprojektion von Haberkalt [40] engagiert verfochten; der Autor gibt eine Fülle verblüffender Beispiele an. So werden die inneren Gehörorgane mit einem Saiteninstrument (Helmholtz: "Klavier im Ohre") verglichen. Auch wird auf die Analogien zwischen Luftröhre/Kehlkopf/Stimmbänder und Orgelpfeifen/Blasebalg/schwingende Metallzungen verwiesen. Das Nervensystem des Menschen wird als "unbewußt benütztes Vorbild" für den Telegrafen bezeichnet. Der Aufbau der spongiosen Knochensubstanz an den Gelenkenden langer Knochen wird mit der ingenieurtechnischen Gestaltung von Bauwerken (Brücken, Eisenbahnbauten, Kräne) in Beziehung gesetzt. Haberkalt erläutert in diesem Zusammenhang den heute wohlbekannten Begriff der Zug- und Drucklinien und kommt zu folgendem Schluß: "Und dieselben Gesetze, welche bereits dem Höhlenmenschen vor Augen lagen, wenn er den Knochen des erlegten Tieres zerschmetterte, um das Mark daraus zu gewinnen – haben wir unbewußt durch Jahrhunderte befolgt; erst jetzt sind wir auf reflektivem Wege zur Erkenntnis dieser Gesetze gelangt und wenden sie in bewußter Weise an!" ([40], S. 13)

Der Trugschluß in diesem zunächst faszinierend anmutenden Gedankengang beruht wohl auf der Formulierung, der Mensch habe existierende Gesetze "unbewußt befolgt". Nun wirken aber derartige Naturgesetze völlig unabhängig davon, ob sie der Mensch befolgt oder nicht. Wenn demnach der Mensch zu analogen Ergebnissen kommt wie vor ihm die Natur, so bedeutet dies nur, daß – im allgemeinen durch Probieren – auf verschiedenen Wegen das gleiche bzw. ein analoges Resultat erzielt wurde. Daß der Vorgang des Probierens (z. B. durch Zuchtwahl) in der Natur langwieriger, umständlicher und noch weit zufälliger als beim Menschen verläuft, ändert am Prinzip nichts.[43]

Kommen wir zu einigen bionischen Beispielen. Betrachten wir das Bauwe-

[35] Gisbier, J.; Kroupa, S.; Baum, S.; Demin, P.; Schönfeld, M.: Autopflegemittel für verwitterte Lackflächen. – DD-PS 232 718 v. 27. 12. 1984, ausg. 5. 2. 1986

[36] Meyers Taschenlexikon Bionik / Hrsg.: Eberhard Forth, Eberhard Schewitzer. – Leipzig: Bibliographisches Institut, 1976

[37] Paturi, Felix R.: Geniale Ingenieure der Natur. – Düsseldorf: Econ-Verlag, 1976

[38] Greguss, Ferenc: Patente der Natur: Unterhaltsames aus der Bionik. – 2. Aufl. – Berlin: Neues Leben, 1988

[39] Kapp, Ernst: Grundlinien einer Philosophie der Technik. – Braunschweig, 1877

[40] Haberkalt, Carl: Die Organe und ihre technischen Gegenbilder. – In: Der kommende Mensch. – Leipzig: Ernst Günther's Verlag, 1901

[41] Lebedev, J. S.: Architektur und Bionik. – Moskau/Berlin: Verlag MIR/Verlag für Bauwesen, 1983

[42] Krause, Herbert: Natur – Vorbild der Technik. – Leipzig; Jena; Berlin: Urania-Verlag, 1982

[43] Schnitzer, J. G.: Vorrichtung zum Errichten von kuppelförmigen Baukörpern. – DOS 3 028 192 v. 25. 07. 1980, ausg. 25. 02. 1982

[44] Meyers Handlexikon. – 8. Aufl. – Leipzig und Wien: Bibliographisches Institut, 1921

sen, so existiert nicht nur das sehr positive und oft zitierte Hyparschalenbeispiel. Gräser und Schachtelhalme zeigen jedem, was es an Spezialprofilen noch alles zu erfinden gibt. Auffallend ist, daß das Problem der Werkstoffverteilung innerhalb eines Profils bzw. der Verwendung mehrerer Werkstoffe für ein Profil noch immer nicht konsequent genug untersucht worden ist. Man denke dabei nur an die Kieselsäureeinlagerungen in den "Kastenprofilen" des Schachtelhalms oder an die ähnlich zu erklärende Schärfe und Stabilität der Schneidkanten bestimmter Gräser.

Das Bauwesen muß – im Vergleich zum Maschinenbau – heute noch als ziemlich rückständig eingestuft werden, was unkonventionelle Lösungen anbelangt. Eine Fülle bionischer Anregungen wartet auf ihre Übertragung. Immerhin wird das Gebiet inzwischen sehr intensiv bearbeitet. So finden sich in der interessanten Monographie von Lebedev [41] zahlreiche Entwürfe, die von bionischen Grundmustern ausgehen. Vielfach erweist es sich – gerade im Bauwesen – als nützlich, anhand von Funktionsmodellen die Verwertbarkeit bionischer Anregungen experimentell zu prüfen. Die Monographie enthält eindrucksvolle Beispiele, die für Architekten sicherlich erstrangige Bedeutung haben.

Was kompliziertere Probleme betrifft, befindet sich die Bionik noch am Anfang ihrer Entwicklung. Als Beispiel sei die trickreiche Vibrationsbewegung der Haut genannt, mit Hilfe derer die Delphine viermal so schnell schwimmen, als es nach den hydrodynamischen Gesetzen eigentlich "erlaubt" ist. Der Trick der Delphine besteht darin, daß die elastischen Eigenschaften ihrer Haut ein laminares Umströmen des Körpers noch weit oberhalb jener Geschwindigkeit gestatten, bei der normalerweise bereits Turbulenzen auftreten und die Fortbewegung bremsen. Kramer versuchte seit 1956 Überzüge für Unterwasserfahrzeuge zu entwickeln, die aus einer die Delphinhaut simulierenden Gummidoppelhaut mit spreizfähigen Gummipfropfen bestanden. Die Lymphflüssigkeit der Delphine wurde durch Silikonöl simuliert, das zur Füllung der Gummipfropfen diente. 1962 zeigte Kramer an Modellen, daß so Widerstandsminderungen bis zu 50 % erreichbar sind (nach [42], S. 125).

Besonders anregend sind solche Vorbilder, die sich seit vielen Millionen Jahren bewährt haben, d. h. fossile Muster aus dem Paläozoikum ("Paläobionik"). Verlockend sind diese Muster vor allem deshalb, weil man völlig sicher sein kann, ausgereifte Konstruktionen vor sich zu haben (z. B. entsprechen typische Kuppelkonstruktionen der Geometrie des Seeigelpanzers). Wer sich beim Durcheinanderlesen sehr verschiedenartiger Quellen ein waches Auge bewahrt hat, ist immer wieder verblüfft, wo man überall auf solche Kuppelkonstruktionen stößt.

Beispielsweise wird in der Patentliteratur eine aufblasbare Innenschalung für die Fertigung von Betonkuppeln dieser Geometrie beschrieben [43]. Die zugehörige Zeichnung stellt das Gebilde sehr übersichtlich dar (Abb. 5). Verblüffend ist nun, daß diese Zeichnung wie abgekupfert erscheint, wenn man eine Schnitt-Darstellung der Kuppelkonstruktion eines typischen byzantinischen Zentralbaues betrachtet. In einer älteren Ausgabe von Meyers Handlexikon findet sich eine solche Darstellung ([44], S. 144): Die etwa 1700 Jahre alte Kuppel der Hagia Sophia in Konstantinopel (Istanbul) entspricht bis hin zu den Einzelheiten der Darstellung in Abbildung 5.

Viele Anregungen finden sich in der Insektenwelt. Betrachten wir Abbildung 6. Sie zeigt den "Falzverschluß" der zusammengelegten Flügel eines Rosenkäfers. Wir denken dabei nicht nur an verschiedene Falzdichtungsvarianten für moderne Fenster, sondern uns fällt beim Betrachten der Abbildung vor allem auch das Prinzip der Labyrinthdichtung ein. Hinzu kommt die im Schnitt erkennbare typische Leichtbauweise des Flügels (Waben- bzw. Kassettenstruktur).

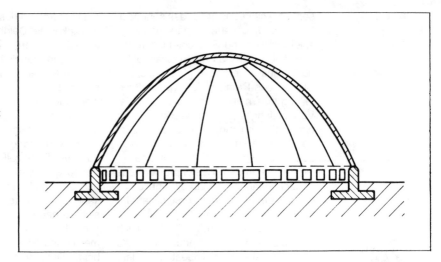

Abb. 5
Aufblasbare Innenschalung für Kuppelkonstruktionen: Vorrichtung zum Errichten von kuppelförmigen Baukörpern (nach [43])

Die Geometrie der Vorrichtung entspricht exakt der Geometrie des Panzers von *Echinocorys ovatus*, einer Seeigelspezies aus der Rügener Schreibkreide.

Mit dem Aufkommen der Bionik, so sollte man zunächst meinen, wurde automatisch eine Flut von bionischen Erfindungen ausgelöst, weil sich nun alle pfiffigen Leute auf dieses ideenträchtige Gebiet stürzten. Die Praxis sah und sieht anders aus. Viel häufiger wird ein in der Natur bereits irgendwo bestehendes Arbeits- oder Konstruktionsschema in Unkenntnis seiner Existenz vom Menschen nacherfunden, und erst dann – oft wesentlich später – werden die Analogien in der Natur entdeckt.[44]

Immerhin gibt es bestimmte Gruppen, innerhalb derer man mit einiger Aussicht auf Erfolg suchen kann. Für den Architekten sind es z. B. Gräser und Schachtelhalme, aber auch Insektenflügel und Fossilien (Leichtbauweise, Sandwich-Konstruktionen), für den Hydrodynamiker dagegen alle Wasserlebewesen (speziell ihre Schwimmorgane, aber auch ihre Oberflächenstruktur lohnt es zu untersuchen).[45]

Überzeugende Anwendungsfälle der bionischen Arbeitsweise lieferte das Forschungszentrum für Tierproduktion der Akademie der Landwirtschaftswissenschaften der DDR in Dummerstorf bei Rostock.

Eine für die Landwirtschaft wichtige Aufgabe besteht z. B. darin, daß man das Gewicht lebender Tiere schnell, fehlerfrei – und im Bedarfsfalle ziemlich häufig – bestimmen muß. Lebhafte Spezies, wie Schweine, Rinder usw., bereiten bei Anwendung konventioneller Technik erhebliche Schwierigkeiten bzw. bedürfen zwecks genauer Wägung zusätzlichen Aufwandes oder umständlicher, zeitraubender Maßnahmen (Narkotisieren, Fixieren). Nun besitzt zwar

[44] Aus der Fülle der fertigen Problemlösungen, die von der Natur angeboten werden, müssen wir die unser jeweiliges Problem betreffenden Muster selbst herausfinden. Oft fehlt dazu ganz einfach die Leitlinie.

[45] Aerodynamiker interessieren sich u. a. für Flugsamen; z. B. entwickelte der Design-Extravagant Colani das 5-m-Modell eines bizarr geformten Vehikels, das dem Flugsamen einer pazifischen Palmenart nachempfunden wurde. Ziel der Entwicklungsarbeit: ein viersitziges Langstrecken-Segelflugzeug ([45], S.144).

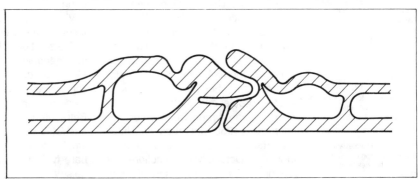

Abb. 6
Schnitt durch die Deckflügel eines Rosenkäfers (nach [36], S. 128)

Zu erkennen sind zwei in der Technik gängige Prinzipien: Leichtbauweise und Labyrinthdichtung.

[45] Design: Im Segelflug über den Atlantik. – In: Spiegel. – Hamburg 28 (1974) 39. – S. 144

fast jede Waage ein inneres Dämpfungssystem, jedoch reicht dies nicht entfernt aus, die Stöße der z. T. heftig trampelnden Tiere abzufangen. Zu suchen war also ein primäres Dämpfungssystem, das als Trampelmatte auf die Waage gelegt werden sollte. Die Dummerstorfer Wissenschaftler lösten die Aufgabe auf rein bionische Weise. Sie analysierten zunächst die von der Natur realisierten Dämpfungsvarianten und suchten sodann nach den zugrundeliegenden Prinzipien. Dieser wichtige Abstraktionsschritt gewährleistet den Übergang von der natürlichen zur technischen Lösung. Die sich aus den natürlichen Vorbildern

– Elastizität von Knochen, Knorpel und Bindegewebe
– Kombination Faser/Knorpel/Knochen im elastischen Verband
– Unterteilung eines Raumes in druckelastische Kammern, in dem Fasern, Knorpel, Fett und Bindegewebskörper spezifisch angeordnet sind ("Wasserkissenphänomen")
– günstiges Verschleißverhalten von Gelenkstrukturen

ergebenden technischen Analoga (z. B. Luftkammern in flüssigkeitsgefüllten Körpern; elastische Bänder, die in Flüssigkeiten eingebettet sind) wurden in morphologischen Tabellen (s. Abschn. 4.4.2.) aufgelistet und bewertet. Schließlich wurde ein für besonders günstig befundenes Modell in die Praxis überführt [46].[46]

Ebenso klar ist die bionische Vorgehensweise bei einem pneumatischen Massagegerät. Imitiert wird ganz offensichtlich die Peristaltik (z. B. der Speiseröhre). Der Erfindungsanspruch lautet dementsprechend: "Erfindungsgemäß besteht die Vorrichtung aus mehreren Manschetten, die um die oberen oder unteren Extremitäten angelegt werden. Durch ein Schlauchsystem sind die Manschetten mit Druckkammern verbunden. Auf die Druckkammern wirkt ein periodisches, steuerbares Druckerzeugersystem. In Funktion wird im System der Manschetten ein wellenförmig wirkender Druckverlauf realisiert, der an die hämodynamisch optimalen Parameter des Patienten angepaßt werden kann." [48]

Es gibt allerdings auch Gebiete, in denen die bionische Arbeitsweise nicht zu empfehlen ist bzw. auf kaum überwindliche Schranken stößt. Beispielsweise sind alle Versuche, den Vogelflug mit technikspezifischen Mitteln nachzuahmen, bislang kläglich gescheitert. Nicht nur der Schneider von Ulm fand bei derartigen Versuchen ein tragisches Ende.[47]

Noch deutlicher werden die Grenzen der bionischen Arbeitsweise beim Realisieren von Bewegungsabläufen, die in der Natur nicht vorkommen. Insbesondere handelt es sich dabei um die gleichförmige Kreisbewegung. In diesem Sinne stimmt wohl die recht zugespitzte Sentenz, der Mensch habe überhaupt niemals etwas Nennenswertes erfunden – ausgenommen das Rad. Eben weil hierin ein Körnchen Wahrheit steckt, ist neben der bionischen stets auch die umgekehrte Denkrichtung zu empfehlen.[48]

So ist beim Einsatz technischer Gebilde für Anwendungszwecke im Bereich lebender Materie stets zu prüfen, ob auch Prinzipien sinnvoll zum Einsatz kommen können, die der Natur wesensfremd sind. Ein Beispiel soll den Zusammenhang verdeutlichen.

Das menschliche Herz arbeitet nach dem Prinzip einer Saug- und Druckpumpe; es ist mit Klappenventilen ausgerüstet. Beim unheilbar herzkranken Patienten wird deshalb eine Herztransplantation vorgenommen oder aber mit Kunstherzen gearbeitet, die vergleichsweise exakt dem biologischen Muster nachgebaut sind. – Revolutionierend ist deshalb die Idee [49], ein nach dem Wankel-Prinzip arbeitendes Kunstherz zu schaffen, das von einem batteriegespeisten Minimotor angetrieben wird und einem ventil- und membranlosen Rotationskompressor gleicht.[49]

---

[46] "Die beschriebene Dämpfungsmatte wird man zunächst bei Rinder- und Schweinewaagen einsetzen. Mit dem Einsatz der Matte können die durch die Auswerteelektronik zu realisierenden Integrationszeiten verringert werden (50 %)." [47]

[47] Abgesehen von der energetischen Seite ist der Vogelflug derart kompliziert, daß die mit natürlichen Mitteln im Laufe der Evolution erreichte Problemlösung mit den vergleichsweise plumpen Mitteln der Technik kaum nachahmbar sein dürfte.

[48] Hier begegnet uns erstmalig das erfinderische Fundamentalprinzip der Umkehrung, das im folgenden noch mehrmals – auf unterschiedlichen Abstraktionsebenen – behandelt wird.

[49] Man könnte diese Vorgehensweise fast "umgekehrte Bionik" nennen.

[46] Lankow, S.; Christmann, C.; Kurth, K.-J.; Busch, K.: Vorrichtung zur Erregungsdämpfung bei Viehwaagen. – DD-PS 211 865 v. 1. 11. 1982, ausg. 25. 7. 1984

[47] Busch, K.; Christmann, C.; Kurth, K.-J.; Lankow, C.: Bionik lieferte Problemlösung. – In: Wiss. u. Fortschr. – Berlin 34 (1984) 8, S. 216–219

[48] Busch, K.; Christmann, C.; Hanschuck, P.: Pneumatisches Massagegerät. – DD-PS 227 881 v. 2. 10. 1984, ausg. 2. 10. 1985

[49] Neues Deutschland. – Berlin, 24./25. 4. 1982, S. 12

Die moderne Biotechnologie gehört zwar streng systematisch nicht zur Bionik, sie liefert aber denkmethodische Beispiele ähnlichen Charakters. Bekannt sind beispielsweise Futterhefeproduktion, schwermetallspeichernde Mikroorganismen als "Arbeiter" bei der Aufbereitung armer Erze, Purpurbakterien als Wasserstofferzeuger und Chlorellastämme als Sauerstoffproduzenten. Wir haben es in fast allen Fällen – im Gegensatz zur Bionik – mit vergleichsweise ausgereiften Lösungen zu tun, die uns die Natur zur Nutzung überläßt. Beispielsweise kann man mit der Zucht von Mikroalgen viel günstiger Biomasse produzieren als auf dem Feld. Japan wird innerhalb der nächsten Jahrzehnte seine Ernährung in wachsendem Maße auf Algenbasis zu sichern suchen.

Auch wenn heute die im industriellen Maßstab betriebenen biotechnologischen Verfahren stets mit mutierten oder genmanipulierten Hochleistungs-Mikroorganismenstämmen arbeiten, sollte nicht vergessen werden, daß das Gebiet eigentlich uralt ist. Von der Brotherstellung bis zur alkoholischen Gärung verfügt die Menschheit über biotechnologisches Grundwissen offensichtlich schon seit Jahrtausenden.

So bemerkten bereits die spanischen Konquistadoren voller Verblüffung, daß die Azteken ein nahrhaftes Gebäck aus Algen herstellten. Basis war wohl damals schon die Algenart Spirulina maxima, die im Gegensatz zur schwerverdaulichen Chlorella-Alge direkt als Nahrungsmittel verwendbar ist. Heute wird auf diesem Gebiet intensiv gearbeitet. Bereits 1982 wurde eine in Norditalien auf 2000 m² Grundfläche installierte Spirulina-Versuchsproduktionsanlage jeweils von April bis November betrieben. Die Kulturlösungen werden dabei über Polyethylenrohre (die gewissermaßen als Sonnenkollektoren wirken) umgepumpt. Der Ertrag ist erstaunlich hoch. Erzielt werden 20 g Trockenmasse pro Tag und Quadratmeter. Das ist das Zehnfache des Ertrages eines Weizenfeldes. Über die Nahrungskette bis zum tierischen Eiweiß gerechnet, ist Spirulina maxima sogar hundertmal effektiver [50].

Solche Berechnungen sind, solange es Hunger auf der Welt gibt, von erstrangiger Bedeutung. Vor allem läßt sich, eine ordentliche Grundkalkulation vorausgesetzt, sinnlose Fortschrittseuphorie ("Fortschrit um jeden Preis") durchaus vermeiden. Dem Positivbeispiel Spirulina maxima sei deshalb das Negativbeispiel "Alkohol anstelle von Benzin" gegenübergestellt. Durch alle Gazetten rauschte jahrelang das brasilianische Alkoholauto. Beim Leser wurde der Eindruck erweckt, dies sei nun die wirklich fortschrittliche, umweltgerechte Lösung – für Brasilien geradezu ideal, da Zuckerrohr immer wieder nachwächst und die Rohrzuckervergärung zu Ethanol das bankrotte Land von Importen unabhängig machen kann.

Eine nüchterne Rechnung zeigt jedoch, daß sich so bestenfalls ein Pyrrhussieg erringen läßt. Das Alkoholauto verpraßt im Vergleich zu einem darbenden Brasilianer das Dreißigfache an "Grund-und-Boden-Äquivalent" und immerhin noch das Sechsfache im Vergleich zum Bedarf des satten Durchschnittsbürgers einer reichen Industrienation [51]. Man tut also stets gut daran, rechtzeitig die zu lösende Aufgabe – wenigstens per Überschlag – zu kalkulieren.

Besonders interessant ist jener Grenzbereich zwischen Bionik und Biotechnologie, in dem die mehr oder minder unmittelbare Nutzung natürlicher Gebilde/Strukturen/Funktionen für technische Zwecke betrieben wird. Beispielsweise gehört ein Gespinst bzw. ein vliesartiges Gebilde aus Geflügelfedern in diese Kategorie.[50]

Das Klettband beruht zwar nicht auf der direkten Nutzung natürlicher Kletten, basiert aber auf einer derart getreuen Kopie ihrer funktionellen Elemente, daß auch dieses Beispiel in die gleiche Kategorie fällt. Dabei sollen die praktischen Schwierigkeiten bis zum naturgetreuen Funktionieren der technischen Kopie hier nicht verschwiegen werden. Was unter Verwendung natürlicher "Werkstoffe" störungsfrei arbeitet, braucht unter Verwendung technischer Werkstoffe noch lange nicht zu funktionieren. Schematismus und an

---

[50] Benutzt werden dafür jene Teile von Geflügelfedern (vorzugsweise Hühnerfedern), die nach vorheriger Entfernung der Kiele und anderer nicht geeigneter Federteile einen mittleren Durchmesser von weniger als 28 µm haben und eine Mindestlänge von 8 mm (für Gespinste) bzw. 4 mm (für Faservliese) aufweisen. Im Faserverband verklammern und verhaken sich dann diese Fasergebilde mit den jeweils gegenläufig liegenden Fasergebilden [52].

[50] Spirulina maxima – Eiweißlieferant. – In: neuerer. – Berlin 31 (1982) 5. – S. 150

[51] Sprit vom Feld. – In: Spiegel. – Hamburg 34 (1980) 11. – S. 236

[52] Faserähnliches Gebilde aus Geflügelfedern und Verfahren hierzu. – DOS 3 224 028 v. 28. 6. 1982, offengel. 29. 12. 1983

Äußerlichkeiten orientierter Funktionalismus sind für solche Übertragungsversuche wenig tauglich.

Immer wieder werden natürliche Systeme entdeckt, die den Techniker verblüffen. So wurde erst kürzlich gefunden, daß das Fell des Eisbären als nahezu idealer Sonnenkollektor wirkt. Erreichen die besten technischen Sonnenkollektoren heute an klaren Tagen bei Temperaturen um den Gefrierpunkt einen Wirkungsgrad um 40 %, so bringt es das Eisbärenfell auf etwa 95 %. Im Eisbärenfell sind die technisch an sich gut bekannten Objekte "Lichtleitkabel" und "Schwarzer Körper" verblüffend effektiv kombiniert.[51]

4.4. Kombinatorik, Morphologie

Nichts ist neu – nur die Anordnung.
W. Durant

[51] Entdeckt wurde, daß die Haare des Eisbären nicht etwa weiß, sondern farblos sind. Das weiße Aussehen besorgt der Kern eines jeden Haares, der die Lichtstrahlen streut. Der ansonsten glasklare Schaft transportiert die einfallende Strahlung einschließlich ihres UV-Anteils zur Oberfläche der (schwarzen!) Eisbärenhaut, wo sie fast vollständig in Wärme umgewandelt wird. Erste Versuche, dieses bei Sonnenkollektoren bisher nicht angewandte Prinzip technisch nachzuahmen, verliefen sehr erfolgreich [53].

[53] Natur, Vorbild für Technik: Eisbärenfell ist einzigartiger Sonnenkollektor. – In: Freiheit. – Halle, 10. 6. 1988, S. 10

[54] Ostwald, Wilhelm: Die Technik des Erfinden. – In: Die Forderung des Tages. – Leipzig: Akademische Verlagsgesellschaft, 1910

4.4.1. Die Ausschlußmethode

Der berühmte Physikochemiker und kämpferische Atheist Ostwald hielt nichts von Wunderglauben. Auch im Zusammenhang mit der Theorie des Erfindens ließ er keinen Mystizismus gelten. Er berief sich dabei u. a. auf Schiller, der den Entwurf seiner "Bürgschaft" mit folgendem Begleitschreiben an Goethe zur Kritik übersandt hatte: "... Denken Sie nach, ob ihnen noch etwas beifällt; es ist dies einer von den Fällen, wo man mit großer Deutlichkeit verfahren und beinahe nach Prinzipien erfinden kann." [54]

Ostwald läßt zunächst Priestley zu Wort kommen, der sein Verfahren mit dem des Jägers verglich, der in den Wald geht, ungewiß, was er erlegen wird. Ostwald gibt zu bedenken, daß man bei der Jagd schließlich nicht auf gut Glück spazierenzugehen brauche, sondern besser ein regelrechtes Treiben veranstalten solle; es gehöre dann schon eine gewisse Ungeschicklichkeit dazu, das eingekreiste Wild zu verfehlen.

Als Beispiel für dieses Einkreisen führt Ostwald [54] die Arbeitsweise des Botanikers Pfeffer an. Dieser versuchte herauszufinden, welcher Stoff die Schwärmsporen einer bestimmten Algenart anzulocken vermag. Klar war zunächst nur, daß die zerriebenen weiblichen Blüten einen Saft ergaben, der die Schwärmsporen ebenso anlockte wie es die Blüten selbst vermochten. Eine Analyse der zahlreichen Inhaltsstoffe schied als zu langwierig aus. Pfeffer ging also an seinen Präparateschrank, mischte alle auf dem oberen Brett stehenden Substanzen und prüfte ihre Wirkung. Ebenso verfuhr er mit den Substanzen der nächsten Etage. Als er schließlich eine aktive Substanzmischung gefunden hatte, setzte er das Verfahren durch Herstellen von Teilmischungen innerhalb der als aktiv gefundenen Präparategruppe fort und kam alsbald zum Ziel.

Man teilt demnach das Feld der Möglichkeiten in einzelne Abschnitte, die man übersehen und beherrschen kann, untersucht einen Teil nach dem anderen und ortet auf diese Weise zwangsläufig den Abschnitt, in dem die Problemlösung zu finden ist.

Im gleichen Sinne verfuhr Daguerre, als er den fotografischen Entwicklungsprozeß erfand (besser: entdeckte). Alle Experimentatoren vor Daguerre hatten versucht, durch die Wirkung des Lichtes allein sofort ein sichtbares Bild zu erhalten. Zunächst ging auch Daguerre diesen Weg, der einer Sackgasse gleichkam; stundenlange Belichtungszeiten waren erforderlich. Eines Tages legte er eine Anzahl zu kurz belichteter jodierter Silberplatten in einen alten Küchenschrank. Einige Wochen darauf nahm er eine Platte heraus und fand zu seinem Erstaunen ein Bild darauf. Der Schrank enthielt allerlei: Handwerkszeug, Apparate, Chemikalien, darunter auch eine Schale mit Quecksilber. Daguerre nahm nun ein Ding nach dem anderen heraus. Stets erhielt er, wenn er belichtete Platten in den Schrank legte, nach einigen Stunden ein Bild. Der Schrank erschien ihm wie verhext, bis er auf das anfangs unbeachtete Quecksil-

39

ber aufmerksam wurde. Er schöpfte nunmehr Verdacht, daß das Phänomen irgendwie mit dem Quecksilber zusammenhängen könnte, setzte versuchsweise eine belichtete Platte Quecksilberdämpfen aus – und die erste bewußt hergestellte Daguerreotypie war fertig ([55], S. 4).

4.4.2. Morphologische Tabelle

Die Morphologie ("Gestaltlehre", d. h. die Lehre von den Erscheinungsformen einer Sache) wurde im wesentlichen von dem Schweizer Astronomen Zwicky entwickelt [56]. Der Grundgedanke der Methode beruht darauf, daß alle Aspekte eines Systems/Verfahrens/Prozesses/Produktes vom denkträgen Menschen (*jeder* ist zunächst einmal träge!) nur dann einigermaßen umfassend bedacht/erfaßt/zum Gegenstand schöpferischer Überlegungen gemacht werden können, wenn zunächst mittels einfacher Hilfsmittel eine möglichst vollständige Sammlung der zu kombinierenden bzw. in Betracht zu ziehenden Elemente des Systems angefertigt worden ist.

Ohne ein derartiges Hilfsmittel assoziiert der schöpferische Mensch, meist sogar im Unterbewußten, nach dem Kaleidoskopprinzip. Alle mehr oder minder zufällig gerade verfügbaren Wissenselemente/Bilder/Vorstellungen wirbeln gleichsam im Kopf herum, und manchmal bemerkt der an neuen Lösungen interessierte und deshalb aufmerksame Mensch eine für ihn sinnhaltige Kombination. Dieses ruckhafte, für den Kreativen zwar nicht ungewohnte, aber immer wieder verblüffende Erkennen von Beziehungen zwischen bisher vermeintlich unabhängig voneinander bestehenden Sachverhalten/Objekten/Vorstellungen gleicht einem immer wieder neuen Kaleidoskopbild. Dreht man das Kaleidoskop weiter, so verschwindet das Bild, und die – für sich gesehen – banalen Elemente (Glassplitter beim Kaleidoskop, die Abbilder technischer und anderer Objekte beim Denken) wirbeln erneut durcheinander.

Dieser im Unterbewußtsein automatisch ablaufende Prozeß ist natürlich von vielen subjektiven Faktoren abhängig und alles andere als optimal. Manche Wissens- oder Assoziationselemente sind überhaupt nicht – oder momentan gerade nicht – verfügbar, die Tagesform schwankt, der Mensch ist vergeßlich; auch dreht sich das Kaleidoskop manchmal derart schnell, daß die flüchtigen Gedanken wieder verschwinden, ehe sie überhaupt notiert werden können.

Deshalb wurde die morphologische Tabelle geschaffen. Sie hat den Sinn, Assoziationsmaterial planmäßig zu sammeln, zu ordnen und systematisch miteinander in Beziehung zu bringen. Betrachten wir, einer Anregung von Gutzer [57] folgend, ein simples Beispiel.

Gesucht sei, so unsere Annahme, das ideale Auto. Stellen wir eine morphologische Tabelle auf. Dazu werden zunächst die wichtigsten Variablen untereinander geschrieben (z. B.: Motortyp, Getriebe, Bremssystem, Art des Kraftstoffes bzw. Energiequelle, Karosserieform usw.). Die Kopfleiste der Tabelle wird mit 1, 2, 3... beschriftet; senkrecht unter den Zahlen werden die zu den jeweiligen Variablen denkbaren Varianten eingetragen. Neben "Motortyp" lesen wir also beispielsweise: Elektromotor, Rotationskolbenmotor, Dieselmotor, Gasmotor, Zweitakter, Viertakter, Linearmotor usw.; neben "Art des Kraftstoffes bzw. Energiequelle" finden wir: Wasserstoff, Alkohol, Benzen, Masut, Diesel, Akkumulator, Solarzelle, Wärmepumpe, Segel, Windrad usw.[52]

Tabelle 1 zeigt ein extrem vereinfachtes Beispiel aus der anorganisch-technischen Chemie. Aufgeführt werden einige Möglichkeiten zur Herstellung kondensierter Phosphate. Es handelt sich um jene Gruppe technisch wichtiger Polyphosphate, die sich durch

---

Die morphologische Forschung ist zu dem Zweck eingeführt worden, keine Randbedingungen außer acht zu lassen und alle möglichen Lösungen ohne den Hemmschuh irgendwelcher Vorurteile herzuleiten.
F. Zwicky

[52] Eine dem Fachmann zusagende Varianten-Variablen-Kombination der ersten Zeile wird per Strich mit einer solchen der 2., 3. ... bis zur letzten Zeile verbunden. Auch mehrere Zickzackverbindungslinien sind möglich. Bei dieser Verfahrensweise werden naheliegende Kombinationen mit ungewöhnlichen Kombinationen in Verbindung gebracht. Auch schlichtweg unsinnige Kombinationen (die indes recht anregend sein können!) kommen reichlich vor. Morphologie allein führt bei schematischer Anwendung allerdings nicht automatisch zum Ziel bzw. liefert nur sogenannte "Aggregationen", d. h. additive Merkmalskombinationen, die für sich allein – ohne Vorliegen einer kombinationsbedingten überraschenden Wirkung – nicht schutzfähig sind(!).

[55] Vogel, Hermann Wilhelm: Lehrbuch der Photographie. – Berlin: Verlag von Robert Oppenheim, 1878

[56] Zwicky, F.: Entdecken, Erfinden, Forschen im morphologischen Weltbild. – München; Zürich: Verlag Droemer u. Knaur, 1971

[57] Gutzer, Hannes: Mitdenken erwünscht – Neue Wege zur Ideenfindung. – Berlin: Neues Leben, 1978. – (nl-konkret; 3)

Tab. 1
Morphologische Tabelle in Form einer stark vereinfachten "Zweiertabelle" (Ausschnitt)

Gezeigt werden einige Möglichkeiten zur Darstellung kondensierter Phosphate. Diese technisch wichtigen Polyphosphate bilden sich durch Kondensation, d. h. durch thermisch induzierte Wasserabspaltung, aus "sauren" Monophosphaten (Orthophosphate); Beispiel:
$2Na_2HPO_4 + NaH_2PO_4 \rightarrow Na_5P_3O_{10} + 2H_2O$

Variable (Parameterbereiche)	Varianten				
	1	2	3	4	5 ...
I Reaktion in Lösung	Wasser	nichtwäßrige Lösung	bakterienbeeinflußt	Magnetfeld	Wechselspannungsfeld
II Feststoffreaktion mit pastös-flüssigen Zwischenstufen	Drehrohrofen (Rückgut?)	Tellercalcinator	Sprühturm	Wirbelschicht	beheizter Mischer
III Reine Festkörperreaktion	Tiegel (Brikett?; Granalie?)	Drehrohrofen (ohne Rückgut?)	Wendelschurre (gegenstrombeheizt?)	Granulierteller	Etagenröstofen
IV Reaktion in der Schmelze	Schmelzwanne (wassergekühlt?; Feuerfestmaterial?)	Schmelzrinne	befeuertes Schmelzrohr (innen?; außen?)	konischer Verbrennungsturm	Sprudelschicht
V Reaktion in der Gasphase	Plasma	Knallgasgebläse	Laser	Mehrstoffbrenner	Vakuum

[53] Andererseits müssen gerade diese Denkhemmnisse überwunden werden: so sind z. B. durchaus interessante Verknüpfungen zwischen "Sprudelschicht" (IV) und "Magnetfeld" (I) vorstellbar, und es ist schließlich nicht verboten, die Begriffe "Wasser" (I) und "befeuertes Schmelzrohr" (IV) miteinander in Verbindung zu bringen – schließlich könnte es sich ja um Wasserdampf handeln, dessen reaktionsdirigierende Wirkung bei der Bildung kondensierter Phosphate für den Fachmann nicht unbekannt ist.

"Kondensation" (d. h. in diesem Falle durch "chemischen" Wasseraustritt) aus sauren Monophosphaten bilden. Aus drucktechnischen Gründen (und weil danach die besseren Varianten kommen) wurde die Tabelle im Falle unseres Beispiels mit der Variante 5 abgebrochen. Obwohl die Variablen in diesem extrem vereinfachten Beispiel nur unterschiedlichen Reaktionsbereichen entsprechen, differieren die zuzuordnenden Varianten z. T. bereits erheblich. Für den Fachmann sind etwa 20 % technisch interessante Kombinationen abzulesen. Das Beispiel hat natürlich – wie alle extremen Vereinfachungen – auch einen praktischen Nachteil. So nimmt die Zahl der sinnvollen Kombinationsmöglichkeiten von oben nach unten stark ab, weil Varianten, die für die Reaktion in Lösung interessant sind, im Zusammenhang mit der Reaktion in der Gasphase kaum noch vorstellbar sein dürften.[53]

Ein weiteres Beispiel (Tab. 2) zeigt Alternativmöglichkeiten der Zündung für Kolbenverbrennungsmaschinen. Das Beispiel ist sehr übersichtlich und bedarf deshalb keiner gesonderten Erklärung.

Überlegen wir uns nun, wie die Sache aussieht, falls wir drei Gruppen von Kenngrößen kombinieren wollen. Eine Tabelle (zweiachsiges System, s. oben) reicht dann nicht mehr aus, sondern wir müssen von drei Achsen ausgehen. Stellen wir uns drei über einen gemeinsamen Eckpunkt miteinander verbundene Kanten eines Würfels vor, so haben wir das Modell eines sogenannten morphologischen Kastens. Jede der so erhaltenen Achsen kann nun, Abschnitt für Abschnitt, mit den Kenngrößen einer Gruppe beschriftet werden. Da das Prinzip klar ist, bringen wir dazu kein spezielles, sondern besser ein sprachlich tiefsinniges Beispiel allgemeiner Art, das uns Roda Roda geschenkt hat:

"Es gibt Tiere, Kreise und gibt Ärzte.
Es gibt Tierärzte, Kreisärzte und Oberärzte.
Es gibt einen Tierkreis und einen Ärztekreis.
Es gibt auch einen Oberkreistierarzt.

Tab. 2
Morphologische Tabelle: Alternativmöglichkeiten der Zündung für Kolbenverbrennungsmaschinen (nach [6], S. 109)

Parameter	Alternativmöglichkeiten				
Ort der Abnahme des Zündzeitpunktes t_o	Kurbelwelle	Nockenwelle	Spezialgetriebe	Kolbenstellung	Drucküberwachung im Zylinder
Art der Abnahme von t_o	mechanischer Geber	magnetischer Geber	induktiver Geber	kapazitiver Geber	Strahlungsgeber
Kriterien für Zündverstellung $\pm \Delta t$	Drehzahl	Unterdruck im Ansaugrohr	Drucküberwachung im Zylinder	Kombinationen	
Mittel für Zündverstellung	mechanisch	elektrisch	hydraulisch	pneumatisch	Kombinationen
Realisierung der Zündung	Selbstzündung	Glühzündung	elektrischer Funke	chemische Zündung	
Verteilung der Zündenergie auf die Zylinder	mechanisch	elektrisch	hydraulisch	pneumatisch	Zündeinrichtung individuell pro Zylinder

[54] Noch besser sichtbar werden die Möglichkeiten einer solchen 3-Elemente-Kombinatorik, wenn wir die semantischen Spielereien von Prokop [58] betrachten: denkspielweise – seelenruhekissen – christkindergarten – steckdosenöffner – geheimdienstmädchen – superhirnschmalz – blackboxhandschuhe – hosenträgerfrequenz – kontrollorganspender – lügenmaulsperre – satzbaugenehmigung.

[55] Auch das von Mehlhorn und Mehlhorn zur Förderung der Kreativität junger Leute entwickelte "Produktive Prinzip" [59] beruht auf der 3-Elemente-Kombinatorik.

[56] Peter schreibt dazu: "Diesen Indikator benutzte ich, indem ich aufs Geratewohl ein Wort aus der ersten Gruppe, eines aus der zweiten und eines aus der dritten wählte. Das ergab so viele Phrasen, wie ich nur brauchen konnte. Ich mußte lediglich ein paar normale Worte und Wendungen unter diese Phrasen mischen, und schon war ich in der Lage, mit einem Minimum an Zeitaufwand Fragen zu beantworten, Diskussionsbeiträge zu formulieren, Reden oder Briefe an Regierungsstellen zu formulieren und so fort." ([10], S. 98)

Ein Oberkreistier aber gibt es nicht."[54]

Es mag sein, daß dieses an sich überzeugende Beispiel dem einen oder anderen zu banal erscheinen. Indes ist solcherart 3-Elemente-Kombinatorik nicht etwa nur ein Spaß, sondern sie wird in zahlreichen Lebensbereichen – nicht nur für erfinderische Zwecke – praktisch angewandt.[55]

So mancher hat sich bereits über die nichtssagenden Reden gewisser Politiker geärgert. Fragen wir uns: Wie sind solche Reden prinzipiell aufgebaut? Wir finden, daß sie auf der Dreierkombinatorik unter routinierter Verwendung eines Arsenals nichtssagender Worte beruhen.

Der Pädagoge Peter bezeichnet in seinen Lebenshilfe-Empfehlungen das Verfahren unter dem Programmpunkt Nr. 25 als "Peter-Palaver" und empfiehlt: "Äußern Sie sich in eher mystifizierenden als klärenden Worten."

Dieses Verfahren der Nicht-Kommunikation hat bei dienstlich-privater Anwendung den angenehmen Nebeneffekt, daß man sich bei pfiffigem Gebrauch solch lähmend-nichtssagenden Phrasenarsenals Leute vom Halse halten kann, ohne direkt unhöflich zu erscheinen. Peter empfiehlt für jedes Fachgebiet die Aufstellung eines Phrasenindikators. Häufig in Zeitschriften, amtlichen Schriftstücken oder Vorlesungen auftauchende Ausdrücke werden gesammelt und in drei Gruppen geteilt. Der Peter-Phrasen-Indikator für den pädagogischen Jargon sieht dann beispielsweise so aus ([10], S. 97–98):

a	b	c
perzeptorisch	Reife-	Konzept
fachbezogen	Steuerungs-	Prozeß
umweltbezogen	kreativ	Artikulation
instruktiv	Relations-	Philosophie
homogen	motorisch	Aktivität
entwicklungsmäßig bedingt	Bildungs-	Reserven
aufbauend	Orientierungs-	Lehrplan
individualisiert	kognitiv	Ansatz
außergewöhnlich	Akzelerations-	Anpassung
gemeinsam erarbeitet	Motivations-	Grenzebene[56]

Natürlich ist dieses "Peter-Plappern" hier nur als besonders einleuchtendes Beispiel für einen morphologischen Kasten gedacht. Der erfinderisch interessierte Mensch sollte das Peter-Plappern lediglich dann direkt anwenden, wenn er die mit solcherlei Methoden nicht vertrauten Schwätzer zu verscheuchen hofft. Jedoch ist die Erfolgschance nicht allzu groß: Viele Schwätzer beherrschen das systematische Plappern ebenfalls perfekt und sind nicht zu bluffen.

Das Idealmodell des morphologischen Kastens wurde von Rubik erfunden, einem ungarischen Design-Professor. Rubik hatte zunächst durchaus nichts Erfinderisches im Sinn. Er wollte lediglich eine Vorrichtung bauen, mit deren Hilfe er das räumliche Vorstellungsvermögen seiner Architekturstudenten zu schulen gedachte. Diese Bemühungen führten schließlich zu seinem berühmten "Büvöskocka" (Zauberwürfel,

[57] Die üblichen Aufgaben lauten z. B., bestimmte Würfelflächen im Originalzustand wieder herzustellen, z. B. die 9 weißen Teilwürfelflächen zur weißen Hauptwürfelfläche zu vereinigen, schließlich gar alle 6 Flächen farblich einheitlich wiederherzustellen, oder bestimmte Muster zu erzeugen.

[58] Prokop, Gert: Der Samenbankraub: Neue Kriminalgeschichten aus dem 21. Jahrhundert. – Berlin: Das Neue Berlin, 1983. – S. 327

[59] Mehlhorn, Gerlinde; Mehlhorn, Hans-Georg: Untersuchungen zum schöpferischen Denken bei Schülern, Lehrlingen und Studenten. – Berlin: Volk und Wissen, 1978. – (Beiträge zur Pädagogik; 12)

magic cube) der inzwischen allgemein bekannt ist, so daß sich eine Abbildung erübrigt.[57]

Natürlich müßte man, falls man ein derartiges Modell tatsächlich einem für erfinderische Zwecke nutzbaren morphologischen "Superkasten" zugrunde legen wollte, für die reine Kombinationsarbeit auf das menschliche Gehirn verzichten.

Ohne Computer ist hier nichts mehr zu machen, denn der Würfel läßt über 43 Trillionen Kombinationen zu. Indes nützt uns, abgesehen von der extrem hohen Zahl an Kombinationsmöglichkeiten, der Computereinsatz auf diesem Feld heute noch wenig. Computer können – im schöpferischen Sinne – ohne ständige Neuprogrammierung weder beurteilen noch wichten noch werten. Allerdings wird intensiv an der Sache gearbeitet. Erste für den Erfinder unmittelbar interessante Ansatzpunkte behandeln wir im Kapitel 6.

Heute wird vom Praktiker noch immer das übersichtlichere zweidimensionale System, die morphologische Tabelle, bevorzugt – vor allem, wenn eine Vielzahl von Parametern berücksichtigt werden muß. Dieses einfache Hilfsmittel garantiert dem Erfinder, daß nichts, was vorhersehbar mit der angestrebten Erfindung zu tun haben könnte, vergessen wird. Selbstverständlich bleibt genug nicht planbares bzw. nicht vorhersehbares Assoziationsmaterial übrig, dessen qualifizierter Einbau in die per Tabelle erhältlichen Varianten-Variablen-Kombinationen die eigentliche Meisterschaft des Erfindens ausmacht.

Dabei sucht der geübte Erfinder stets zum Kern der Dinge, d. h. zum systembestimmenden physikalischen (chemischen, biologischen) Sachzusammenhang vorzustoßen. Er sichtet und bewertet gewissermaßen die Erfindungsträchtigkeit der Elementekombinationen, über die er in jeder Stufe gründlich nachdenkt. Dabei wichtet und wählt er scharf, um nicht irgendwann einmal einen unübersichtlichen – weil zu großen – Suchraum durchforsten zu müssen. Der geübte Erfinder versucht deshalb mit Hilfe der morphologischen Tabelle von Anfang an die Zahl der ernsthaft betrachteten Kombinationsmöglichkeiten möglichst klein zu halten.

4.5. Lösungssuche durch Umkehrung

Alle tiefen Wahrheiten zeichnen sich dadurch aus, daß die ihnen entgegengesetzten Auffassungen ebenfalls tiefe Wahrheiten sind.
N. Bohr

Das Prinzip "Umkehrung" ist das wahrscheinlich wichtigste erfinderische Prinzip überhaupt. Demgemäß sind bereits solche Erfinder überdurchschnittlich erfolgreich, die zwar die eigentliche Erfindungsmethodik (Kapitel 5 und 6) noch nicht genügend beherrschen, jedoch das Fundamentalprinzip der Umkehrung souverän zu nutzen wissen.

Das Prinzip ist von verschiedenen Seiten aus zu beleuchten und auf verschiedenen Abstraktionsebenen nutzbar. Deshalb wird es in den Folgekapiteln in jeweils etwas anderem Zusammenhang immer wieder mit behandelt.

Zunächst einmal ist das Umkehrprinzip eine Aufforderung an den Erfinder, jede methodische Richtlinie, jedes Verfahren, jede Arbeitsweise, jeden Prozeß, jede beliebige Anordnung im Raum, jede Abfolge von Handlungsschritten umzudrehen. Besonders nützlich ist, wenn man für alles das Gegenstück bzw. die Umkehrformulierung zu finden sucht. Methodischer Gegenstand des Umkehrprinzips ist die Überwindung von Denkblockaden und fest eingeschliffenen Vorurteilen. Es wird nicht das gemacht, was "man" allgemein macht, sondern das genaue Gegenteil.

Nicht nur in geometrischer Hinsicht wird dabei alles umgedreht (rechts statt links, oben statt unten, schräg statt gerade usw.). Auch Verfahren oder naturgesetzliche Abläufe haben meist ihren Umkehrvorgang (Aufladen/Entladen des Akkumulators, Verdampfen/Kondensieren, Sublimieren/Desublimieren,

[58] Umkehrungen sind zwar potentiell "erfindungsverdächtig", aber schematisch läßt sich auch dieses wichtige Prinzip nicht anwenden. So sind rein geometrische Umkehrungen nur in bestimmten Ausnahmefällen schutzfähig, bei denen z. B. nachweisbare Vorurteile gegen die umgekehrte Konstruktion bestehen bzw. das Ergebnis völlig überraschende Effekte bringt.

[59] Bewußt wurden Sentenzen aus dem allgemeinen Sprachgebrauch, Paradoxien, "Kontrastwahrheiten", anregende Sprachspielereien, Aspektverschiebungen und dialektische Widersprüche zwanglos aneinandergereiht. Dabei stehen die Varianten für verschiedene Gesichtswinkel, aus denen man das Prinzip der Umkehrung betrachten kann.

Lösen/Kristallisieren, Abdrehen/Aufmaßen von Verschleißteilen). Stets ist an die jeweils entgegengesetzte Arbeitsrichtung zu denken, denn nicht immer ist das Gegenstück so banal wie bei obenstehenden Beispielen; manchmal ist es – merkwürdigerweise – noch gar nicht bekannt (obzwar im allgemeinen existent).[58]

Im weiteren Sinne sollten – konsequent dem Umkehrprinzip folgend – für die erfinderische Praxis alle Begriffe wie logisch, unlogisch, wissenschaftlich, gesunder Menschenverstand unbedingt relativiert werden, d. h., sie sind prinzipiell "in Gänsefüßchen" zu denken.

Dabei ist vor allem "logisch" ein gefährlicher Terminus. Was einem hochkreativen Menschen logisch – und damit selbstverständlich, also nicht schutzwürdig – erscheint, ist für seine minder kreativen Partner nicht selten völlig unlogisch (objektiv aber sehr wahrscheinlich schutzwürdig!).

Das Prinzip der Umkehrung macht besonders solchen Menschen Schwierigkeiten, die nichts mit paradoxen oder satirisch verdrehten Formulierungen anfangen können. Folgende Beispiele sollen diese wichtige Seite der Sache beleuchten:

– An vieles, was ich erst erlebe, kann ich mich schon erinnern. (K. Kraus)
– Die Lage ist hoffnungslos, aber nicht ernst.
– Ich bin zu arm, um mir Billiges leisten zu können.
– Überhaupt ist die Ideenkonferenz eine so ernste Sache, daß man auf Humor und Witz nicht verzichten kann. (W. Gilde)
– Die Welt, die so schön mit Bäumen und Kraut bewachsen ist, hält ein höheres Wesen als wir vielleicht eben deswegen für verschimmelt. (G. Chr. Lichtenberg)
– Die beste Basis einer guten Ehegemeinschaft ist das gegenseitige Mißverstehen der Partner. (O. Wilde)
– Der Vielwisser ist oft müde von dem Vielen, was er wieder nicht zu denken hatte. (K. Kraus)
– Zivilisation ist eine grenzenlose Multiplikation unnötiger Notwendigkeit. (M. Twain)
– Egon, wir haben einen Plan! (Losung, Berlin-Alexanderplatz, 4. 11. 1989)
– Die Universität bringt alle Fähigkeiten, einschließlich der Unfähigkeit, hervor. (A. Čechov)[59]

Zwischen dem Verständnis solcher Sentenzen, der Freude an paradox anmutenden Formulierungen und der praktischen Fähigkeit, das Prinzip der Umkehrung erfinderisch zu nutzen, bestehen wahrscheinlich sehr enge Bezie-

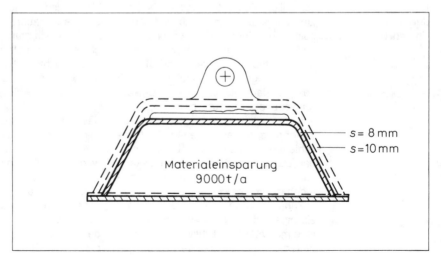

Abb. 7
Prinzip der Umkehrung, angewandt auf eine Stahlhohlschwelle, die für höhere Raddrücke umkonstruiert werden sollte (nach [60])

gestrichelte Linie: ursprüngliche Bauart
ausgezogene Linie: neue, höher belastbare Bauart

[60] Vor allem ging es darum, daß die Gleisrückmaschine, sobald nach schlammiger Zwischenphase Frost eintritt, regelmäßig versagt oder doch erhebliche Probleme hat, ihre Aufgabe ordnungsgemäß zu erfüllen. Die zunächst in der Diskussion vertretene Meinung, dies läge am Emporquellen des Schlammes über die einsinkende Grundplatte der Schwelle hinaus und am (dadurch bedingt) besonders intensiven Festfrieren des gesamten Gleiskörpers, wurde im Verlaufe der heftigen Diskussion schließlich relativiert.
Zum Schluß waren fast alle der Meinung, der Gleiskörper werde durch schlampiges Befüllen der Waggons (d. h. durch "Überläufer") allmählich zugeschüttet, das Gut friere fest und verhindere schließlich das ordnungsgemäße Funktionieren der Gleisrückmaschine.
Das hat natürlich mit den veränderten Stahlhohlschwellen im Prinzip nichts zu tun, bzw. ebendiese Veränderungen verursachten durchaus nicht die genannten Schwierigkeiten.

[61] Denkbar wäre natürlich, daß ein hochbefähigter Wissenschaftler tatsächlich alle landläufigen Vorurteile über Bord geworfen hat. Wahrscheinlich wird er aber dafür einige besonders schwerwiegende Vorurteile auf seinem wissenschaftlichen Fachgebiet um so intensiver hegen und pflegen. In diesem Sinne ist die absolute Vorurteilslosigkeit ein in der Praxis kaum erreichbares Ziel.

[60] Gilde, W.: Schöpfertum im Forschungsprozeß. – In: Einheit. – Berlin 33 (1978) 7/8. – S. 756–761

hungen. Auch hier zeigt sich der umfassende Charakter der Kreativität.

Was beim sachgerechten Verarbeiten "unlogischer" Ideen – die dem gesunden Menschenverstand völlig zu widersprechen scheinen – herauskommen kann, zeigt ein von Gilde [60] veröffentlichtes Beispiel. Eine Stahlhohlschwelle sollte für höhere Raddrücke umkonstruiert werden. Normalerweise hätte man stärkeres Material wählen müssen. (Achtung! Formulierung! Was heißt "normalerweise"? Warum eigentlich "müssen"?). Die Erfinder kamen jedoch auf die "abwegige" Idee, die Schwelle niedriger zu machen und gleichzeitig Material geringerer Stärke zu wählen. Die Erfindung gestattete damals im Braunkohlentagebau der DDR eine Materialeinsparung von jährlich 9000 Tonnen Stahl (Abb. 7).

Im Rahmen einer KDT-Erfinderschule verwendete ich dieses Beispiel. Anwesend waren auch Lehrgangsteilnehmer aus der Braunkohlenindustrie. Die Tagebauspezialisten erhitzten sich in der Diskussion und stritten heftig über die (z. T. wohl nur unterstellten) Mängel der neuen Lösung. Gezielte Fragen ergaben schließlich, daß hier neben subjektiven Momenten – es dürfte Neid über die Erfindervergütung mit im Spiel gewesen sein – ganz andere Schwierigkeiten als die mit Hilfe der Erfindung gelöste Aufgabe zur Debatte standen.[60]

Hüten wir uns, so lehrt das Beispiel gleich in mehrfacher Hinsicht, vor nicht sorgfältig durchdachten Formulierungen. Eine irreführende Formulierung, eine nicht präzis bzw. nicht wertneutral gestellte Frage sind oft Ausgangspunkt des Mißerfolgs.

Ferner sollten wir äußerst skeptisch sein, wenn sich unser konservatives inneres Kontrollsystem meldet und unser Denken mit einer Reihe von Vorurteilen blockiert. Es ist immer wieder erstaunlich, welche primitiven Standardsprüche täglich zu hören sind. Man sollte sich in jedem Falle eigene Gedanken zu derartigen Weisheiten machen. Die folgende Liste zeigt, wie bedenklich solche Sprü-

che sind, wenn man sie kritisch betrachtet. Die in Klammern gesetzten Fragen deuten im Sinne unverbindlicher Empfehlungen an, wozu man sich erziehen sollte:

– Die Italiener sind faul.
(Kennst du alle? Wie arbeitsam ist der, der dir das erzählt hat?)
– Die russischen Lieder sind alle so schwermütig.
(Noch niemals "Kalinka" gehört?)
– Kumpanei ist Lumperei.
(Warum eigentlich willst du die Sache allein machen?)
– Da muß unbedingt ein Fachmann ran!
(Lieber nicht! Wenn das Problem von Fachleuten gelöst werden könnte, wäre es längst gelöst. Laßt uns mal lieber Otto ranholen, der hat von der Sache zwar keine Ahnung, kann aber denken und ist wenigstens nicht betriebsblind.)
– Das war vor vierzig Jahren schon so.
(Wirklich? Oder hat es dir nur deine Oma erzählt, die es, mit gleicher Jahresangabe, von ihrer Mutter hatte? Oder, falls es tatsächlich so ist: warum wurde inzwischen nichts verändert?)

Die Last der Vorurteile, die jeder mit sich herumschleppt, verlangt vor allem eine äußerst selbstkritische Haltung. Beim Überwinden von Vorurteilen aller Art hat man zunächst bei sich selbst anzufangen. ("Wer im Glashaus sitzt, sollte nicht mit Steinen werfen.") Ehe man sich nicht selbst das unbefangene Denken antrainiert hat, sind allgemeine Anschuldigungen gegen "die Konservativen" oder "die Bürokratie" schon vom Prinzip her ungerechtfertigt.[61]

Natürlich läßt sich das Prinzip der Umkehrung auf die Dauer nur in Verbindung mit soliden Fachkenntnissen erfolgreich anwenden. Als ich dreizehn war, wunderte ich mich sehr, daß man durch unscharfes Einstellen unscharfer Negative keine scharfen Vergrößerungen erhalten konnte. Hier war das unkonventionelle Denken offensichtlich einen Schritt zu weit gegangen.

[62] Gilde schreibt dazu treffend: "Erst wenn ein ausgedehntes Tatsachennetz vorhanden ist, bringt das logische Denken Erfolg ...Tatsachen sind das Gerüst des Denkens."
([61], S. 226)

[63] Eine Rezension zur 1. Auflage der Erfinderfibel [63], liefert dazu einen hochinteressanten Gedanken. Das Beispiel, so schreibt Kochmann [64] sinngemäß, sei ein schlüssiger Beleg dafür, daß der Mensch schon lange vor dem Auftauchen schriftlicher Überlieferungen über hochkreative Denkstrukturen verfügt haben muß. Tatsächlich leuchtet dieser zunächst verblüffende Gedanke bei näherem Überlegen ein. Er erklärt zugleich, warum Angehörige wenig entwickelter Völkerstämme in der Lage sind, während ihres Studiums in hochindustrialisierten Ländern nicht nur heutiges Spitzenwissen aufzunehmen, sondern sehr oft auch schöpferisch anzuwenden.

[64] So lassen sich Wolframcarbidüberzüge auf Werkstücken aus Titan oder Titanlegierungen ganz oder teilweise abtragen, wenn man die Bauteile oder Werkstücke in einer wäßrigen Chromsäurelösung anodisch schaltet [65].

[61] Gilde, W.: Wege zum Erfolg – Erfahrungen, Gedanken, Ratschläge. – Halle; Leipzig: Mitteldeutscher Verlag, 1985

[62] Rätselgalerie am Seeufer. – In: neuerer. – Berlin 29 (1980) 12. – S. 377

[63] Zobel, Dietmar: Erfinderfibel: Systematisches Erfinden für Praktiker. – Berlin: Deutscher Verlag der Wissenschaften, 1985; 2. Aufl. 1987

46

Unkonventionelles Denken allein nützt wenig, wenn es in einem Umfeld stattfindet, das allzu spärlich mit Fakten bestückt ist.[62]

Allerdings wäre es inkonsequent, die so einleuchtend erscheinende Behauptung unwidersprochen hinzunehmen – schließlich behandeln wir hier das Prinzip der Umkehrung. Deshalb sei im Vorgriff auf ausführliche Erläuterungen in den Folgekapiteln erwähnt, daß es in bestimmten Fällen durchaus vorteilhaft sein kann, kühn in einem sehr weitmaschigen Faktennetz gedanklich zu operieren und die durch mangelnde Fachkenntnis bedingten zahlreichen Fehlversuche – im Interesse einiger weniger hochkreativer Ideen – bewußt hinzunehmen.

Wenden wir uns weiteren Beispielen zu (vgl. auch Abschn. 5.4.1. Prinzip 13). Da das Prinzip der Umkehrung ein universell gültiges Arbeits- und Entwicklungsprinzip ist, betrachten wir zweckmäßigerweise nicht nur patentrechtlich geschützte Lösungen, sondern führen auch sehr einfache Beispiele an.

Unter dem Titel "Rätselgalerie am Seeufer" wurde über einen "Steinzeittrick" berichtet, der das Prinzip der Umkehrung überzeugend beleuchtet [62]: Am Onegasee gibt es eine Landzunge, die für ihre Felszeichnungen berühmt ist. Diese Felszeichnungen, steinzeitliche Jagddarstellungen, sind unmittelbar über der Wasseroberfläche angebracht, so daß die mit der Untersuchung befaßten Wissenschaftler bei stärkerem Wellengang häufig die Arbeit unterbrechen mußten. Jahrelang konnte sich keiner erklären, warum die Steinzeitkünstler einen derart ungünstigen Ort gewählt hatten. Endlich kam Lauškin auf den Einfall, die Wahl dieses Standortes für Absicht zu halten, und schon lichtete sich – buchstäblich – das Dunkel. Bei leichtem Wellengang und ganz bestimmter Beleuchtung beginnen sich die Figuren zu bewegen! Der Jäger ersticht den Wolf, das von einem Jäger geworfene Beil erreicht sein Ziel, eine Schlange windet sich, als sei sie lebendig. Wir haben also ein "Urzeitkino" vor uns. Während bei der gängigen Kinematographie die Bilder ruckweise transportiert und vom Auge "verschmolzen" werden, erzeugten die Steinzeitkünstler die Illusion der Bewegung offenbar nach dem umgekehrten Prinzip: starres Bild, nach Intensität, Einfallswinkel und Phase variierende Beleuchtung.[63]

Typisch für das Prinzip der Umkehrung ist das Verfahren der elektrolytischen Abtragung. Allgemein bekannt ist, daß man auf galvanischem Wege z. B. verchromen, vernickeln oder verkupfern kann. Dabei werden an der Katode Metallionen zum Metall reduziert, welches sich auf dem zu beschichtenden Werkstück abscheidet. Die Masse des katodisch geschalteten Gegenstandes nimmt dabei zu. Kehrt man nun den Prozeß um, so hat man es statt der katodischen Abscheidung mit der anodischen Auflösung zu tun.[64] Auch das anodische Glänzen von Aluminiumgegenständen in phosphorsäurehaltigen Bädern fällt in dieses Gebiet.

Ideengeschichtlich interessant ist, daß – offensichtlich wegen der verbreiteten Unkenntnis des Prinzips der Umkehrung – das jeweils komplementäre Phänomen häufig wesentlich später als das Originalphänomen gefunden wird. Bei der katodischen Abscheidung/anodischen Auflösung ist die für viele Folgeerfindungen entscheidende Entdeckung wohl ausnahmsweise gleichzeitig erfolgt, denn beide Vorgänge bedingen einander, und sie sind in ein und demselben Bad dicht nebeneinander zu beobachten. Bezogen auf die industrielle Nutzung dürfte jedoch, wie in fast allen ähnlichen Fällen, der übliche – bei Kenntnis des Prinzips der Umkehrung durchaus vermeidbare – Zeitverzug aufgetreten sein.

Während man sich im Maschinenbau, zumindest als wenig trainierter Erfinder, das Umkehrverfahren laufend neu vor Augen halten muß, gehört dieses Prinzip in der Chemie zu den Selbstverständlichkeiten. Redoxreaktionen, Gleichgewichte, das Prinzip von Le

Abb. 8
Pseudoumkehrung, angewandt auf einen technisch sehr einfachen Fall (nach [66])

Ein gewöhnlicher Vakuumzellentrommelfilter F wird nicht unter Vakuum, sondern in einer Überdruckkammer $Ü$ betrieben.

G Gebläse,
S Schleuse zum Austragen des Filterkuchens

[65] Dem Nutzer ist sicherlich anheimgestellt, die Wasserringpumpe zusätzlich – zwecks Intensivierung – in üblicher Weise zu betreiben, jedoch liegt der Anordnung zunächst einmal der Gedanke zugrunde, die Luft nicht mehr innen herauszupumpen und somit den Filterkuchen abzusaugen, sondern ihn in der Überdruckkammer auspressen zu lassen. Durchdenkt man jedoch die Sache näher, so ist zu erkennen, daß sich der bekannte Vorgang nur auf einem insgesamt angehobenen Druckniveau analog zur Originalausführung abspielt. In beiden Fällen wird das Filtrat im physikalischen Sinne nicht abgesaugt, sondern – von außen nach innen – durchgepreßt.

[64] Kochmann, W.: Rezension zur "Erfinderfibel". – In: Chem. Technik. – Leipzig 39 (1987) 1. – S. 46

[65] Formanik, B. I.: Verfahren zum elektrolytischen Abtragen von Wolframcarbid-Überzügen auf Werkstücken aus Titan oder Titanlegierungen. – DOS 2 907 875 v. 1. 3. 1979, offengel. 13. 9. 1979

[66] Stahl, W.: Anordnung zur Filtration. – DOS 2 947 329 v. 23. 11. 1979, offengel. 27. 5. 1981

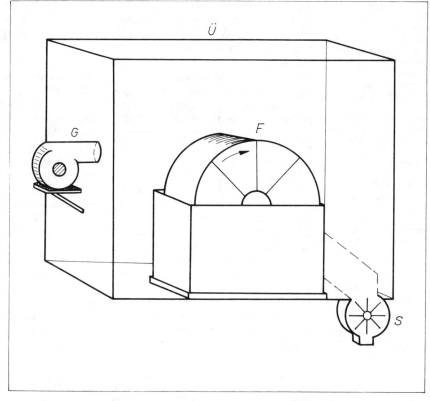

Chatelier usw. zeigen bereits, daß dem Chemiker das Denken nach beiden Richtungen nicht schwerfallen dürfte. Die Praxis zeigt aber, daß trotzdem noch sehr viel übersehen wird. Selbst in Fällen, die noch nicht einmal die konsequente Anwendung des Prinzips verlangen, bestehen einfache Innovationsmöglichkeiten.

Betrachten wir ein Beispiel aus der chemischen Technologie. Trommelzellenfilter werden gewöhnlich als Vakuumfilter ausgeführt. Das Filtrat wird aus dem Inneren der unter Vakuum stehenden Trommel ausgeschleust, der Filterkuchen von der Trommelbespannung – dem Filtertuch – abgestreift. Der letztgenannte Vorgang wird durch über einen Steuerkopf reguliertes zellenweises Abblasen des Kuchens unterstützt. Das Vakuum wird gewöhnlich mit einer Wasserringpumpe erzeugt.

Eine anscheinend von diesem Prinzip abweichende "Anordnung zur Filtration" [66] geht nun von dem Gedanken aus, daß man einen Filter dieser Bauart auch komplett in einen unter Überdruck stehenden Raum setzen kann, um die gleiche Wirkung zu erzielen (Abb. 8.).[65]

Stets zweckmäßig ist, sich das Funktionieren eines Prozesses/Verfahrens oder einer Anlage/Vorrichtung anhand der zugrundeliegenden physikalischen Gesetze zu verdeutlichen. Im vorliegenden Falle haben wir es nur beim ersten Hinsehen mit der erfolgreichen Anwendung des Prinzips der Umkehrung zu tun. Funktionell geht die Anordnung von recht konventionellen Gesichtspunkten aus ("Pseudo-Umkehrung").

In methodischer Hinsicht zählt aus einem ganz bestimmten Blickwinkel auch die Wärmepumpe zur Gruppe der Umkehrerfindungen. Sie ist ein typisches Beispiel dafür, daß der gesunde Menschenverstand – allein angewandt –

[66] Auch Zwischenstufen lassen sich von trickreichen Fotografen herstellen: Mischbilder mit teilweiser Solarisation und teilweiser Pseudosolarisation neben normal belichteten Teilflächen auf dem Negativ.

[67] Auch hier finden wir wieder die Tatsache bestätigt, daß der offensichtlich recht einseitige "gesunde" Menschenverstand beim Versuch der Lösung dieses Problems nichts erreicht hätte. Dem vielgerühmten gesunden Menschenverstand sind solche speziellen physikalischen bzw. physikochemischen Effekte ganz einfach nicht bekannt, und somit hat er auch keine Chance, auf die für den Sachkundigen – zumindest hinterher – durchaus einleuchtende Lösung zu kommen.

[67] Vogel, Hermann Wilhelm: Die Fortschritte der Photographie seit dem Jahre 1879 (Ergänzung der dritten Auflage von des Verfassers Lehrbuch der Photographie). – Berlin: Verlag von Robert Oppenheim, 1883

[68] Becker, R.: Technik von damals – im Experiment: Höhere Empfindlichkeit bei Filmen. – In: Neues Deutschland. – Berlin, 6./7. 11. 1982. – S. 16

sehr schnell an unüberwindliche Grenzen stößt. "Logisch" ist es eben ohne entsprechende Fachkenntnis nicht, daß sich entgegen dem überall zu beobachtenden Wärmefluß, d. h. entgegen der freiwillig verlaufenden Abkühlung warmer Körper, unter bestimmten Umständen die Wärme in entgegengesetzter Richtung "pumpen" läßt. Somit gilt hier das Prinzip der Umkehrung im doppelten Sinne: nicht nur technisch, sondern auch methodisch. Während sonst unvollständige Fachkenntnisse für das Finden neuer Lösungen bedingt nützlich sind (Vermeiden der Betriebsblindheit), führt nur äußerst seriöses Fachwissen zum Wärmepumpenprinzip. Für viele ist das Wärmepumpenprinzip auch heute noch ein Paradoxon. Das Beispiel zeigt, daß der vielstrapazierte gesunde Menschenverstand für das Finden anspruchsvoller Lösungen allein nicht tauglich ist, weil er – bei aller Pfiffigkeit – im Falle fehlender Fachkenntnisse letztlich doch nur konventionelle Ergebnisse erzielt.

Recht eindrucksvolle Beispiele zur Umkehrung betreffen die Fotografie. Bereits 1860 beschrieb Sabattier den Effekt der Pseudosolarisation. Ein fotografisches Negativ wandelt sich in ein Positiv um, wenn die Entwicklung des Negativs durch eine kurze Zwischenbelichtung unterbrochen wird. Noch länger ist bekannt, daß extrem überbelichtete Stellen eines Negativs (z. B. beim direkten Fotografieren der Sonne, daher "Solarisation") positiv erscheinen.[66]

Besonders in der Frühzeit der Fotografie wurde ausgesprochen schöpferisch experimentiert. So finden wir beispielsweise in einer Monographie von Vogel die folgenden Angaben ([67], S. 30): "Nach Janssen zeigen sich bei sehr langen Expositionen auf direkte Sonne folgende Phasen der Entwicklung: 1) Das Bild wird negativ, dazu genügt bei Sonnenaufnahmen 1/5000 Secunde; 2) die Platte wird gleichmässig dunkel; 3) das Bild wird positiv; 4) die Platte wird gleichmässig dunkel; 5) das Bild wird negativ; zur Erzeugung dieses Negativs zweiter Ordnung ist eine millionenmal längere Belichtung erforderlich, als zur Erzeugung des ersten Negativs."

Dieses Beispiel einer mehrfachen Umkehrung ist ebenso eindrucksvoll wie der für Spezialaufnahmen angewandte Trick, durch gleichmäßige Vorbelichtung die Empfindlichkeit des Negativmaterials zu erhöhen. "Logischerweise" müßte jede Art von Vorbelichtung schädlich sein, denn, so sagt sich der gesunde Menschenverstand, ein vorbelichteter Film hat ja nicht mehr die Belichtungskapazität eines völlig unbelichteten Filmes. Tatsächlich beginnt sich Filmmaterial jedoch erst nach Zufuhr einer sehr geringen Mindestlichtmenge zu schwärzen. Führt man nun diese Lichtmenge zunächst in der Dunkelkammer absichtlich zu (benutzt wird z. B. schwaches Taschenlampenlicht), so kann man erreichen, daß bei der späteren Verwendung des Films extrem schwache Lichteindrücke, die sonst unterhalb der "Startschwelle" ohne jede Wirkung geblieben wären, ein Bild ergeben [68].[67]

5. Grundlagen des systematischen Erfindens

5.1. Die Lehre vom idealen Endergebnis und den technischen Widersprüchen

Viele Menschen scheitern, weil sie meinen, daß elementare Grundsätze in ihrem Fall einfach nicht anwendbar sind.
M. L. Cichon

[68] Der von Al'tšuller verwendete Terminus "Algoritm" ist im mathematischen Sinne keineswegs identisch mit "Algorithmus", denn ein solcher müßte ja mit absoluter Folgerichtigkeit durch einfaches schematisches Abarbeiten einer streng vorgeschriebenen Handlungsfolge zum Ziel führen, und damit wäre das schöpferische Handeln des Erfinders überflüssig geworden.

[69] Al'tšuller, G. S.; Seljucki, A. B.: Flügel für Ikarus – über die moderne Technik des Erfindens. – Moskau/Leipzig; Jena; Berlin: Urania-Verlag, 1983

[70] Al'tšuller, Genrich Saulovič: Erfinden – Wege zur Lösung technischer Probleme. – 2. Aufl. – Berlin: Verlag Technik, 1986. – (Hrsg. d. deutschen Ausgabe: Rainer Thiel; Heinz Patzwaldt)

Wir haben in den vorangegangenen Kapiteln einige Methoden kennengelernt, die einzelne Aspekte des erfinderischen Denkens und Handelns besonders betonen. Jedoch sind im systematischen Sinne weder Synektik noch Bionik noch Morphologie umfassende Methoden, sondern sie betreffen nur jeweils mehr oder minder wichtige Teile des erfinderisch zu bearbeitenden Problemlösungsprozesses. Die wenigstens annähernde Sicherheit, mit Hilfe eines "Leitstrahls" von der Aufgabe in Richtung auf eine gute bis sehr gute Lösung vorzustoßen, bieten sie nicht. Wünschenswert wäre aber gerade eine solche Methode.

Diesen hohen Anforderungen am nächsten kommt heute die komplexe Methode ARIS *(Algoritm rešenija izobretatel'skich zadač)* des sowjetischen Autors Al'tšuller, mit der wir uns im folgenden befassen wollen.[68] Dabei ist das System ARIS wesentlicher Bestandteil der später – ebenfalls von Al'tšuller – aufgebauten umfassenden Erfindungstheorie TRIS (Teorija rešenija izobretatel'skich zadač). Die TRIS wird hier nicht behandelt, da sie für den Praktiker meiner Auffassung nach zu unübersichtlich ist.

Der idealisierte Zielpunkt des erfinderischen Bemühens wird von Al'tšuller [18] "ideale Maschine", in seinen neueren Veröffentlichungen umfassender und zutreffender "ideales Endergebnis" [69, 70] genannt. Beim *idealen Endergebnis* (dem "idealen Endresultat", IER) handelt es sich zweifellos um eine methodisch recht vorteilhafte Hilfskonstruktion, die den Erfinder davon abhält, irgendwelche Primitivlösungen im Ergebnis jener Spontanideen anzusteuern, über die gerade kreative Menschen stets reichlich verfügen. Die erstbeste Idee ist so gut wie niemals die beste Idee (!).

Das IER ist ein Leitbild, das niemals vollständig erreichbar, dessen weitgehende Realisierung jedoch erstrebenswert ist. Lassen wir Al'tšuller selbst zu Wort kommen: "Die ideale Maschine ist ein Eichmuster, das über folgende Besonderheiten verfügt: Masse, Volumen und Fläche des Objekts, mit dem die Maschine arbeitet (d. h. transportiert, bearbeitet usw.), stimmen ganz oder fast vollständig überein mit Masse, Volumen und Fläche der Maschine selbst. Die Maschine ist nicht Selbstzweck. Sie ist nur das Mittel zur Durchführung einer bestimmten Arbeit." ([18], S. 70)

Noch klarer wird der Zusammenhang, wenn man sich die vom Erfinder zwischen Aufgabe und Ziel zurückzulegende Wegstrecke näher ansieht. Abbildung 9 zeigt, daß das systematische Anpeilen des IER den Suchwinkel, der bei der Trial-and-error-Methode (vgl. Abb. 1 und 2) und bei der Ideenkonferenz (vgl. Abb. 3) praktisch 360° beträgt, ganz erheblich – auf einen vergleichsweise schmalen Suchsektor – einschränkt. Ohne eine sehr anspruchsvolle Formulierung des IER funktioniert das allerdings nicht. Unbedingt zu beachten sind folgende Grundregeln:

– Zurückstecken, falls es sich als unumgänglich erweist, erst im Verlaufe der erfinderischen Bearbeitung des Problems!
– Auf keinen Fall bereits beim Formulieren des Ziels Kompromisse und Einschränkungen dulden!
– Nur ein hochgestecktes Ziel sichert, daß man im Bemühen, dieses Ziel zu erreichen, eine gute Lösung erzielt!

Selbst Erfinder, die über wenig methodisches Wissen verfügen, arbeiten nicht selten unter Einsatz dieses Leitbildes. Jemeljanov schreibt (nach Al'tšuller) dazu: "Nach der Aufgabenstellung versuche ich, mir das ideale Endziel vorzustellen, und dann denke ich darüber nach, wie ich dieses Ziel erreichen kann. Besondere Prinzipien habe ich nicht bemerkt." ([18], S. 120)

Jemeljanov arbeitet demnach – wie viele andere Erfinder auch – zwischen Aufgabenstellung und IER rein intuitiv, indes ist zweifellos bereits die klare Formulierung der Aufgabenstellung sowie

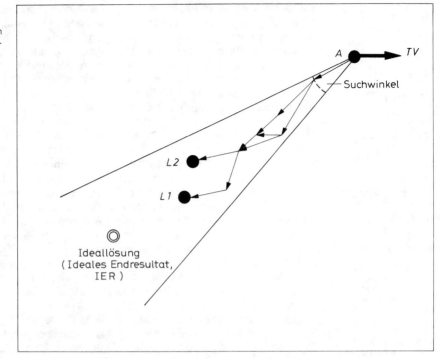

Abb. 9
Mehrere Wege führen innerhalb des durch den ARIS bestimmten Suchwinkels in Richtung auf das ideale Endresultat (nach [18]).

A   Aufgabe;
TV   Trägheitsvektor;
L1   Lösung 1;
L2   Lösung 2

die klare Formulierung des IER ein wesentlicher Anfang auf dem Weg zum systematischen Erfinden. Der praktische Nutzen eines solchen – wenn auch methodisch recht unvollkommenen – Vorgehens steht außer Frage.[69]

Kehren wir noch einmal zu Abbildung 9 zurück. Zu bedenken ist, daß nicht nur die Lage des IER, sondern viel mehr noch die *Formulierung der Aufgabe* von prinzipieller Bedeutung ist. Gemäß Abbildung 9 wird einfach unterstellt, die Aufgabe sei klar, eindeutig und zutreffend formuliert. Das ist jedoch im Normalfall durchaus nicht so. Erfindungsaufgaben werden häufig nicht vom Erfinder, sondern von einem Auftraggeber formuliert. Dabei ist unwesentlich, ob als Auftraggeber der Vorgesetzte, ein Kooperationspartner oder ein vertraglich gebundener Interessent fungiert. Derartige Aufträge sind nicht selten unklar oder falsch formuliert. Dies hat zur Folge, daß zeitaufwendige Irrwege geradezu programmiert werden. Schlimmer noch ist der nicht seltene Fall, daß der Auftrag die Arbeitsrichtung bereits definitiv festlegt, z. B., weil sich der Auftraggeber dem Auftragnehmer gegenüber als guter Fachmann mit Durchblick profilieren will ("überbestimmte" bzw. "vergiftete" Aufgabenstellung).

Eine derart formulierte Aufgabe läßt sich fast nie mit optimalem Ergebnis lösen, da sie meist gedanklich von der vorhandenen Technologie nicht loskommt. Da aber die zu verbessernde Technologie (sonst gäbe es das zu lösende Problem nicht!) so gut wie immer prinzipiell mangelhaft ist, muß die Aufgabe vergleichsweise abstrakt formuliert werden. Verzichtet man auf diesen notwendigen Schritt, so verfällt man zwangsläufig der gewissermaßen hypnotischen Wirkung des existierenden technischen Gebildes. Da aber das existierende technische Gebilde, das vielleicht vor Jahrzehnten unter heute nicht mehr feststellbaren Bedingungen eingeführt wurde, die zu bewältigende Aufgabe nur mangelhaft löst und nicht mehr optimierbar ist, muß in vielen Fällen ein

[69] Selbst beim Weglassen der in den Folgekapiteln beschriebenen systematischen Methoden ist bereits die kompromißlose Formulierung des IER für jeden Erfinder von erheblichem Praxiswert. (Al'tšuller: "Das gute Beherrschen eines Verfahrens kompensiert das Außerachtlassen anderer Verfahren." [18], S. 120)

[70] Eine derart allgemeine – und gerade darum sehr anspruchsvolle – Aufgabenstellung ist alles andere als praxisfremde Spinnerei. Wir sollten deshalb eine Aufgabe stets so formulieren, daß als wünschenswertes (wenn auch in der Praxis nicht vollständig erreichbares) Ziel das IER angesteuert wird.

[71] Wenn hingegen noch Spielraum innerhalb der das System bestimmenden Parameter verbleibt, so ist dies ein sicheres Zeichen für das Vorliegen einer Optimierungsaufgabe. Optimierungsaufgaben sind keine erfinderischen Aufgaben. Läßt sich kein Widerspruch formulieren, so liegt also eine solche Optimierungsaufgabe vor. Das System ist durch fachmännisches Handeln noch zu verbessern. Der Terminus "Fachmännisches Handeln" weicht hier und im folgenden deutlich vom täglichen Sprachgebrauch ab. Fachmännisches Handeln im üblichen Sprachgebrauch ist etwas besonders Hochwertiges, ist das qualifizierte Handeln des vom Laien bewunderten Spezialisten, des Experten. Im schutzrechtlichen Sinne steht der Terminus hingegen für konventionelles, übliches, durchschnittliches, fachgerechtes, von anderen Fachleuten jederzeit wiederholbares, eindeutig nichterfinderisches Handeln.

ganz anderes System angestrebt werden. Deshalb ist eine durch den Auftraggeber vorzeitig präzisierte Aufgabenstellung in den meisten Fällen für die Aufgabenbearbeitung regelrecht schädlich. Sie kann sich ohne Abstraktion so gut wie nie vom vorhandenen System lösen. Ein extrem vereinfachtes Beispiel soll den Zusammenhang erläutern.

Reißt beispielsweise in einem Produktionsbetrieb eine Förderschnecke immer wieder, so lautet die Aufgabe hier nicht etwa: "Die Schnecke ist zu verstärken", obwohl fast alle Auftraggeber die Aufgabe so oder ähnlich formulieren würden. Die eigentliche Aufgabe lautet vielmehr: "Das am Punkt A befindliche Gut wird am Punkt B benötigt."

Erfahrene Erfinder gehen noch wesentlich weiter. Sie formulieren im Falle unseres Beispiels: "Förderanlagen, ganz gleich ob mechanisch oder pneumatisch, kosten Geld und arbeiten nicht störungsfrei. Warum kann Punkt A nicht über Punkt B liegen, was den Einsatz einer einfachen Schurre möglich macht? Müssen die Prozeßstufen A und B überhaupt zwingend auch weiterhin getrennt arbeiten? Ist eine Technologie denkbar, bei der beide Prozeßstufen zusammengelegt werden können?"[70]

Sinngemäß ließe sich in Erweiterung des ursprünglichen Begriffs der idealen Maschine ohne weiteres auch von idealen Vorrichtungen bzw. idealen Verfahren sprechen. "Eigentlich ist eine ideale Lösung dann erreicht, wenn eine Maschine überhaupt nicht nötig ist, aber ein Ergebnis erzielt wird, als wenn eine Maschine da wäre." ([18], S. 74)

In diesem Sinne erfüllen nicht etwa "schöne", starke Maschinen (Prozesse, Vorrichtungen, Verfahren) den Anspruch, ideal zu sein, sondern vielmehr die auf das rein Funktionelle beschränkten Maschinen (Prozesse, Vorrichtungen, Verfahren).

Neben der Einführung des IER in die Erfindungslehre verdanken wir Al'tšuller einen noch fundamentaleren Gedanken. Dieser Gedanke betrifft die methodisch vollkommene Aufbereitung der,

wie wir sahen, ursprünglich oftmals sehr unzweckmäßig formulierten Aufgabe. Nach Al'tšuller ist jede erfinderische Aufgabe dadurch gekennzeichnet, daß ein mit konventionellen Mitteln nicht lösbarer Widerspruch vorliegt. Ist dieser Widerspruch unmißverständlich formulierbar, so wird damit klar, daß keine Optimierungsaufgabe vorliegt, sondern eine je nach Schärfe des Widerspruchs mehr oder minder anspruchsvolle erfinderische Aufgabe.[71]

Die Situation ist bei typisch erfinderischen Aufgaben völlig anders als bei den Optimierungsaufgaben. Der jedem beliebigen System/Verfahren/Prozeß/Produkt eigene Widerspruch lautet im Falle des Vorliegens erfinderischer Aufgaben: "Ich muß unbedingt etwas am System ändern (weil es nur mangelhaft funktioniert), ich darf aber auf keinen Fall etwas ändern (weil das System auf die Anwendung konventioneller Veränderungen/Verfahren/Techniken/Optimierungsversuche so reagiert, daß es noch mangelhafter als bisher funktioniert)."

Ein solches System ist auf keinen Fall innerhalb der bekannten Bestimmungsgrößen optimierbar. Verbessere ich einen wesentlichen Parameter, so verschlechtert sich mindestens ein anderer ebenfalls wesentlicher Parameter dermaßen, daß das System nur noch schlechter als bisher funktioniert – und so fort, bezogen auf alle überhaupt denkbaren Veränderungen der wesentlichen Systemparameter.

Das Vorliegen einer solchen Situation ist ein Alarmsignal: Optimieren kommt nicht mehr infrage, also muß eine erfinderische Lösung angestrebt werden. Nur mit Hilfe einer Erfindung läßt sich der oben definierte Widerspruch lösen. Eine Erfindung führt stets mindestens eine völlig neue Bestimmungsgröße in das System ein, die in Kombination mit den bereits vorhandenen Bestimmungsgrößen dann wiederum neuen – bis zu diesem Zeitpunkt nicht gegebenen – Spielraum für eine Optimierung schafft.

[72] Eine solche (oder annähernd ähnlich zugespitzte) Formulierung findet sich in naturwissenschaftlichen Arbeiten nur äußerst selten. Dies liegt ganz einfach daran, daß die von Al'tšuller eingeführte Widerspruchsdialektik – sofern sie überhaupt bekannt ist – als ein Spezifikum des technischen Erfinders gilt. Indes wäre es durchaus wünschenswert, daß im Interesse der sachlichen und sprachlichen Klarheit künftig auch wissenschaftliche Originalarbeiten generell nach derartigen Kriterien aufgebaut werden. Vielleicht ließe sich dann die vielbeklagte Redundanz, d. h. das ausführliche Beschreiben von Plattheiten, endlich eindämmen. Das Kriterium ist einfach: Wer keine Widerspruchssituation behandelt, bewegt sich garantiert nicht an den Frontlinien der Wissenschaft. So ließe sich sehr viel Papier einsparen.

[71] Epperlein, J.: Die Silberhalogenialphotographie und das Silberproblem. – In: Chem. Technik. – Leipzig 36 (1984) 6. – S. 228–235

Wir unterscheiden nach ihrem Abstraktionsgrad die folgenden *Widerspruchsarten:* technisch-ökonomische, technisch-technologische und technisch-naturgesetzmäßige Widersprüche.

a) Der einer beliebigen Erfindungsaufgabe zugrundeliegende technisch-ökonomische Widerspruch lautet meist ganz schlicht: "Das System muß billiger werden, es kann aber bei Anwendung konventioneller Methoden nicht billiger gemacht werden."

Das mag banal klingen, ist aber der Kernpunkt aller erfinderischen Aufgaben. Wird vom Erfinder keine bessere, kostengünstigere Lösung erreicht, so nützt eine möglicherweise gefundene Weltneuheit gar nichts. Deshalb ist die scharfe Formulierung des technisch-ökonomischen Widerspruchs, dessen Lösung tatsächlich nur auf erfinderischem Wege gelingt, unerläßlich.

b) Der dem jeweiligen System zugrundeliegende technisch-technologische Widerspruch hat meist bereits systemspezifische Besonderheiten und läßt sich deshalb gewöhnlich nicht so umfassend wie der technisch-ökonomische Widerspruch formulieren. Beispielsweise liest sich für den Erfindungsmethodiker jede beliebige moderne Arbeit zur Silberhalogenidfotografie (z. B. [71]) so, daß der technisch-technologische Widerspruch überall gewissermaßen hindurchschimmert: Silber muß eingespart werden, Silber kann aber nicht eingespart werden.

c) Im Falle dieses Beispiels ist der Übergang zur höchsten Abstraktionsebene, dem technisch-naturgesetzmäßigen Widerspruch, bei konsequenter Betrachtung der Situation nicht mehr schwierig: Silber muß weiterhin verwendet werden, Silber darf aber überhaupt nicht mehr verwendet werden.[72]

Das Beispiel der Silberhalogenidfotografie ist insofern besonders aufschlußreich, als die Lösung des oben angeführten Widerspruchs auf verschiedene

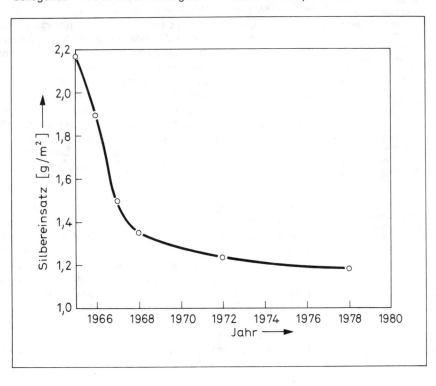

Abb. 10
Silberauftrag (in g/m^2) bei Schwarzweißfotopapieren (nach [71])

Typisches Beispiel eines durch Kompromisse nicht mehr zu verbessernden Systems: Nach zunächst rapider Minimierung des spezifischen Silberverbrauchs durch z. T. erfinderische, z. T. optimierende Maßnahmen ist eine nennenswerte Einsparung an Silber nunmehr bereits seit Jahren nicht mehr möglich. Konsequenzen: siehe Text.

[73] Ein erfinderisch zu lösender Widerspruch bezieht sich stets nur auf eine bestimmte, zeitlich und sachlich definierte technische Situation, d. h. auf einen unbefriedigenden Entwicklungsstand, der zu *diesem* Zeitpunkt überwunden werden muß, weil die Optimierung des bestehenden Systems nicht mehr möglich ist (vgl. Abb. 10).

[72] Böttcher, Horst; Epperlein, Joachim: Moderne photographische Systeme. – Leipzig: Deutscher Verlag für Grundstoffindustrie, 1983

5.2. Programm zum Herausarbeiten von Erfindungsaufgaben

Etwa 80 Prozent aller Mißerfolge liegen in der falschen Aufgabenstellung begründet.
W. Gilde

[74] Gilde: "Die meisten Antworten sind nicht besser als die Fragen." ([61], S. 89).

Weise gelingt (mehrere Wege führen in Annäherung an das IER zum Ziel, vgl. Abb. 9). Silber darf deshalb nicht (mehr) eingespart werden, weil man auf dem Wege der äußerst geschickt – teils durch Erfindung, teils durch Optimierung – praktizierten "Abmagerung" heute bereits bis an die überhaupt akzeptable Grenze vorgestoßen ist. Eine weitere Reduzierung des Silbergehaltes verbietet sich, unzumutbare Verschlechterungen der Bildqualität wären die Folge (Abb. 10).

Erfinderisch gelöst wurde bzw. wird das Problem z. B. durch

– Übergang zur Nicht-Silberhalogenid-Fotografie
Solche Verfahren wurden in verschiedenen Varianten bereits über die Pionierphase hinaus entwickelt; sie sind typisch für eine konsequente Widerspruchslösung. Das IER der Silberhalogenidfotografie ist eben die Nicht-Silberhalogenidfotografie
– Umwandeln des Silberbildes in ein anderes Metallbild
Hierbei wird der primäre fotografische Prozeß beibehalten. Es folgt der Austausch der dabei vollständig rückgewinnbaren Silberpartikel gegen Partikel eines billigeren Metalls. Wir haben das Muster einer pfiffigen Umgehungslösung vor uns. Der wichtige, perfekt be-

Beginnen wir nicht mit der systematischen, sondern mit der psychologischen Seite der Sache.

Jeder aktive, ideenreiche, progressive Ingenieur bevorzugt gefühlsmäßig zunächst einmal die überwiegend synthetischen Schritte des erfinderischen Prozesses, d. h., er stürzt sich möglichst sofort auf die Produktion von Lösungsideen. Sein Bestreben, auf diesem Wege schnell das Ziel zu erreichen, beruht auf einer durch nichts gerechtfertigten Annahme. Diese Annahme betrifft die vorliegende Aufgabenstellung. Ein mit der Systematik nicht vertrauter, jedoch hochkreativer, ideensprudelnder

herrschte Primärschritt braucht nicht abgeschafft zu werden, und trotzdem wird das Ziel erreicht.
– elektronische Bildaufnahmeeinrichtungen in Kopplung mit magnetischen Bildspeicherverfahren
Hierbei werden die fotografisch-chemischen Systeme, wie Silberhalogenidfotografie oder Nichtsilberhalogenidfotografie, vollständig zugunsten elektronisch-magnetischer Systeme verlassen, die z. B. mit elektronischer Kamera, Signalspeicherung auf Disketten und Wiedergabe auf dem Bildschirm arbeiten [72].[73]

Technische Widerspruchsformulierungen sehen immer etwas seltsam aus, wenn man sie mit den Augen des um unbedingte Harmonie bemühten Normalbürgers betrachtet. ("Etwas muß sein, darf aber nicht sein.") Genau dieser Formulierung entspricht eine weitere Lösungsvariante der soeben erläuterten fotografischen Aufgabe. Bei dieser Lösungsvariante wird die Schwarz-Weiß-Technik vollständig verlassen. Übrig bleibt das silberfreie Farbfoto. Das während der Aufnahme zunächst benötigte und deshalb in den Schichten enthaltene Silber wird in den Entwicklungsanstalten herausgelöst und dabei vollständig zurückgewonnen ("Silber ist da, aber schließlich nicht mehr da.").

Ingenieur, der sich schnellstens der Ideenproduktion widmen möchte, nimmt einfach an, die Aufgabe sei "schon irgendwie" zutreffend formuliert. Genau das aber ist im allgemeinen nicht der Fall. Das schwächste – und damit entscheidende – Kettenglied ist fast immer die Aufgabenstellung. Ist aber die Aufgabe unzutreffend definiert, irreführend formuliert oder gar auf ein Randproblem gerichtet, so sind hochwertige erfinderische Lösungen schon vom Prinzip her nicht zu erwarten.[74]

Jeder Leser kennt mit Sicherheit eine Fülle von Beispielen aus dem eigenen Arbeitsbereich, bei denen nach oft jah-

[75] Zu den sicheren Indizien für hastiges Drauflosarbeiten bei unzureichender Analyse der Situation gehören u. a. Schlußfolgerungen etwa dieser Art: "19 Prozent aller Autounfälle werden von betrunkenen Autofahrern verursacht. Somit entfallen 81 Prozent der Unfälle auf nicht-betrunkene Fahrer. Das ist furchterregend. Warum können sich diese nüchternen Idioten nicht von der Straße fernhalten und unsere Sicherheit damit um mehr als 400 Prozent erhöhen?"

[73] Rindfleisch, Hans-Jochen; Thiel, Rainer; Zadek, Gerhard: Baustein KDT-Erfinderschule. – Lehrbrief 2: Programm "Herausarbeiten von Erfindungsaufgaben und Lösungsansätzen in der Technik". – Berlin: Präsidium der Kammer der Technik, Sekretariatsbereich Weiterbildung, 1989. – S. 5–25

relanger intensiver Arbeit vielzu spät erkannt worden ist, daß man seine Kraft nicht dem eigentlichen Problem gewidmet hat. Wird aber zu wenig Sorgfalt auf die Präzisierung der Aufgabenstellung gelegt, so nützen Zwischenkontrollen nichts mehr. Das Vorhaben mißlingt, jedermann ist enttäuscht, und das Ergebnis entspricht nicht entfernt den Erwartungen.

Gerade dem aktiven, ideenreichen, kreativen Erfinder sei unmißverständlich gesagt: das deshalb stets notwendige Herausarbeiten der "eigentlichen" erfinderischen Aufgabe ist Schwerarbeit, die – so ungeliebt sie sein mag – unbedingt geleistet werden muß, ehe überhaupt sinnvoll weitergearbeitet werden kann. Um den Erfinder für diese Arbeitsetappe zu motivieren, sei an den Anfang unserer Betrachtungen Abbildung 11 gestellt. Die Abbildung zeigt, was passiert, wenn der Erfinder/Entwicklungsingenieur/Konstrukteur die besondere Bedeutung der Startphase mißachtet.[75]

Als systemanalytische Hilfe für anspruchsvolle Erfinder ist das Programm zum Herausarbeiten von Erfindungsaufgaben und Lösungsansätzen in der Technik [73] gedacht. Rindfleisch und Thiel haben es unter Berücksichtigung der Erfahrungen mehrerer KDT-Erfinderschulen, eigener Vorarbeiten, systemwissenschaftlicher Studien von Koch (zit. in [73]) und der Erfindungsmethodik von Al'tšuller aufgestellt.

Das Programm besteht aus zehn Schritten, die im folgenden in Kurzfassung sinngemäß wiedergegeben werden sollen.

I. Das gesellschaftliche Bedürfnis. Vorläufige Systembenennung (Beginn der Systemanalyse)
Welches spezielle gesellschaftliche Bedürfnis liegt vor? Wie wird vergleichbaren Bedürfnissen in anderen Ländern entsprochen? In welches Netz von Bedürfnissen ist das vorliegende spezielle Bedürfnis eingebunden? Wann und wie entsteht es, wie hat es sich entwickelt? Sind Tendenzen erkennbar? Welche Anforderungen, Bedingungen und Erwartungen bestehen? Was ist davon subjektiv, was objektiv? Bilde Zielgrößen nach: Zweckmäßigkeit, Wirtschaftlichkeit, Beherrschbarkeit, Brauchbarkeit.

II. Stand der Technik. Analyse des technischen Systems (Analyse einer Startvariante)
Welches Prinzip ist am besten für die Realisierung der Zielgröße geeignet? Definition der notwendigen Funktionseigenschaften der in Betracht zu ziehenden technischen Mittel gemäß Zielgröße(n). Bilde eine Funktionseinheit aus Elementarfunktion und geeignetem Operator: wie, worauf, womit und wozu ist auf das technische System (Objekt) einzuwirken? Ordne die nach dem Stand der Technik bekannten Lösungen. Prüfe, ob durch Übernahme bekannter bzw. Bildung neuer, funktionell vorteilhafter Kombinationen Verbesserungen zu erreichen sind, die den Zielgrößen möglichst nahe kommen. Wähle die vorteilhafteste Basisvariante aus. Beschreibe Ein- und Ausgangsgrößen nach dem Black-box-Prinzip. Welche Wirkprinzipien bestimmen das Funktionieren der Basisvariante? Enthält das technische System überflüssige Elementarfunktionen? Welche Nebenwirkungen sind unmittelbar durch die Hauptfunktion bedingt? Gibt es andere Wirkprinzipien zur Realisierung der Hauptfunktion? Was hindert an der Einführung bekannter Lösungen in das System? Welche Funktionen können schädliche Nebenwirkungen unterdrücken oder in nützliche verwandeln?

III. Das Operationsfeld des Erfinders
Welche Teilsysteme sind, aus welchen Gründen auch immer, einer Veränderung nicht zugänglich? Welche Komponenten des Umfeldes sollten in die Systembetrachtung einbezogen werden? Wie ist im Ergebnis der bisherigen Analyse das technische System neu abzugrenzen? Welches Teilsystem bedarf

Abb. 11
Anlagenbau – einmal anders gesehen:

Ohne klare Aufgabenstellung/Zielbestimmung wird spontan drauflos gearbeitet;

Motto:
Jeder macht, was er will, keiner, was er soll – alle machen mit!

So war die Anlage geplant

So wurde die Anlage vom Einkauf bestellt

So wurde die Anlage geliefert

So sollte die Anlage nach Zeichnung montiert werden

So wurde die Anlage montiert

So wurde die Anlage in Betrieb genommen

So hatte sich der Kunde die Anlage vorgestellt

So wird die Anlage in der Werbung dargestellt

am dringendsten der Verbesserung und stellt in seiner gegenwärtigen Form zugleich die entscheidende Barriere dar? Präzise Analyse dieses eingegrenzten Teilsystems, Wirkungskette seiner Elementarfunktionen.

IV. Der technisch-ökonomische Widerspruch

Bestimme den technischen-technologischen Parameter, der den stärksten Einfluß auf die Effektivität gemäß Zielgröße hat. Läßt sich durch Variation der Führungsgröße eine erhebliche Gesamtverbesserung erzielen? Falls ja, liegt eine Optimierungsaufgabe, falls nein, eine erfinderische Aufgabe vor.

Warum ist das technisch-ökonomische Problem erst heute aktuell? Historische Entwicklung betrachten, "Lebenslinie" des Systems analysieren. Wie lautet der dem Problem zugrundeliegende technisch-ökonomische Widerspruch?

V. Der unerwünschte (schädliche technische) Effekt als Grundlage des technisch-ökonomischen Widerspruches

Welcher entscheidende Parameter wird bei Variation der gewählten Führungsgröße negativ beeinflußt? Beschreibe diesen unerwünschten Effekt unter allen wichtig erscheinenden Aspekten.

Ist es ein Teilsystem, das die Entwicklungsschwachstellen enthält? Sind es mehrere? Wie wird derjenige unerwünschte Effekt verursacht, der den technisch-ökonomischen Widerspruch unmittelbar hervorruft? Ist der unerwünschte technische Effekt mit vorhandenen Mitteln behebbar? Liegt vielleicht nur Betriebsblindheit vor? Falls ja, so läßt sich die Aufgabe hier bereits lösen, falls nein, muß weitergearbeitet werden.

VI. Das Ideale Endresultat als Orientierung auf dem Weg zum Problemkern (Anstoß zu vertiefter Systemanalyse)

Welches Verhalten/welche Eigenschaften müßte das Teilsystem/müßten die Teilsysteme aufweisen, damit der unerwünschte technische Effekt nicht (mehr) auftritt? Was hindert am Erreichen des Idealen Endresultats (IER)? Welche Eigenschaften des Systems bewirken die Abweichungen vom Ideal? Suche (scheinbare) Paradoxa, die den Widerspruch schärfer zu formulieren gestatten (z. B. "schwingende Ruhe", "schreiende Stille", "rasender Stillstand"). Ist vorstellbar, daß sich das IER "von selbst", ohne Aufwand, realisieren läßt? Versuche zu erreichen, daß die Formulierung des IER die Wörter "von selbst" enthält.

VII. Der technisch-technologische Widerspruch

Welche Struktureigenschaften und/oder Wirkprinzipien sind bestimmend für die Widersprüche zwischen den realen Systemmerkmalen und dem IER?

Auf welchem technisch-technolgischen Widerspruch beruht das Problem? Welche einander jetzt ausschließenden, aber notwendigen Forderungen bilden den technisch-technologischen Widerspruch? Stelle den Erfordernissen der einen Komponente die mit konventionellen Mitteln nicht realisierbaren Erfordernisse der anderen Komponente gegenüber! Stehen die Mittel vielleicht sogar problemlos zur Verfügung, d. h., ist nur ein Vorurteil der Fachwelt zu beseitigen?

VIII. Der technisch-naturgesetzmäßige Widerspruch

Was scheint zunächst den Naturgesetzen zu widersprechen, wenn ich versuche, den technisch-technologischen Widerspruch zu lösen? Welche Paarung einander objektiv ausschließender Wirkungen wurde bisher übersehen? Prüfe, ob bekannte oder erst kürzlich bekannt gewordene naturgesetzmäßige Effekte einzeln oder kombiniert das IER zu erreichen gestatten.

IX. Die Strategie zur Widerspruchslösung

Prüfe, ob die Lösung des technisch-technologischen Widerspruchs prinzipiell in einer Veränderung des Verfahrensprinzips oder in einer Veränderung

[76] Insgesamt sind in diesem Programm die zur erfinderischen Lösung führenden Schritte sichtlich unterrepräsentiert, aber dies ist von den Autoren [73] beabsichtigt (ohne zutreffende Aufgabenstellung keine überdurchschnittliche Lösung).

[77] Zeichnerisch ist eine black box lediglich ein Rechteck, in das von links beschriftete Pfeile hineingehen, welche die wirklich wichtigen Eingangsgrößen (z. B. Material, Energie, Information) symbolisieren. Gleichermaßen wird mit den Ausgangsgrößen verfahren (beschriftete Pfeile, die vom rechten Systemrand abgehen). Was in der black box geschieht, interessiert zunächst nicht. Allein wichtig sind die Ein- und Ausgangsgrößen sowie die Geschwindigkeit des betrachteten Prozesses.

des Funktionsprinzips zu suchen ist. Wende nunmehr die Prinzipien zum Lösen technischer Widersprüche an (siehe dazu ausführlich die folgenden Abschnitte!). Welche Lösungsprinzipien wendet die Natur beim Vorliegen ähnlicher Widersprüche an? Formuliere die Erfindungsaufgabe so, daß die Lösung des Problems ohne oder fast ohne Zusatzaufwand möglich erscheint, d. h. daß die bereits vorhandenen Systemeigenschaften das Problem im wesentlichen "von selbst" zu lösen gestatten.

X. Die internationale Entwicklung und die eigene Strategie (bzw. die eigene Erfindung als Schrittmacher der internationalen Entwicklung)
Wo tritt das Problem in gleicher oder ähnlicher Form auf? Wie wird es von der Konkurrenz gesehen, welche Schlüsse wurden bereits anderswo gezogen, welche Lösungen wurden erprobt bzw. welche Lösungsansätze mit welchem Erfolg versucht? Dehne die Betrachtung möglichst auch auf fachfremde Gebiete aus, sofern Du Analogien erkennst.
Wie muß der konzipierte und nunmehr mit dem internationalen Stand konfrontierte Lösungsansatz, ergänzt/variiert werden? Experimente, Beschaffen noch fehlender Informationen, Erarbeiten der technisch realisierbaren erfinderischen Lösung.

Dieses Programm zum Herausarbeiten von Erfindungsaufgaben und Lösungsansätzen betrifft somit die überwiegend analytischen Etappen des erfinderischen Vorgehens. Dementsprechend wichtig sind Grundkenntnisse auf dem Gebiet der Prozeßanalyse, denn zunächst einmal muß der vorhandene Prozeß gründlichst analysiert werden, um ihn überhaupt beurteilen, einordnen und bewerten zu können (Programmstufen I bis VIII). Erst dann kann auf der Basis der Widerspruchsdialektik an die Veränderung/grundlegende Verbesserung des Prozesses gedacht werden (Programmstufen IX und X).[76]
Für den Erfinder, der deshalb zunächst einmal als Systemanalytiker arbeiten muß, sind folgende Grundverfahren besonders wichtig:

– Black-box-Analyse (Funktionsanalyse)
– Strukturanalyse (Elemente und Kopplungen des Systems)
– Ermitteln der Systemdefekte (Achtung: Widersprüche sind keine Sollwertabweichungen, sondern Entwicklungswidersprüche!)

Dabei gestattet die Black-box-Darstellung eine von Äußerlichkeiten befreite, gewissermaßen "neutrale" Betrachtung des vorliegenden Systems.[77]
Besonderen Nutzen bringt die Black-box-Darstellung bei der *Teilsystemfunktionsanalyse*. Fast alle vom Erfinder zu analysierenden Systeme/Prozesse sind unter den heutigen Bedingungen komplex. Einfache Systeme werden immer seltener. Indes läßt sich jedes beliebige System in Teilsysteme zerlegen, die separat sowie im Zusammenhang analysiert werden können. Jedes Teilsystem sollte als black box dargestellt werden. So lassen sich Funktionsverknüpfungen, Rückkopplungen und Engpässe bequem darstellen. Vor allem erkennt der Erfinder, wo sich die funktionell entscheidende Stufe des Systems/Verfahrens befindet. Im allgemeinen ist dies der für das Gesamtverfahren geschwindigkeitsbestimmende Schritt. Hier – und zunächst nur hier – muß angesetzt werden. Alle übrigen Teilsysteme sind vorerst nicht verbesserungsbedürftig, weil das Gesamtsystem im Falle ihrer Verbesserung nicht besser als zuvor funktionieren würde.

Das Programm zum Herausarbeiten von Erfindungsaufgaben und Lösungsansätzen ist in seiner Originalfassung [73] recht umfangreich und enthält derart zahlreiche Teilschritte, daß der Anfänger nach eigenen Erfahrungen (KDT-Erfinderschulen) überfordert ist. Hinzu kommt die rein systemwissenschaftlich ausgerichtete – für Praktiker nur bedingt verständliche – Sprache, in

[78] "Die gründliche Durcharbeitung der mechanischen Systeme ... läßt immer deutlicher erkennen, daß ... physikalische und konstruktive Grenzen bestehen, die nicht oder nur unter Aufwendung großer wirtschaftlicher Mittel überwunden werden können. Immer mehr bricht sich die Überzeugung Bahn, daß die Übertragung von mindestens 8 bis 10 000 Bildpunkten ermöglicht werden muß, ehe das Fernsehen lebensfähig wird. Bei den mechanischen Systemen mag dies ... etwa die konstruktive Grenze darstellen, die bei den heute bekannten Mitteln nur unter außerordentlichem Aufwand erreichbar ist. Lagerung und Justierung der Zerleger muß ungemein präzise werden, damit keine Verschiebungen im Bilde eintreten, die mit der Lage des Bildpunktes vergleichbar sind. Zu den aufgezählten Schwierigkeiten gesellt sich noch die Tatsache, daß bei hohen Bildpunktzahlen mit den üblichen mechanischen Systemen keine genügende Bildhelligkeit bei wirtschaftlicher Betriebsleistung bzw. Steuerleistung für die Lichtquelle zu erreichen ist."
([75], S. 65)

[74] Herrlich, Michael: Erfinden als Informationsverarbeitungs- und -generierungsprozeß, dargestellt am eigenen erfinderischen Schaffen und am Vorgehen in KDT-Erfinderschulen. – Dissertation A, TH Ilmenau, 1988

[75] Ardenne, M. v.: Über neue Fernsehsender und Fernsehempfänger mit Kathodenstrahlröhren. – In: Fernsehen 2 (1931). – S. 65

der das Originalprogramm abgefaßt wurde. Der sachliche Gehalt des anspruchsvollen Programmes ist jedoch ohne Zweifel sehr wertvoll.

Unter den Bedingungen der heutigen Praxis dürfte eine von Herrlich [74] für das Präzisieren der erfinderischen Aufgabenstellung empfohlene Kurzvariante zweckmäßig sein. Herrlich empfiehlt folgende "W"-Fragen:

– Was muß erreicht werden? Welche Forderungen sind an das Prozeßergebnis zu stellen? Welche heutigen und zukünftigen Bedürfnisse gibt es?
– Was steht zur Verfügung? Was wird benötigt?
– Unter welchen Umständen verläuft der Prozeß? Welche Bedingungen sind zu beachten oder einzuhalten?
– Welche positiven Nebenwirkungen sollen bzw. werden auftreten? Welche schädlichen Wirkungen müssen vermieden werden?
– Mit welchen Verfahren (materieller Arbeitsprozeß) bzw. mit welcher Methode (gedanklicher Arbeitsprozeß) ist das Überführen der Stoff-/Energie-/Informationseingänge zu vollziehen?
– Welche Operationen erfordert das Verfahren oder die Methode?
– Welche Zustände müssen erreicht werden?
– Wie ist zur gezielten Zustandsänderung einzuwirken?
– Mit welchen Mitteln können die Einwirkungen gewährleistet werden?
– Welche neuartigen Stoffe, Energiearten, Informationen sind zukünftig verfügbar?
– Worin besteht das Ideal?
– Welche technisch-ökonomischen, technisch-technologischen und technisch-naturgesetzlichen Widersprüche verhindern das Erreichen des Ideals?

Sobald eine Frage nicht eindeutig beantwortet werden kann, wird sie als Defekt gekennzeichnet und fortlaufend numeriert in der Defektliste erfaßt (es handelt sich hier nicht um Defekte im technischen Sinne, sondern um Informationsdefekte bzw. Kenntnislücken). Nun wird systematisch danach gefragt, wo Entwicklungsschwachstellen auftreten oder zukünftig erwartet werden können.

Eine solche Analyse sollte sinnvollerweise im Team (z. B. an der Wandtafel) durchgeführt werden. Festzulegen ist, wer welche Kenntnislücke durch gezieltes Informieren behebt und wann die Analyse auf Basis der nunmehr erweiterten Kenntnisse fortgesetzt wird. Spontan geäußerte Lösungsideen werden zunächst nicht weiter diskutiert, sondern in der Ideenbank gespeichert.

Sollen die Spontanideen nicht gespeichert, sondern sofort geprüft werden, so sind – ebenfalls sofort – stets folgende Kontrollfragen zu beantworten:

– Entspricht die Richtung noch der Aufgabenstellung?
– Entferne ich mich nicht etwa doch vom idealen Endresultat?
– Taucht nicht etwa doch wieder der unerwünschte Effekt (oder ein weiterer unerwünschter Effekt) auf?
– Verspricht die Idee die Lösung des Hauptwiderspruchs?

Wie haben nun eigentlich besonders erfolgreiche Erfinder das von ihnen als veränderungsbedürftig eingeschätzte System analysiert, ehe sie zur Formulierung ihrer erfinderischen Aufgabe kamen?

Das folgende Beispiel zeigt, daß große Erfinder zunächst einmal scharfsinnige Systemanalytiker sein müssen. Es zeigt aber zugleich, daß ein Praktiker durchaus ohne systemwissenschaftliche Spezialkenntnisse auskommt, wenn er es versteht, sich selbst (bzw. seinem System) die wirklich entscheidenden Fragen zu stellen.

Mustergültig verstand und versteht das M. v. Ardenne. Seine heute bereits klassische Arbeit, welche die Geburtsstunde des vollelektrischen Fernsehens markiert [75], zeigt innerhalb weniger Textzeilen gleichermaßen den nüchternen Systemanalytiker wie den zielgerichtet handelnden Erfinder.[78]

Das Ergebnis seiner Systemanalyse ist (in der Sprache der modernen Erfindungsmethodik) demnach der folgende technisch-naturgesetzmäßige Widerspruch:

Helligkeit und Schärfe der Bilder müssen wesentlich verbessert werden, sie lassen sich aber wegen der einander ausschließenden Bedingungen nicht verbessern.

Diese Aussage gilt für die nicht mehr verbesserungsfähigen mechanischen Systeme. Die als Bildzerleger fungierende, mit spiralig angeordneten Löchern versehene Nipkow-Scheibe liefert entweder nur unscharfe Bilder (falls die Scheibe zu wenige und zu große Löcher enthält), oder (falls die Scheibe genügend kleine Löcher enthält) zwar scharfe, jedoch extrem lichtschwache Bilder (die Lichtstärke pro Bildpunkt reicht dann nicht mehr aus). Hinzu kommt, daß das System im mechanischen und wörtlichen Sinne regelrecht wackelt, so daß anspruchsvollere Bilder auf diesem Wege tatsächlich nicht möglich sind (technisch-technologischer Widerspruch). Nun setzt das synthetisch-schöpferische Denken des Erfinders ein. Formuliert werden die zu lösenden Aufgaben:

"Immer deutlicher ist ... erkannt worden, daß der nächstliegende Weg zur Überwindung der geschilderten physikalischen und konstruktiven Grenzen über die Braunsche Röhre führt ... Das Problem ... ist im wesentlichen ein Problem der Braunschen Röhre selbst. Zwei Aufgaben sind im wesentlichen dabei zu lösen: ein sehr heller, scharf begrenzter Fluoreszenzfleck ist zu erreichen, dessen Durchmesser nicht größer sein darf als der Durchmesser eines Bildpunktes bei dem Format, das die Röhre erlaubt. Die zweite, weitaus schwierigere Aufgabe liegt darin, eine Steuerung der Strahlintensität zu bewirken, ohne daß eine schädliche Beeinflussung der Elektronengeschwindigkeit, des Fleckdurchmessers, d. h. der Strahlkonzentration und der Strahlrichtung gegeben ist." [75]

Genau diese Aufgaben wurden nun vom Erfinder sämtlich gelöst, und dies unter Einsatz von z. T. durchaus bekannten Vorrichtungen (z. B. des Wehnelt-Zylinders). Die eigentliche Leistung bestand gerade im Falle unseres Beispieles in der schonungslosen Konsequenz, mit der die Arbeit an den nicht mehr verbesserungsfähigen mechanischen Systemen eingestellt wurde, gefolgt von der energischen Lösung aller Probleme, die weniger entschlossene Erfinder bisher von der Beschäftigung mit dem allein zukunftsträchtigen elektronischen System abgehalten hatten.

[79] Mark Twain: "Jeder, der eine neue Idee hat, ist ein Spinner, bis die neue Idee einschlägt."

5.3. Das heuristische Oberprogramm ARIS

Jedes Zeitalter schwebt in einer Atmosphäre gemeinsamer Gesittungen und Gedanken, und es ist ebenso natürlich, daß dieselben Entdeckungen von verschiedenen Personen und ungefähr um dieselbe Zeit selbständig gemacht wurden, als daß in verschiedenen Gärten Früchte einerlei Art zu gleicher Zeit zu Boden fallen.
J. W. v. Goethe

Wer häufig Patentschriften liest, merkt sehr schnell, daß die dort beschriebenen Problemlösungen oft recht simpel anmuten. Allerdings sieht man auch einer sogenannten einfachen Lösung kaum an, welche Vorurteile zu überwinden und welche Widerstände zu besiegen waren.[79]

Ferner bedeutet eine solche Lösung noch lange nicht, daß sie für den Sachkundigen auch naheliegend war, denn sonst hätte der Patentprüfer das Schutzbegehren sicherlich mit der Begründung abgelehnt, es habe fachmännisches Handeln vorgelegen.

Trotzdem kommt dem kritischen Leser beim Studium alter und neuer Patentschriften manches trivial und vieles analog vor. Hier setzte Al'tšuller [18] an.

Der inzwischen weltbekannte sowjetische Autor ging davon aus, daß sich bislang offensichtlich kaum jemand Gedanken darüber gemacht hatte, warum viele Problemlösungen – wenn man sich von den Äußerlichkeiten der technischen Mittel nicht irreführen läßt – im Prinzip immer wieder recht ähnlich ausfallen. Al'tšuller ging bei seinen Überlegungen von den folgenden Annahmen aus:

– Es sieht so aus, als gebe es eine überschaubare Anzahl von Prinzipien, auf denen die meisten Erfindungen beruhen.

– Es müßte möglich sein, diese Prinzipien zu finden und systematisch zu nutzen.

[80] Al'tšuller drückt das etwa so aus: Der einmal gefundene Schlüssel paßt für viele Schlösser. Es besteht kein Grund, ihn – wie immer noch üblich – nach einmaligem Gebrauch fortzuwerfen.

[81] Die Fachterminologie ist deshalb so schädlich, weil sie das unkonventionelle Denken blokkiert. Die Fachtermini kanalisieren das Denken des Fachmannes und tragen nicht wenig zu der gefürchteten Fachidiotie bei. Wer als Fachmann auf seine Fachterminologie verzichten kann, gewinnt die souveräne Übersicht des intelligenten Nicht-Fachmannes und behält doch (gewissermaßen im Hinterkopf) die Kompetenz des Fachmannes.

[82] Die Mittel zum Überwinden/Kompensieren/Umdrehen dieses Widerspruchs/negativen Effektes sind dann im allgemeinen in der folgenden Phase, dem operativen Stadium, bei systematischer Arbeit durchaus zu finden. Je klarer die Widerspruchsformulierung, desto wahrscheinlicher eine qualifizierte Problemlösung.

[76] Al'tšuller, G. S.; Zlotin, B. L.; Filatov, V. J.: Professija – poisk novogo. – Kišinev: Kartja moldovenjaske, 1985

– Falls dies gelänge, so ließe sich die unentwegte "Neuentdeckung" längst erprobter Schritte und Verfahren vermeiden.[80]

In vereinfachter Form seien nun die wesentlichen Schritte des Al'tšullerschen Oberprogrammes anhand der besonders übersichtlichen Fassung ARIS 68 wiedergegeben. Wir erkennen, daß es sich um ein stufenweise aufgebautes System gezielter Fragen handelt. Der Erfinder sollte unbedingt alle Fragen beantworten, weil anderenfalls entscheidende Aspekte unberücksichtigt bleiben, vorzeitig Primitivlösungen (nicht identisch mit raffiniert einfachen Lösungen!) angesteuert werden oder die Ausbaufähigkeit neu auftauchender Ideen nicht erkannt wird.

a) Wahl der Aufgabe
Welches Ziel wird angestrebt? Was ist vorrangig zu verbessern? Gibt es Umgehungsmöglichkeiten, wäre die Lösung der Umgehungsaufgabe eventuell günstiger als die Lösung der ursprünglichen Aufgabe? Was wird quantitativ gefordert? – Präzisierung der Erfordernisse

b) Präzisierung der Aufgabe
Wie werden nach der (Patent)-Literatur ähnliche Aufgaben gelöst? Was wäre, wenn man den Aufwand und/oder den Zeitfaktor unberücksichtigt ließe? Wie ändert sich die Aufgabe, falls man die Zielgröße quantitativ variiert? Wie hört sich die Aufgabenstellung an, falls man sie mit ganz einfachen Worten – unter Verzicht auf die Fachterminologie – formuliert?[81]

c) Analytisches Stadium
Was will ich erreichen? Wie lautet die Formulierung des idealen Endresultats? Worin liegt die Störung (der unerwünschte Effekt)? Weshalb wirkt die Störung? Läßt sich das Hindernis beseitigen oder umgehen? Wie ist dies zu erreichen? Treten Rückwirkungen bezüglich des zu verbessernden Verfahrens auf?

Beim Erfinden kommt es im analytischen Stadium vor allem auf das schonungslose Sezieren des Vorhandenen an. Findet sich dabei – meist ist das der Fall – mindestens eine negative Wirkung bzw. ein unerwünschter Effekt, so liegt eine Abweichung vom Ideal vor. Der Erfinder interessiert sich zweckmäßigerweise nicht für das Normale, sondern für die Abweichungen vom Normalen. Hier ist demgemäß der dem System eigene technische Widerspruch zu formulieren.[82]

d) Operatives Stadium
Läßt sich der technische Widerspruch mit Hilfe einer Tabelle typischer Methoden (Prinzipien zum Lösen technischer Widersprüche) beseitigen? Kann man das Arbeitsmedium variieren? Was muß an den mit dem Objekt/Verfahren zusammenwirkenden Objekten verändert werden? Ist durch Variation/Austausch in der zeitlichen Abfolge etwas zu erreichen? Kann der Widerspruch durch kontinuierliche Arbeitsweise gelöst werden? Wie löst/löste die belebte/unbelebte Natur eine solche Aufgabe?

e) Synthetisches Stadium
Welche weiteren Veränderungen sind nach erfolgter Veränderung des Objektes erforderlich? Lassen sich für das veränderte Objekt neue Anwendungsmöglichkeiten finden? Kann die gefundene technische Idee – oder eine ihr entgegengesetzte Idee – noch zur Lösung anderer Aufgaben verwendet werden? –

Die ersten drei Stadien (a, b, c) dienen ganz offensichtlich der Problemanalyse. Wir haben sie in stark modernisierter und erweiterter Form (Stufen I bis VIII im Abschnitt 5.2.) bereits kennengelernt. Bei der Ausarbeitung ihres anspruchsvollen Programms haben Rindfleisch und Thiel [73] die zusätzlichen Schritte bzw. die verfeinerten Teilschritte aus den neueren Veröffentlichungen von Al'tšuller [69, 70, 76] in vollem Maße mit berücksichtigt, so daß sich hier eine Wiederholung erübrigt.

Die im engeren Sinne erfinderische Arbeit wird sodann im operativen Sta-

Tab. 3
Die 35 Prinzipien zur Lösung technischer Widersprüche (nach [18])

Prinzip-Nr.	Bezeichnung
1	Zerlegen
2	Abtrennen
3	Schaffen optimaler Bedingungen
4	Asymmetrie
5	Kombination
6	Mehrzwecknutzung
7	Matrjoška
8	Gegengewicht durch aerodynamische, hydrodynamische und magnetische Kräfte
9	Vorspannung
10	Vorher-Ausführung
11	Vorbeugen
12	Kürzester Weg
13	Umkehrung
14	Sphärische Form
15	Anpassen
16	Nicht vollständige Lösung
17	Übergang in eine andere Dimension
18	Verändern der Umgebung
19	Impulsarbeitsweise
20	Kontinuierliche Arbeitsweise
21	Schneller Durchgang
22	Umwandeln des Schädlichen in Nützliches
23	Keil durch Keil – Überlagerung einer schädlichen Erscheinung mit einer anderen
24	Zulassen des Unzulässigen
25	Selbstbedienung, Von-Selbst-Arbeitsweise
26	Arbeiten mit Modellen
27	Ersetzen der teuren Langlebigkeit durch billige Kurzlebigkeit
28	Übergang zu höheren Formen
29	Nutzen pneumatischer und hydraulischer Effekte
30	Verwenden elastischer Umhüllungen und dünner Folien
31	Verwenden von Magneten
32	Verändern von Farbe und Durchsichtigkeit
33	Gleichartigkeit der verwendeten Werkstoffe
34	Abwerfen oder Umwandeln nicht notwendiger Teile
35	Verändern der physikalisch-technischen Struktur des Objektes

dium (d) geleistet. Hier kommt der dritte Al'tšullersche Fundamentalgedanke zur Wirkung. Während die Phase der Problemanalyse durch die beiden methodischen Grundgedanken Ideales Endresultat und Technischer Widerspruch gekennzeichnet ist (vgl. Abschn. 5.1.), beruht der Leitgedanke des operativen Stadiums auf der von Al'tšuller bewiesenen Existenz einer begrenzten Anzahl klar überschaubarer *Problemlösungsprinzipien*. Al'tšuller [18] legte zunächst eine Liste von 35 derartigen Prinzipien zur Lösung technischer Widersprüche vor (Tab. 3).

Betrachten wir die Tabelle kritisch, so wird uns klar, daß derart allgemein gehaltene Lösungsempfehlungen (Suchstrategien) nur dann praktischen Wert haben, wenn sie Prinzip für Prinzip mit einer Fülle möglichst verschiedenartiger Beispiele belegt werden können. Al'tšuller [18] hat den Beweis angetreten, daß diese Prinzipien tatsächlich den meisten Erfindungen zugrundeliegen. Die von ihm zunächst verwendeten Beispiele [18] sind allerdings inzwischen veraltet. Die später veröffentlichten Beispiele hingegen [69, 70, 76] sind z. T. derart knapp erläutert, daß der Zusammenhang nicht immer klar wird. Es erschien deshalb reizvoll, das durchgängige Wir-

Tab. 4
Zuordnung der 35 Prinzipien gemäß Tabelle 3 zu den 32 typischen technischen Widersprüchen (Ausschnitt nach [18])

Auf den Tabellenplätzen stehen die Nummern der jeweils aussichtsreichen Prinzipien (s. Tab. 3).

Was soll verändert werden? Merkmale, die zu verbessern sind bzw. zu treffende Veränderungen	Was hindert an der Veränderung? Merkmale, die sich verschlechtern, wenn die Aufgaben mit traditionellen Methoden gelöst werden				
	1 Masse	2 Länge	3 Fläche	... 31 Universalität	32 Automatisierungsgrad
1 Masse		15 8 29 34	29 30 8 34	29 6 15 34	26 31
2 Länge	8 14 15 29		7 17 14	6 15	17 14 26
3 Fläche	2 14 29 30	14 15 35			
. . .					
31 Universalität	6 19 15	15 6	3 6 15		5 15 13
32 Automatisierungsgrad	14 19 6 35	14 13 17 28	17 14 13	15 5 13	

ken der Prinzipien an neuen und neuesten Beispielen unter Einbeziehung eigener Erfindungen zu belegen. Ich bin diesen Weg bereits beim Abfassen der 1. Auflage der Erfinderfibel [63] gegangen. Die im folgenden (Abschn. 5.4.1.) zusätzlich behandelten Beispiele sind noch aktueller, jedenfalls so aktuell wie in Anbetracht der Fertigungszeit des Buches überhaupt möglich.

Damit der Erfinder nicht jedesmal alle 35 Prinzipien auf ihre eventuelle Verwendbarkeit durchprüfen muß, hat Al'tšuller eine Tabelle entwickelt, mit deren Hilfe die für den Maschinenbau typischen technischen Widersprüche den besonders erfolgversprechenden Lösungsprinzipien zugeordnet werden können (Tab. 4).

In dieser Tabelle sind links die zu verbessernden Merkmale bzw. die zu treffenden Veränderungen aufgeführt. In der Kopfleiste stehen die Merkmale, die sich verschlechtern, falls man die Aufgabe mit traditionellen Methoden zu lösen versucht. Jeder Tabellenplatz wird nun mit den Ziffern aussichtsreich erscheinender Prinzipien gemäß Tabelle 3 besetzt. Fast immer sind die Tabellenplätze mehrfach besetzt, da oft nicht nur ein Prinzip zur Lösung des Widerspruchs in Frage kommt. Auch zeigt die kritische Durchsicht der Tabelle 3, daß manche Prinzipien inhaltlich verwandt sind.

In den neueren Al'tšuller-Veröffentlichungen [69, 70, 76] wird auf die Tabelle verzichtet. Auch wird der Schwerpunkt immer mehr von den Prinzipien zum Lösen technischer Widersprüche auf methodisch weiterentwickelte Lösungsprinzipien verschoben (z. B. Standards zum Lösen von Erfindungsaufgaben). All diese methodischen Erweiterungen, mit denen wir uns im 6. Kapitel befassen wollen, basieren aber letztlich auf den hier erläuterten Grundgedanken, und deshalb ist dem Anfänger zu empfehlen, sich zunächst gründlich mit den im folgenden Abschnitt 5.4. erläuterten Beispielen zu befassen.

Die letzte von Al'tšuller angegebene Stufe (e, synthetisches Stadium, s. o.) ist von besonderer Bedeutung. Gerade der junge Erfinder beurteilt die technischen Probleme zunächst allzusehr nach ihrem äußeren Bild. Dabei verkennt er oft, daß ganz verschieden aussehende Gebilde/Objekte/Verfahren/Maschinen nicht selten den gleichen oder doch sehr ähnlichen Grundprinzipien gehorchen. Das gilt auch für das erfinderische Ergebnis. Nur äußerst selten beseitigt die neue Erfindung ein absolut einmaliges Sonderproblem. Weitaus häufiger läßt sich mit Hilfe des neugeschaffenen technischen Wissens (der neuen erfinderischen Lehre) eine Reihe weiterer, vermeintlich ganz anders gelagerter Probleme lösen. Scharfsinniges Analysieren des Ergebnisses, Abstrahieren vom konkreten Fall, Suche nach weiteren möglichen Analogien, Prüfen neuer Verwendungsmöglichkeiten für die erfinderische Grundidee – das sind Gedankengänge, die dem routinierten Erfinder kaum Schwierigkeiten bereiten und bei bewußtem Befolgen dieser Empfehlung auch dem Anfänger gelingen.

5.4. Prinzipien zum Lösen technischer Widersprüche

Es ist doch wohl unzweifelhaft gewiß, daß durch bloßes empirisches Herumtappen ohne ein leitendes Prinzip, wonach man zu suchen habe, nichts Zweckmäßiges jemals würde gefunden werden.

J. Kant

Al'tšuller hat beim Erarbeiten seiner weitgehend allgemeingültigen Prinzipienliste eine wahre Sisyphusarbeit geleistet. Gesichtet wurden zunächst 25 000 [18], später 40 000 [69], [70] Patentschriften aus 68 Klassen, um die ihnen zugrundeliegenden Lösungsprinzipien herauszufinden. Zu beachten ist, daß die am häufigsten angewandten Prinzipien nicht unbedingt diejenigen sind, die zu den technisch fortschrittlichsten Lösungen führen. Manchmal sind auch jene Prinzipien sehr wichtig, für die sich nur wenige – dafür aber besonders originelle – Beispiele finden.

Jedes der 35 Prinzipien (vgl. Tab. 3) kann zwanglos mit einer Fülle von Anwendungsbeispielen illustriert werden. Wir beschränken uns auf jeweils wenige Belege (s. 5.4.1.), wobei überwiegend neuere und neueste Beispiele aus möglichst unterschiedlichen Sachgebieten verwendet wurden. Ältere Beispiele finden nur Berücksichtigung, sofern sie methodisch wertvoll erscheinen. Chemie und chemische Technologie sind in angemessener Weise berücksichtigt. Als Quellen werden nicht nur Fach- und Patentliteratur, sondern ganz bewußt auch Sachnotizen aus der Tagespresse benutzt. Damit wird deutlich gemacht, daß die Prinzipien universellen Charakter haben und auf vielen Gebieten der Technik, der Wissenschaft und des täglichen Lebens angewandt werden können. Auch stimuliert das Erkennen derartiger Prinzipien beim Studium beliebiger Quellen den Anfänger erheblich. Bereits das aufmerksamere Lesen der Tagespresse, speziell der z. T. naturwissenschaftlich orientierten Wochenendbeilage, liefert erste Ergebnisse. Der Leser merkt dabei, daß vieles übertragbar, analog, "schon einmal dagewesen" ist, und das stärkt sein Selbstvertrauen ("Das müßte doch auch mir gelingen!").

In diesem Sinne werden ganz bewußt auch nicht – bzw. nicht mehr – schutzfähige Lösungen unter den Beispielen aufgeführt. So wird gezeigt, daß die Prinzipien zum Lösen technischer Widersprüche auch früher schon galten – ohne daß dies den Erfindern bewußt war – bzw. gleichermaßen für Gebiete anwendbar sind, auf denen der Gesetzgeber keine Schutzrecht gestattet. Die Prinzipien haben somit – denkmethodisch gesehen – übergreifenden Charakter.

Jemand, der nur Chemie versteht, versteht auch diese nicht.
G. Chr. Lichtenberg

5.4.1. Die 35 Prinzipien nach Al'tšuller

Prinzip 1
Zerlegen
Das Objekt ist in voneinander unabhängige Teile zu zerlegen.

■ Eine Extraktionsanlage läßt sich nicht dadurch verbessern, daß man das Volumen der Extraktoren vergrößert, sondern man erhöht vielmehr die Zahl der Stufen bei gleichem Gesamtvolumen. Wir haben es hier mit einer naheliegenden Schlußfolgerung aus dem Nernstschen Verteilungsgesetz zu tun.[83] Schutzfähig ist dieses Vorgehen nicht, aber der praktischen Intensivierungsmaßnahme liegt eindeutig das Prinzip des Zerlegens zugrunde. Schutzfähige Lösungen sollten über das rein mechanische Zerlegen (groß → klein) deutlich hinausgehen bzw. mindestens eine völlig überraschende Wirkung beinhalten.

■ Es sind nur die Teile eines Prozesses zu zerlegen, deren Zerlegung erforderlich bzw. nützlich ist. Gemeinsam zu nutzende bzw. für die Gesamtapparatur nur einmal erforderliche Elemente behalten ihre Funktion und werden nicht ohne Notwendigkeit verändert; Beispiel (Abb. 12): "Vorrichtung zum Reinigen eines Gasstromes, bei der mittels Venturiwäschern eine oder mehrere Komponenten durch eine Waschflüssigkeit aus dem Gasstrom ausgewaschen werden, dadurch gekennzeichnet, daß mehrere, bezüglich des Gasstromes in Reihe geschaltete Venturiwäscher innerhalb eines gemeinsamen Behälters angeordnet sind." [77]

[83] Das Verhältnis der Konzentrationen eines sich zwischen zwei Phasen verteilenden Stoffes ist im Gleichgewichtszustand bei gegebener Temperatur konstant (d. h. es ist wirkungsvoller in mehreren kleinen Portionen nacheinander als mit einer großen Portion auf einmal zu extrahieren).

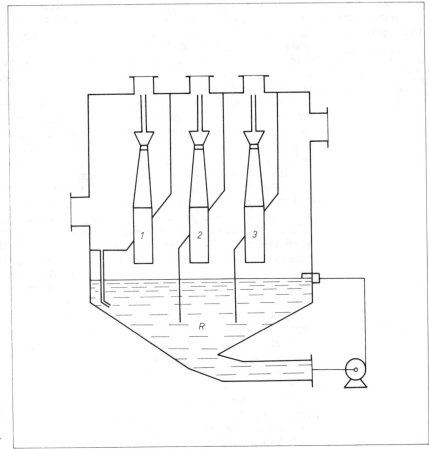

Abb. 12
Vorrichtung und Verfahren zum Reinigen eines Gasstromes (nach [77])

Mehrere in Reihe betriebene Venturiwäscher (*1, 2, 3*) arbeiten mit einem gemeinsamen Vorrichtungselement. Nicht zerlegt wird das allen Wäschern gemeinsame Reservoir *R*.

[77] Kersten, J.: Vorrichtung und Verfahren zum Reinigen eines Gasstromes. – DOS 3 046 281 v. 9. 12. 1980, offengel. 8. 7. 1982

[84] Wir denken sofort an die Legende von jenem Vater, der seinen Söhnen das Prinzip im Sinne eines Vermächtnisses demonstriert: ein einzelner Stab läßt sich leicht zerbrechen, ein Bündel von Stäben nicht. Diese Parabel kennt jeder – und trotzdem werden noch immer Schutzrechte erteilt, die auf eben diesem Prinzip beruhen. Wir stoßen hier auf einen Punkt, der uns noch öfter beschäftigen wird: das denkmethodisch gesehen nicht eben sehr hohe Niveau mancher Patentanmeldungen.

[78] Nußbaum, H.: Halbzeug für Sandwich-Leichtbauweisen, hergestellt aus Röhrchen von Vlies-Werkstoff, z. B. aus Papier. – DOS 2 836 418 v. 19. 8. 1978, offengel. 28. 2. 1980

[79] Vallourec, S. A.: Verfahren zur Wärmebehandlung von Rohren. – DOS 2 904 846 v. 9. 2. 1979, ausg. 23. 8. 1979

■ Das Prinzip des Zerlegens kann zum einen so verstanden werden, daß jeder durch Zerlegen geschaffene Teilprozeß/Teilapparat unter z. T. wesentlich voneinander verschiedenen, jeweils optimalen Bedingungen arbeitet; häufiger sind jedoch Fälle, in denen die Teilprozesse/Teilapparate/Elemente untereinander fast oder vollständig deckungsgleich sind.

Zu dieser Gruppe gehören beispielsweise die Eierkisteneinsätze älterer Bauart, die konstruktiv identisch sind mit den heute gebräuchlichen Lichtgitterrosten (geschlitzte, kreuzweise ineinandergesteckte Papp- bzw. Blechstreifen). Überhaupt fällt eine Fülle von z. T. durchaus noch schutzfähigen Vorschlägen auf dem Gebiet der Leichtbauweise unter dieses Prinzip, so z. B. ein "Halbzeug für Sandwich-Leichtbauweisen, hergestellt aus Röhrchen von Vlies-Werkstoff, z. B. aus Papier" [78]. Dabei werden Papierröhrchen gleicher Länge aufeinandergelegt und miteinander verklebt. Der so erhaltene Kernfüllstoff erreicht in Analogie zum Lichtgitterrost eine enorme mechanische Belastbarkeit.[84]

Dem gleichen Prinzip gehorcht das "Verfahren zur Wärmebehandlung von Rohren" [79]. Gemäß Offenlegungsschrift werden die Rohre in einem oder mehreren Bündeln zusammengefaßt; beim Einstapeln der Bündel in den Ofen wird so verfahren, "... daß die Rohre am Ende des Einführungsvorganges genau geradlinigen Verlauf aufweisen und jedes Bündel eine mechanische Einheit bildet, die eine Deformation der Rohre unmöglich macht".

Abgesehen vom nicht gerade sehr hohen Niveau dieses Vorschlages (der trotzdem praktisch nützlich sein dürfte!) erkennen wir hier, daß viele Prinzipien ihre Umkehrprinzipien haben. Beim Lichtgitterrost wurde das insgesamt verfügbare Material nicht massiv verwendet, sondern so zerlegt, daß das resultierende Gebilde wesentlich höhere Lasten als im Falle kompakter Bauweise aufnehmen kann ("Eierkistenprinzip"). Hingegen demonstrieren die beiden letztgenannten Beispiele [78, 79] eher das Umkehrprinzip des Zerlegens, das Vereinigen: vorliegende Einzelelemente werden gebündelt, um höhere mechanische Stabilität zu erzielen. Wir kommen auf diese Prinzip/Umkehrprinzip-Paare (hier Zerlegen/Vereinigen) noch mehrmals zurück.

■ Eindeutig unter das Originalprinzip des Zerlegens fällt ein "Stopfen zum Verschließen von Hüllrohren im Betonbau" [30]. Der Anspruch lautet ziemlich kurz und wenig informativ: "... dadurch gekennzeichnet, daß der Stopfen außen als elastisches Profil ausgebildet ist."

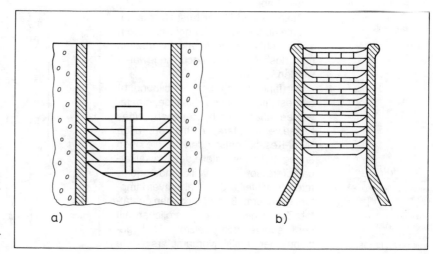

Abb. 13
Vordergründige Analogie zwischen einem Stopfen zum Verschließen von Hüllrohren im Betonbau (a, nach [30]) sowie einem für das Verschließen von Weinflaschen üblichen Polyethylen-Stopfen (b, nach dem jedermann zugänglichen Original kopiert)

[85] Ein gedanklich wesentliches Arbeitsinstrument des Erfinders ist das Analogisieren. Wir sind daher auf dieses Beispiel bereits im Abschnitt 4.2. eingegangen.

Abb. 14
Verfahren zur Calciumabtrennung aus Natriumhypophosphitlösungen (nach [80])

Die für das Verfahren besonders geeignete Vorrichtung kombiniert Elemente des Fallfilm- und des Kesselverdampfers. Jeder einzelne Trichter ist ein kleiner Kesselverdampfer: Zerlegen eines großen Kesselverdampfers in Mini-Verdampferelemente.

PE Produkteintritt;
DE Dampfeintritt;
PA Produktaustritt;
DA Dampfaustritt;
BR Brüdenrohr

[80] Zobel, D.; Ebersbach, K.-H.; Erthel, L.; Gisbier, D.; Pietzner, E.: Verfahren zur Calciumabtrennung aus Natriumhypophosphitlösungen. – Schutzrechte angemeldet unter AZ CO1B/310 785-6; Anmeldetermin 21. 12. 1987

Klar wird die Sache erst, wenn wir Abbildung 13 a betrachten: es handelt sich um eine Konstruktion, der in zunächst originell erscheinender Weise das Prinzip des Zerlegens zugrundeliegt. Während ein gewöhnlicher Stopfen meist mehr oder minder über eine Flächendichtung funktioniert – dies gilt praktisch auch für die im Wasserbau üblichen konischen Stopfen, weil diese im Rohr teilweise zusammengepreßt werden –, finden wir hier den Übergang von der Flächendichtung zur mehrfachen Liniendichtung (Rundum-Lippendichtung) verwirklicht.

Indes ist auch dieser Vorschlag bei näherem Hinsehen nicht gerade originell (Abb. 13 b).[85]

■ Ein eigener Anwendungsfall des Prinzips soll die Liste der Beispiele abschließen: Bekannt sind Fallfilmverdampfer. Bei ihnen läuft die einzudampfende Flüssigkeit mehr oder minder senkrecht als Film an einer Heizfläche herab. Benötigt werden große Austauschflächen, deren Reinigung, falls sie während des Eindampfprozesses verkrusten, schwierig ist. Gebräuchlich sind z. B. Rohrbündelverdampfer, die außen beheizt und innen vom Medium in Form eines Films durchflossen werden; auch die umgekehrte Fahrweise ist bekannt (Innenheizung). Ähnlich arbeiten flächenhafte Konstruktionen (Rieselblechapparate).

Bekannt sind ferner Kesselverdampfer, die aber wegen ihrer geringen Stoffaustauschfläche wenig effektiv arbeiten und deshalb kaum noch angewandt werden.

Wir fanden, daß die in Abbildung 14 dargestellte neuartige Kaskade, die gewissermaßen durch Zerlegen eines Kesselverdampfers in trichterförmige "Mini-Kessel" entstanden ist, die oben angegebenen Nachteile des Kesselverdampfers sowie die völlig andersgearteten Nachteile des Fallfilmverdampfers gleichermaßen zu umgehen gestattet. Zum einen wurde – verglichen mit dem senkrechten Heizrohr des gewöhnlichen Fallfilmverdampfers – die Stoffaustauschfläche wesentlich vergrößert (gegenüber dem in dieser Hinsicht weit ungünstigeren Kesselverdampfer ist der Effekt noch deutlicher). Zum anderen konnte, bedingt durch die Arbeitsweise der Kaskade, die Verweilzeit der einzudampfenden Flüssigkeit gegenüber dem Fallfilmverdampfer wesentlich erhöht werden. Vorteilhaft ist ferner, daß die beim Eindampfen der Lösung ausfallenden Verunreinigungen sich in den Trichtern sammeln und von Zeit zu Zeit abgesäuert werden können. Somit arbeitet der neuartige Eindampfer zugleich als Klärvorrichtung [80].

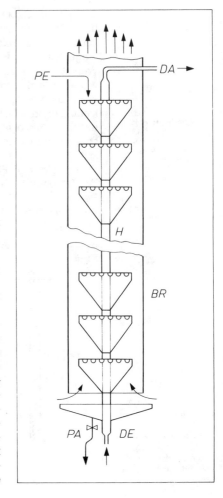

[86] Das Beispiel erfordert insofern ein wenig Phantasie, als es sich bei dem Vorschlag nicht vordergründig um die Abtrennung einer störenden Eigenschaft vom Objekt handelt. Vielmehr wird hier der störende (d. h. schwierige, sicherheitstechnisch bedenkliche, teure) Fertigungsvorgang, der Tunnelbau unterhalb des Gewässergrundes, völlig ausgeschaltet. Der Lösung liegen zugleich die Prinzipien Nr. 3 (Schaffen optimaler Bedingungen durch gefahrlose Vorfertigung) sowie Nr. 8 (Gegengewicht durch hydrodynamische Kräfte: Nutzung des Auftriebs) zugrunde.

[87] Prinzip der Umkehrung: Vermeintlich Schädliches kann bei schärferem Hinsehen recht nützlich sein!

[81] Lorenz, F. R.: Schwimmröhren-Tunnel. – DOS 2 814 127 v. 1. 4. 1978, offengel. 4. 10. 1979

Prinzip 2
Abtrennen

Vom Objekt ist die störende Eigenschaft bzw. der störende Teil zu trennen, oder es ist die einzig erforderliche Eigenschaft hervorzuheben.

■ Ein unkonventionelles Beispiel betrifft das Abtrennen eines Tunnels von seiner "normalen" Umgebung. Gewöhnlich werden Gewässer, beispielsweise Flüsse, mit einer Technologie untertunnelt, bei der das Wasser in jeder Hinsicht stört. Man arbeitet oft weit unterhalb des Gewässergrundes und hat somit zwangsläufig sicherheitstechnische und finanzielle Probleme (Wassereinbrüche, teure Aussteifungen). Trennt man nun die Tunnelröhre insgesamt konsequent von ihrer üblichen Umgebung, indem man nicht etwa vor Ort segmentweise einen Stollen aussteift, sondern die unter bequemen Bedingungen vorgefertigte komplette Tunnelröhre direkt in das Gewässer einbringt, so kommt man zu einer völlig unkonventionellen Lösung. Die fertige Tunnelröhre wird eingeschwommen und an Betonfundamenten verankert. Der Auftrieb sorgt dafür, daß die Röhre stabil in Position bleibt [81].[86]

■ Besondere Bedeutung besitzt das Prinzip der Abtrennung in der chemischen Technologie. Zahlreiche Produktionsverfahren sind auf zwischen- und nachgeschaltete Reinigungsstufen angewiesen. Abzutrennen sind z. B. unerwünschte Nebenprodukte oder eingeschleppte Verunreinigungen; angewandt werden zu diesem Zweck chemische oder physikalische Verfahren (z. B. Adsorption, Fällung, Ionenaustausch, Kristallisation).

In der Klassiertechnik ist das Prinzip der Abtrennung (technisch realisiert z. B. mit Hilfe von Sieben oder Sichtern) das wichtigste Prinzip überhaupt, obwohl die meisten in dieser Richtung liegenden Lösungen schon lange nicht mehr schutzfähig sind.

Dicht lagernde Haufwerke weisen oft mehr oder minder das sog. "Betonkiesspektrum" auf, d. h., die feineren und feinsten Fraktionen füllen fast ideal die Lücken zwischen den Grobanteilen. Für besonders festen Beton ist ein solches Kornspektrum natürlich erwünscht.

Schüttgüter, die ohnehin zum Verbakken neigen, sollten hingegen aus naheliegenden Gründen (extrem zahlreiche Kontaktstellen zwischen den Partikeln, Gefahr der Brückenbildung) nach Möglichkeit kein solches Spektrum aufweisen. Man trennt deshalb in diesen Fällen das Feingut ab und lagert – nunmehr komplikationslos – das Grobgut.

Für die Gewinnung chemisch unterschiedlich zusammengesetzter Teilfraktionen durch Klassieren der Gesamtmasse wurde dieses an sich rein mechanische Verfahren bisher kaum angewandt. Zwar sind An- oder Abreicherungseffekte von Fraktion zu Fraktion bei manchen Prozessen (z. B. in Gasreinigungsanlagen) durchaus nicht unbekannt, jedoch wurde dies bisher meist als unerwünschter Effekt angesehen, vor allem dann, wenn der Feinanteil vollständig in den Prozeß zurückgeführt werden sollte.

Ähnlich sieht es bei Kristallisationsprozessen aus. Ziel derartiger Verfahren ist gewöhnlich die Herstellung eines möglichst einheitlichen Produktes definierter Korngröße. Beispielsweise erfüllen kontinuierlich arbeitende Vakuum-Kristallisationsanlagen diese Forderung. Chargenweise betriebene Rührwerkskristallisatoren, sog. Kaltrührer, gelten heute u. a. deshalb als unmodern, weil sie ein bezüglich des Kornspektrums uneinheitliches Produkt liefern. Indes ist dieser vermeintliche Nachteil unter gewissen Voraussetzungen ein besonderer Vorteil.[87] Wir fanden, daß derartige Kristallisatoren in ganz bestimmten Fällen unter sehr genau definierten Bedingungen Kristallisate liefern, bei denen das Feinkorn chemisch wesentlich anders zusammengesetzt ist als das Grobkorn. Trennt man nach Zentrifugieren und Trocknen den Feinkornanteil vom Grobkornanteil, z. B. durch Sieben, so enthält man Produkte verschiedener, jeweils definierter

Zusammensetzung. Technisch anwenden läßt sich das Verfahren z. B. zur Herstellung von hochreinem Natriumhypophosphit aus wäßrigen Lösungen, die neben dem Hauptbestandteil Natriumhypophosphit (Oxidationszahl P(I)) noch die unerwünschte Verunreinigung Natriumphosphit (Oxidationszahl P(III)) enthalten. P(III) reichert sich bevorzugt im Feinkorn an, das sich nach Zentrifugieren und Trocknen des Salzes bequem durch Sieben bzw. Sichten mittels Zyklon abtrennen läßt (Abb. 15).

Wir erhalten mit einfachsten Mitteln eine sehr phosphitarme Grobfraktion neben einer vergleichsweise phosphitreichen Feinfraktion. Letztere kann komplikationslos rückgeführt oder für weniger anspruchsvolle Zwecke direkt eingesetzt werden. Die für Zwecke der reduktiv-chemischen Vernickelung bestens geeignete, sehr reine Grobfraktion weist noch den praktisch wichtigen Zusatzvorteil auf, beim Lagern weit weniger als die unklassierte Ware zu verbacken [82].

Man gelangt demnach durch einfaches Klassieren zu unterschiedlich zu-

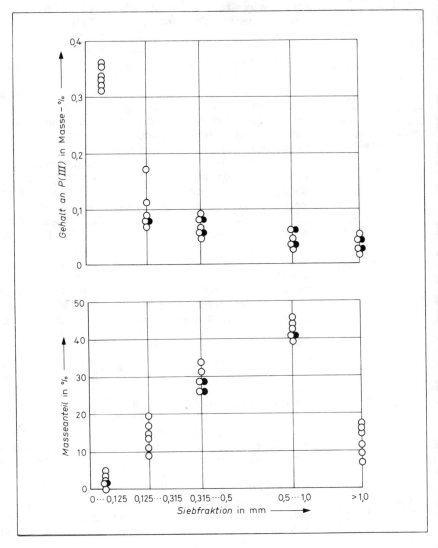

Abb. 15
Prinzip der Abtrennung in der chemischen Technologie [82]

Unter sehr speziellen Bedingungen lassen sich aus Zwei- und Mehrstoffsystemen durch chargenweise Kristallisation gezielt Produkte erzeugen, bei denen der Feinkornanteil chemisch wesentlich anders zusammengesetzt ist als der Grobanteil.
Die Abbildung zeigt die Beziehungen zwischen Kornspektrum, Masseverteilung und prozentualem Phosphit-Anteil (P(III)) im Ergebnis der Kristallisation einer phosphithaltigen Natriumhypophosphitlösung.

[82] Zobel, D.; Gisbier, D.; Konerding, K.; Erthel, L.; Ebersbach, K.-H.: Verfahren zur Herstellung von Natriumhypophosphit mit definiertem Reinheitsgrad. – DD-PS 212 496 v. 19. 11. 1982, ert. 15. 8. 1984

[83] Unland, G.; Driemeier, G.: Verfahren und Anlage zur Herstellung von Zementklinker mit niedrigem Alkaligehalt. – DOS 3 431 197 v. 24. 8. 1984, offengel. 6. 3. 1986

[84] Mertke, K.-P.; Matzeit, J.; Rose, K.; Goering, W.; Huth, W.; Schäfer, D.: Zuschlagstoffe aus Carbidofenstaub. – DD-PS 256 798 v. 12. 4. 1985, ert. 25. 5. 1988

sammengesetzten Stoffen. Daß der Gedanke im Sinne eines Prinzips weitgehend übertragbar zu sein scheint, zeigt auch folgender Fall, der ähnlich gelagert ist. Es handelt sich dabei nicht um einen Kristallisations-, sondern um einen Sinterprozeß. Bei derartigen Prozessen bilden alkalihaltige Teilchargen meist stärkere Anbackungen als alkaliarme Partien. Das gezielte Ausschleusen dieser Anbackungen kann – obzwar mechanischer Art – zugleich eine die chemische Zusammensetzung des Fertigproduktes beeinflussende Maßnahme sein. Darauf beruht offensichtlich die DOS "Verfahren und Anlage zur Herstellung von Zementklinker mit niedrigem Alkaligehalt ..., gekennzeichnet durch folgende Merkmale:

a) das Auftreten von Drehrohrofen-Ansatzfall wird meßtechnisch überwacht;
b) beim Auftreten eines bestimmten Ansatzfalles wird der oberhalb einer bestimmten Korngröße liegende Anteil des aus dem Kühler ausgetragenen Gutes aus dem System entfernt." [83]

■ Besonders deutlich wird das Prinzip, wenn wir ein Verfahren zur verbesserten Rohstoffausnutzung beim Betreiben von Carbidöfen [84] unter dem Gesichtspunkt der Abtrennung betrachten. Die staubhaltigen Abgase des Prozesses werden bei diesem Verfahren zunächst über einen speziell ausgelegten, selektiv arbeitenden Zentrifugalabscheider (Zyklon) geleitet, ehe sie in den konventionellen Naßwäscher gelangen. Dabei werden im Zyklon alle Teilchen mit Korngrößen > 20 μm (bevorzugt > 32 μm) abgeschieden. Der für die Rückführung in den Ofen nicht geeignete, stark MgO-haltige Feinststaub passiert zusammen mit dem Gas den Zyklon und wird in der nachgeschalteten konventionellen Naßwäsche abgetrennt. Der für die Wiederverwendung interessante, MgO-arme und zugleich cyanidreiche Grobstaub wird hingegen über eine Hohlelektrode kontinuierlich in den Ofen zurückgeführt. Dabei werden – neben der hauptsächlich beabsichtigten Wiederverwendung wertvollen Rohstoffs – auf diesem Wege zugleich 80 % des insgesamt im Staub enthaltenen Cyanidanteils rückgeführt und schadlos zersetzt. Nur 20 % des schädlichen Cyanids gelangen in die nachgeschaltete Naßwäsche (Abb. 16).

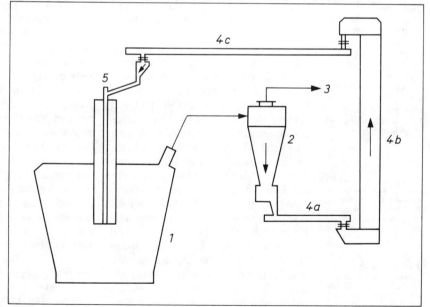

Abb. 16 Abtrennen des verwendbaren Staubanteils aus rohem Carbidofengas mit Hilfe eines selektiv arbeitenden Zyklons (nach [84])

1 Carbidofen; 2 Zyklon, der nur Staubteilchen >20 μm (insbesondere >32 μm) abscheidet; 3 zum konventionellen Naßwäscher; 4 a, b, c Transportorgane für den Staub; 5 Hohlelektrode

[88] Das Prinzip hängt sehr eng mit dem Prinzip des Zerlegens (Nr. 1) zusammen. Bei jedem Interessenten lösen die von Al'tšuller bewußt sehr allgemein gehaltenen Begriffe ohnehin recht verschiedenartige Assoziationen aus. Andere Autoren würden gewiß andere Beispiele heranziehen. Diese Multivalenz der Begriffe ist für den kreativen Praktiker eher vorteilhaft.

[89] Das Beispiel leitet zum Prinzip Nr. 16 (Nicht vollständige Lösung) über: Feinste Nebelteilchen lassen sich in der erläuterten Weise nicht abscheiden. Dafür sind Filter mit völlig anderem Wirkprinzip (Fasertiefbettfilter, die im Diffusionsbereich bzw. im Bereich der Brownschen Molekularbewegung arbeiten) erforderlich. Diese Filter sind teuer und arbeiten mit erheblich höherem Druckverlust; die Abgasreinigung ist dann allerdings perfekt.

[90] Die inzwischen katastrophale Umweltsituation gebietet, jeden irgend denkbaren Anwendungsfall auf Übertragbarkeit des Prinzips zu prüfen (es muß ja nicht unbedingt ein biologisch aktives Filter sein – eine berieselte Demisterpackung tut es in vielen Fällen sicherlich auch).

[85] Kursawe, W.; Zobel, D.; Hornauer, W.; Nagel, M.; Burckhardt, M.; Rathmann, H.: Vorrichtung zum Abscheiden feinteiliger Flüssigkeitströpfchen aus einem Gasstrom. – DD-PS 225 844 v. 26. 7. 1983, ert. 7. 8. 1985

[86] Fuchs, U.; Reimann, H.: Vorrichtung zur Reinigung von Abgas. – DOS 3 428 798 v. 4. 8. 1984, offengel. 1. 8. 1985

Prinzip 3
Schaffen optimaler Bedingungen
Jeder Teil des Objekts muß sich unter Bedingungen befinden, die seiner Funktion optimal entsprechen.

■ Die Geschichte vieler Maschinen spiegelt das Wirken dieses Prinzips wider. Sie wurden nach und nach in technologisch kleinste Einzelabschnitte zerlegt, und für jeden Teil wurden die günstigsten Bedingungen geschaffen.
Bei einer multifunktionellen Maschine kann nur auf diesem Wege die Effektivität gesteigert werden, da eine allgemeine Verbesserung der Maschine (des Verfahrens, der Vorrichtung) wegen der sehr verschieden wirkenden und nach z. T. recht unterschiedlichen Prinzipien arbeitenden Einzelteile bzw. Funktionsgruppen nicht in Frage kommt.[88]

■ In der chemischen Technologie ist das Prinzip von besonderer Bedeutung. Zahlreiche komplexe Prozesse erfordern zwingend eine separate Betrachtung ihrer Systemelemente ("Teilsystemprozeßanalyse"). Ziel solcher Prozeßanalysen ist es, schließlich jeden Teilprozeß unter den für ihn optimalen Bedingungen betreiben zu können.
Ein eigenes Beispiel zeigt, wovon die Rede ist. Thermische Phosphorsäure wird durch Verbrennen elementaren gelben Phosphors zu P_4O_{10} und nachfolgende Absorption des Phosphorsäureanhydrids in umlaufender Phosphorsäure höherer Konzentration erzeugt. Der Konzentrationsausgleich erfolgt durch Wasserzugabe, das Produkt wird kontinuierlich abgezweigt. Anlagen dieser Art erfordern eine sorgfältige Abgasreinigung, da P_4O_{10} in Kontakt mit Wasser bzw. Säure schwer abscheidbare Phosphorsäurenebel bildet. Gebräuchlich für die Gasreinigung sind E-Filter-Anlagen und/oder Venturi-Systeme. Auch Demister (Nebelabscheider aus Polypropylen-Gestrickpackungen) sind schon vorgeschlagen worden, indes lassen sich damit nur gröbere bis mittlere Tröpfchen abscheiden. Feine bis feinste Tröpfchen sowie Nebelteilchen im engeren Sinne fliegen mit dem Gasstrom unbeeinflußt durch das Gestrick.
Wir fanden nun, daß ein zweistufiges Demistersystem das Problem teilweise zu lösen gestattet. Die erste – vergleichsweise dünne – Gestrickpackung, die mit hoher Geschwindigkeit durchströmt wird, scheidet primär nur die gröbsten Tröpfchen ab, erzeugt jedoch durch intermediäre Geschwindigkeitsveränderung, Umlenkung und Prall-Effekte aus mittleren bis kleinen Partikeln sekundär gröbere Partikel, die an der Abströmseite vom Gasstrom mitgerissen werden. Diese sekundär erzeugten gröberen Teilchen lassen sich dann in einem nachgeschalteten zweiten Demister stärkerer Packung, der mit wesentlich geringerer Geschwindigkeit als der erste durchströmt wird, vorteilhaft abscheiden [85].[89]

■ Der industriegeschädigte und deshalb ziemlich betriebsblinde Durchschnittsmensch meint, daß Abgase grundsätzlich durch hohe Schornsteine fortgeleitet werden müssen, wobei zwischengeschaltete Filteranlagen zu betreiben sind. Dabei wird der grundsätzliche Mangel dieser Verfahrensweise vergessen: Fast immer wird mit sehr großen Fehlluftmengen gearbeitet, so daß die Abgase hochverdünnt anfallen und in dieser Form (wegen des geringen Konzentrationsgefälles und der damit extrem geringen Triebkraft beliebig gearteter Abscheideprozesse) kaum effektiv gereinigt werden können.
Der Umkehrschluß lautet, daß sich unverdünntes, konzentriertes Abgas minimalen Volumens direkt am Anfallort besonders leicht reinigen lassen müßte. Dem steht aber die im Konventionellen tief verwurzelte "Politik der hohen Schornsteine" als Denkblockade entgegen. Daß es auch anders geht, zeigt Abbildung 17. Beansprucht wird – recht bescheiden – nur eine Vorrichtung zur Reinigung von Abgas mit einem biologisch aktiven Filter, "dadurch gekennzeichnet, daß das Filter aus spezifisch leichten offenporigen und ein hohes Hohlraumvolumen aufweisenden Stoffen aufgebaut ist" [86].[90]

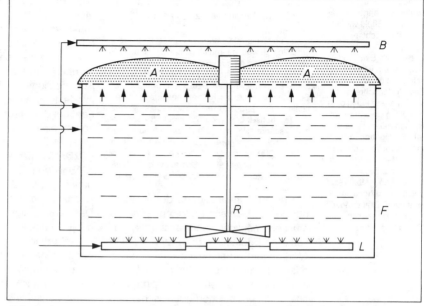

Abb. 17
Optimales Arbeiten durch "Vor-Ort-Abgasreinigung" mittels biologisch aktivem Filter (nach [86])

F Fermenter; R Rührwerk; A Aktivfilter; B Berieselungsrohr

Prinzip 4
Asymmetrie
Es ist vom symmetrischen zum asymmetrischen Objekt überzugehen.
■ Die an Autoscheinwerfer zu stellenden Anforderungen sind unterschiedlich. Man fährt auf der rechten Straßenseite, so daß der rechte Scheinwerfer hell und weit leuchten muß. Der linke soll jedoch nach Möglichkeit den Gegenverkehr nicht allzusehr blenden; er wird demgemäß tiefer eingestellt. Diese heute selbstverständliche Asymmetrie war keineswegs immer selbstverständlich; bezogen auf die mehr als hundertjährige Geschichte des Automobils handelt es sich um eine ziemlich neue Erkenntnis ([18], S. 136).
■ Das Prinzip der Asymmetrie gilt beispielsweise auch für einen unsymmetrisch bewehrten Ortbetonpfahl, bei dessen Fertigung in das niedergebrachte Bohrrohr ein unsymmetrischer Bewehrungskorb abgesenkt wird, "dadurch gekennzeichnet, daß der Bewehrungskorb aus einer symmetrischen Grundbewehrung und einer unsymmetrischen Zulagebewehrung besteht ..." [87].
■ Für den Chemiker hat das Prinzip bei der Synthese von Verbindungen gezielter Asymmetrie (Einbau funktioneller Gruppen in cyclische Verbindungen) fundamentale Bedeutung.

Prinzip 5
Kombination
Es sind gleichartige oder für benachbarte Operationen bestimmte Objekte zu vereinigen.
■ Typisch für die unsachgemäße Nutzung dieses Prinzips ist das oftmals klägliche Niveau zahlreicher Kombinationserfindungen. Wenn beispielsweise Rollschuhe mit einem kleinen Motor ausgerüstet werden oder man eine Weste mittels Reißverschlusses mit Ärmeln versieht (patentierte Lösung!), dann sind hier zusätzliche Funktionen in höchst stümperhafter Weise einfach "aufgepfropft" worden. Dies gilt auch für eine ganze Reihe allgemein bekannter Kombinationswerkzeuge, bei denen die Teilfunktionen infolge der Kombination mit anderen Funktionen nicht mehr so perfekt wie beim Einzelwerkzeug ausgeübt werden können. In derartigen Fällen ist es grundsätzlich besser, die Einzelwerkzeuge mit ihren jeweils perfekten Funktionen beizubehalten und keine Verschlechterung der Funktionen durch

[87] Heinbockel, R.; Ickes, P.; Mertens, W.; Seitz, I.; Wagner, P.: Unsymmetrisch bewehrter Ortbetonpfahl. – DOS 3 500 008 v. 2. 1. 1985, offengel. 10. 7. 1986

[91] Die Anhäufung von Merkmalen ohne überraschenden Effekt wird in der Patentrechtsprechung als "Aggregation" bezeichnet. Eine bloße Aggregation ist nicht schutzfähig. Da aber dem Prüfer schon seit langem keine Funktionsmodelle mehr vorgelegt werden müssen, passieren Aggregationen mit insgesamt verschlechterten Merkmalen manchmal das Prüfverfahren. Lebensfähig sind solche versehentlich geschützten "Erfindungen" aus naheliegenden Gründen nicht.

fragwürdige (überdies nicht schutzfähige!) Kombinationen zuzulassen.[91]

So ist beispielsweise eine vor Jahren im Handel erhältlich gewesen multifunktionelle Haushaltschere weder eine gute Schere mit Drahtschneider noch ein perfekt funktionierender Nußknacker noch ein unter hoher Belastung brauchbarer Schraubendreher; als Kronenkapselheber funktioniert sie geradezu erbärmlich. Das Modell wurde offensichtlich recht stümperhaft der Vielzweckschere "Perfect" [88] nachempfunden, die in deutlich günstigerer Weise die Funktionen Schere, Drahtschneider, Kapselheber, Nußknacker, Twist-off-cap-Dreher, Schraubverschlußöffner, Dosenstecher und Schraubendreher vereint.

Bei guten Kombinationen dürfen nicht nur keine Nachteile auftreten, sondern müssen möglichst überraschende zusätzliche Effekte erzielt werden. Effekte (Wirkungen) an sich sind – wie bereits erläutert – nicht schutzfähig, wohl aber ist es jede Verfahrenskombination, welche zu einem solchen überraschenden Effekt führt.

Der Begriff "Kombination" wurde von Al'tšuller zunächst ziemlich vordergründig auf die Kombination von Objekten bzw. Funktionen bezogen. In wesentlicher Erweiterung dieser überwiegend mechanisch-technischen Betrachtungsweise wollen wir nun Kombinationen betrachten, die auf der funktionellen Kopplung mehrerer physikalischer Effekte beruhen. Interessant sind derartige Kombinationen allerdings nur, wenn mindestens kein Qualitätsverlust gegenüber den ursprünglichen Einzelfunktionen eintritt (s. o.). In methodischer Hinsicht überlappt das Prinzip deutlich mit der "Mehrfachnutzung" (Prinzip Nr. 6).

Abbildung 18 zeigt einen Gasreinigungsapparat, dessen Funktion auf der Kombination mehrerer Effekte beruht. Das verunreinigte Gas tritt bei E ein und prallt zunächst auf die bewegte Flüssigkeitsoberfläche (direkte Prallabscheidung gröberer Teilchen). Sodann passiert es den vom knapp eintauchenden Bürsten- oder Scheibenrotor erzeugten Tröpfchenschleier (Benetzung und damit Übergang in einen vorteilhafter abscheidbaren Zustand). Nunmehr passieren die benetzten Teilchen den sich konisch erweiternden Scheibenrotor (erste Stufe der Fliehkraftabscheidung).

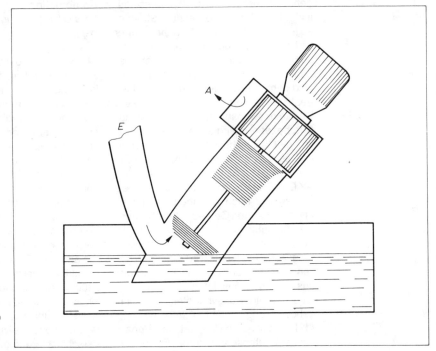

Abb. 18
Vorrichtung zum Abscheiden von Flüssigkeiten und Feststoffen aus einem Gasstrom (nach [89])

E Eintritt des Rohgases; A Austritt des Reingases
Kombination verschiedener Prinzipien sowie Effektekombination (s. Text)

[88] Vielzweckschere. – In: Spiegel. – Hamburg 31 (1977) 16. – S. 216

[89] Christian, P.: Vorrichtung zum Abscheiden von Flüssigkeiten und Feststoffen aus einem Gasstrom. – DOS 2 946 256 v. 16. 11. 1979. offengel. 21. 5. 1981

Abb. 19 Dünnschichtverdampfungsverfahren sowie Vorrichtung und Anlage zur Durchführung des Verfahrens (nach [90])

H Heizmantel; *K* rotierender Konus; *E* Eintritt der einzudampfenden Flüssigkeit; *A 1* Auslaßöffnung für den Dampf; *A 2* Ausgang für die eingedampfte Flüssigkeit

[92] "Dünnschichtverdampfungsverfahren, ..., dadurch gekennzeichnet, daß ... eine Verbindung zwischen der Außenseite des Spitzenteils des Konus und seiner Innenfläche hergestellt wird, so daß sich die der Verdampfung unterworfene Dünnschicht auf Innen- und Außenfläche des Konus bildet." [90]

[93] Weder Synergismen noch Antagonismen sind – für sich gesehen – schutzfähig, eben weil es sich um Effekte (Wirkungen) handelt, die in der Patentspruchpraxis den Entdeckungen gleichgestellt werden. Schutzfähig sind hingegen Wirksysteme/Rezepturen/Mischungen, bei denen Synergismen bzw. Antagonismen auftreten.

[94] "Arzneimittelkombination mit synergistischer Wirkung, dadurch gekennzeichnet, daß es Glucosamin bzw. seine Salze und ein antiexsudatives Venenmittel enthält." [91]

[90] Ciais, A.; Variot, G.: Dünnschichtverdampfungsverfahren sowie Vorrichtung und Anlage zur Durchführung des Verfahrens. – DOS 3 404 531 v. 9. 2. 1984, offengel. 16. 8. 1984

[91] Enghofer, E.; Seibel, K.: Arzneimittelkombination mit synergistischer Wirkung. – DOS 3 445 324 v. 12. 12. 1984, offengel. 12. 6. 1986

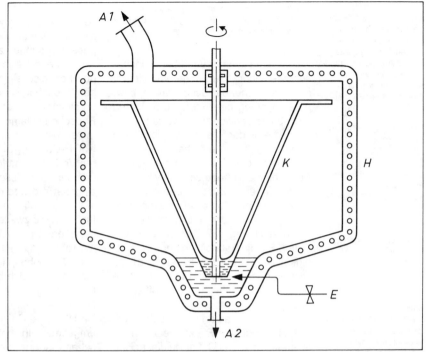

Schließlich wirkt der Endgasventilator nochmals als Fliehkraftabscheider (mit Pralleffekt an der Gehäusewand).

■ Abbildung 19 zeigt einen neuartigen Dünnschichtverdampfer, der ebenfalls durch Effektekombinationen gekennzeichnet ist. Der Anspruch umreißt die Verfahrensweise treffend.[92]

Das Beispiel demonstriert nicht nur die Kombination mehrerer Effekte, sondern ganz besonders deutlich auch die Kombination mehrerer Prinzipien. So erkennen wir Nr. 6 (Mehrzwecknutzung: Nutzung des rotierenden Konus als Rühr- und Transportorgan sowie als Flüssigkeitsverteiler und zusätzliche Verdampferfläche) und Nr. 7 (Matrjoška: innere konische Transport-/Verdampfer-Fläche "steckt" in der äußeren konischen Transport-/Verdampfer-Fläche).

Das Kombinationsprinzip gestattet die zwanglose Erklärung einer elementaren erfinderischen Regel. Sie lautet: Das Ganze hat mehr zu sein als die Summe der Teile!

Analysiert man die Wirkung einer Mischung aktiver Stoffe, so sind drei Fälle zu beobachten. Zum einen kommt es vor, daß sich die Wirkung einer solchen Stoffmischung anteilig addiert aus der zuvor getrennt ermittelten Wirkung der Einzelstoffe; dieser Fall ist erfinderisch uninteressant. Von besonderem Interesse hingegen sind die beiden anderen Fälle, die mit den Begriffen "Synergismus" (nichtlineare Verstärkung der Gesamtwirkung bei Wechselwirkung der Systemkomponenten) und "Antagonismus" (exponentielle Abschwächung einer Wirkung beim Zusammentreffen von zwei oder mehreren Stoffen) gekennzeichnet werden.[93]

Bei Arzneimittelanmeldungen wird heute nicht selten unmißverständlich formuliert, daß es sich um Synergismen handelt.[94]

Neugefundene Synergismen können in dieser Form ohne Umschweife und ohne Formulierungstricks angemeldet werden.

Allerdings ist zu bedenken, daß ein direkter Stoff-

Anzuraten ist immer und überall, insbesondere aber beim Experimentieren, neu auftauchende Synergismen bzw. Antagonismen besonders zu beachten und schutzrechtlich zu verwerten.

Speziell in der Pharmakologie spielen Synergismen eine entscheidende Rolle. Sucht man danach, sollten altbekannte Stoffe niemals unberücksichtigt bleiben. In einem neuen Zusammenhang, beim Erproben einer Kombination altbekannter mit neugefundenen Stoffen, können immer noch ungewöhnliche Effekte auftreten. Für die Beurteilung der Schutzfähigkeit ist es in solchen Fällen allerdings wichtig, ob Synergismen im Zusammenhang mit dem altbekannten Stoff schon häufig beobachtet wurden, und somit ein gewisser Grad an Vorhersehbarkeit des überadditiven Effekts gegeben ist. Wahrscheinlich ist Coffein in dieser Hinsicht nur noch begrenzt strapazierfähig. Zwar finden wir immer wieder Meldungen über die Erhöhung des Effektes einfacher schmerzstillender Pharmaka in Kombination mit Coffein (z. B. [92]), aber bereits beim Studium älterer Übersichtswerke zeigt sich, daß die Sache alles andere als neu ist.[95]

■ Besonders interessant sind Fälle, in denen Synergismen gleichzeitig neben Antagonismen beobachtet werden. So schreiben Hauschild und Görisch zur Frage der Morphinantagonisten: "Wird die N-ständige Methylgruppe im Morphin, im Levorphanol oder einigen anderen Mitteln durch einen Allylrest ersetzt, erhält man Verbindungen, welche typische Morphinantagonisten sind. Sie wirken schwach analgetisch, aber sie beseitigen die Euphorie sowie die atemdepressiven und sonstigen Wirkungen der euphorisierenden Analgetika. Lediglich die analgetische und hustenhemmende Wirkung dieser Stoffe wird nicht unterdrückt, sondern eher verstärkt." ([93], S. 274)[96]

■ Kein Synergismus im engeren Sinne, wohl aber ein recht überraschender Effekt liegt einem eigenen Verfahren zur Herstellung reiner Alkalihypophosphitlösungen zugrunde.

Das neue Verfahren geht nicht vom üblicherweise eingesetzten reinen gelben Phosphor, sondern von extrem verunreinigtem Phosphor (sogenannten Phosphorschlamm) aus. Als Aufschlußmittel dient zwar die konventionelle $NaOH$-$Ca(OH)_2$-Suspension, alle anderen Verfahrensstufen sind jedoch durch erfinderische Besonderheiten gekennzeichnet. So wird die rohe Mutterlauge in höchst einfacher Weise durch Rückführen in die zweite Verfahrensstufe regeneriert. Dort wird unter Vermischen mit roher, alkalischer, stark Ca^{2+}-haltiger Hypophosphit-Phoshit-Aufschlußmasse in an sich bekannter Weise die Hauptmenge des abzutretenden Na_2HPO_3 gemäß $Ca(H_2PO_2)_2 + Na_2HPO_3 \rightarrow CaHPO_3 \downarrow + 2NaH_2PO_2$ umgesetzt. In hohem Maße überraschend ist nun, daß trotz Anwesenheit von freiem $Ca(OH)_2$ der pH-Wert der Lösung, gemessen im schließlich erhaltenen Filtrat, deutlich abfällt. Da neben der oben angeführten Hauptreaktion zweifellos auch die Umsetzung $Na_2HPO_3 + Ca(OH)_2 \rightarrow CaHPO_3 \downarrow + 2NaOH$ abläuft, war dieses Ergebnis keineswegs vorhersehbar [94].[97]

Welche Vorteile das Verfahren bringt, zeigt der Vergleich mit der konventionellen Arbeitsweise. Möglicherweise sind für den unerwarteten Effekt gewisse Bestandteile der hochaktiven Feststoffverunreinigungen des Phosphorschlamms verantwortlich (Pufferwirkung?). Hinzu kommt als äußerst erwünschter Nebeneffekt, daß diese an sich bereits aktiven – während des Aufschlusses noch zusätzlich aktivierten – Feststoffverunreinigungen hochadsorptiv wirken, so daß eine Selbstreinigung der mit der Mutterlauge versetzten Aufschlußmasse zu beobachten ist. Jedenfalls wird nach Filtration eine in Anbetracht des extrem verunreinigten Rohstoffes insgesamt verblüffend reine Lösung erhalten.

Das Beispiel zeigt besonders deut-

---

[95] So schreiben Hauschild und Görisch: "Koffein wegen seiner die Analgesie verstärkenden Wirkung gerne mit den Analgetika-Antipyretika kombiniert und ist Bestandteil zahlreicher derartiger Spezialitäten." ([93], S. 296)

[96] Die Unsitte des Durcheinanderschluckens verschiedener Substanzen führt bekanntlich nicht selten zu verblüffenden Ergebnissen (Cola + Faustan ≙ "LSD des kleinen Mannes").

[97] Freies Alkali ist in Hypophosphitlösungen äußerst unerwünscht, weil während des nachfolgenden Aufkonzentrierens die gefürchtete Zersetzung gemäß $NaH_2PO_2 + NaOH \rightarrow Na_2HPO_3 + H_2 \uparrow$ eintreten kann. Einfaches Neutralisieren mit irgendeiner billigen Säure entfällt, weil dabei störende Fremdionen eingeschlept werden. Die einzige dafür infrage kommende Säure (H_3PO_2) ist vergleichsweise teuer. Wünschenswert ist demnach ein einfaches Verfahren, bei dem der pH-Wert nicht nennenswert steigt, sondern möglichst sogar abfällt.

[92] Lindernd. – In: Neues Deutschland. – Berlin, 2./3. 3. 1985, – S. 12 (unter Bezug auf "Naturwissenschaftliche Rundschau" Nr. 11/1984)

[93] Hauschild, Fritz; Görisch, Volker: Einführung in die Pharmakologie und Arzneiverordnungslehre. – Leipzig: Georg Thieme, 1963

[94] Zobel, D.: Verfahren zur Herstellung reiner Alkalihypophosphitlösungen. – DD-PS 137 799 v. 29. 3. 1977, ert. 26. 9. 1979

lich, wie eng die methodische Verzahnung mit anderen Al'tšuller-Prinzipien sein kann. Gleichermaßen gelten hier die noch zu behandelnden Prinzipien Nr. 22 (Umwandeln des Schädlichen in Nützliches: der bisher nicht für möglich gehaltene Einsatz des extrem verunreinigten Rohstoffes erweist sich als besonders nützlich) sowie Nr. 25 ("Von-Selbst"-Lösung: Selbstreinigung durch die verfahrensspezifisch enthaltenen hochaktiven Feststoffverunreinigungen).

Prinzip 6
Mehrzwecknutzung
Ein Objekt führt mehrere Funktionen aus; dadurch sind andere Funktionen nicht mehr notwendig.

■ Pneumatische Förderanlagen lassen sich gleichzeitig als Stromtrockner fahren.

■ Kühlschlangen in Rührbehältern können wechselweise auch mit Dampf beschickt werden, so daß in einem solchen Behälter nicht nur kristallisiert, sondern im Bedarfsfalle auch eingedampft werden kann.

■ Eine Laboratoriumswaschflasche kann als Kontrollgerät für einen zu dosierenden Gasstrom (Blasenzähler) und gleichzeitig als Reinigungsvorrichtung (Abtrennen unerwünschter Spurenverunreinigungen, z. B. Entfernen von O_2

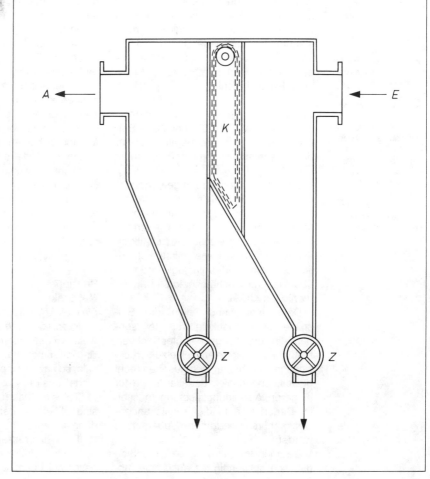

Abb. 20
Vorrichtung zur Abtrennung von Partikeln aus Gasen (nach [95])

E Eintritt des staubbeladenen Gases; *K* Kettenvorhang, der als Prallabscheider wirkt und zugleich als sich selbst reinigende Räumvorrichtung für den abgeschiedenen Staub fungiert; *A* Austritt des gereinigten Gases; *Z* Zellenradschleusen

[95] Margraf, A.: Vorrichtung zur Abtrennung von Partikeln aus Gasen. – DOS 3 323 484 v. 30. 6. 1983, offengel. 10. 1. 1985

[98] "Vorrichtung zur Abtrennung von Partikeln aus Gasen mittels eines aus hängenden Ketten gebildeten, vom Gas durchströmten Vorhanges, dadurch gekennzeichnet, daß die Ketten als Endlosketten um eine obere, periodisch oder kontinuierlich in Umdrehung versetzbare Mitnehmerwelle herumgeführt und die Kettenglieder unten durch eine ablenkende Auflauffläche in Relativbewegung zueinander versetzbar sind." [95]

[99] Allerdings haben eigene Beispiele für den Ungeübten zunächst auch Nachteile. Gerade weil sie zu sehr der eigenen Vorstellungswelt verhaftet sind, behindern sie die für den Erfinder so notwendige Abstraktion und verringern damit die Chance zur optimalen Vereinfachung.

[100] Der ältere Ingenieur sollte daraus nicht den Fehlschluß ziehen, daß er auf moderne Mittel verzichten kann. Auch aus dieser Sicht ist die Gemeinschaftsarbeit zwischen Erfindern unterschiedlichen Alters und unterschiedlicher Ausbildungsrichtung dringend anzuraten.

aus N_2) benutzt werden. Je nach verwendeter Füllung kann eine solche Waschflasche auch zum Befeuchten bzw. Trocknen von Gasen dienen. Eine völlig neue Anwendung (Schaumbremsvorrichtung) haben wir im Abschnitt 4.2. kennengelernt (vgl. Abb. 4). In der betrieblichen Praxis arbeitet dieser Apparat zugleich als Gaswäscher.

■ Abbildung 20 zeigt einen sehr einfach konstruierten Staubabscheider. Das Prinzip der Mehrfachnutzung kommt im Text der Anmeldung klar zum Ausdruck.[98]

Neben der direkten Prallabscheiderfunktion des Kettenvorhanges sind zu erkennen: die sicherlich etwas höher zu bewertende Abscheidefunktion des langsam bewegten Systems, die dabei zusätzlich erzielte Reinigung der – bei ruhendem System allmählich verkrustenden – Kettenglieder und schließlich die Funktion des auf dem Bunkerkonus schleifenden Kettenvorhanges im Sinne einer Räumvorrichtung. –

Wir wollen an dieser Stelle eine Bemerkung einfügen, die für beliebige Beispielsammlungen und damit auch für den gesamten vorliegenden Abschnitt gilt.

Der ältere Ingenieur hat gewissermaßen Zahnräder, Wellen und Elektromotoren im Kopf, wenn er sich um Assoziationen bemüht. Der jüngere Ingenieur hingegen denkt gleichsam in Schaltkreisen; er bedient sich wie selbstverständlich der Computerterminologie und zieht überwiegend Hochtechnologie-Bauelemente ins Kalkül.

Dementsprechend fallen die Beispiele aus. Das ist kein Werturteil, sondern ein ausbildungsbedingter Sachverhalt, der in geeigneter Weise zu berücksichtigen ist. Die für sich gesehen recht einseitigen Beispiele der älteren wie der jüngeren Ausbildungsrichtung müssen im Bedarfsfalle in die jeweils andere Denksphäre übertragen ("übersetzt") werden.

Da aber Beispiele, so treffend und didaktisch notwendig sie auch sein mögen, wegen der hypnotischen Wirkung konkreter technischer Gebilde stets einen kanalisierenden Effekt auf das Denken des Lernenden ausüben, fällt die Übersetzung konkreter Beispiele in die eigene Fachsprache nicht eben leicht. Deshalb sei dem Leser dringend empfohlen, zusätzlich eigene Beispiele zu sammeln und in der Randspalte zu notieren. Auch Assoziationen, die nur bedingt Beispielcharakter haben, sind erfinderisch wertvoll und gehören ebenfalls in die Randspalte. Eigene Beispiele motivieren sehr, da sie methodisch wie sachlich genauer der eigenen Vorstellungswelt und den konkreten fachlichen Bedürfnissen entsprechen. Sie schulen in erforderlichem Maße das aktive erfinderische Arbeiten mit der Prinzipienliste.[99]

Die aus der Sicht der jüngsten Ingenieure unmodernen Beispiele haben einen praktischen Vorteil: sie zeigen, daß man auch heute noch mit "raffiniert einfachen" Ideen zu hochwertigen Lösungen kommen kann. Diese an sich banale Erkenntnis ist wichtig, da jede Generation ihre bevorzugten Mittel und Methoden hat – und nicht immer sind modernste Mittel erforderlich, wenn die vermeintlich weniger modernen Mittel schneller, billiger und besser zum Ziel führen. In diesem Sinne haben die unmodern anmutenden Beispiele sogar einen höheren methodischen Wert als die z. T. sehr speziellen Hochtechnologie-Beispiele.[100]

Prinzip 7
Matrjoška
Ein Objekt befindet sich innerhalb eines anderen, das sich seinerseits in einem weiteren befindet usw.

■ Betrachtet man einen Satz Schüsseln, so haben wir ein selbsterklärendes Modell des Prinzips vor uns.

■ Teleskopfedern und Teleskoprohre sind allgemein gebräuchliche Anwendungsformen.

■ Eine interessante Lösung bietet auch die "Vorrichtung zum Filtrieren von geschmolzenem Metall" (Abb. 21). In

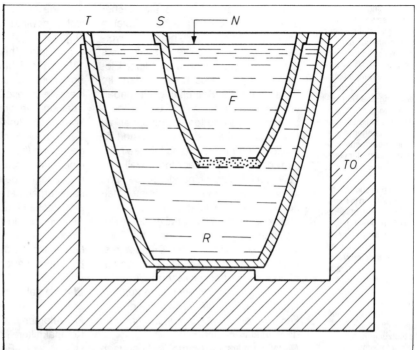

Abb. 21
Prinzip "Matrjoška", erläutert am Beispiel eines Tiegels zum Filtrieren von geschmolzenem Metall (nach [96])

TO Tiegelofen; *T* Tiegel; *R* Rohmetall; *F* filtriertes Metall; *S* Schöpftiegel mit Frittenboden, durch den das Metall beim Einbringen von *S* in *R* bis zum Erreichen des Niveauausgleichs *N* hindurchgedrückt wird

[101] Wir erkennen eine deutliche Überlappung zum Prinzip 6 "Mehrzwecknutzung".

[102] Trotzdem ist nicht daran zu zweifeln, daß die für alle genannten Anwendungen völlig unabhängig voneinander angemeldeten Schutzrechte zu sehr unterschiedlichen Zeiten beantragt und in weit auseinanderliegenden Klassen schließlich erteilt wurden. Insgesamt scheint die Kunst des Anmeldens gleicher Prinziplösungen in weit auseinanderliegenden Klassen heute bereits hochentwickelt zu sein. Jedenfalls ist damit Al'tšullers Behauptung, daß immer wieder die gleichen Prinzipien verwendet werden und jedesmal so getan wird, als handele es sich um etwas völlig Neues, erneut überzeugend bewiesen.

[96] Dore, J. E.: Vorrichtung zum Filtrieren von geschmolzenem Metall. – DOS 2 838 504 v. 4. 9. 1978, offengel. 5. 4. 1979

einen Schmelztiegel, der mit flüssigem Metall gefüllt ist, wird ein kleinerer Tiegel mit einem Frittenboden eingebracht. Das reine Metall fließt langsam durch die Fritte in den Innentiegel bzw. wird durch den Eigendruck des außen anstehenden flüssigen Metalls durch den Frittenboden in den zunächst leeren Innentiegel gepreßt. Dieser Innentiegel kann sodann als Schöpftiegel für das gereinigte Metall verwendet werden [96].[101]

Besonders am Matrjoška-Prinzip läßt sich die Wiederverwendbarkeit der einmal gefundenen erfinderischen Idee überzeugend nachweisen. Dabei ist die bekannte Original-Matrjoška nur der selbsterklärende Idealfall. Das Prinzip gilt sinngemäß auch für Objekte exakt gleicher Größe, seien es nun Stühle, Tassen, Eierbecher, Plastkanister oder Bierkästen.

Die technische Aufgabe lautet in jedem dieser Fälle, daß gleichartige Objekte so zu transportieren bzw. zu lagern sind, daß möglichst wenig Raum beansprucht wird und der angestrebte Stapelverband überdies möglichst stabil sein soll. Das modifizierte Matrjoška-Prinzip heißt demnach "Stapelfähigkeit" und hat in dieser Form bereits den Charakter einer konkreten Anleitung zum technischen Handeln. Es ist deshalb erstaunlich, wie lange die Übertragung der nunmehr direkt zugänglichen erfinderischen Idee von einem Objekt zum anderen gedauert hat. Man sehe sich stapelbare Stühle, stapelbare Kanister, Tassen, Eierbecher usw. an. Stets wird mit formschlüssigen Teilen gearbeitet, wobei im Wechsel ein Positiv und ein Negativ zusammengesetzt werden (z. B. paßt der abgesetzte Fuß jeder MITROPA-Tasse in die Öffnung der nächsten Tasse). Analog wird bei Kanistern, Eierbechern und Plast-Bierkästen verfahren, sinngemäß sehr ähnlich bei stapelbaren Stühlen.[102]

Das Beispiel "Stapelfähigkeit" zeigt ferner, daß die Al'tšullerschen Prinzipien individuell modifiziert und recht phantasievoll gehandhabt werden sollten. Im direkten Sinne gehört "Stapelfähigkeit" schließlich nicht zu "Matrjoška",

[103] Allerdings sei vor Euphorie gewarnt. Sind die Analogien naheliegend bzw. stammen sie aus einem benachbarten Fachgebiet, so verweigert der Prüfer im allgemeinen die Schutzrechtserteilung. Die Spruchpraxis wird von folgender Entscheidung umrissen: "Bestehen zwischen dem technischen Gebiet, dem der Gegenstand der Erfindung zuzuordnen ist, und anderen technischen Gebieten Analogien in den Mittel-Wirkung-Relationen, so ist, insbesondere dann, wenn auf diese Analogien mit dem erfindungsgemäßen Vorschlag nicht erstmalig hingewiesen wird, die Übertragung von Maßnahmen, die im Ergebnis zu gleichartigen Wirkungen führen, keine schutzbegründende schöpferische Leistung." [97]

[97] Entscheidung der Beschwerdespruchstelle II b beim Amt für Erfindungs- und Patentwesen der DDR vom 4. 6. 1973

[98] Mayr, K. P.: Gewächshaus, bestehend aus ineinanderschiebbaren Schalen. – DOS 3 140 210 v. 9. 10. 1981, offengel. 28. 4. 1983

[99] Wund, J.: Abdeckvorrichtung für Spielfelder, Schwimmbecken o. dgl. – DOS 3 424 160 v. 30. 6. 1984, offengel. 11. 4. 1985

da in einem Falle Objekte exakt gleicher Größe, im anderen Falle aber Objekte unterschiedlicher Größe betrachtet werden. Der Erfinder sollte deshalb stets das methodisch für ihn wesentliche Element jedes Prinzips herausfinden. Im Falle Matrjoška/Stapelfähigkeit haben wir es offensichtlich mit einem hierarchisch gegliederten Begriffspaar zu tun: "Matrjoška" ist das selbsterklärende Oberprinzip; "Stapelfähigkeit" ist ihm deutlich untergeordnet, weil nur Teile der Objekte ineinanderpassen und keine durchgehende Reihe immer kleiner werdender Objekte vorliegt.

Solche methodisch-analytischen Betrachtungen sind alles andere als Spielereien. Durchschaut der Erfinder erst einmal die prinzipiellen Zusammenhänge, so wird er gewissermaßen hellsichtig. Die Wiederverwendbarkeit der Grundidee, d. h. die Möglichkeit des erfinderischen Analogisierens, zeigt sich dann in klarem Licht.[103]

■ Wie ähnlich die Matrjoška-Lösungen aussehen können, zeigen die beiden folgenden Abbildungen. Direkt dem Matrjoška-Prinzip entspricht Abbildung 22: "Gewächshaus mit für Fremdbeheizung im Winter erforderlichen Wärmeisolationseigenschaften, dadurch gekennzeichnet, daß es aus zwei Schalen besteht, die gegeneinander verschiebbar sind, so daß im Sommer eine vergrößerte Nutzfläche bei ausreichender Isolationswirkung erzielt werden kann." [98]

Prinzipiell ähnlich liest sich die DOS "Abdeckvorrichtung für Spielfelder, Schwimmbecken o. dgl." [99], obwohl hier ein zweifelsohne fernerliegendes Analogon verwendet wurde (Abb. 23). Woher die Analogie stammt, wird im Text der DOS allerdings unverhüllt angegeben ("... gekennzeichnet durch einen oder mehrere kreissegmentförmig ausgebildete und fächerartig zusammenfahrbare, mit Abstand zu der abzudeckenden Fläche ... angeordnete Abschnitte, die im Kreismittelpunkt an einem Pylon zueinander verdrehbar gelagert und im äußeren Bereich mittels Laufrollen verfahrbar abgestützt sind." [99]

■ Geometrisch interessant ist eine japanische Anmeldung. Konzentrische Filterelemente werden dabei zu einer Kompaktfiltereinheit zusammengesteckt. Jedes Filterelement besteht aus einem Kegelstumpf. Die Höhe aller Kegelstümpfe ist gleich. Die Kegelstümpfe werden jedoch nicht im Sinne einer echten Matrjoška (d. h. mit zueinander parallelen Außenflächen) ineinandergesetzt, sondern es wechselt stets ein Kegelstumpf mit einem "auf den Kopf gestellten" Kegelstumpf. Diese Anordnung bedingt, daß zwei Kegelstümpfe je

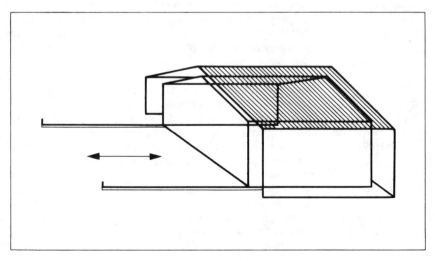

Abb. 22
Direkte Anwendung des Matrjoška-Prinzips: Gewächshaus, bestehend aus ineinanderschiebbaren Schalen (nach [98])

Abb. 23
Geometrisch originelle Variante einer Matrjoška-Prinzip-Lösung

An einem Pylon drehbar gelagerte, kreissegmentförmig ausgebildete Elemente lassen sich je nach Bedarf fächerförmig zusammen- oder auseinanderfahren (nach [99]).

Prinzip: Matrjoška; technische Lösung: dreidimensionaler Fächer mit unterschiedlich großen Fächerelementen

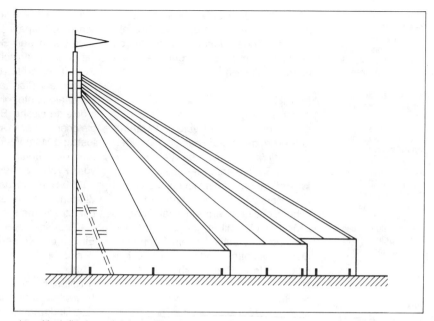

[100] Kimura, M.: Preparation of filter element having concentrically folded structure. – J. P. 60-248207 (A) v. 22. 5. 1984, offengel. 7. 12. 1985. – Appl.-No. 59-101 826

eine Kreisfläche gleichen Durchmessers besitzen müssen, wobei die größere Kreisfläche des jeweils inneren Kegelstumpfes der kleineren Kreisfläche des jeweils äußeren Kegelstumpfes entspricht. Diese raumsparende Kompaktanordnung ist mechanisch sehr stabil. Als Filterflächen dienen jeweils die Kegelmantelflächen [100].

Prinzip 8
Gegengewicht durch aerodynamische, hydrodynamische und magnetische Kräfte

Nutzen der Auftriebskraft, Halten des Objekts in einer bestimmten Lage durch aerodynamische, hydrodynamische oder magnetische Kräfte

■ Wir sahen bereits mehrfach, daß einer erfinderischen Lösung gleichberechtigt mehrere Prinzipien zugrunde liegen können. Als Beispiel für Prinzip 2 (Abtrennung) wurde u. a. der Schwimmröhrentunnel erläutert [81]. Mit gleicher Berechtigung gilt dafür auch das Prinzip 8, denn die stabile Lage des Tunnels im Wasser wird allein durch die Auftriebskraft bewirkt.

■ Der Radialdruck der Welle eines großen Turbogenerators kann zwecks Schonung der Lager erheblich reduziert werden, wenn man den Rotor mit Hilfe eines oberhalb des Generators angebrachten Elektromagneten so stark entlastet, daß man ihn beinahe anhebt ([18], S. 140).

■ Noch eindrucksvoller ist der völlige Verzicht auf herkömmliche Lager, bei denen allen Hilfsmitteln zum Trotz stets mechanischer Kontakt zwischen Welle und Lager besteht. Dieser Kontakt ist grundsätzlich nachteilig (Reibung, Verschleiß). Alle herkömmlichen Maßnahmen (z. B. das Schmieren von Gleitlagern) dienen nur der Minimierung jener Schäden, die an derartigen Lagern früher oder später unvermeidlich auftreten.

Wir haben uns bereits mit der Widerspruchsdialektik befaßt und wollen nun den systemimmanenten Widerspruch formulieren: "Das Lager darf nicht vorhanden sein, es muß aber vorhanden sein."

Dieser für den Ungeübten befremdlich klingende Widerspruch läßt sich heute mit Hilfe berührungsloser magnetischer Lager höchst elegant lösen. Solcherart ausgerüstete Werkzeugmaschinen erreichen Drehzahlen von 30 000 bis 40 000 U/min bei einem Vorschub

[104] Methodisch darf das Beispiel als nahezu ideal gelten. Das Lager ist funktionell ohne Zweifel vorhanden, obwohl es im konventionellen Sinne als klassisches technisches Gebilde nicht mehr vorhanden ist.

[105] In den siebziger Jahren trat zunächst eine gewisse Ernüchterung ein. Technische Einsatzversuche (z. B. für Schaltelemente) scheiterten, da die Rückkehr der funktionsbestimmenden Elemente in ihre ursprüngliche Form nicht hundertprozentig garantiert werden konnte.

[106] Derart moderne "Von-selbst"-Lösungen sollten an Bedeutung gewinnen gegenüber der überall zu beobachtenden Tendenz "Mikroelektronik um jeden Preis". – Heute gehört der praktische Einsatz von Memory-Legierungen bereits zu den etablierten Hochtechnologien [105].

[101] Toyoshima, K.; Kaki, H.; Kanagawa, S.; Kooji, N.; Ogawa, Y.: Verfahren zur Herstellung von Automobil-Windschutzscheiben. – DOS 2 742 897 v. 23. 9. 1977, offengel. 5. 4. 1979

[102] Sonne im Draht. – In: Spiegel. – Hamburg, 23 (1969) 25. – S.

[103] Memory-Legierungen für die Praxis. – In: Techn. Gemeinschaft. – Berlin 34 (1986) 5. – S. 11

[104] Junge, K. H.: Legierung mit "Gedächtnis". – In: Techn. Gemeinschaft. – Berlin 34 (1986) 11. S. 2

[105] Schmidt-Menke, P.: Memory-Legierung in der Praxis. – Ventilator-Lamellen werden automatisch betätigt. – In: VDI-Nachr. – Düsseldorf 42 (1988) 11. – S. 27

von 25 bis 33 cm/s. Da zwischen Lager und Spindel kein mechanischer Kontakt besteht, können weder Reibungs-, noch Verschleiß-, noch Schwingungserscheinungen auftreten.[104]

Prinzip 9
Vorspannung
Dem Objekt sind im voraus Veränderungen zu geben, die den unzulässigen oder nicht erwünschten Veränderungen im Betrieb entgegengesetzt sind.

■ Bei einem japanischen Verfahren zur Herstellung von Automobilwindschutzscheiben wird eine bandförmige Zwischenfolie mit in Längs- und Querrichtung unterschiedlichem Dehnungsgrad vorgespannt und sodann zwischen gekrümmten Glasscheiben laminiert [101].

■ Besonders exzellent wird das Vorspannungsprinzip von den sogenannten memory alloys (Gedächtnislegierungen) demonstriert. In den sechziger Jahren war Buehler, Metallurge an einem Laboratorium der US-Marine in White Oak, auf der Suche nach unmagnetischen und widerstandsfähigen Werkzeugmaterialien auf einen seltsamen Effekt gestoßen. Zufällig fand er, daß beliebige deformierte Gebilde aus einer Nickel-Titan-Legierung beim Erwärmen in ihre ursprüngliche Form zurückkehren, wenn man sie zuvor einer speziellen Behandlung unterwirft. Insbesondere muß die Gitteranordnung der Metallatome durch Erhitzen auf eine bestimmte Temperatur festgelegt werden. Abgekühlte Bleche oder Drahtgebilde aus Nitinol (einer Legierung aus 55 % Ni und 45 % Ti) können dann beliebig zerknittert oder verformt werden. Bei Erwärmung "erinnern" sie sich ihrer Gittervorspannung und kehren in die ursprüngliche Form zurück. Erwogen wurde beispielsweise das Zusammenknüllen einer riesigen Parabol-Antenne aus Nitinoldrähten, die sich dann im All unter Einwirkung der Sonneneinstrahlung zu einem gewaltigen Radioteleskop entfalten sollte [102].[105]

Die praktische Anpassung an die industriellen Erfordernisse gelang schließlich japanischen Fachleuten. So finden sich seit Beginn der achtziger Jahre in japanischen Mikrowellenherden, Klimageräten und Warmwassergeräten verläßlich arbeitende Memory-Schaltelemente, die weit billiger als mikroelektronische Bauelemente für den gleichen Zweck arbeiten. Bei Dauertests mit Memory-Elementen zur Steuerung der Kühler- und Innenraumlüftung von PKW wurden bereits mehr als 50 000 Schaltvorgänge realisiert. In der Zahnmedizin wurden künstliche Zähne mit zusammengerollten Nitinol-"Wurzeln" ausgerüstet, die sich unter dem Einfluß der Körperwärme entfalten und den Zahn fest im Knochen verankern [103].

Nitinol-Elemente halten bis zu 10^6 Lastwechsel bei Spannungen, die über der Fließgrenze liegen, ohne Dauerbrüche aus. Sie haben schwingungsdämpfende Eigenschaften, sind unmagnetisch und korrosionsbeständig. Sowjetische Wissenschaftler haben 1985 bei fast verstopften Herzkranzarterien einen entsprechend vorgespannten Nitinoldraht in das Gefäß eingeführt. Bei Erreichen der Körpertemperatur nimmt der Draht seine ursprüngliche Spiralform wieder an und weitet die Arterie in gewünschter Weise [104]. Eine sonst erforderliche Bypass-Operation erübrigt sich damit.[106]

Prinzip 10
Vorher-Ausführung
Die Objekte sind vorher so auszuführen oder anzuordnen, daß sie ohne Zeitverlust für ihren Antransport und vom günstigsten Platz aus in Aktion treten können.

■ Gewöhnlich wird die Inkrustation wasserführender Rohrleitungen dadurch verhindert, daß dem Wasser kontinuierlich kleine Mengen leichtlöslicher Polyphosphate (z. B. Grahamsches Salz) zugesetzt werden. Das Verfahren erfordert eine Dosiervorrichtung, die ständig kleine Mengen der in gelöster Form angewandten Polyphosphate in das System einspeist.

[107] Betrachten wir, wie im Alltag das Prinzip "Vorher-Ausführung" gehandbabt wird, so zeigt sich – am Beispiel des Straßenbaues – hochgradige Gedankenlosigkeit. Wie vernünftigerweise vorgegangen werden sollte, weiß jeder. Wie aber wird gehandelt? Die Straße ist frisch asphaltiert. Nach drei Monaten stellt die Post fest, daß die Telefonkabel vergessen wurden. Die Straße wird aufgehackt, die Kabel werden verlegt, die Straße neu asphaltiert. Nach weiteren vier Monaten fällt der Energieversorgung ein, daß die Gasleitungen zwar 100 Jahre treue Dienste geleistet haben, daß es aber in anderen Städten inzwischen gehäuft Todesfälle durch Gasvergiftungen im Zusammenhang mit porösen Leitungen gegeben hat. Also wird die Straße abermals aufgehackt, die Gasleitungen werden ausgewechselt usw. In den nächsten zwei Jahren wiederholt sich das traurige Schauspiel noch mehrmals, denn es sind weitere Partner im Rennen: mindestens die Elektroenergieversorgung und das Kabelfernsehen.

[106] Rudy, Hermann: Altes und Neues über kondensierte Phosphate. – Ludwigshafen a. Rh.: Joh. A. Benckiser GmbH, 1960

[107] Psycho-Sperre. – In: neuerer. – Berlin 29 (1980) 8. – S. 241

Ein wesentlicher Fortschritt wurde mit der Herstellung und Anwendung schwerlöslicher Na-Ca-Polyphosphate erzielt. Einige Brocken dieser Substanz werden in eine Schleuse eingebracht. Die Schleuse wird vom zu behandelnden Wasser durchströmt. Das Wasser löst die wirksame Substanz nur spurenweise auf, so daß eine derart beschickte Schleuse wochenlang ohne Wartung arbeitet. Die gelösten Polyphosphatspuren genügen, um den Schwellenwert (deshalb heißt das Verfahren "threshold treatment") zu erreichen, bei dem das Aufwachsen der Calcitkristallite und damit das Fortschreiten der Inkrustation sicher verhindert wird ([106], S. 77).

■ Dem Prinzip "Vorher-Ausführung" entsprechen auch konditionierte Düngemittel, die sich auf dem Feld von selbst anwendungstechnisch optimal dosieren, d. h. die nur allmählich zur Wirkung kommen. Analog dazu löst sich ein Arzneimitteldragee erst dort auf, wo es zur Wirkung kommen soll, eben weil der Wirkstoffkern vorher entsprechend behandelt worden ist.

Kritiker behaupten, die Al'tšuller-Prinzipien, vor allem etliche Belegbeispiele dazu, seien recht primitiv bzw. für einen Intellektuellen banal. Das mag sein, indes sollte der Nutzer des ARIS die Angelegenheit weniger erfindungsmethodisch als vielmehr allgemein denkmethodisch sehen. Dabei zeigt sich, daß die aus der Sicht der Kritiker angeblich so selbstverständlichen Prinzipien bereits im gewöhnlichen Leben zwar durchgängig zutreffen, jedoch oftmals grob mißachtet werden.[107]

Prinzip 11
Vorbeugen
Die verhältnismäßig geringe Zuverlässigkeit des Objekts ist durch vorher bereitgestellte schadensmildernde Mittel zu kompensieren.

■ Schmelzsicherungen, Berstscheiben, Sicherheitsventile, Rauchgassensoren und automatische Löschanlagen, Flammenwächter und "Trips" (computergesteuerte Abfahr-Zwangsprogramme in hochautomatisierten Anlagen) geben einen Begriff vom Umfang der Möglichkeiten. Auch Thermostifte oder Flüssigkristalle, die als Indikatoren für das Erreichen gefährlicher Temperaturen verwendet werden, fallen unter das Prinzip des Vorbeugens.

Dieses Prinzip, das auch dem Laien sofort eine ganze Reihe praktischer Lösungsvorschläge eingibt, ist in allen Lebensbereichen von Bedeutung. Bei Einzelobjekten sollte, bei komplexen Anlagen muß stets an die Nutzung des Prinzips gedacht werden.

■ Ungewöhnlich ist eine diesem Prinzip entsprechende Vorrichtung, die gewissermaßen nur unter Beteiligung des Publikums funktioniert. Eine Diebstahlsicherung für Skier bewirkt, daß die Skier in versperrtem Zustand nicht mehr parallel zueinander, sondern nur noch in gekreuzter Lage transportiert werden können. Diese Anordnung signalisiert jedermann: wer die Bretter so trägt, der ist mit hoher Wahrscheinlichkeit nicht ihr Besitzer [107].

■ Bestimmte Sicherheitsglastypen sind mehrschichtig aufgebaut. Mindestens eine der Schichten wird aus nichtsilicatischem Material gefertigt, z. B. aus bestimmten organischen Hochpolymeren. So läßt sich im Katastrophenfalle das Herumfliegen scharfer Glassplitter durch eine vorbeugend orientierte Fertigungstechnologie verhindern.

Prinzip 12
Kürzester Weg – ohne Anheben und Absenken des Objekts
Die Arbeitsbedingungen sind so zu verändern, daß es nicht notwendig ist, das Objekt zu heben oder zu senken.

Analysiert ein unbefangener, vorurteilsloser Betrachter mehrstufige Produktionsanlagen, so beobachtet er oftmals recht seltsame "Spazierfahrstrecken" zwischen den einzelnen Verfahrensstufen. Zwischenprodukte werden beispielsweise mehrfach mit Elevatoren angehoben und sodann mit Trogkettenförderern, Bändern oder Schnecken an-

[108] Speziell in der chemischen Industrie wird auf die Rationalisierung der innerbetrieblichen Förder- und Transportprozesse noch viel zu wenig Wert gelegt. Die ausbildungsbedingt erklärliche Fixierung des Chemikers bzw. Verfahrenstechnikers auf die eigentlichen Prozeßstufen führt zu einer bedauerlichen Vernachlässigung der Förder- und Transportabschnitte des Gesamtverfahrens. So wird bei Rationalisierungsmaßnahmen der in den technologisch wichtigen Prozeßstufen erreichte Effekt oft genug von den verbliebenen – keineswegs prozeßtypischen – Mängeln des innerbetrieblichen Transportsystems aufgefressen.

[109] In diesem Sinne haben wir ein typisches Beispiel zur "Vor-Ort"-Arbeitsweise vor uns, das deutliche Berührungspunkte zu den Prinzipien Nr. 25 (Von-Selbst-Arbeitsweise) und Nr. 15 (Anpassen) aufweist.

[108] Nitsche, Ernst: Der entscheidende Gedanke. – Berlin: Neues Leben, 1974

scheinend sinnlos hin- und hertransportiert. Nicht selten sind derartige Anlagen gleichsam historisch gewachsen, wobei zunächst sinnvolle Transportvarianten aus Trägheit beibehalten wurden, obwohl die inzwischen erfolgte Rationalisierung der früher solcherart bedienten Prozeßstufen die ursprünglichen Transportformen längst fragwürdig oder überflüssig gemacht hatte.[108]

Hier bietet sich ganz vordergründig das Konzept der idealen Maschine an. Die ideale Maschine ist dabei mit dem manchmal durchaus realistischen Konzept "keine Maschine" gleichzusetzen. Warum Elevatoren, Trogkettenförderer und Schnecken, wenn eine mit senkrechten oder mit annähernd senkrechten Schurren ausgerüstete Kaskade weit besser funktioniert und fast nichts kostet?

Das Prinzip "Kürzester Weg" kann auch mit "Vor-Ort-Arbeitsweise" umschrieben werden. Betrachten wir ein Beispiel, das gleichzeitig ein treffender Beleg für eine Synektik-Erfindung ist (vgl. auch Abschn. 4.2.).

■ Biró brauchte 18 Jahre von seiner ursprünglichen Idee bis zum funktionstüchtigen Kugelschreiber ([108], S. 157). Weitere Jahre vergingen, ehe auf einem völlig anderen Gebiet das Prinzip der substanzübertragenden Kugeloberfläche abermals genutzt wurde. Moderne Deo-Roller sind wie überdimensionale Kugelschreiber aufgebaut. Das Deodorant wird nach diesem System ohne Verluste, wie sie bei der Spraydose unvermeidlich sind, auf kürzestem Wege zum Anwendungsort transportiert.

■ "Kürzester Weg" darf – wie alle Prinzipien – nicht nur wörtlich genommen werden. Der in der Praxis kürzeste Weg kann in konkreten Fällen durchaus der apparativ längste Weg sein. Zur Erläuterung soll ein wahrscheinlich uralter Klempnertrick dienen. Er fällt in das Gebiet jener meist mündlich überlieferten Kniffe, die nicht nur als berufsspezifisches know how bestimmter Gewerke, sondern auch für das Betreiben spezieller Technologien typisch sind. So wird an Carbidöfen, falls die wasserdurchströmten Kühlrohre ("Kühlfäden") Defekte zeigen, durchaus nicht immer sofort eine ordnungsgemäße Reparatur durchgeführt. Vielmehr wird zunächst versucht, durch sogenanntes "Schlämmen" den Schaden zu beheben. An einer vom Ereignisort oft weit entfernten Stelle werden Sägespäne in das Kühlsystem gegeben. Mit dem Kühlwasser gelangen die Späne dann "vor Ort", werden mit dem an der Defektstelle austretenden Wasser bevorzugt in Richtung auf die Wandung des Rohres transportiert und schließlich in das Loch hineingezogen bzw. hineingepreßt. Günstigenfalls verkeilen sich mehrere der stark angequollenen Sägespäne untereinander, und der Defekt ist vorerst behoben. Das höchst einfache Verfahren kann mehrmals wiederholt werden, bis schließlich eine konventionelle Reparatur erfolgen muß.[109]

Prinzip 13
Umkehrung
Statt des Prozesses, der durch die Bedingungen der Aufgabe diktiert wird, ist der entgegengesetzte Prozeß zu verwirklichen. Die beweglichen Teile sind unbeweglich, die unbeweglichen beweglich zu machen. Oben und unten sind zu verkehren, statt abzukühlen ist zu erwärmen usw.

Wir haben das Umkehrprinzip bereits im Abschnitt 4.5. behandelt (s. auch Kap. 7). Ohne Zweifel ist "Umkehrung" nicht irgendeine beliebige Empfehlung, sondern gehört zu den denkmethodisch für den Erfinder wichtigsten Richtlinien überhaupt. Wir kommen deshalb in den folgenden Kapiteln mehrfach auf das Umkehrprinzip zurück. Dabei interessieren uns vor allem solche Gesichtspunkte, die von anderen Autoren bisher nicht berücksichtigt wurden.

Betrachten wir – in Ergänzung zum Abschnitt 4.5. – noch einige weitere Belegbeispiele zum Umkehrprinzip.

■ Filteranlagen werden gewöhnlich von oben nach unten durchströmt; die Filtertrübe fließt durch eine Filtermasse (Kiesbett, Sandbett, Perlitschicht usw.)

[110] Gefordert wird gemäß Umkehrprinzip, alles auf den Kopf zu stellen, was "normal", "erprobt", "bewährt", "zweckmäßig", "selbstverständlich" ist. Dieser Forderung konsequent nachzukommen fällt an sich schon nicht leicht. Ganz besondere Blockaden sind zu überwinden, wenn mit dieser Terminologie der Ist-Zustand für perfekt erklärt worden ist.

[109] Nowatzyk, H.: Konstruktion einer Filteranlage, insbesondere zur Filtration von Flüssigkeiten mit kolloidalem Schmutzanteil, zur Blankfiltration von wäßrigen Lösungen, basierend auf schwimmenden Filterkörpern, die von unten nach oben durchströmt werden. – DOS 3 004 614 v. 8. 2. 1980, offengel. 13. 8. 1981

und wird dabei geklärt. Rückgespült wird von unten nach oben.

Ein genau entgegengesetzt arbeitender Apparat wurde – bewußt oder unbewußt dem Umkehrprinzip folgend – zum Patent angemeldet. Das Verfahren arbeitet mit schwimmenden Filterfüllkörpern, die von einem Rost oberhalb der Schicht am Wegschwimmen gehindert werden. Die Filtertrübe durchströmt die Schicht von unten nach oben, rückgespült wird von oben nach unten (Abb. 24; [109]).

Erfinderisch Ungeübte haben manchmal beträchtliche Schwierigkeiten beim souveränen Handhaben des Umkehrprinzips. Dies dürfte vor allem mit einem bereits diskutierten psychologischen Phänomen zusammenhängen, der gewissermaßen hypnotischen Wirkung bestehender technischer Gebilde.[110]

■ Beispielsweise sieht eine Kläranlage für jedermann zunächst einmal so aus, wie sie "schon immer" ausgesehen hat – zwecks guter Belüftung mit gro-

ßen Kontaktflächen zur Atmosphäre, zwecks ausreichender Verweilzeit und im Interesse des Kläreffektes nur langsam vom Medium durchströmt, und deshalb zwangsläufig (??) aus großen, flachen Klärbecken aufgebaut. Das alles sieht der Betrachter zunächst einmal als logisch, zweckmäßig und demzufolge nicht veränderungswürdig an.

Eine präzise Problemanalyse zeigt aber, daß konventionelle Kläranlagen, deren Funktionsweise so "logisch" und "zweckmäßig" erscheint, nicht unbedingt effektiv arbeiten. Dies hängt u. a. damit zusammen, daß der direkte Kontakt zur atmosphärischen Luft kaum eine praktische Rolle spielt. Der Sauerstoffeintrag erfolgt vielmehr überwiegend per Zwangsbelüftung, und hier liegt ein entscheidendes Problem: Sauerstoff ist in Wasser nur spurenweise löslich, so daß das "Durchblubbern" vergleichsweise geringer Schichthöhen kaum effektiv ist. Hinzu kommen die Platzprobleme – wo soll man in einem rekonstruierten Wohngebiet eine kon-

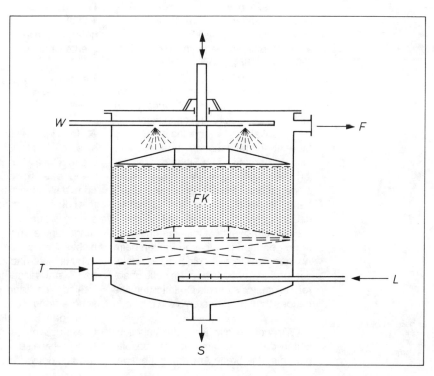

Abb. 24
Prinzip der Umkehrung, angewandt auf eine Filterkonstruktion (nach [109])

T Trübe; S Schlammablaßöffnung; L Luft; FK schwimmende Filterkörper; W Wasser zum Rückspülen; F Filtrat

Umgekehrt wurde die konventionelle Strömungsrichtung. Umgekehrt wurden aber zuvor erst einmal die "normalen" Parameter der Filterkörper (nicht: schwer und demgemäß unten, sondern: leicht und demgemäß – als Schwimmkörper – oben).

[111] "Auf engstem Raum bauen im Tiefschacht Mikroorganismen Schmutzstoffe ab. Die Zone, in der sie mit dem über ein ebenfalls neuentwickeltes Belüftungssystem zugeführten Luftsauerstoff reagieren, wird im Vergleich zu den flachen Becken extrem verlängert. Das neue Verfahren gewährleistet so eine mehr als sechsfach bessere Nutzung des zugeführten Sauerstoffs."
[110]

[110] Morgenstern, K.: Reaktor für die Biotechnologie in einem 40 Meter tiefen Schacht – In: Neues Deutschland. – Berlin, 20. 8. 1986. – S. 3

ventionelle Kläranlage unterbringen? Kann man ein Jahrzehnt warten, bis außerhalb der Stadt endlich eine riesige konventionelle Kläranlage gebaut wird? Wie groß müssen die Kläranlagen bei wachsendem Wasserverbrauch im Jahre 2000 eigentlich sein? Ferner: Wer sagt uns, daß bezüglich des mikrobiellen Schadstoffabbaus eine konventionelle Kläranlage optimal arbeitet?

Diese analytischen Fragen führen bereits zum Problemkern. Wir sehen, daß die Problemanalyse nicht unbedingt einen hohen Zeitaufwand erfordert. Das Geheimnis des Erfolgs liegt vielmehr in der Art der Fragen, die der Erfinder an das zu verändernde System stellt. Sind es die richtigen Fragen, so läßt sich Zeit sparen.

Nun kann mit dem Lösen des Problems begonnen werden. Wenden wir das Umkehrprinzip an. Es führt im Falle unseres Beispiels zu einem (hinterher!) recht einleuchtenden Ergebnis. Zunächst und vor allem ist von der flachen Flüssigkeitsschicht zur hohen Flüssigkeitssäule, d. h. vom Klärbecken zum intensiv belüfteten Tiefschacht überzugehen. Dabei zeigen sich, wie u. a. an einer Versuchsanlage in Bad Freienwalde nachgewiesen werden konnte, entscheidende Vorteile.[111]

Das Beispiel demonstriert methodisch und sachlich noch wesentlich mehr. So zeigt sich, daß nach einer derart radikalen Technologieänderung (aber eben erst danach!) erforderlichenfalls Kompromisse im Sinne der partiellen Rückkehr zum Ausgangssystem eingegangen werden müssen. Überhaupt ist eine hochwertige Erfindung dadurch gekennzeichnet, daß nunmehr wieder ein weiter Optimierungsspielraum gegeben ist, dessen Fehlen beim Ausgangssystem der eigentliche Auslöser für die Erfindung war. Im Falle unseres Beispieles sieht die Optimierung des neugeschaffenen Systems wie folgt aus [110]:

"Wir wollten alle jene Unzulänglichkeiten des Tiefschachtsystems beseitigen, die eine breite Anwendung besonders im kommunalen Bereich bislang behinderten. Der Durchmesser der bisherigen Schächte, die als Hülle ein Stahlrohr haben, ist begrenzt. Deshalb mußte sehr tief gebohrt werden, um ein entsprechendes Volumen zu erhalten. Doch tiefe Bohrungen sind kostenaufwendig. Auch der Bau ganzer Schachtgalerien bot nicht die Lösung. Der große Vorzug des Verfahrens – mit wenig Platz auszukommen – wurde damit wieder aufgehoben. Außerdem vervielfachten sich die Baukosten. Deshalb kombinierten wir den Rohrschacht mit einem Senkschacht, das heißt, der obere Teil der Bohrung wird zu einem größeren Durchmesser aufgeweitet. Der Effekt: ein großes Volumen bei geringen Tiefen."

Prinzip 14
Sphärische Form
Es ist überzugehen von rechtwinkligen Teilen des Objektes zu gekrümmten, von ebenen Flächen zu sphärischen, von Würfeln zu Kugeln.

■ Dragees sind gewöhnlich stabiler als Tabletten, Eierbriketts weniger bruchgefährdet als gewöhnliche stranggepreßte Briketts.

Auf Maschinenbaubeispiele sei verzichtet. Der phantasiebegabte Leser hat gewiß genügend eigene Beispiele parat.

■ In der chemischen Technologie spielen Kristallisationsprozesse eine große Rolle. Besonders nachteilig ist, wenn das Kristallisat in Form nadel- oder balkenförmiger Einzelkristalle anfällt, da ein Haufwerk aus solchen Kristallen wegen der zahlreichen Berührungspunkte und Berührungsflächen nicht selten zur Brückenbildung und damit zum Verbacken neigt. Besonders bei kristallwasserhaltigen Salzen kann totales Verhärten eintreten. Eine typische erfinderische Aufgabe lautet deshalb, den Kristallisationsprozeß so zu beeinflussen, daß polyedrische Kristalle (beispielsweise Ikosaeder) entstehen, die sich der weit günstigeren Kugelform

[112] Ersatzweise kann der Überraschungseffekt beim Prüfer allerdings auch rein subjektiv – z. B. durch eine hochgradige absonderliche Textformulierung – erzielt werden. Indes hat diese mehr literarische Variante ausgesprochenen Notbrems-Charakter. Sie fällt unter den ebenso bildhaften wie selbsterklärenden Terminus "Patent-Chinesisch" und sollte von seriösen Erfindern nur gelegentlich (z. B. aus sportlichen Gründen oder als Stilübung) praktiziert werden.

[113] Das Anpaß-Prinzip gewinnt zweifellos ständig an Bedeutung. So entsprechen beispielsweise die per Mikroprozessor gesteuerte Kraftstoffeinspritzung ebenso wie Vorrichtungen zur automatischen Drehzahlregelung diesem Prinzip.

[111] Liedloff, B.; Gisbier, D.: Verfahren zur Herstellung von Trinatriummonophosphat-Dodekahydrat mit würfel- bzw. kugelähnlicher Kristallform. – DD-PS 121 502 v. 5. 9. 1975, ert. 26. 4. 1978

[112] Gisbier, D.; Liedloff, B.; Rust, R.; Pietzner, I.; Stachowski, K.-H.: Verfahren zur Herstellung von Monoammoniumdihydrogenphosphat mit Reiskornstruktur. – DD-PS 230 516 v. 19. 10. 1983, ert. 4. 12. 1985

[113] Was sonst noch passierte. – In: Neues Deutschland. – Berlin, 2. 1. 1981. – S. 5

[114] Geisler, H.: Toilettenspülkasten mit differenzierter Wasserabgabe. – DOS 3 030 518 v. 13. 8. 1980, offengel. 11. 3. 1982

[115] Weber, E.: Sparspülkasten. – DOS 2 928 645 v. 16. 7. 1979, offengel. 12. 2. 1981

[116] Piontek, G.: Spülkasten für Toilettenbecken. – DOS 3 131 706 v. 11. 8. 1981, offengel. 3. 3. 1983

nähern oder wenigstens einem Rotationsellipsoid ähneln ("Reiskornstruktur"). Derartige Kristalle sind wegen der stark reduzierten Kontaktmöglichkeiten zwischen den Körnern meist besser lagerfähig als nadelig oder "balkenförmig" kristallisierte Ware. Abgesehen von definierten Rühr- und Kristallisationsbedingungen und der Anwendung sogenannter Lösungsgenossen kann man das gewünschte Ziel – beispielsweise im Falle des Trinatriumphosphates – durch Einstellen eines bestimmten Na/P-Verhältnisses in der Ausgangslösung erreichen [111]. Ähnlich läßt sich rieselfähiges Monoammoniumphosphat erhalten. Ein gewisser NH_3-Überschuß gegenüber der stöchiometrischen Zusammensetzung, d. h. eine in diesem Falle ziemlich erhebliche Variation des theoretischen N/P-Verhältnisses in der Ausgangslösung, bringt den gewünschten Erfolg [112].

Schutzrechtlich wissenswert ist, daß der solchen und ähnlichen Verfahren zugrundeliegende Effekt (hier z. B.: weil die Ausgangslösung ein anderes Kationen/Anionen-Verhältnis als das kristalline Endprodukt hat, deshalb wird die Kristallstruktur des Endproduktes in gewünschter Weise beeinflußt) nicht unbegrenzt übertragbar – d. h. erfinderisch nicht unentwegt wiederverwendbar – ist. Gefordert wird im allgemeinen, daß der dem Schutzrecht zugrundeliegende Effekt überraschend zu sein hat. Da es sich bei den Beispielen [111, 112] jeweils um das Verschieben des Kationen/Anionen-Verhältnisses zum Erreichen eines und desselben technischen Zweckes handelt, dürften künftige Anmeldungen in dieser Richtung nicht mehr sonderlich überraschend wirken.[112]

Prinzip 15
Anpassen
Die charakteristischen Eigenschaften des Objektes müssen so verändert werden, daß sie in jeder Anwendungsphase optimal wirken.

Ändern sich die an ein Verfahren gestellten Forderungen, so ist das Objekt zwecks Erfüllung der veränderten Forderungen zu variieren. Besonders häufig begegnet man Fällen, in denen eine Apparatur allein deshalb in bestimmten Phasen nicht optimal arbeitet, weil sie nicht anpassungsfähig ist.

■ Noch vor nicht allzulanger Zeit glaubte man wassersparende administrative Maßnahmen zur Einführung von Toilettenspülungen mit zwei unterschiedlichen Spülstärken bespötteln zu müssen [113]. Gleichzeitig wurden die Patentämter bereits mit einer Flut von Sparspül-Anmeldungen überschwemmt (z. B. [114–116]). Die Vorschläge gehen von dem jedermann geläufigen Sachverhalt aus, daß in konkreten Benutzungssituationen in einer konventionell ausgerüsteten Toilette beim Spülen unnötig Wasser verschwendet wird. Sparspülvorrichtungen können als typische und in Anbetracht der zunehmenden Wasserknappheit nützliche Beispiele für das Anpassungsprinzip gelten. Gleichzeitig belegen sie die Zusammenhänge zwischen gesellschaftlicher Notwendigkeit und damit wachsender (bzw. in anderen Fällen auch abnehmender) Bedeutung eines Prinzips. Der Erfinder sollte stets rechtzeitig überschlagen, ob seine Bemühungen ein ökonomisch sinnvolles Objekt betreffen. Beim Sparspülbeispiel ist das ohne Zweifel längst der Fall. Mindestens 25 l pro Tag und Einwohner lassen sich bequem – und ohne Beeinträchtigung der Hygiene – sparen; das sind immerhin etwa 10 % des Pro-Kopf-Verbrauchs hochindustrialisierter Länder.[113]

■ In den Überschwemmungsgebieten des Amazonas wurden seltsame Fischarten entdeckt: sie fressen mit Vorliebe Früchte, die von den Bäumen der überschwemmten Urwaldgebiete ins Wasser fallen. Noch erstaunlicher ist aber ihre Atemtechnik. 40 der Amazonas-Fischarten könne dauernd in äußerst sauerstoffarmem Wasser leben. Zehn dieser Fischarten sind in der Lage, direkt atmosphärische Luft aufzunehmen. Diese extreme Anpassung wird über

[114] Die sich einstellenden Assoziationen enthalten stets Bekanntes neben Unbekanntem (teils nur dem Erfinder zufällig nicht bekannt, teils tatsächlich noch unbekannt). Ferner taucht eine Reihe von Assoziationen auf, die zwar Bekanntes betreffen, die es aber weiter zu verfolgen lohnt, weil die Sache nur auf dem Papier bekannt, jedoch niemals bis zur technischen Reife gelangt ist (z. B., weil der für die Sache begeisterte Fachmann zu früh verstorben ist und sich kein engagierter Nachfolger gefunden hat).

[115] Assoziationen/Analogien sollten für erfinderische Zwecke tatsächlich derart ausufern. Um so wichtiger ist der an sich banale Ratschlag: sofort alles aufschreiben! Auch ist aufzuschreiben, was man sich bei jeder Assoziation gerade gedacht hat; Querverbindungen sind vorrangig zu bewerten. Bei mir ist am nächsten Tag buchstäblich alles weg, falls ich auf Arbeitsnotizen verzichtet habe. Vermutlich geht es vielen so. Besonders erfolgreiche Leute behaupten sogar, das sofortige Vergessen jener Gedankengänge, die man gerade notiert hat, entlaste das Gehirn erheblich und mache es für neue Assoziationen frei.

[117] Fische fressen frische Früchte: Sie paßten sich einem Leben in sauerstoffarmem Wasser an. – In: Neues Deutschland. – Berlin, 16./17. 3. 1985. – S.12

[118] Wiedholz, R.; Beier, G.; Hager, C.: Verfahren zur Zerstörung von Schäumen. – DOS 2 702 867 v. 25. 1. 1977, offengel. 27. 7. 1978

[119] Rieger, H.: Verfahren und Vorrichtung zum Rühren des Inhaltes von Gärbehältern. – DOS 3 229 582 v. 7. 8. 1982, offengel. 17. 3. 1983

eine sehr gut durchblutete Mundhöhle und eine lungenartig ausgebildete Schwimmblase erreicht [117].

Mancher Leser wird sich über dieses vermeintlich rein biologische Beispiel wundern. Solche und ähnliche Beispiele sind aber von ganz besonderem Nutzen: sie sorgen für die Ausbildung des umfassenden Denkens in Analogien. So lenkt uns das Amazonas-Beispiel ganz zwanglos auf eine erfinderische Aufgabe höchsten Ranges: das Problem der direkten Gewinnung/Aufnahme/Umwandlung von Luftsauerstoff oder Luftstickstoff für technische Zwecke.[114]

Ich überlasse es dem Leser selbst, anhand des Amazonas-Beispiels die Probe aufs Exempel zu machen. Beschränken wir uns auf kurze Anregungen: Wie steht es eigentlich um die natürliche Stickstoffgewinnung aus der Luft bzw. die bakterielle Stickstoffumwandlung? In der Schule haben wir doch von den Wurzelknöllchen der Lupine gehört. Ist das jemals weiterverfolgt worden? Falls nicht, warum nicht? Falls ja, wie weit ist man gekommen? Funktioniert das wirklich nur bei Leguminosen? Hat man bei anderen Gattungen schon Untersuchungen durchgeführt? (Man hat!) Wie steht es um die direkte Sauerstoffgewinnung aus der Luft? Das Linde-Verfahren der Luftverflüssigung ist teuer. Es gibt aber schon Molsieb-Anlagen, die für die Gewinnung von Stickstoff und/oder Sauerstoff aus der Luft ausgelegt sind. Was läßt sich über adsorptive und andere Prozesse noch machen? Kombinationen? Membranprozesse? Die Mundschleimhaut des Amazonas-Fischs ist doch auch eine Membran, und da funktioniert die Sauerstoffaufnahme schon tadellos. Sind Membranen oder raffinierte Kombinationen vielleicht noch vorteilhafter als Molsiebe?[115]

■ Verblüffend einfach ist ein "Verfahren zur Zerstörung von Schäumen unter Verwendung von mechanischen Schaumzerstörern, dadurch gekennzeichnet, daß dem schäumenden Medium in Abhängigkeit von der Leistungsaufnahme des mechanischen Schaumzerstörers Entschäumungsmittel zugesetzt wird" [118].

Die Sache ist nur insofern etwas trivial, als bei vielen Prozessen in der chemischen Industrie die Stromaufnahme der Antriebsmotoren von Rührmaschinen ohnehin als Orientierungsgröße für den Betriebszustand betrachtet wird.

Welche Maßnahmen der Anlagenfahrer bei erhöhter Stromaufnahme im einzelnen praktiziert, hängt von den Umständen ab (z. B.: zeitweilige Außerbetriebnahme wegen vorhersehbarer Überlastung, Absenken des Flüssigkeitsspiegels, Zusatz viskositätsmindernder Mittel usw.). Oft sind dies Maßnahmen, die von einer intelligenten Bedienungsmannschaft selbständig erdacht und im Bedarfsfalle ohne großes Aufsehen praktiziert werden. Unter solchen Gesichtspunkten dürfte der Vorschlag kaum schutzfähig sein. Ein Prüfer, der zufällig Kenntnis von den obenerläuterten Zusammenhängen hat, spräche wahrscheinlich von "naheliegender Analogie zu einem offenkundig vorbenutzten Verfahren."

■ In vielen Industriezweigen ist es erforderlich, zähe oder gar pastöse Substanzen aufzurühren. Dabei muß beim Anfahren von der Rührvorrichtung zunächst eine extrem hohe Leistung aufgebracht werden. Ist der Inhalt des Rührbehälters erst einmal in Bewegung, so genügen mittlere Leistungen. Ein gewöhnliches Rührwerk erfüllt diese wechselnden Anforderungen nicht: ist es für den Normalbetrieb ausgelegt, so läßt es sich nicht anfahren; ist es hingegen für den Anfahrbetrieb ausgelegt, so muß es – bezogen auf den Normalbetrieb – extrem überdimensioniert werden. Gefragt sind somit anpassungsfähige Rührvorrichtungen. Ein in der Gärungsindustrie einsetzbarer, mit einer horizontalen Welle ausgerüsteter Apparat, der diesen Anforderungen entspricht, wird folgendermaßen gekennzeichnet: "Die Erfindung besteht darin, daß das Rührwerk beim Einschalten zunächst eine Pendelbewegung durchführt und dadurch den Feststoff, insbesondere die Traubentrester, lockert" [119].

Das Problem wird demnach mit Hilfe zweier verschiedener Bewegungsformen (Pendelbewegung im Anfahrbetrieb, Rotationsbewegung im Dauerbetrieb) umgangen, was allerdings im Antriebsbereich kompliziertere Maßnah-

[116] Beispielsweise könnten die Rührflügel über Gelenke an der Rührwerkswelle befestigt sein. Bei hochgeklappten (ganz oder annähernd senkrecht gestellten und dann arretierten) Rührflügeln ließe sich das Rührwerk auch bei geringer Antriebsleistung störungsfrei anfahren. Mit dem Lösen der Arretierung würden die Rührflügel während des Betriebes allmählich in das Rührgut einsinken und schließlich ihre "normale" waagerechte Stellung einnehmen. Der im Wortsinne dem Anpaß-Prinzip entsprechende Übergangsbereich könnte sicherlich störungsfrei durchfahren werden.

[120] Sakai, T.: Flocculation Tank. – J. P. 58-205 507 (A) v. 24. 5. 1982, ausg. 30. 11. 1983. – Appl. No. 57-86557

[121] Mitsukawa, Y.: Grain Tank. – J. P. 59 112 828 (A) v. 17. 12. 1982, ausg. 29. 6. 1984. – Appl. No. 57-220180

Abb. 25
Flockungsbecken (a, nach [120]) sowie Kornspeicher (b, nach [121])
a) Die Kammern A bis E arbeiten im jeweils optimalen Bereich. Das Flockungsmittel und das zu behandelnde Medium werden links oben zugegeben, der Auslauf befindet sich rechts mittig (Erläuterung im Text).
b) E Eintritt von poliertem Reis ungleichmäßiger Körnung; A Austritt des Gutes, das (im Unterschied zu einem nicht durch die Kammern 1 bis 6 unterteilten Bunker) gleichmäßig gemischt ausfließt

men als bei einem gewöhnlichen Rührwerk erfordert.

Möglicherweise ließe sich (Prinzip der Umkehrung!) das Problem auch anders lösen: nicht der Antrieb wird den wechselnden Anforderungen angepaßt, sondern der Rührer. In diesem Falle müßte der Rührer in der Anfahrphase eine andere Geometrie als in der Normalbetriebsphase haben.[116]

■ Im Grenzbereich zwischen den Prinzipien "Zerlegen" (Nr. 1) und "Anpassen" (Nr. 15) liegen die folgenden Beispiele aus der japanischen Patentliteratur (Abb. 25, [120, 121]). Der Flocculation-Tank (Abb. 25 a) arbeitet Kammer für Kammer bezüglich Strömungsgeschwindigkeit, Verweilzeit, Flockenbildung und Absetzverhalten der Flocken am jeweiligen Optimalpunkt. Diese Anpassung an die sich von Stufe zu Stufe ändernden Anforderungen des Prozesses wird durch die Geometrie der Kammern erreicht, die wiederum unmittelbar mit der Höhe/Eintauchtiefe der Wehre/Schütze und mit deren Abstand voneinander zusammenhängt. Vordergründiges erfinderisches Mittel ist zwar das Zerlegen des Prozesses in Stufen (Prinzip 1), jedoch ist das damit erreichte Anpassen an die von Stufe zu Stufe wechselnden Anforderungen als das methodisch wichtigere Prinzip anzusehen.

Ähnlich dem Flocculation-Tank ist der Grain-Tank (Abb. 25 b) ein Beispiel für das Wirken mehrerer Prinzipien. Dieser für polierten Reis konstruierte Spezialbunker hat den Zweck, die beim Befüllen großer, leerer Bunker unvermeidlichen Entmischungserscheinungen zwischen Oberkorn und Unterkorn ("Segregation") gar nicht erst auftreten zu lassen bzw. weitgehend wieder rückgängig zu machen. Beim ungestörten Aufbau eines kegelförmigen Haufwerkes – hier in einem zunächst leeren Bunker – läuft die Segregation ideal ab: Grobanteile rollen die Flanken hinab und bleiben bevorzugt an der Peripherie des Schüttkegels liegen; die Kegelspitze und das Kegelinnere bestehen schließlich vorwiegend aus Feinanteilen. Unerwünschte

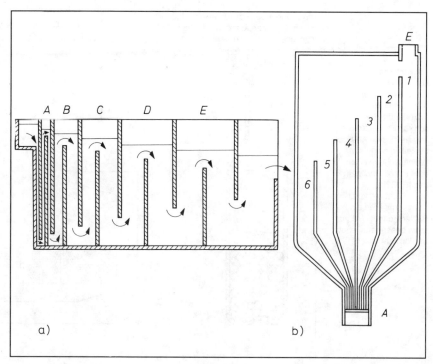

[117] In methodischer Hinsicht steht das Beispiel für das gleichzeitige Wirken der Prinzipien Nr. 1 (Zerlegen) und Nr. 15 (Anpassen). Dabei gilt "Anpassen" hier nur im übertragenen Sinne: Anpassen der Apparatur an die spezifischen Eigenschaften des zur Segregation neigenden Gutes mit Hilfe des Prinzips Nr. 1. Vor allem aber wirkt hier das Umkehrprinzip des Prinzips Nr. 2 (Abtrennen/Vereinigen) im Sinne eines dialektischen Paares: Weil die Eigenschaft der Segregation, d. h. der unerwünschte Selbst-Trenneffekt, genau bekannt ist, deshalb läßt sich mit Hilfe des Vereinigens der zuvor mittels Prinzip 1 getrennten Partien der unerwünschte Effekt wieder aufheben(!).

Folge dieses automatisch ablaufenden Trennvorganges ist, daß beim Entleeren eines solchen Bunkers zunächst fast ausschließlich Feingut ausgetragen wird. Erst gegen Ende des Entleerungsvorganges folgt das gröbere Gut.

Beim beschriebenen Grain-Tank wird hingegen die Segregation bewußt gestört: zuerst füllt sich Kammer 1, dann erfolgt Überlauf in Kammer 2 (usw. bis Kammer 6). Erst gegen Ende des Füllvorganges tritt an dem sich oberhalb der Kammern 6 bis 1 bildenden Schüttkegel eine Anreicherung von Grobanteilen in Richtung Kammer 6 ein. Entleert man nun den Bunker unter gleichmäßigem und gleichzeitigem Gutaustrag aus allen Kammern, so erhält man ein weitgehend gemischtes Gut.[117]

Das Handhaben der Prinzipien zum Lösen technischer Widersprüche erfordert Phantasie. Wer in dieser Hinsicht Probleme hat, dessen Lösungen fallen hölzern, schematisch, wenig originell aus. Sie liegen an der Grenze des Schutzfähigen oder darunter. Zu bedenken ist, daß die Prinzipien lediglich den Charakter von Rahmenempfehlungen bzw. von Lösungsstrategien haben. Wer die Prinzipien für unbedingt verläßliche Rezepte hält, verkennt den Charakter des Erfindens. Enttäuschungen sind dann unvermeidlich.

Auch beim Analysieren der Patentliteratur zwecks Anfertigung eigener Beispielkarteien sind phantasievolle Menschen im Vorteil. Das Problem liegt bei dieser mehr systematisierenden Arbeit darin, daß die praktischen Beispiele nicht phänomenolgisch – d. h. nicht nach ihrem äußeren Erscheinungsbild – beurteilt werden dürfen. Ohne ein gewisses Abstraktionsvermögen ist aber das Wesen einer Sache kaum zu durchschauen. Recht hilfreich sind in dieser Hinsicht die Begriffe "Gebilde-Struktur-Prinzip" (Welche Struktur liegt dem konkreten Gebilde eigentlich zugrunde?) und "Gebilde-Funktions-Prinzip" (Welche Funktion hat das Gebilde?). Stellt sich der systematisch interessierte Leser diese Fragen, so wird er beim Lesen der Patentliteratur gleichsam hellsichtig: Das oft unwichtige konkrete Äußere verschwindet, Struktur und Funktion werden erkennbar. Folgendes Beispiel zeigt, daß vermeintlich extrem weit auseinanderliegende Beispiele bei dieser Betrachtungsweise zur Demonstration des gleichen Prinzips dienen können.

Abbildung 26 a stellt eine Weinflasche dar, die teilweise geleert wurde, und deren restlicher Inhalt einige Tage aufbewahrt werden soll. Um die Reaktion des Alkohols mit dem in der halbvollen Flasche enthaltenen Luftsauerstoff zu vermeiden bzw. einzuschränken, schlägt der Erfinder das Auffüllen mit Glas- oder Porzellankugeln vor. Die Flasche ist nun wieder bis zum Flaschenhals gefüllt, und nach dem Verschließen kann der

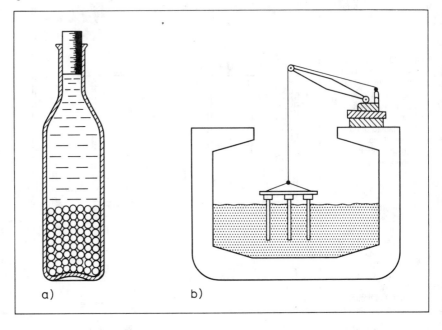

Abb. 26
Prinzip "Anpassen", erläutert an vermeintlich weit auseinanderliegenden Beispielen
a) Verhindern der Oxidation von Ethanol in Weinflaschen durch Auffüllen der teilweise geleerten Weinflasche mit Glas- oder Porzellankugeln (nach [122])
b) Verdichtung von Kohlepulpe mit Hilfe eines Rüttlers, damit der Laderaum besser ausgenutzt werden kann (nach [123])

[118] Wir stoßen hier abermals auf ein Phänomen, das nicht eben selten zu beobachten ist. Je nach zufälliger Kenntnis werden Schutzrechte gelegentlich auch für Banalitäten erteilt.
In derartigen Fällen ist prinzipiell auch im Nachhinein noch eine Klage wegen nicht gegebener Erfindungshöhe möglich.

[122] Yamamoto, M.: Prevention of wine in wine bottle. – Jap. P. 58-111677 (A) v. 2. 7. 1983. – Appl. No. 56-208967 v. 23. 12. 1981

[123] Katsura, Y.: Method for loading coal slurry and vibrator to be used. – Jap. P. 58-111894 (A) v. 4. 7. 1983. – Appl. No. 56-213910 v. 25. 12. 1981

[124] Wessel, H.: Bürste zum Reinigen der Oberfläche rohrförmiger Körper. – DOS 3 546 340 v. 30. 12. 1985, offengel. 2. 7. 1987

[125] Carelman, Jacques: Katalog erstaunlicher Dingelinge. – Berlin: Volk und Welt, 1987. – S. 12

Inhalt weit länger als ohne diese Maßnahme aufbewahrt werden [122].

Vermeintlich völlig anders liegt das Problem bei Abbildung 26 b. Dargestellt ist ein Rüttler (etwa nach Art eines Betonrüttlers), der Kohlepulpe im Laderaum eines Schiffes verdichtet [123].

Der Vergleich von Abbildung 26 a und b ist überhaupt nur möglich, wenn man das Prinzipielle erkennt. In beiden Fällen werden Leer-Räume beseitigt: bei a) mit Hilfe der Flüssigkeitsverdrängung, bei b) hingegen überwiegend durch das Erzeugen dichtester Partikelpackungen.

Beispiel a) ist zudem durch den verwirrenden Umstand gekennzeichnet, daß eine Banalität beschrieben wird. Jeder Hobby-Fotograf weiß, daß man keine halbvollen Entwicklerflaschen herumstehen lassen sollte. Der Grund: Hydrochinon ist oxidationsempfindlich, der Entwickler verdirbt im Kontakt mit Luftsauerstoff. Das vom Praktiker angewandte Mittel ist seit Jahrzehnten bekannt: Glas- oder Porzellankugeln werden zum Auffüllen benutzt, ehe man die Flasche verschließt.[118] Noch deutlicher wird die Banalität, wenn wir die direkte Umkehr-Arbeitsweise zum japanischen Vorschlag betrachten: Umfüllen des Weins in eine kleinere Flasche. In Georgien wird der Wein traditionell in Amphoren aufbewahrt, die an einem möglichst schattigen Platz in den Boden eingegraben worden sind. Bleibt vom Inhalt einer solchen Amphora noch etwas übrig, so wird der restliche Wein in eine kleinere Amphora umgefüllt. Stets muß das Aufbewahrungsgefäß voll (d. h. die Luftblase klein) gehalten werden.

■ Unmittelbar dem Anpaß-Prinzip entspricht eine Bürste zum Reinigen der Oberfläche rohrförmiger Körper [124]. Dabei sind ein angeformtes kreisbogenförmiges Teil sowie ein ihm gegenüberliegendes gleichartiges, um eine Achse schwenkbares, mittels Feder andrückbares Komplementarteil jeweils innen mit Drahtborsten ausgerüstet. Der Apparat ist so konstruiert, daß die von der Rohroberfläche gelösten Rostpartikel unmittelbar am Anfallort abgesaugt werden können (Abb. 27).

Ein noch einfacherer, prinzipiell jedoch genau entgegengesetzt arbeitender Apparat wird von Carelman in seinem anregenden Nonsens-Büchlein "Katalog erstaunlicher Dingelinge" vorgestellt [125]. Carelman nennt dieses Dingeling schlicht "Rohranstreicher" und kommentiert: "Die besondere Anordnung der Bürste erlaubt es, ein Rohr auf rationellste Weise zu bemalen. Bei Bestellung bitte Rohrdurchmesser angeben." Der Carelmansche Wunderpinsel ist demnach nicht anpaßbar. Ansonsten entspricht er geometrisch weitgehend Abbildung 27.

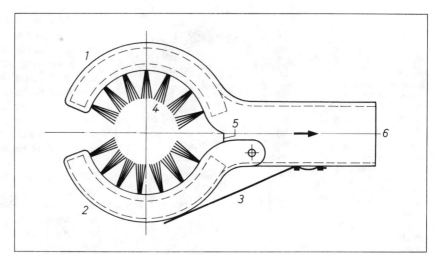

Abb. 27
Bürste zum Reinigen der Oberläche rohrförmiger Körper (nach [124])

1 starres halbkreisförmig angeformtes Teil;
2 schwenkbares Komplementarteil; 3 Andrückfeder; 4 Borsten;
5 Absaugöffnung;
6 Saugstutzen

[119] Dem Leser soll hier nur der erfinderische Nutzen des Umkehr-Denkens vorgeführt werden. Carelmans Büchlein enthält nicht nur Nonsens-Erfindungen, sondern auch verwertbare Anregungen. Natürlich wären mindestens die Konsistenz der Farbe und die Art der Vor-Ort-Farbdosierung für die eine wirklich nützliche Vorrichtung zu beachten. – Aus der Sicht der gedanklichen Priorität liegt Carelman übrigens eindeutig vorn: sein Nonsens-Büchlein erschien in der französischen Erstausgabe bereits 1969, der Entrostapparat wurde erst 1985 angemeldet.

[120] Allgemeines Ingenieurprinzip: "Nicht so gut wie möglich, sondern so gut wie nötig." Da dieses einleuchtende Prinzip selten durchgängig beachtet wird, entwickelt sich fast jedes technische System über die Stufen: Primitivlösung → überkomplizierte Lösung → raffiniert einfache Lösung.

Abb. 28
Wichtiges Prinzip für den Ingenieur wie für den Erfinder: Nicht so gut wie möglich, sondern nur so gut wie nötig!

Lengren ([19], S. 318) zeigt uns einen Monarchen in Unterhosen, der dennoch voll "funktioniert" (d. h.: überzeugend repräsentiert), weil er oberhalb der Balustrade einen durchaus königlichen Eindruck macht.

Versuchen wir nun, Carelmans starren Ringsherum-Pinsel konsequent zu Ende zu erfinden. Abbildung 27 zeigt uns beinhahe unmittelbar, wie vorzugehen ist. Der Absaugstutzen des Entrosters wird per Umkehrung einfach zum Farbdosierstutzen für den Pinsel umfunktioniert. Die Anpaß-Vorrichtung kann unverändert bleiben.[119]

Prinzip 16
Nicht vollständige Lösung
Wenn keine vollständige, dann ist eine teilweise Lösung der Aufgabe zu erreichen.

Aufgaben sind meist nicht mehr schwierig, wenn der Erfinder auf die absolut vollständige Lösung verzichtet. Dieses Prinzip mißfällt vor allem den Perfektionisten. Tatsächlich muß jeder erst lernen, daß technische Konsequenz nicht unter jeglichen Bedingungen heißt, alles glänzend, universell brauchbar und völlig perfekt zu machen. Genügt das Ergebnis den zuvor exakt definierten Anforderungen der Aufgabe oder sind für einen Übergangszeitraum Sofortlösungen gefragt, so ist im konkreten Falle die Anwendung des Prinzips 16 vollständig gerechtfertigt.[120]

La belle époque

Das Prinzip ist in der Regel dann zu empfehlen, wenn die angestrebte hundertprozentige Lösung mit hoher Wahrscheinlichkeit sehr teuer oder sehr umständlich ausfallen wird. In vielen Fällen ist dann zweckmäßigerweise eine andere Arbeitsrichtung zu wählen. Zuvor jedoch ist klarzustellen, ob eventuell nicht mehr die vollständige, sondern beispielsweise eine 95%ige Lösung des Problems angestrebt werden solte. Abbildung 28 zeigt, daß bereits eine nur etwa fünfzigprozentige Lösung manchmal durchaus genügen kann.

■ Strebt man die vollständige Abscheidung feiner und feinster Stäube aus einem Gasstrom an, so werden gewöhnlich Schlauchfilterbatterien mit zyklischer Abklopfung bzw. Jet-Rückspülung verwendet. Auch elektrostatisch arbeitende Filter sind allgemein im Gebrauch. Beide Systeme sind teuer und nicht völlig betriebssicher. Wegen der ungünstigen Fließeigenschaften abgeschiedener Feinststäube versacken die Filter gelegentlich. Filtersäcke können reißen, Sprühdrähte über Materialbrücken kurzgeschlossen werden. Insgesamt ist die Verfügbarkeit solcher Anlagen nur bei kontinuierlicher, sorgfältiger und qualifizierter Wartung gewährleistet. Im Falle von Betriebsstörungen entweicht das Gas ungereinigt über Dach.

Hier bietet sich eine nicht vollständige Umgehungslösung als Ausweg an. Fliehkraftabscheider (Zyklone bzw. Drehströmungsentstauber) haben zwar nur einen Entstaubungsgrad von 92 bzw. 95 %, sind aber völlig betriebssicher. Auch Kombinationen können sinnvoll sein: Zyklonbatterien als sichere Vorabscheider mit Schlauchfiltern als nachgeschaltete Feinreinigungsanlagen, deren zeitweiliges Versagen zwar den Entstaubungsgrad negativ beeinflußt, kurzzeitig aber toleriert werden kann.

■ Ein eigenes Beispiel wurde bereits im Zusammenhang mit Prinzip 3 erläutert. Das Beispiel betrifft die Abscheidung von gröberen Aerosolen [85].

[121] Realisiert sind solche Bewegungsarten beispielsweise in diversen Knetmaschinen (z. B. für Bäckereien).

Abb. 29
Übergang in eine andere Dimension/Bewegungsform: Hubmischer (nach [126])

[126] Raebiger, N.; Zehner, P.; Kuerten, H.: Hubmischer. – DOS 2 753 153 v. 29. 11. 1977, offengel. 7. 6. 1979

[127] Schlosser, W.: Verfahren zur Herstellung von Profilröhrchen für Röhrchenwärmetauscher. – DOS 3 327 660 v. 30. 7. 1983, offengel. 20. 12. 1984

Prinzip 17
Übergang in eine andere Dimension
Mehrschichtige statt einschichtiger Anordnung, Veränderung der gegenseitigen Anordnung im Raum, Übergang in die zweite bzw. dritte Dimension

■ Das Prinzip kann wörtlich und auch weniger wörtlich genommen werden. Setzen wir beispielsweise statt "Dimension" den Terminus "Bewegungsform", so gewinnt die Sache einen anderen Aspekt. Nehmen wir das Beispiel eines Rührwerks. Es dient zum Mischen und ist tausendfach bewährt. Deshalb erscheint eine Änderung zunächst kaum notwendig. Die "Dimension" ist hier gewissermaßen die Rührebene, d. h., der bei senkrechter Welle im allgemeinen waagerecht angeordnete und sich auf kreisförmiger Bahn bewegende Rührflügel bestimmt die Arbeitsebene. In diesem Sinne kann der Übergang zu einer Auf- und Ab-Bewegung, wie beim Hubmischer (Abb. 29) praktiziert [126], als Übergang in eine andere (Bewegungs-)Dimension betrachtet werden. Solche Apparate sind z. B. für das Homogenisieren nicht genügend dünnflüssiger Medien erforderlich. Sie leiten zu Bewegungsformen über, die als anspruchsvolle Synthese aus einer rein kreisförmigen und einer komplizierten Auf- und Ab-Bewegung gedeutet werden können.[121]

■ Mit einiger Phantasie fällt auch das folgende Beispiel unter das Prinzip "Übergang in eine andere Dimension". Bei einem Verfahren zur Herstellung von Profilröhrchen für Röhrchenwärmetauscher [127] weichen die angewandte Röhrenfertigungstechnologie ebenso wie die in dieser Art produzierten Doppelröhrchen (Abb. 30) derart weit von den herkömmlichen Techniken ab (nahtlose Rohre nach dem Mannesmann-Verfahren einerseits, automatisch geschweißte "Wickelrohre" andererseits), daß man durchaus vom Übergang in eine höhere Dimension sprechen kann.

Rein geometrisch, d. h. im Wortsinne, kann das Prinzip anhand zahlreicher Beispiele demonstriert werden. Wir wollen nur zwei behandeln.

■ Im Gartenbau war es bisher eine Selbstverständlichkeit, daß Pflanzen "zweidimensional", d. h. auf horizontalen Flächen (z. B. Beeten oder Feldern) angebaut wurden. Der Gedanke des kommerziellen Vertikalanbaus von Pflanzen stößt zunächst auf Unverständnis. Anderseits ist die Sache vom Prinzip her gar nicht so absonderlich: Steingartengewächse, die in den Fugen von Trockenmauern prächtig gedeihen, sind allgemein bekannt. Gemüsekulturen hingegen wurden bisher ausschließlich konventionell gezogen.

Seit 1980 experimentierte die Genossenschaft "Bocskai" (Hajduhadház, Ungarn) mit 150 cm hohen Folienzylindern – Durchmesser 30 cm –, die mit einem speziellen Bodengemisch gefüllt sind. Die Pflanzen werden von der Seite her durch Perforationen der Folie gesteckt und eingepflanzt. Von einem Kubikmeter kann soviel geerntet werden wie von

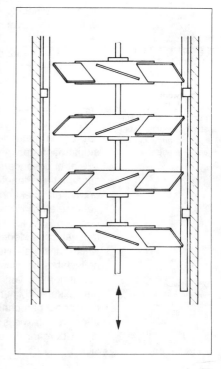

Abb. 30
Übergang in eine andere Dimension: moderne Wickel- und Fügetechnik beim Fertigen von Wärmetauscher-Doppelröhrchen (nach [127])

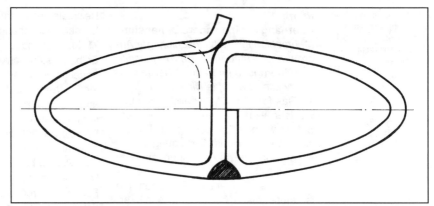

[122] Mein Kollege hat das angegebene Verfahren mit Erdbeerpflanzen, ich habe es mit Tomatenpflanzen nachgeprüft. Die Erträge waren nicht schlecht.

[123] Erfinden heißt manchmal auch Verbote zu durchbrechen. Bekanntlich ist die angegebene seitliche Bewegungsrichtung beim Bedienen von Bohrmaschinen untersagt. Die Welle mit Fräsbesatz wird aber hier anstelle des Bohrers einfach nur in eine Bohrmaschine eingespannt. Natürlich hat – Verbot hin, Verbot her – der pfiffige Heimwerker gelegentlich auch schon mal einen gewöhnlichen Bohrer als Fräser mißbraucht. Der Schritt zur patentgeschützten Mauersäge ist demnach hier ganz besonders kurz!

[128] Gemüse in der Säule angebaut. – In: Neues Deutschland. – Berlin, 3./4. 12. 1983, S. 12

[129] Heim, W.: Mauersäge. – DOS 3 240 471 v. 2. 11. 1982, offengel. 3. 5. 1984

zehn Quadratmetern traditionell genutzten Bodens [128].[122]

■ Beinahe wörtlich trifft das Prinzip "Übergang in eine andere Dimension" bei einer Mauersäge zu. Die Hin- und Her-Bewegung der traditionellen Säge wurde in höchst einfacher und wirkungsvoller Weise durch Übergang in eine andere (Bewegungs-)Dimension abgeschafft; Ergebnis: "Mauersäge, gekennzeichnet durch eine angetriebene Welle mit Fräsbesatz" [129]. Der Fräsbesatz ist spiralig auf der Welle angeordnet. Die hochtourig rotierende Welle wird in das zuvor angebohrte Mauerwerk eingeführt. Gesägt wird, indem man die Welle langsam senkrecht zur Wellenachse bewegt.[123]

■ Anhand eines physikalischen Beispiels sei auf eine Tendenz in der Wissenschaftsentwicklung hingewiesen, die mit dem Erfinden direkt nichts zu tun hat, deren methodischer Wert zur Demonstration des hier behandelten Prinzips aber besonders hoch ist. Bohr hatte zunächst ein Planetenmodell des Atoms entwickelt (Elektronen sind kleine "Kugeln", die auf Kreis- bzw. Ellipsenbahnen den Atomkern umkreisen). Dieses mechanische Modell wurde stufenweise weiterentwickelt. Heute werden Aufenthaltswahrscheinlichkeiten für Elektronen innerhalb von räumlichen Elektronenwolken nicht nur angenommen, sondern sogar berechnet. Hier gilt demnach buchstäblich wie symbolisch das Prinzip "Übergang in eine andere Dimension".

Prinzip 18
Verändern der Umgebung
Das äußere Medium bzw. die angrenzenden Objekte sind zu verändern.

■ Vermindert man die Löslichkeit eines Stoffes durch Zugabe einer in dieser Richtung wirkenden, mit dem Lösungsmittel mischbaren Flüssigkeit, so fällt der gelöste Stoff teilweise aus und kann abgetrennt werden.

■ Umgekehrt lassen sich Wertstoffe aus einem Filterkuchen vorteilhaft auswaschen, wenn man mit einem geeigneten Lösemittelzusatz arbeitet.

■ Ferner kann mit viskositätsvermindernden, oberflächenaktiven oder komplexierend wirkenden Zusätzen gearbeitet werden. So lassen sich beispielsweise bestimmte hochreine Salze gewinnen, wenn man die Cokristallisation unerwünschter Ca^{2+}- und Fe^{2+}-Ionen durch Komplexonzusatz (Nitrilotriessigsäure/NTA, Ethylendiaminotetraessigsäure/EDTA) verhindert.

■ Recht eindrucksvoll sind sämtliche Beispiele, die die Veränderung der Kristalltracht mit Hilfe von "Lösungsgenossen" betreffen. So lassen sich meterlange Ammoniumchlorideinkristalle züchten, wenn man der Ammoniumchloridlösung vor Beginn der Kristallisation Pektin zusetzt. Hingegen kristallisieren prachtvolle Natriumchloridoktaeder aus harnstoffhaltigen Kochsalzlösungen; gewöhnlich kristallisiert Natriumchlorid kubisch.

■ Soll die Arbeitsweise von Maschinen oder Vorrichtungen verbessert werden, so muß das nicht zwingend Änderungen an den Maschinen bzw. Vorrichtungen erfordern. Manchmal genügt es bereits, die betreffenden Apparate unter veränderten äußeren Bedingungen (z. B. im Vakuum oder unter Überdruck) arbeiten zu lassen.

Prinzip 19
Impulsarbeitsweise
Von der stetigen Arbeitsweise ist zur periodischen oder "Impuls"-Arbeitsweise überzugehen.

In bestimmten Fällen ist der Dauerbetrieb einer Anlage oder eines Anlagenelementes unvorteilhaft. Ähnliches haben wir bereits beim Prinzip 15 (Anpassen) kennengelernt. Die Impulsarbeitsweise stellt den Grenzfall dar, bei dem die Arbeitsweise einer Vorrichtung nicht den veränderten Bedingungen angepaßt, sondern die Vorrichtung zeitweise in Gegenrichtung arbeiten oder ganz außer Betrieb gesetzt werden muß.

■ Durch Blitzschlag, Kurzschluß oder bestimmte Schaltvorgänge kann es in elektrischen Hochspannungsleitungen zu den äußerst gefährlichen Überspannungswellen kommen. Mit ungeheurer Geschwindigkeit breiten sich Spannungsstöße von $1,5 \cdot 10^6$ V aus. Sie setzen Trafos, Schalter und andere Ausrüstungen außer Betrieb. Die zur Absorption der Energie solcher Überspannungswellen parallel geschalteten Reaktanzen (Blindwiderstände) sind aber im Normalbetrieb recht nachteilig, weil dadurch die Verluste erhöht werden. Deshab wurde ein System ersonnen, das die Reaktanzen nur für die kurze Zeit, in der die Überspannungswelle existiert, automatisch an die Leitung anschließt ([18], S. 152).

■ Eine Variante des Prinzips ließe sich als "intermittierende Arbeitsweise" bezeichnen. Bei einem Verfahren zur Reinigung verstopfter Siphons wird eine form- und dehnelastische Glocke über der Siphonmündung in pumpende Bewegung versetzt. Manuell wird Vakuum erzeugt, durch Öffnen des per Schlauch mit der Glocke verbundenen Wasserhahnes wird alsdann Druck auf das System gegeben. Durch den stoßartigen Wechsel zwischen Vakuum und Überdruck wird die Verstopfung beseitigt [130].

■ In der Praxis wichtig sind Überlappungen des Prinzips mit seinem Umkehrprinzip (19: Impulsarbeitsweise/ 20: Kontinuierliche Arbeitsweise). Vor allem sind solche Fälle interessant, in denen ein an sich kontinuierlicher Arbeitsvorgang (entsprechend Prinzip 20) mit pulsierenden Elementen (Prinzip 19) überlagert wird. Eine japanische Anmeldung beschreibt ein gemäß diesen Prinzipien arbeitendes Verfahren zur Nudelherstellung. Dabei wird der Nudelmasse-Strang senkrecht durch ein gegenläufig vibrierendes Paar sphärisch verformter und im Einlaufbereich keilförmig gegeneinander angestellter Platten geführt [131].

■ Ein weiteres Beispiel zeigt den engen Zusammenhang zwischen sprachlich eindeutiger Formulierung und gelungener Sachdarstellung des zugrundeliegenden Prinzips:

"Verfahren und Vorrichtung zur Erzeugung eines pulsierenden Flüssigkeitsstromes zur Rückspülung von Filterbetten mit Hilfe einer Flüssigkeitspumpe. Um einen Flüssigkeitsstrom mit ausgeprägten Pulsationen unter möglichst geringem Energieaufwand zu erzeugen, ist vorgeschlagen, den die Flüssigkeitspumpe verlassenden Strom in zwei Teilströme mit sich gegensinnig ändernden Stromstärken aufzuteilen, von denen der erste Teilstrom dem Filterbett und der zweite Teilstrom einem Ausgleichsreservoir zugeführt wird." [132]

Prinzip 20
Kontinuierliche Arbeitsweise
Von der oszillierenden ist zur rotierenden Bewegung überzugehen, Leerlauf ist zu vermeiden, der Arbeitsvorgang ist kontinuierlich durchzuführen.

Das Prinzip ist weitgehend selbsterklärend. Nur in Fällen, in denen nach gründlicher Prüfung auch die Prinzipien "Impulsarbeitsweise" und "Anpassen"

---

[130] Dornhege, B.: Verfahren zum Reinigen eines verstopften Siphons und Einrichtung zur Durchführung des Verfahrens. – DOS 3 128 687 v. 21. 7. 1981, offengel. 10. 2. 1983

[131] Nakai, Y.: Rolling of noodle pastry, or such. – Jap. P. 60-237955 (A) v. 26. 11. 1985. – Appl. No. 59-95257 v. 11. 5. 1984

[132] Pacik, D.: Verfahren und Vorrichtung zur Erzeugung eines pulsierenden Flüssigkeitsstromes. – DOS 3 205 361 v. 15. 2. 1982, offengel. 25. 8. 1983

zu berücksichtigen sind, wird die ansonsten universelle Bedeutung des Prinzips eingeschränkt. Für den Praktiker vor allem interessant sind jedoch solche Fälle, in denen das Prinzip nicht eingeschränkt, sondern in seiner Anwendungsbreite durch Kombination mit anderen Prinzipien erweitert wird. Zwei Beispiele dieser Art haben wir im Zusammenhang mit dem Prinzip 19 bereits kennengelernt [131, 132].

■ Da im wesentlichen klar ist, worum es sich beim Kontinuitätsprinzip handelt, beschränken wir uns auf ein weiteres praktisches Beispiel. Es zeigt stellvertretend, daß es bei der schutzrechtlichen Sicherung im Falle des an sich für fast alle beliebigen Verfahren gewünschten Übergangs zu kontinuierlichen Arbeitsweise noch mehr als sonst auf die klare Erläuterung der neuen technischen Mittel und der ihnen zugrundeliegenden Wirkprinzipien ankommt. Nur so läßt sich die Abgrenzung vom Stand der zu überwindenden Technik überzeugend darlegen, denn die Tatsache des Übergangs zur kontinuierlichen Arbeitsweise allein ist natürlich nicht etwa an sich bereits schutzfähig. Konventionelle Kammerfilterpressen arbeiten zyklisch (Arbeitstakte: Füllen, Pressen, Waschen, Pressen, Ausstoßen, Füllen). Die kontinuierlich arbeitende Schlammfilterpresse ist hingegen mit zwei parallellaufenden, vertikal angeordneten, endlosen Filterbändern ausgerüstet, und der Apparat ist "... dadurch gekennzeichnet, daß der von beiden Filterbändern begrenzte, keilförmige Entwässerungsraum an den beiden Filterbandkanten von zwei endlosen Rollenketten mit aufgesetzten elastischen Gummistollen abgedichtet wird und außerdem noch den verzugfreien Transport der Filterbänder mit dem dazwischenliegenden Filtrationsmedium und den Antrieb der Preßwalzen übernimmt" [133].

Prinzip 21
Schneller Durchgang
Schädliche oder gefährliche Stadien eines Prozesses sind schnellstens zu durchlaufen.
Dieses Prinzip hat Bedeutung in fast allen Fachsparten. Da Kreativität eine allgemein-menschliche und keineswegs auf bestimmte Gebiete begrenzte Fähigkeit ist, finden wir oft genug auf außertechnischen Gebieten eindrucksvolle Paradebeispiele für die Prinzipien zur Lösung technischer Widersprüche. Daß dem Künstler sicherlich nicht bewußt ist, solche Beispiele geliefert zu haben, kann als ein Beweis mehr für die universelle Gültigkeit des jeweiligen Prinzips angesehen werden. Betrachten wir Abbildung 31. Schmitt ([134], S. 80) zeigt uns, wie zwei schöpferische Musiker die kalte Küche entlasten und schnell mal einige Eierscheiben fabrizieren. Neben dem Prinzip "Schneller Durchgang" erkennen wir das gleichberechtigt wirkende Umkehr-Prinzip: Beim allgemein bekannten Eierschneider werden die gespannten Drähte möglichst schnell durch das ruhende Ei geführt, während hier das Ei mit vergleichsweise hoher Geschwindigkeit durch die gespannten Harfensaiten geworfen wird. In beiden Fällen wird dafür gesorgt, daß sich das Ei, bevor der

[133] Lüttich, G.: Kontinuierlich arbeitende Schlammfilterpresse. – DOS 2 751 849 v. 19. 11. 1977, offengel. 23. 5. 1979

[134] Schmitt, Erich: Berufslexikon: Karikaturen. – 6. Aufl. – Berlin: Eulenspiegel Verlag, 1981

Abb. 31
Prinzipien "Schneller Durchgang" sowie "Umkehrung"

Originalunterschrift:
"Nun kauft euch endlich mal einen Eierschneider!"

E. Schmitt ([134], S. 80) zeigt uns den "umgekehrten" Eierschneider: Das Ei passiert die gespannten Harfensaiten mit vergleichsweise hoher Geschwindigkeit, so daß die Trennung in Scheiben erfolgt, ehe sich das Ei deformieren kann.

[124] Es sei empfohlen, diesen Varieté-Trick im trauten Heim unter den bewundernden Blicken der alles verzeihenden Gattin an einem gefüllten Rotweinglas zu erproben. Besonderen Beifall erhält, wer nicht schnell genug zieht oder mit der Klöppelkante am Glas hängenbleibt.

[125] Analog ist möglich, die Isolierschichten bei Elektrokabeln zu verspröden; so läßt sich Buntmetall aus Kabelaltmaterial oder Kabelverschnitt bequem zurückgewinnen.

[126] Zucht- bzw. äquivalente Leistungen sind noch nicht überall schutzfähig. Der Trend ist aber unverkennbar.

---

[135] Eisel, U.; Siemsen, W.; Keucher, J.: Recycling von Betonen. – DD-PS 219 621 v. 13. 3. 1980, ausg. 22. 7. 1981

[136] Metallegierung. – In: Neues Deutschland. – Berlin, 16./17. 3. 1985. – S. 12

[137] Heinz, D.; Asiev, R.; Müller, I. F.: On the theory and practice of the phosphorus oxidation. – Vortrag, Internat. Conference on Phosphorus Chemistry (ICPC '79). – Halle, 19. 9. 1979

[138] Teichmann, H.: Geschockt und bestrahlt. – In: Neues Deutschland. – Berlin, 7./8. 1. 1984. – S. 12

Schneidvorgang einsetzt, gar nicht erst deformieren kann. Das gleiche Prinzip wirkt bei einem allgemein bekannten Trick: Zieht man ein nicht zu großes Tischtuch ruckartig weg, so bleibt das Geschirr auf dem Tisch stehen.[124] Auch das Zerschneiden von Plastrohren mit Hilfe eines straff gespannten Drahtes fällt unter das Prinzip. Bewegt man den gespannten Draht schnell genug, so wirkt er als Trennmesser.

In der Industrie ist das Prinzip von größter Bedeutung. Besonders das schnelle (schockartige) Durchlaufen unerwünschter oder schädlich wirkender Temperaturbereiche fällt unter dieses Prinzip. Es sei an das Härten von Stahl, die Produktion feuerfesten Glases sowie das Einfrieren chemischer Gleichgewichte erinnert. In allen Fällen wird der prozeßbestimmende Abschnitt innerhalb eines extrem kurzen Zeitintervalls durchlaufen.

■ Stahlbetonschutt wird mittels flüssigem Stickstoff relativ schnell unter die thermische Elastizitätsgrenze des Bewehrungsstahls abgekühlt, damit Strukturschäden entstehen. Der extrem abgekühlte Schutt wird über Brecher und Magnetscheider gegeben. Der Bewehrungsstahl läßt sich so wiedergewinnen [135].[125]

■ Durch extrem schnelles Abkühlen von Metallschmelzen erhält man metallische Gläser, bei denen die zufällige Anordnung der Atome eingefroren wird und kein kristallines Gefüge entstehen kann. Derartige Gläser sind zäh, äußerst korrosionsbeständig und durch hohen elektrischen Widerstand charakterisiert. Bestimmte Typen lassen sich leicht magnetisieren. Hergestellt werden die metallischen Gläser, indem man einen Schmelzestrahl zwischen zwei gutgekühlte Kupferwalzen "schießt". Der Abkühlungsgradient beträgt 106 K $\times s^{-1}$, erhalten wird ein dünnes amorphes Metallband. Einige Anwendungsgebiete wurden bereits erprobt: Faser-Verbundmaterialien für Autoreifen und Druckschläuche, Transformatorenbau, Implantationsmaterial in der Chirurgie.

Solche Legierungen lassen sich inzwischen auch verspinnen. Japanische Werkstofftechniker erzielten Fadendurchmesser von etwa einem Mikrometer. Erreicht wurden Festigkeitswerte von 4100 N/cm^2; das entspricht den Festigkeitswerten von Fasern aus glasartigem Kohlenstoff. Angestrebt werden u. a. Verbundwerkstoffe mit Polymeren [136].

■ Bei der Herstellung des thermisch nicht stabilen Anhydrids der Phosphorigen Säure, P$_4$O$_6$, ist dafür zu sorgen, daß die Disproportionierung des durch Phosphorverbrennung gebildeten Produktes zu Verbindungen mit Oxydationszahlen des Phosphors von ≧III unterbunden werden muß. Technisches Mittel dafür ist die schockartige Kühlung der Reaktionsprodukte unmittelbar nach Verlassen der Phosphorflamme (z. B. durch Quenchen mit Stickstoff [137]).

■ Alle Arten von Schockbehandlung fallen unter das Prinzip "Schneller Durchgang". Auch technikfremde Gebiete können ohne weiteres für das Sammeln von Belegbeispielen herangezogen werden. So lieferte mittels Elektroschock behandeltes Saatgut im Falle verschiedener Gemüse- und Futterpflanzenarten verblüffende Ergebnisse: Im Durchschnitt von fünf Jahren wurden 15- bis 25prozentige Ertragssteigerungen beobachtet [138]. Diese Art der Behandlung regt offenbar die Gene entsprechend an bzw. beeinflußt sie gezielt; eine höhere Schock-Dosis oder gar eine über längere Zeit dauernde Elektroschockbehandlung würde hingegen zu massiven Schädigungen führen. Hier haben wir es demnach mit dem beim Erfinden geradezu klassischen Fall des positiven und dicht daneben bereits negativen Effekts zu tun.[126]

■ Manche Kristallisationsprozesse liefern nach erfolgter Kühlung der Ausgangslösung einen Kristallbrei, der sich nur schwierig zentrifugieren läßt. Dies ist insbesondere bei Mehrkomponentensystemen und/oder bei Systemen der Fall, die durch hochviskose Mutterlaugen und/oder sich im Verlaufe der Kristallisation abscheidende Verunreinigungen schmierig-schleimiger Konsistenz gekennzeichnet sind. In derartigen Fällen versetzen sich die Schlitze des Zentrifugensiebs in kürzester Zeit. Bereits nach wenigen Sekunden gelangt dann der gesamte Kristallbrei samt Mutterlauge unverändert in das Fertigprodukt.

Hier kann das Prinzip "Schneller Durchgang" Abhilfe schaffen. Versetzt man einen derartigen Kristallbrei am Zentrifugeneinlauf mit wenig Wasser, so wird die Viskosität der Mutterlauge herabgesetzt, die schmierig-schleimigen Verunreinigungen peptisieren, besondere leichtlösliche Nebenbestandteile werden gelöst bzw. angelöst, und der Zentrifugationsprozeß verläuft nunmehr störungsfrei. Wichtig ist nur, daß die Mischzeit am Zentrifugeneinlauf sehr kurz gehalten wird, denn das zu gewinnende Produkt ist im Falle unseres Beispiels wasserlöslich(!). Folglich muß der positive Effekt (s. o.) in einer derart kurzen Zeit eintreten, daß der fast gleichzeitig zu beobachtende negative Effekt (das Anlösen bzw. teilweise Auflösen des kristallinen Produktes) noch nicht in nennenswertem Maße ausbeutemindernd wirken kann [139].

Prinzip 22
Umwandeln des Schädlichen in Nützliches
Schädliche sind in nützliche Faktoren umzuwandeln; das Problem ist nach dem Gesichtspunkt zu analysieren, unter welchen Bedingungen sich die Anwendung des Schädlichen für nützliche Zwecke verwirklichen läßt.
■ Rost gilt allgemein als schädlich. Viel Geld wird für den Korrosionsschutz ausgegeben. Beim sogenannten KT-Stahl (korrosionsträgen Stahl) verzichtet man dagegen auf einen Anstrich und läßt die Oberfläche bewußt anrosten. Nach etwa zwei Jahren kommt die Rostschicht zum Stehen und bildet dann einen natürlichen Schutz gegen weitere Korrosion.

■ Manche Metalle vergrößern ihr Volumen beim Erhitzen in Wasserstoffatmosphäre, bedingt durch die sich einstellende Gitteraufweitung. Zunächst sah man diese Erscheinung für äußerst schädlich an, da die Frage der unbedingten Maßhaltigkeit von Konstruktionsteilen – beispielsweise wichtiger Teile von Hydrierapparaturen – natürlich nicht gleichgültig ist. Später wurde erkannt, daß sich der vermeintlich negative Effekt mit besonderem Vorteil für Preßpassungen nutzen läßt. Verschiedene Metalle dehnen sich nämlich unter Wasserstoffeinwirkung sehr unterschiedlich aus, so daß man beispielsweise zur Fertigung von Rohrverbindungen mit Nut und Feder auf Stoß arbeiten kann, wobei als Feder ein Ring aus einem in Wasserstoffatmosphäre stärker als das Rohrmaterial expandierenden Metall eingelegt wird.

Prinzip 23
Keil durch Keil – Überlagerung einer schädlichen Erscheinung mit einer anderen
Kompensiert wird eine schädliche Erscheinung durch Überlagerung mit einer anderen.
Als "Eselsbrücke" für dieses Al'tšullersche Prinzip ist die allgemein bekannte Rechenregel $(-) \cdot (-) = (+)$ sehr gut verwendbar.
■ Phosphor- wie schwermetallhaltige Abwässer sind, jede Abwasserart für sich gesehen, außerordentlich schädlich. Für beide Arten von Wässern ist gewöhnlich ein erheblicher spezifischer Reinigungsaufwand erforderlich. Leitet man nun schwermetallhaltige Abwässer durch ein Bett von feinverteiltem gelben Phosphor, so reagieren die Schwermetallionen an der Oberfläche des Phosphors zu Phosphiden, niederwertigen Verbindungen und insbesondere feinverteiltem Metall. Das Verfahren ist beispielsweise zur Rückgewinnung von Kupfer aus Elektroraffinatanlagen geeignet [140]. Somit ergibt sich im Falle der räumlichen Nähe von Phosphorfabriken und Elektroraffinatanlagen prinzi-

[139] Zobel, D.: Verfahren zur Herstellung reiner Salze aus schwierig zentrifugierbaren Kristallsuspensionen. – DD-PS 143 733 v. 11. 5. 1979, ausg. 10. 9. 1980

[140] Horn, F.: Verfahren zur Reinigung von Abwässern. – DOS 2 808 961 v. 2. 3. 1978, offengel. 6. 9. 1979

[127] Ein solcher Vorschlag ist in der Offenlegungsschrift [140] übrigens nicht enthalten und sicherlich wegen der Dosierschwierigkeiten auch nicht ohne weiteres realisierbar. Jedoch ist die Möglichkeit durchaus gegeben, so daß unser Beispiel methodisch gesehen dem Prinzip 23 entspricht.

[128] Sollbruchstellen, Scherbolzen und Selbstvernichtungsmechanismen für verirrte Raketen sind weitere Beispiele. Das Prinzip überlappt hier naturgemäß mit dem Prinzip 11 (Vorbeugen).

[129] Wie bei vielen anderen Beispielen gelten hier zugleich mehrere Prinzipien. Bosch beschäftigte sich nicht etwa damit, die Methanisierung verhindern zu wollen, sondern er baute einen Reaktor, dessen Material mit Wasserstoff überhaupt nicht reagieren kann (Umkehrung, Vorbeugen).
Der aufgeschrumpfte stählerne Stützmantel entspricht in Kombination mit dem inneren Reaktorrohr dem Prinzip des Zerlegens sowie dem Prinzip der Abtrennung (Trennen der Funktionen: mediumstabiler Innenbereich einerseits, druckstabiler Außenbereich andererseits).

[141] Rädeker, W.; Gräfen, H.: Betrachtungen zum Ablauf der interkristallinen Spannungsrißkorrosion weicher unlegierter Stähle. – Düsseldorf: Stahl u. Eisen 76 (1956) 24. – S. 1616–1626

[142] Mit Lärm gegen den Lärm – Speziallautsprecher dämpfen vor allem tiefe Turbinentöne. – In: Neues Deutschland. – Berlin, 5./6. 2. 1983. – S. 12

piell die Möglichkeit, beide schädlichen Abwässer zusammenzuleiten, den Metall/Phosphor-Niederschlag abzutrennen und die nunmehr harmlosen Wässer abzustoßen.[127]

■ Komplex-Mineraldüngemittel werden gewöhnlich unter Verwendung von Kaliumchlorid ("Kali") hergestellt. Derartige Produktionsanlagen lassen sich nicht völlig staubfrei betreiben. Allmählich lagert sich Fertiggutstaub, aber auch Kalistaub auf den Stahlträgern des Gebäudes ab. Diese Stäube sind hygroskopisch. Die Folge ist ein ganz erheblicher Angriff auf die Stahlkonstruktion (narbige Chloridkorrosion).

Gleichzeitig hat die unerwünschte Chloridbelastung aber auch ihre gute Seite: sie verhindert weitgehend die mehr noch als die grubig-narbige Chloridkorrosion gefürchtete Spannungsrißkorrosion, indem sie die Passivierung der Kernflächen aufhebt [141]. Wir haben das Musterbild der Überlagerung einer schädlichen Erscheinung mit einer anderen vor uns.

■ Noch direkter gilt das Prinzip für die Lärmbekämpfung mittels Lärm. Phasenverschobene Schallwellen der zu bekämpfenden Frequenzen werden z. B. im englischen Kraftwerk Duxford zum teilweisen Löschen des Turbinenlärms eingesetzt. Im Bereich der besonders unangenehm tiefen Töne verminderte sich der Schallpegel immerhin um 13 dB [142].

Prinzip 24
Zulassen des Unzulässigen
Der schädliche Faktor ist derart zu verstärken, daß er schließlich aufhört, schädlich zu sein: Prinzip der Überkompensation.

■ Um die Notwendigkeit zur Anwendung dieses Prinzips zu erkennen, muß man die zu lösende Aufgabe wie immer sehr sorgfältig formulieren. Erklärt jemand beispielsweise: "Der Ski darf sich unter keinen Umständen vom Schuh des Skiläufers lösen", so wird damit bereits eine recht gefährliche Festlegung getroffen. Im Normalfall sollte der Ski al-

lerdings festsitzen, so daß vom Problembearbeiter zunächst eine psychologische Barriere zu überwinden ist. Deshalb sollten wir treffender formulieren: "Zulassen des vermeintlich Unzulässigen." Damit fällt – nach einigem Überlegen – die korrekte Formulierung der Aufgabe bereits leichter. Sie lautet: "Wenn irgend möglich, sollte sich der Skiläufer beim Sturz nicht durch die eigenen Skier verletzen." Diese Aufgabenstellung führt beinahe zwanglos zur Sicherheitsbindung.[128]

■ Bei jeder chemischen Synthese versucht man prinzipiell mit einem Minimum an eingesetzten Rohstoffen auszukommen. Es gilt also zunächst einmal als völlig unzulässig, ein Verfahren zu konzipieren, das zwangsläufig über die stöchiometrisch erforderliche Menge hinaus Rohstoffe benötigt (die Rede ist hier nicht von gewöhnlichen Ausbeuteverlusten, sondern von im unmittelbaren Sinne verfahrensbedingten, technologisch vorgesehenen Verlusten).

Beim Haber-Bosch-Verfahren zur Ammoniaksynthese mußte dieser "verbotene" Weg gegangen werden. Die zunächst angewandten stählernen Versuchsreaktoren verloren infolge der Methanisierung des Kohlenstoffanteils unter Einwirkung des Synthesewasserstoffs sehr schnell ihre Festigkeit. Innerhalb weniger Stunden rissen die bei den ersten Versuchen verwendeten Stahlrohre. Bosch löste das Problem, indem er einen gegen den Innendruck nicht stabilen Weicheisenreaktor baute, den er sodann mit einem stabilen, perforierten Stahlmantel versah. Der vom Stahlmantel gestützte Weicheisenreaktor verändert sich chemisch nicht, er läßt aber Wasserstoff hindurchdiffundieren, der durch die "Bosch-Löcher" des Außenmantels unbehindert entweichen kann.[129]

Prinzip 25
Selbstbedienung, Von-Selbst-Arbeitsweise
Die Maschine/Vorrichtung führt Hilfs- oder Nebenarbeiten bzw. Hilfs- oder

Abb. 32
Selbstbedienung: Verfahren und Vorrichtung zum Falschzwirnen von Garnen ohne Fremdantrieb (nach [143])

Die gegeneinander angestellten Drallkörper werden durch den Faden in Rotation versetzt und zwirnen dabei das Garn.

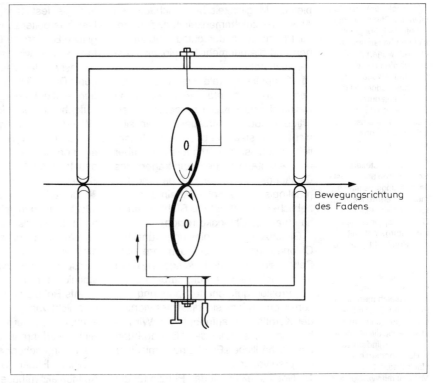

Bewegungsrichtung des Fadens

[143] Scheiber, A.; Muschelknautz, E.: Verfahren und Vorrichtung zum Falschzwirnen von Garnen ohne Fremdantrieb. – DOS 2 812 614 v. 22. 3. 1978, offengel. 27. 9. 1979

[144] Brüning, M.; Möller, W.; Kohler, M.; Glaeser, J.: Anwendung einer Strömung zum Vermischen von Medien und Vorrichtung zur Erzeugung einer Strömung. – DOS 3 406 868 v. 25. 2. 1984, offengel. 12. 9. 1985

Nebenfunktionen selbst aus. Das Verfahren arbeitet "von selbst", z. B. mit Hilfe der Gravitation.

■ Bei einer Vorrichtung zum Falschzwirnen von Garnen ohne Fremdantrieb (Abb. 32) wird durch die Bewegung des Fadens mit Hilfe der Reibung die Rotation der gegenläufig arbeitenden und winklig gegeneinander angestellten Drallkörper direkt bewirkt [143]. Dieses Beispiel ist insofern besonders eindrucksvoll, als nicht nur eine Hilfs- oder Nebenfunktion, sondern die Hauptfunktion per Selbstbedienung erledigt wird. Die Bewegung des Fadens durch die Vorrichtung muß ohnehin durch äußere Krafteinwirkung erfolgen. In solchen und analogen Fällen läßt sich nicht selten Energie sparen, mindestens aber wird die Maschine einfacher.

■ Das Von-Selbst-Prinzip ist überall dort anwendbar, wo bereits irgendeine Energieform ohnehin zur Verfügung steht. Erinnert sei an den Bunsenbrenner oder andere selbstansaugende Brennertypen, bei denen das strömende Brenngas die Verbrennungsluft in erforderlicher Menge ansaugt.

An sich ist das Prinzip des von Bunsen eingeführten selbstansaugenden Brenners so klar und einleuchtend, daß eine nennenswerte erfinderische Leistung – auch im Falle modifizierter Ausführungsformen – heute bezweifelt werden darf. Trotzdem werden noch immer Anmeldungen eingereicht. Indes sind qualifizierte Urteile ohne genaue Recherchen nicht möglich. Beispielsweise ist eine Vorrichtung dieser Art "... dadurch gekennzeichnet, daß der hinsichtlich seines Volumendurchsatzes kleinere Strom als Düsen-, Diffusor- oder Staurohrstrom und der größere Luftstrom als vom primären Strom angesaugter oder mitgeführter Strom eingesetzt wird." [144] Der Text liest sich zunächst ansprechend, bedeutet indes wohl nur: Ein schnell bewegtes Medium geringen Volumens bewirkt das Ansaugen eines langsam strömenden Me-

Abb. 33
Verfahren zum Entsalzen von Seewasser unter Nutzung der Sonnenenergie (nach [147])

1 transparente Abdeckung, unterseitig zugleich Kondensator;
2 Seewasserreservoir;
3 perforierte, unterhalb der Wasseroberfläche installierte Absorberplatte; *4* Sammelrinnen für das Destillat

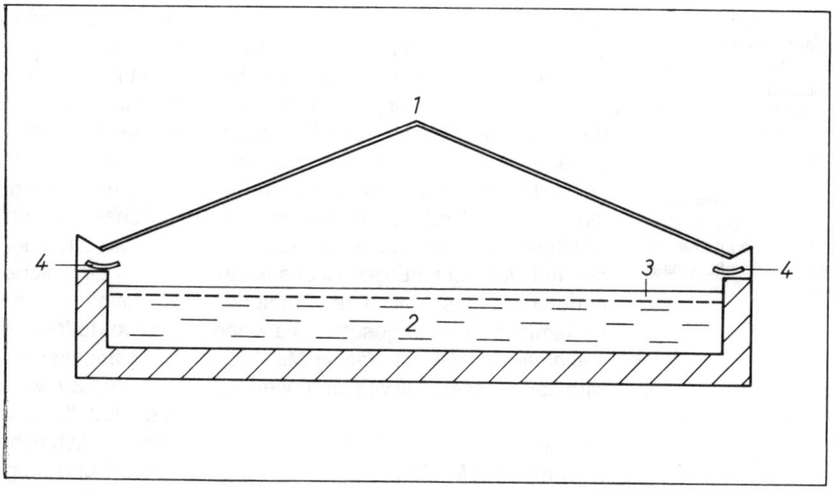

[130] In neueren erfindungsmethodischen Publikationen, auf die wir in den Folgeabschnitten eingehen, wird ein separates Prinzip "Umweltenergienutzung" angegeben. Unter diesem Prinzip rangieren neben dem angeführten Beispiel [145] sehr viele Fälle, die hierarchisch eindeutig zur Von-Selbst-Arbeitsweise gehören.

[131] Bisher wurde die verbrauchte Glycol-Wasser-Mischung abgelassen, gesammelt und zentral regeneriert. Die Praxisbedingungen waren jedoch derart ungünstig, daß die Regenerierung häufig unterblieb. Die durchaus noch nicht verbrauchte Gefrierschutzmittel-Wasser-Mischung wurde dann unter Schädigung der Umwelt einfach abgelassen.

[145] Brix, J.: Vorrichtung zur Einblasung von Luft in verunreinigte Gewässer. – DOS 3 424 153 v. 30. 6. 1984, offengel. 9. 1. 1986

[146] Selbstschärfende Schneidplatten. – In: Techn. Gemeinschaft. – Berlin 32 (1984) 4. – S. 15

diums größeren Volumens. Das aber wußte bereits Bunsen.

■ In ähnlicher Richtung liegt die Nutzung der Strömungsenergie fließender Gewässer. Beispielsweise wird ein Schiffspropeller, der am Schaft eines verankerten Schwimmkörpers befestigt ist, von der Strömung angetrieben; er treibt seinerseits eine Pumpe an, welche atmosphärische Luft über den hohlen Verbindungsschaft zwischen Schwimmkörper und Propeller ansaugt und im Propellerbereich ausbläst, wobei der Propeller Wasser und Luft miteinander verwirbelt [145].[130]

■ In vielen Fällen ist das Wirken des Prinzips vordergründig zu erkennen, und zwar immer dann, wenn Wortverbindungen mit "Selbst-" in der Anmeldung vorkommen. So werden selbstschärfende Schneidplatten beschrieben, bei denen während des Arbeitsvorganges aus der stufenförmigen Schneide des sich abnützenden Werkzeugs ständig winzige Teilchen ausbrechen, wodurch immer wieder scharfe, saubere Schnittkanten gebildet werden. Die Schneidplatte besteht aus Wolframcarbidpulver, das mit Bindemittel versetzt, in Spezialformen gepreßt und im Hochtemperaturofen behandelt wird [146]. Aus bionischer Sicht ist hier das Haifischzahn-Prinzip geradezu mustergültig realisiert.

■ Sehr schöne Beispiele finden sich auf dem Felde der Direktnutzung von Naturkräften. Moderne Seewasser-Entsalzungsanlagen arbeiten ohnehin meist in sonnigen Gegenden. Dort ohne Nutzung der Solarenergie zu arbeiten, wäre geradezu sträflich. Wie einfach eine solche Anlage sein kann, zeigt uns ein japanischer Erfinder (Abb. 33; [147]).

■ Besonders eindrucksvoll sind solche Fälle, in denen die für die Lösung des Problems vorgesehenen Prinzipien bereits bei der Definition der Aufgabe genannt werden können. Ein Verfahren zur Regenerierung von gebrauchten Gefrierschutzmittel-Wasser-Mischungen ist in mehrfacher Hinsicht als Muster geeignet. Die zu lösende Aufgabe wird wie folgt definiert: "Aufgabe der Erfindung ist es, den Regenerierungsprozeß zeitlich vor der Sammlung der aus dem Kühlsystem abgelassenen Gefrierschutzmittel-Wasser-Mischung durchzuführen und ihn selbsttätig ablaufen zu lassen." [148]

Die Erfinder geben somit definitiv an, nach welchen Prinzipien sie die Aufgabe lösen wollen (zeitliches und zugleich räumliches Verlegen des Regeneriervorganges in den Kühlkreislauf des Einzelfahrzeugs, Vor-Ort- bzw. Von-Selbst-Arbeitsweise).[131]

Diese methodisch erstklassige Definition der Aufgabe läßt die schließlich

[132] Die Erfinder sind keine Chemiker. Sie verwendeten deshalb die Chemikalien, welche für die zentrale Regenerierung vorgeschrieben und somit sofort verfügbar waren. Industriell hergestelltes Dinatriumphosphat läßt sich ebensogut bzw. noch vorteilhafter einsetzen.

[147] Tsuda, J.: Desalting device for sea water by utilizing solar heat. – Jap. P. 62-140691 (A) v. 24. 6. 1987. – Appl. No. 60-283639 v. 17. 12. 1985

[148] Hirsch, R.-W.; Rothbart, K.: Verfahren zur Regenerierung von gebrauchten Gefrierschutzmittel-Wasser-Mischungen. – DD-PS 255 247 v. 30. 12. 1985, ert. 30. 3. 1988

[149] Poröser Keramikfilter, Verfahren zu seiner Herstellung und seine Verwendung. – DOS 2 613 023

[150] Schülke, U.: Strukturgesteuerte Synthese von polymeren Phosphaten. – In: Chem.-techn. Umschau. – Wittenberg-Piesteritz 10 (1978) 1. – S. 43–48

[151] "Elektronische" Kartoffeln. – In: Neues Deutschland. – Berlin, 19./20. 5. 1984, S. 12

erreichte Lösung äußerst einfach erscheinen. Aus Trinatriumphosphat und Phosphorsäure unter Glycolzusatz bereitete Dinatriumphosphatkugeln werden in das Kühlsystem des Fahrzeugs gegeben [148].[132] Der Fahrer absolviert nun mit seinem Fahrzeug einen normalen Arbeitstag und läßt anschließend die Kühlflüssigkeit ab. Am nächsten Morgen hat sich der im Ergebnis des Regeneriervorganges gebildete Phosphatschlamm bereits abgesetzt. Die überstehende klare Glycol-Wasser-Mischung wird abgegossen und wiederverwendet.

Prinzip 26
Arbeiten mit Modellen
Statt des schwierig zu handhabenden eigentlichen Objektes bzw. Prozesses sind Modelle, Projektionen usw. zu benutzen.

■ Sollen poröse Keramikfilter hergestellt werden, so ist dies mit besonderem Vorteil unter Verwendung eines als Gerüstbildner wirkenden Modellkörpers möglich. Man arbeitet beispielsweise mit einem offenzelligen Polyurethanschwamm, der in die als Schlicker vorliegende Feuerfest-Rohmasse getaucht wird. Nach Ablaufenlassen des Schlicker-Überschusses wird der getränkte Schwamm getrocknet und schließlich verglüht. Zurück bleibt die gewünschte Filterplatte [149].

■ Die Bildung bestimmter kondensierter Phosphate durch thermische Dehydratisierung saurer Monophosphate verläuft über eine Matrizenreaktion. Gibt man den gewünschten Stoff spurenweise als Keimkristall (Matrix, Modell) zur Reaktionsmischung, so entsteht unter bestimmten Bedingungen die gewünschte Verbindung in annähernd reiner Form, während ohne eine solche Matrix stets nur Stoffgemische entstehen. Besonders vorteilhaft läßt sich in dieser Weise aus NaH_2PO_4 über die $Na_2H_2P_2O_7$-Stufe Maddrellsches Salz herstellen, das ohne Zusatz von Keimkristallen stets trimetaphosphathaltig anfällt [150].

■ Das Prinzip umfaßt im weiteren Sinne auch das Gesamtgebiet der Simulation. So wurden am schottischen Institute of Agriculture Engineering "elektronische" Kartoffeln entwickelt, mit deren Hilfe sich das Verhalten echter Kartoffeln beim Ernten, Sortieren und Verpacken genau ermitteln läßt. Die Schaumkunststoff-Kartoffelmodelle sind so strukturiert, daß ihre mechanischen Eigenschaften denen von echten Kartoffeln entsprechen. Die Simulationskartoffeln enthalten Beschleunigungsmesser sowie batteriebetriebene Sender. Zu Versuchszwecken werden die Modelle eingegraben und zusammen mit den echten Kartoffeln geerntet, sortiert und umgeschlagen. Dabei läßt sich anhand der Auswertung der Funkmeßdaten exakt ermitteln, welche Kräfte auf die Kartoffeln wirken und welche Prozeßschritte die meisten Schäden verursachen [151].

■ Zu den besonders eindrucksvollen Modellbeispielen zählen die synthetischen Blutersatzmittel. Am weitesten fortgeschritten ist die Entwicklung auf dem Gebiet jener Blutersatzmittel, deren funktionelle Basis Fluorkohlenstoffverbindungen sind. Sie sind sehr beständig, zeigen keine Neigung zu chemischen oder biologischen Reaktionen, lösen aber erhebliche Mengen an Sauerstoff bzw. Kohlendioxid. Da diese interessanten Substanzen wasserunlöslich sind, ist die Herstellung des "Modellblutes" an die Bildung einer wäßrigen Emulsion gebunden. Mit Hilfe geeigneter Emulgatoren werden in der wäßrigen Lösung kleinste Tröpfchen der Fluorkohlenstoffsubstanzen erzeugt, deren Volumen etwa einem Hundertstel des Volumens roter Blutkörperchen entspricht. Das Ersatzblut enthält ferner pH-regulierende Puffersubstanzen, kolloidosmotisch wirksame Körper, den osmotischen Druck regulierende Salze sowie Glukose als Energieträger. Ein solches "Modellblut" ist bis auf das Fehlen der Gerinnungs- und Immunabwehrfunktionen nahezu ideal: es ist verwendbar wie Blut, behindert nicht die Neubildung natürlichen Blutes, ist im Gemisch

[133] Modellsysteme können demnach in bestimmten Fällen höherwertig als die zugrundeliegenden Originalsysteme sein.

mit natürlichem Blut funktionstüchtig und kann auf keinen Fall – bei natürlichem Blut ist das nicht immer sicher auszuschließen – zu Unverträglichkeitsreaktionen führen [152].[133]

Prinzip 27
Ersetzen der teuren Langlebigkeit durch billige Kurzlebigkeit
Wegwerf-Technologien
Dieses Prinzip verliert unter den gegenwärtigen Rohstoff- und Umweltbedingungen immer mehr an Bedeutung. Wegwerfkleidung, Wegwerfspritzen, Wegwerffassietten, Wegwerfverpackung usw. sind kaum zu rechtfertigen. Immerhin gibt es Fälle, in denen die einmalige Verwendung noch immer zweckmäßiger ist als die Mehrfachnutzung.

So wurden Rennfahrerbrillen älterer Bauart mehrschichtig aus Folien gefertigt. Verschmutzt eine solche Brille, so wird die jeweils äußere Folie einfach abgerissen. Auch Einweg-Paletten und verlorene Schalungen fallen unter dieses Prinzip.

■ Folgende Beispiele charakterisieren das Prinzip auch sprachlich eindeutig. So wird ein Wegwerfmaterial aus gegebenenfalls geschäumtem Kunststoff beschrieben, dessen Lebensdauer sich durch Behandeln mit energiereichen Strahlen begrenzen läßt [153]. Ein anderes Verfahren betrifft das Formen von Metallen mit Wegwerfmodellen, Modelle zur Durchführung dieses Verfahrens und Verfahren zur Herstellung dieser Modelle [154]. Natürlich hängt die Entscheidung, ob wiederverwendbare Vorrichtungen/Apparate oder Wegwerfvorrichtungen/-apparate zu bevorzugen sind, vom Einsatzfall ab. Im medizinischen Bereich haben Wegwerfvorrichtungen eine Reihe entscheidender Vorteile: Vermeidung von Infektionen, unbedingte Sterilität, Ausschluß unsachgemäßer Wiederverwendung. Unter diesen Aspekten hat ein "als Wegwerfeinheit gestalteter Filter aus Kunststoff, insbesondere für Infusions- und Transfusionslösungen" [155] gewiß seine Berechtigung.

Prinzip 28
Übergang zu höheren Formen
Ein mechanisches System ist durch ein elektrisches oder optisches System zu ersetzen.

Beim näheren Durchdenken dieses Prinzips, insbesondere unter Berücksichtigung der Prinzipien 29 (Nutzen pneumatischer und hydraulischer Effekte) sowie 31 (Verwenden von Magneten) fällt uns abermals eine gewisse Willkürlichkeit des Al'tšullerschen Systems auf. Warum, so fragen wir uns, sind ausgerechnet nur elektrische oder optische Systeme "höhere Formen" mechanischer Systeme? Mit der gleichen – im Einzelfalle sogar einer höheren – Berechtigung ließen sich schließlich elektronische, pneumatische, hydraulische und magnetische Systeme als "höhere Formen" mechanischer Systeme auffassen. Somit hätten die Prinzipien 29 und 31 als jetzt eigenständige, dem Prinzip 28 hierarchisch gleichgestellte Prinzipien, kaum noch ihre Berechtigung. Viel übersichtlicher und logischer wäre, das Prinzip 28 als Universalprinzip (d. h. durchgängige Leitlinie der technischen Entwicklung) aufzufassen und den Inhalt der jetzigen Prinzipien 29 und 31 dabei im Sinne untergeordneter Empfehlungen mit zu berücksichtigen. "Höhere Formen" könnten dann gegenüber den mechanischen Systemen alle modernen Formen sein. Vorteilhaft ist dabei für den Nutzer vor allem, daß weit weniger lukrative Lösungsstrategien als bisher übersehen werden können. Zum einen wird das Arsenal der modernen Methoden ständig größer; es läßt sich vom Nutzer selbst, sofern er auf der Höhe seines Faches steht und sich den Überblick bewahrt hat, stets zwanglos ergänzen. Zum anderen, und dieser Vorteil wiegt noch schwerer, liegen alle modernen Methoden nun gewissermaßen in einer einzigen Schublade. Somit werden höchstwertige Effektekombinationen für den pfiffigen Erfinder direkt sichtbar (z. B. magnetohydraulische Effekte, ge-

[152] Kolditz, L.: Emulsionen – Ersatz für Blut und Medikament. – In: Neues Deutschland. – Berlin, 17./18. 9. 1988, S. 12

[153] Lohmar, E.: Verfahren zur Herstellung von Wegwerfmaterial mit vorbestimmter Lebensdauer. – DOS 3 208 568 v. 10. 3. 1982, offengel. 15. 9. 1983

[154] Broikanne, G.; Magnier, P.: Verfahren zum Formen von Metallen mit Wegwerf-Modellen, Modelle zur Durchführung dieses Verfahrens und Verfahren zur Herstellung dieser Modelle. – DOS 3 444 027 v. 3. 12. 1984, offengel. 12. 9. 1985

[155] Schmidt, H.-W.; Grummert, U.; Perl, H.: Wegwerf-Filter. – DOS 3 205 229 v. 13. 2. 1982, offengel. 25. 8. 1983

gepumpte Laser, optoelektronische Systeme usw.).

Empfehlenswert ist für den Praktiker stets, Al'tšullers Empfehlungen nicht nur wörtlich zu nehmen, sondern grundsätzlich auch als weitgespannte Assoziationshilfe zu betrachten. So hat Al'tšuller mit der Formulierung "Übergang zu höheren Formen" zunächst ganz gewiß nur den Übergang von mechanischen zu optischen bzw. elektrischen Systemen gemeint. Fassen wir aber den Terminus "Form" nicht nur in diesem, sondern auch im übertragenen Sinne auf, so erweitert sich das Blickfeld des Erfinders abermals erheblich.

Bezogen auf die Geometrie eines Objekts besagt das Prinzip dann, daß die höhere – d. h. kompliziertere – Form anzustreben ist. In dieser Beziehung wird

Abb. 34
Übergang zu höheren Formen (im geometrischen, d. h. übertragenen Sinne)
a) Isolier- und Schallschutzbauelement (nach [156]):
Übergang von der Waben- zur Faltenbahnbauweise
b) Wasserbauwerk und Verfahren zu seiner Herstellung (nach [157]): konkav-konvexe Sandsackpackungen anstelle der konventionellen, nicht völlig dichten konvex-konvexen (d. h. ausschließlich kissenförmige Elemente enthaltenden) Sandsackpackungen

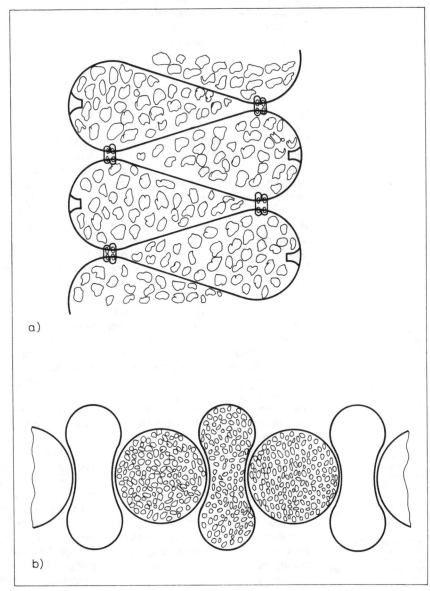

[156] Kühnhenrich, P. H.: Isolier- und Schallschutzbauelement. – DOS 3 004 102 v. 5. 2. 1980, offengel. 13. 8. 1981

[157] Hilscher, E.; Kreher, K.; Lechle, W.; Wind, H.: Wasserbauwerk und Verfahren zu seiner Herstellung. – DOS 2 747 507 v. 22. 10. 1977, offengel. 3. 5. 1979

[134] Der Erfindungsanspruch lautet: "Wasserbauwerk, bestehend aus mit festem Material gefüllten Säcken, dadurch gekennzeichnet, daß das Bauwerk aus mindestens einer Reihe sich berührender Säcke besteht, wobei Säcke mit im Berührungsbereich konvexen Oberflächen und Säcke mit im Berührungsbereich konkaven Oberflächen abwechselnd angeordnet sind." [157]

[135] Wie bei jeder geschickt formulierten Anmeldung, wird vom Erfinder die besondere Leistungsfähigkeit seines Produktes detailliert erläutert:
"Die Streifen sind über ihrer gesamten Oberfläche perforiert und weisen damit eine verbesserte Drainage, ein verbessertes gegenseitiges Verhaken und eine verbesserte innere Flüssigkeitsverteilung in dem Schüttgutbett auf. Ein Punkt-zu-Punkt-Kontakt zwischen den Füllkörpern, ein wesentlich veränderter Widerstand gegenüber den strömenden Medien und ein verbessertes Massenübertragungsverhalten, die sich aus einer gleichförmigeren Packungsdichte ergeben, werden gewährleistet." [158]

[158] Leva, M.: Füllkörper. – DOS 3 144 517 v. 9. 11. 1981, offengel. 24. 6. 1982

das Prinzip 14 (Spärische Form) ergänzt und erweitert. Folgende Beispiele demonstrieren den Zusammenhang.

■ Isolier- und Schallschutzelemente wurden bisher meist als Sandwich-Konstruktionen in Waben- bzw. Kassettenbauweise gefertigt. Abbildung 34 a zeigt dagegen eine moderne Version. Die Konstruktion wird durch die ihr eigene Formschlüssigkeit und mittels Verbindungsprofilen stabilisiert [156].

■ Im Wasserbau arbeitet man, sofern Hilfs- und Notbauwerke erforderlich sind, allgemein mit Sandsäcken. Solche Wälle lassen sich wesentlich stabiler als gewöhnlich aufbauen, wenn gemäß Abbildung 34 b verfahren wird.[134]

■ Ein typischer Trend besteht heute im Übertragen ursprünglich rein chemischer Technologien auf zahlreiche Anwendungsgebiete auch außerhalb der Chemie. Insbesondere die Umweltschutztechnik, innerhalb derer wiederum die Absorptionsprozesse immer mehr an Bedeutung gewinnen, betrifft heute bereits viele Industriezweige unmittelbar. So sind Maßnahmen zum Verbessern des Absorptionsgrades (allgemein: Maßnahmen zum Verbessern des Stoffaustausches) von nicht nur fachspezifischem Interesse. In den für solche Prozesse verwendeten Stoffaustauschkolonnen wurde bereits vor Jahrzehnten mit lose geschütteten Füllkörpern gearbeitet. Zunächst begann man mit gewöhnlichen Raschig-Ringen (kurzen Rohrabschnitten, deren Länge etwa ihrem Durchmesser entspricht). Später wurden anspruchsvollere ("höhere") Formen eingeführt: die Raschig-Ringe erhielten innen zunächst einfache Stege und Rippen, später sternförmige Einbauten, z. T. auch quadratische Aussparungen in den Rohrwandungen. Zwischenzeitlich wurden Sattelkörper üblich, deren "höhere" Formen mit zahlreichen Extras ausgerüstet sind: "Jedes Füllelement besteht aus einem bogenförmigen Streifen mit Verstärkungsrippen und mit einem oder mehreren integralen Lappen oder Zungen, die von in Längsrichtung der Streifen auseinanderliegenden Schlitzen nach unten ragen. Entlang des Streifens können mehrere Schlitzreihen vorgesehen sein." [158][135]

Prinzip 29
Nutzen pneumatischer und hydraulischer Effekte

Statt rein mechanischer Konstruktionen sind solche unter wesentlicher Beteiligung pneumatischer und hydraulischer Effekte anzustreben.

Wälzkolbenzähler und Rotameter sind in der chemischen Industrie allgemein gebräuchlich. Für beide Fälle gilt gleichberechtigt das Prinzip der Von-Selbst-Arbeitsweise (Flüssigkeitsstrom, der gemessen werden soll, bewegt das Meßgerät).

Da das Prinzip 29 eigentlich nur eine dem Prinzip 28 (s. dort) untergeordnete Empfehlung für Spezialfälle ist, wollen wir uns auf wenige Beispiele beschränken.

■ Die meisten Rasensprenger mit beweglichem Sprühkopf gehen auf das im 18. Jh. von Segner erfundene Reaktionsrad ("Segnersches Wasserrad") zurück. Genutzt wird dabei die beim Austritt des unter Druck stehenden Wassers auf den Sprühkopf wirkende hydroreaktive Kraft. Sie bewegt den Sprühkopf und verteilt das Wasser rundum mehr oder minder gleichmäßig. Obwohl das Prinzip seit zwei Jahrhunderten allgemein bekannt ist, werden heute noch immer Patente auf derartige Rasensprengerkonstruktionen erteilt.

■ Unter das Prinzip 29 fallen u. a. Luftkissenfahrzeuge, Anwendungsfälle des hydrostatischen Paradoxons und der "hängenden" Flüssigkeitssäule, sowie schließlich alle hydraulisch und pneumatisch arbeitenden Varianten der Energieübertragung.

Prinzip 30
Verwenden elastischer Umhüllungen und dünner Folien

Statt starrer Konstruktionen sind elastische Umhüllungen oder Folien zu verwenden.

[136] Wir erkennen, daß es sich um eine typische Synektikerfindung handelt. Die Analogie zum altbekannten Bunsen-Ventil (einem geschlitzten Schlauch) ist offensichtlich. Zugleich gilt das Prinzip 11 "Vorbeugen".

[137] Vorurteil: Was soll diese schlabbrige Folie/ das häßliche Schlauchgewirr? Wie sieht das bloß aus! Das ist doch keine ordentliche Konstruktion!

■ Als Geruchsverschluß gegen die Kanalisation wird gewöhnlich eine Wasserschleife (Siphon) verwendet; auch Tauchungen sind im Gebrauch. In beiden Fällen besteht prinzipiell die Möglichkeit des Austrocknens. Damit wird die Sperre gegenüber den z. T. H_2S-haltigen Kanalisationsgasen unwirksam. Die Gase können ungehindert austreten. Tödliche Unfälle in zwischenzeitlich nicht benutzten Duschräumen sind bereits vorgekommen. Abhilfe schafft eine Vorrichtung, bei der ein im Ruhezustand schlaff herabhängender dünnwandiger Schlauch benützt wird. Der Schlauch, dessen Länge mindestens dem zweifachen Durchmesser zu entsprechen hat, wird mit der umlaufenden Wandung des waagerecht oberhalb des Flüssigkeitsspiegels in den Schacht mündenden Abwasserrohres gasdicht verbunden. Im Betriebszustand mehr oder weniger gefüllt, fällt der Schlauch nach Beendigung des Wasserabstoßes schlaff in sich zusammen und verhindert so den Eintritt der Kanalisationsgase in das nunmehr leere Abwasserrohr [159].[136]

■ Merkwürdigerweise werden in der Industrie die Prinzipien der Zweckmäßigkeit, Einfachheit und Reparaturfreundlichkeit (im Idealfall: der Von-Selbst-Lösungen) noch immer nicht vorrangig berücksichtigt. Oft wird entweder nach den hier wenig nützlichen Prinzipien der Ästhetik oder gemäß starren Konstruktionsrichtlinien bzw. nach konventionellen Vorstellungen konstruiert/ gebaut. So kommt es, daß elastische Konstruktionen gemäß Prinzip 30 heute noch immer zu den Ausnahmen zählen.[137]

Vor einigen Jahren besuchte ich eine Naßprozeßphosphorsäurefabrik. Bei diesem Prozeß entsteht Gips, der an den unpassendsten Stellen auskristallisiert und die Rohrleitungen immer wieder zuwachsen läßt. Unsere polnischen Kollegen hatten das Problem recht hemdsärmelig gelöst: die entscheidenden Leitungen waren als Schlauchleitungen ausgeführt. Die Schläuche lagen direkt auf dem sauber gefliesten Boden. Das Anlagenpersonal trat bei jedem der ohnehin notwendigen Kontrollgänge kräftig auf die Schläuche. So lösten sich die Gipskrusten rechtzeitig, und die bei starren Leitungen unvermeidlichen Probleme waren in dieser Anlage sichtlich unbekannt.

■ Auf dem Gebiet der Biogaserzeu-

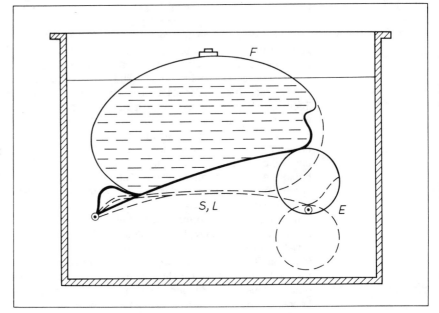

Abb. 35
Verwendung elastischer Umhüllungen und dünner Folien: Reaktor für die Erzeugung von Biogas (nach [160])

F Fermentierbehälter aus einem flexiblen/elastischen Material; *S, L* Schläuche, die den Fermentierbehälter umspannen, bzw. Latten, die schwenkbar gelagert sind; *E* Excenter, mit dessen Hilfe die aus Latten bestehende Auflage bewegt wird

[159] Heuter, P.: Geruchsverschluß. – DOS 2 930 464 v. 22. 7. 1979, offengel. 5. 2. 1981

[160] Neubauer, J.: Reaktor für die Erzeugung von Biogas. – DOS 3 228 391 v. 29. 7. 1982, offengel. 5. 1. 1984

[138] "Ein Reaktor für die Erzeugung von Biogas besitzt einen Fermentierbehälter, dessen Außenwand aus einem flexiblen oder elastischen Material besteht. Zur Erzeugung einer Durchmischung des Inhaltes des Fermentierbehälters und zur Verhinderung von Sinkschichten oder Schwimmdecken wird der Fermentierbehälter in sich zeitlich ändernder Weise deformiert. Dazu werden Seile oder Bänder verwendet, die um den Fermentierbehälter geschlungen sind und periodisch gespannt und entspannt werden. Alternativ kann der Fermentierbehälter mit um ihn gelegten Schläuchen, insbesondere auch mit schwenkbar gelagerten Stangen oder Latten, deformiert werden." [160]

[139] Zum Thema "Wassermagnetisierung" existieren bereits Hunderte von Patenten – ein Umstand, der nichts beweist, falls tatsächlich Pseudoeffekte zugrunde liegen und die Kritiker recht haben sollten.

[161] Prospekt der Fa. Epurex, S.P.R.L., 148 Frankrijklei, B-2000 Antwerpen

[162] Klassen, V. I.: Omagnitivanije vodnych sist'em. – Moskau: Izdatel'stvo "Chimija", 1982

gung wurde das sonst tiefverwurzelte Vorurteil gegen derart "lockere" Konstruktionen inzwischen einigermaßen überwunden. Für Biogasspeicher, in Einzelfällen bereits auch für Biogasfermentierbehälter, wird inzwischen nach Prinzip 30 verfahren. Abbildung 35 zeigt einen Reaktor für die Erzeugung von Biogas, bei dem alle typischen Elemente des Prinzips "Verwenden elastischer Umhüllungen und dünner Folien" geradezu exemplarisch angewandt worden sind.[138]

Prinzip 31
Verwenden von Magneten
Es sind permanente Magnete oder Elektromagnete zu verwenden.
An diesem Prinzip wird abermals eine Schwäche der Al'tšullerschen Liste deutlich, auf die wir bereits im Zusammenhang mit dem Prinzip 28 hingewiesen haben und im Abschnitt 5.4.3. noch näher eingehen werden. Hier nur soviel: Die Verwendung von Magneten ist ganz offensichtlich kein derart universelles Prinzip wie etwa Kombination, Zerlegen, Abtrennen, Umkehrung oder nicht vollständige Lösung. Mit dem gleichen Recht könnten weitere Prinzipien geringerer Verallgemeinerungsfähigkeit aufgenommen werden, die bestenfalls den Rang technischer Ratschläge haben und somit nur für wenige Fachgebiete gültig sind. Auf jeden Fall handelt es sich beim Prinzip 31 um ein hierarchisch untergeordnetes Prinzip.

Andererseits sollte das Prinzip im praktischen Gebrauch nicht unterschätzt werden. Magnete kommen inzwischen nicht mehr nur dort zum Einsatz, wo man sie üblicherweise benötigt. Vor Jahren war von der Magnetisierung des Wassers bestenfalls im Sinne belächelter Pseudowissenschaft die Rede. Heute wird der in der Tat seltsame Effekt angeblich erfolgreich genutzt, um die Härtebildner des Wassers kurzzeitig so zu beeinflussen, daß beim Durchfließen eines Kühlsystems keine Ablagerungen mehr auftreten [161]. Die (behaupteten? tatsächlichen?) Praxis-

erfolge sprechen anscheinend für das Verfahren, auch wenn die Erklärung der Vorgänge nicht einleuchtend ist.

Umfangreiche Monographien behandeln das faszinierende Gebiet, zahlreiche Praxisbelege für die erfolgreiche Anwendung werden mitgeteilt [162]. Ob die kontroverse Diskussion zum Zeitpunkt des Erscheinens vorliegenden Buches abgeschlossen ist, darf allerdings bezweifelt werden.[139]

Uns sollte das theoretisch unübersichtliche Gebiet aber nicht nur vom naturwissenschaftlichen, sondern vor allem auch vom Standpunkt des praktisch tätigen Erfinders interessieren. Gerade im Falle solcher zweifelhaften Effekte lohnt es sich manchmal weiterzuarbeiten – vorausgesetzt natürlich, daß der Erfinder nicht die Realität nach seinen Wünschen und Vorstellungen zu verbiegen sucht.

■ Besonders interessant sind Kombinationen magnetischer und nichtmagnetischer Substanzen, wobei der magnetische (oder magnetisierbare) Anteil als "Schlepper" wirkt. So lassen sich z. B. bestimmte schlammhaltige Abwässer schneller als gewöhnlich reinigen, wenn ihnen magnetisiertes Eisenoxid zugesetzt wird. Die Schlammteilchen lagern sich an und werden sodann über Magneten abgetrennt. Nach Separation der Oxidteilchen läßt sich der Vorgang wiederholen.

Prinzip 32
Verändern von Farbe und Durchsichtigkeit
Das Objekt ist anders zu färben oder durchsichtig zu machen.
Deutlich berührt wird das Prinzip 15 (Anpassen). Im Sinne unserer Bemerkungen zu den Prinzipien 28 und 31 (Wichtung der Prinzipien) könnte formuliert werden, daß das Prinzip 32 dem Prinzip der Anpassung hierarchisch untergeordnet ist.

■ Die Heliopan-Brille, deren Gläser sich je nach Lichtintensität mehr oder minder schnell einfärben, sei als Beispiel genannt.

■ In der chemischen Industrie ist der Übergang von Stahl-, Edelstahl- oder Keramikapparaturen zu Anlagen aus Glas oftmals zu empfehlen. Der Vorteil, den – im doppelten Wortsinne – die Durchsichtigkeit aller sonst unsichtbaren Prozeßstufen bietet, wird noch immer unterschätzt. Allgemein geläufige Anwendungsbeispiele sind: Schaugläser, Standgläser, Polyethylenschläuche für die laufende visuelle Kontrolle des Verunreinigungsgrades von Flüssigkeiten.

■ Indirekte Hilfsmittel zum Kennzeichnen eines bestimmten Zustandes (z. B. Erreichen eines bestimmten Temperaturbereiches) fallen ebenfalls unter dieses Prinzip. So dienen Thermostifte zum Kennzeichnen solcher Apparateteile, an denen Temperaturveränderungen bis in einen unerwünschten oder gefährlichen Bereich hinein direkt beobachtet werden müssen. Ohne Unterbrechung des Prozesses kann das Personal stets visuell beurteilen, wann dieses Temperaturgebiet erreicht wird. Sodann wird unverzüglich gehandelt. Auch das große Gebiet der Flüssigkristalle, die als sehr zweckmäßige Temperaturdetektoren dienen können, fällt unter dieses Prinzip.

Prinzip 33
Gleichartigkeit der verwendeten Werkstoffe
Objekte, die mit dem gegebenen Objekt in Wechselwirkung stehen, sollten aus dem gleichen Material wie dieses gefertigt sein.

Schweißverbindungen, auch wenn sie fachgerecht unter Verwendung geeigneter Elektroden ausgeführt werden, sind erfahrungsgemäß typische Schwachstellen. Die unvermeidlichen Gefügeveränderungen im Nahbereich der Schweißnaht und in der Schweißnaht selbst sind insbesondere durch die Bildung von Kristalliten unterschiedlicher Größe gekennzeichnet. Ohne thermische Nachbehandlung (Tempern, Nachglühen) bleibt diese – im Gegensatz zum Ausgangsmaterial nicht mehr homogene – Struktur erhalten. Bei Einwirkung von Elektrolyten oder feuchter, mit Schadgasen angereicherter Luft, setzt häufig interkristalline Korrosion ein. Die winzige Potentialdifferenz zwischen Mikrokristallen unterschiedlicher Größe genügt als Triebkraft für diesen gefürchteten Prozeß.

■ Ein Spitzenprodukt auf dem Gebiet der Knochenimplantate ist das ilmaplant®. Seine Bestandteile sind dem natürlichen Knochen ähnlich. Der Verbundwerkstoff setzt sich aus organischem und anorganischem Material zusammen, letzteres besteht überwiegend aus Calciumphosphaten. Bisher wurden Metallprothesen aus Silber, Tantal oder Titan verwendet. Sie bleiben im Organismus stets Fremdkörper. Dagegen verwächst ilmaplant derart komplikationslos, als bestehe es aus natürlichem Knochen [163].

■ Eine Grundregel der klassischen Chemie lautet, daß Ähnliches von Ähnlichem gelöst wird. Der in gewisser Hinsicht umgekehrte, zugleich jedoch analoge Gedankengang liegt – auch wenn dies dem Erfinder sicherlich nicht bewußt geworden ist – einem Verfahren zum Fördern von klebriger Kohleelektrodenmasse zugrunde.

Das Verfahren ist "dadurch gekennzeichnet, daß das Förderband vor dem Beladen mit der Elektrodenmasse mit Petrolkoksfeinststaub beschichtet wird" [164]. Abbildung 36 zeigt die Vorrichtung in Funktion. Der Petrolkoksfeinststaub, wirksames Pudermittel gegen die klebrige Masse, ist zugleich wichtigster Bestandteil dieser Masse selbst. Demnach wird mit einem nicht nur ähnlichen, sondern praktisch identischen Mittel gearbeitet, so daß auch bei erheblicher Überdosierung des Petrolkoksfeinststaubes, der ja z. T. an der Elektrodenmasse festklebt, keine Beeinflussung der Produktqualität zu befürchten ist. Hinzu kommt, daß ohnehin nur die äußere Schicht der klebrigen Elektrodenmasse durch das Petrolkokspulver konditioniert wird. Innen bleibt die Masse unverändert klebrig.

[163] Neis, C.: Vitrokeramik als Knochenersatz. – In: Neues Deutschland. – Berlin, 15./16. 10. 1988, S. 12

[164] Breuer, M.: Verfahren und Vorrichtung zur Förderung von klebriger Kohleelektrodenmasse. – DOS 3 536 059 v. 9. 10. 1985, offengel. 9. 4. 1987

Abb. 36
Verfahren und Vorrichtung zur Förderung von klebriger Kohleelektrodenmasse (nach [164])

1 Petrolkoks-Feinststaub-Bunker; *2* Elektrodenmassebunker; *3* Zellenradschleuse; *4* Gurtbandförderer

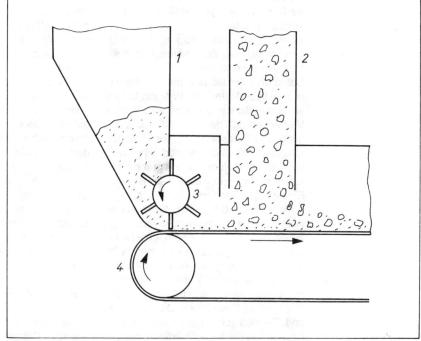

[165] Kunze, M.; Reimann, W.; Gröbner, L.: Vorrichtung zum Sanieren von Schornsteinen. – DD-PS 227 185 v. 30. 7. 1984, ausg. 11. 9. 1985

■ Wie bei den meisten Prinzipien, so sollte auch beim Prinzip "Gleichartigkeit der verwendeten Werkstoffe" unbedingt an das korrespondierende Umkehrprinzip (hier: "Ungleichartigkeit der verwendeten Werkstoffe") gedacht werden. Der erfahrene Erfinder braucht keine Sondertabellen mit den Umkehrprinzipien – er prüft ohnehin immer, ob sich die Formulierung/das Prinzip/der betrachtete Praxisfall nicht vielleicht doch sinnvoll umkehren lassen. Im vorliegenden Falle ist die Sache ganz einfach: z. B. muß Lagermetall im allgemeinen andere Eigenschaften als das Wellenmaterial haben – hier wirkt das Umkehrprinzip des Prinzips 33.

Prinzip 34
Abwerfen oder Umwandeln nicht notwendiger Teile
Ein Objektteil, das seine Funktion erfüllt hat und somit überflüssig geworden ist, darf nicht länger als toter Ballast mitgeschleppt werden.
Allgemein bekannt ist das Abkoppeln ausgebrannter Raketenstufen.

■ Das Prinzip sollte insbesondere auch in Sonderfällen, d. h. bestimmten Notsituationen, beachtet werden. Kurz vor der Notlandung eines Flugzeugs ist der Treibstoff zum nicht nur überflüssigen, sondern höchst gefährlichen Ballast geworden. Entsprechend handelt der Pilot. Gefragt sind vor allem Sofortlösungsvarianten. Noch schneller als das nicht ungefährliche Ablassen des Treibstoffs funktioniert das Aufschäumen des Tankinhaltes zu einer nichtbrennbaren Masse ([18], S. 166).
■ Bei einer Vorrichtung zum Sanieren von Schornsteininnenwänden wird mit einer verlorenen Schalung gearbeitet. Benutzt wird insbesondere eine extrem dünne Hülse, die innen mit einem wiederverwendbaren Granulat beschickt oder mit Aussteifungsringen gegen den Betondruck versehen wird. Nach dem Betonieren und dem Erhärten des Betons löst sich die Hülse vor oder während der Schornsteinnutzung von selbst auf [165].

Prinzip 35
Verändern der physikalisch-technischen Struktur
Zu verändern sind: Aggregatzustand, Elastizitätsgrad, Zerlegungsgrad, Konzentration, Konsistenz.
Betrachten wir als Beispiel die oberflächenaktiven Mittel. Ihre Wirkung beruht im wesentlichen auf der erheblichen Verminderung der Oberflächenspannung des Wasser, d. h., der "Elastizitätsgrad" der Wasseroberfläche wird herabgesetzt. Neben den allgemein bekannten positiven Effekten (z. B. beim Einsatz als Geschirrspülmittel) sollte jedoch stets an die z. T. katastrophalen Nebenwirkungen gedacht werden, was leider noch viel zu selten geschieht. Weltweit wird gerade mit solchen nicht unbedenklichen Haushaltchemikalien, und dies gilt auch für die Waschmittel, nach dem hier sachlich falschen Prinzip "Viel hilft viel" verfahren. Die Pflanzen- und Tierwelt ist auf die normale, das heißt ungestört hohe Oberflächenspannung des Wassers angewiesen. Gedankenloser Umgang mit derartigen Chemikalien, funktionell unsinnige Überdosierung und direkter Abstoß unbehandelter Abwässer führen im Falle der oberflächenaktiven Mittel, die im allgemeinen zugleich auch lipophil wirken, zur Zerstörung empfindlichster tierischer Membranen. Sie tragen damit z. B. wesentlich zum Fischsterben bei. –
Nachdem wir nunmehr alle 35 Al'tšuller-Prinzipien behandelt haben, kehren wir noch einmal zum methodischen Ausgangspunkt zurück.

Als Beispiele wurden bewußt nicht nur neuere Erfindungen, sondern u. a. auch sehr einfache Konstruktionsprinzipien bzw. allgemeine technische Leitlinien ohne besonderen erfinderischen Anspruch behandelt. Wir erkennen deutlich, daß die Übergänge zwischen dem fachmännischen und dem erfinderischen Handeln fließend sind und einem guten (jedoch wegen unzureichender erfinderischer Leistung nicht schutzfähigen) Vorschlag oftmals die gleichen Prinzipien zugrunde liegen wie einer ganz ähnlich aufgebauten schutzfähigen Erfindung.

Auf einen besonderen Vorteil der Liste hat Al'tšuller selbst hingewiesen. Er schreibt im Zusammenhang mit einer längst überfälligen, weil dringend gebrauchten Erfindung: "Ich wußte bereits, daß das Zuspätkommen von Erfindungen fast ein ehernes Gesetz ist." ([18], S. 48)

Tatsächlich hilft die mit Beispielen untersetzte Prinzipienliste, naheliegende, aber immer wieder übersehene Möglichkeiten systematisch aufzudecken. Hat man erst einmal begriffen, daß den anscheinend so verschiedenartigen erfinderischen Lösungen bei schärferem Hinsehen tatsächlich nur eine sehr begrenzte Anzahl von Prinzipien zugrunde liegt, beginnt man den praktischen Wert der Prinzipienliste mehr und mehr zu schätzen. Der Erfinder wird gleichsam hellsichtig und kann nunmehr fast jedes beliebige Problem anpacken.

Das Original macht Fußtapfen, die Nachahmer treten in diese Tapfen, aber schief.
W. Raabe

5.4.2. Die erweiterte Prinzipienliste

Die im Abschnitt 5.4.1. an Beispielen erläuterte Prinzipienliste ist zweifellos faszinierend, erweckt sie doch den Eindruck einer verläßlichen Sammlung wertvoller Lösungsstrategien. Allerdings fragt sich der kritische Leser, ob man mit Hilfe dieser Liste tatsächlich alle technischen Widersprüche – und damit letztlich alle erfinderischen Aufgaben – lösen kann. Genau diese Frage stellte sich auch Al'tšuller. Das sicherste Mittel zur Prüfung des Sachverhaltes schien zunächst in der Ausdehnung des Untersuchungsfeldes (d. h. im Durchprüfen einer Vielzahl weiterer Patentschriften) zu liegen.

Al'tšuller ging diesen Weg und gelangte zu einem interessanten Ergebnis. Er schreibt dazu: "ARIS-68 enthielt eine Liste von 35 Verfahren, für die

25000 Patente und Urheberscheine analysiert worden waren. Bei der Vorbereitung von ARIS-71 erhöhte sich die Anzahl der analysierten Erfindungen um 15000, doch die Verfahrensliste wurde nur um fünf neue Verfahren ergänzt ([70], S. 100).

Bereits der geringe zahlenmäßige Zuwachs gibt zu denken. Offensichtlich hat die Ausdehnung des Untersuchungsfeldes praktische Grenzen, die nicht nur das immer ungünstiger werdende Verhältnis zwischen Arbeitsaufwand und methodischem Gewinn betreffen.

Wir wollen uns nun, ehe wir den Sinn und die Grenzen dieser Vorgehensweise analysieren, die zusätzlichen fünf Prinzipien etwas näher ansehen. Dabei vernachlässigen wir die vergleichsweise geringen Veränderungen, die Al'tšuller innerhalb seiner neuen 40er Liste an den bisherigen Prinzipien Nr. 18, 23 und 24 der ursprünglichen 35er Liste vorgenommen hat, und verweisen diesbezüglich auf den Vergleich der Originalpublikationen [18, 70].

Die fünf von Al'tšuller zusätzlich gefundenen und mit Beispielen belegten Prinzipien (nach [70], S. 95) lauten:

Prinzip 36
Anwenden von Phasenübergängen
Die bei Phasenübergängen auftretenden Erscheinungen sind auszunutzen, z. B. Volumenveränderung, Wärmeentwicklung oder -absorption usw.
Beispiel: Verfahren für die hermetische Abdichtung von Rohrleitungen und Trichtern unterschiedlicher Querschnittsform. Kernpunkt des Verfahrens ist die Verwendung eines leicht schmelzenden Metalls, das als Vergußmasse benutzt wird, sich beim Erstarren ausdehnt und so eine hermetische Abdichtung der Verbindung bewirkt.

Prinzip 37
Wärmeausdehnung
Die Wärmeausdehnung von Werkstoffen ist auszunutzen; es sind mehrere Werkstoffe mit unterschiedlichem Ausdehnungskoeffizienten zu verwenden.

Beispiel: Frühbeetfenster werden automatisch mit Hilfe einer Vorrichtung bewegt, die aus gelenkig miteinander verbundenen Rohren besteht. Die Rohre sind mit einer sich bei Temperaturanstieg stark ausdehnenden Flüssigkeit gefüllt. Temperaturschwankungen führen zur Schwerpunktverlagerung des Systems und damit zum Ansprechen der Vorrichtung. – Al'tšuller schreibt dazu, man könne natürlich auch am Kasten befindliche Bimetallplatten verwenden.

Prinzip 38
Anwenden starker Oxydationsmittel
Luft ist durch O_2-angereicherte Luft, angereicherte Luft durch O_2 zu ersetzen; Luft oder Sauerstoff sind ionisierter Strahlung auszusetzen; es ist ozonisierter Sauerstoff oder Ozon zu verwenden.
Beispiel: Verfahren zur Herstellung von Ferritschichten ..., dadurch gekennzeichnet, daß zur Intensivierung der Oxydation und zur Erhöhung der Gleichmäßigkeit der Schichten der Prozeß in einem Ozonmedium erfolgt.

Prinzip 39
Anwenden eines trägen Mediums
Umkehrprinzip von Nr. 38:
Das übliche Medium ist durch ein reaktionsträges zu ersetzen, der Prozeß ist im Vakuum durchzuführen.
Beispiel: Verfahren zum Brandschutz für Baumwolle während der Lagerung, dadurch gekennzeichnet, daß die Baumwolle zur Erhöhung der Lagersicherheit während ihres Transports zum Lagerplatz einer Behandlung mit inertem Gas unterzogen wird.

Prinzip 40
Anwenden zusammengesetzter Stoffe
Von gleichartigen Stoffen ist zu zusammengesetzten überzugehen.
Beispiel: Kühlmittel für Metalle in Prozessen mit Wärmebehandlung, dadurch gekennzeichnet, daß das Kühlmittel zur Sicherung der vorgegebenen Kühlge-

schwindigkeit aus einem Gas-Flüssigkeits-Gemisch besteht.

Wir wollen zunächst auf das Wichten und Werten der fünf zusätzlichen Prinzipien verzichten und uns mit einem weiteren Versuch befassen, die Prinzipienliste zu ergänzen. Herrlich und Zadek [166] führen im 1982er Lehrmaterial für die Erfinderschulen insgesamt 50 Prinzipien auf. Diese modifizierte Prinzipienliste basiert auf Ergänzungen zur ursprünglichen Al'tšullerschen 35er Liste [18]; zum Zeitpunkt des Abfassens des Lehrmaterials waren die neueren Al'tšuller-Publikationen mit der 40er Liste [69, 70] im deutschen Sprachraum noch nicht zugänglich. Somit entstammen die folgenden Prinzipien 36 bis 50 anderen Quellen. Die Prinzipien 36 bis 40 sind aus den erläuterten Gründen nicht deckungsgleich mit Al'tšullers Prinzipien 36 bis 40. Herrlich und Zadek beziehen sich insbesondere auf Arbeiten von Muslin, Polovinkin, Kesselring und Hansen (zit. in [166]). Die unter Einbeziehung der Arbeiten dieser Autoren gewonnenen Prinzipien Nr. 36 bis 50 lauten:

Prinzip 36:
Bestrahlen
Gezielter Energietransport mittels Strahlung
Beispiele: Laserbrenner, Infrarottrockner

Prinzip 37
Biologisch einwirken
Mikroorganismenanwendung
Beispiel: Druckpapier wird mittels Amylase aufgerauht

Prinzip 38
Auslasten
Kraft- und Momentleitung auf kürzestem Weg, geschlossene Profile, Vermeiden von Schwachstellen
Beispiel: Formleichtbau bei Landmaschinen

Prinzip 39
Chemisieren
Einsatz von künstlichen Werkstoffen und Chemikalien
Beispiele: Anwenden von Plasten, Metallkleber

Prinzip 40
Miniaturisieren
Zusammenfassen der Bauelemente auf kleinstem Raum
Beispiel: Mikroelektronik

Prinzip 41
Applizieren
Verwenden preiswerter Normteile für andere Aufgaben
Beispiele: Drucköspeicher als kolbenlose Pumpe, Kette als Zahnstange

Prinzip 42
Resonanz
Optimales Anpassen der Systemelemente untereinander bzw. in Wechselwirkung mit dem Umfeld
Beispiele: Elektromagnetischer Schwingförderer, Betonrüttler

Prinzip 43
Veredeln
Einsatz veredelter Werkstoffe zwecks entscheidender Einsparungen sowie als Basis neuer Effekte
Beispiele: Hochfeste Schrauben, korrosionsträger Stahl, Piezokeramik, Vitrokeram, Rasothermglas

Prinzip 44
Elektronisieren
Mechanische Funktionsträger werden durch Mikroelektronik ersetzt
Beispiele: Digitaluhr, elektronische Schreibmaschine, elektronische Nähmaschine

Prinzip 45
Markieren
Veredeln mittels stark riechender Substanzen
Beispiele: Geruchskapseln in Verschleißteilen, duftende Plaste

Prinzip 46
Vakuumnutzung/Evakuieren

[166] Herrlich, Michael; Zadek, Gerhard: KDT-Erfinderschule, Lehrmaterial. Teil 1–2. – Berlin: KDT, 1982

Störende Erscheinungen/Nebenreaktionen treten im Vakuum nicht auf
Beispiele: Diffusionsschweißen, Vakuumschütz

Prinzip 47
Umweltenergienutzung
Nutzung natürlicher Energiepotentiale
Beispiele: Implosionsmotor, Wärmepumpe, Solarkollektor, Windrad, Schwerkraftnutzung

Prinzip 48
Plasmanutzung
Ionisierte Gase/Stoffe zum Aktivieren von Prozessen oder zur Energieumwandlung

Beispiele: Tribochemie, Kernfusion, MHD-Generator

Prinzip 49
Standardisieren
Normteile und Baukastensysteme
Beispiele: Container, Plattenbauweise

Prinzip 50
Optisches Signalisieren
Informieren, Nivellieren, berührungsloses Messen auf optischem Wege
Beispiele: Lichtleitkabel, IR-Messung [166]

Wissenschaftler, du erklärst uns die Wissenschaft, wer aber erklärt uns deine Erklärung?
G. G. Byron

5.4.3. Vorschläge zum Aufbau einer nutzerfreundlichen Prinzipienhierarchie

Wir wollen uns bei der Analyse der Prinzipienlisten (Abschnitte 5.4.1. und 5.4.2.) auf drei Aspekte beschränken. Zum einen ist (etwa ab Prinzip 30) ein deutlicher Qualitätsabfall unverkennbar. Zum anderen sind einige Prinzipien ganz einfach nur die Umkehrprinzipien anderer – ebenfalls in den Listen enthaltener – Grundprinzipien. Schließlich fällt auf, daß alle Prinzipien als gleichrangig angesehen werden, was sie ganz offensichtlich nicht sind.

Zum ersten Aspekt, dem prinzipiellen Qualitätsabfall innerhalb der Listen, soll ein Beispiel genügen. So hat das Prinzip 44 ("Elektronisieren") kaum noch den Charakter einer erfindungsmethodischen Empfehlung. Zwar kann die Verwendung von elektronischen Bauelementen in einem bestimmten Umfeld ausnahmsweise erfinderisches Niveau erreichen, jedoch ist dieser Fall keineswegs typisch. Vielmehr hat "Elektronisieren" in den meisten Fällen nur den Charakter einer allgemeingültigen Arbeitsrichtlinie, die ihrer Natur nach weit eher zum Rüstzeug des fachmännisch handelnden Konstrukteurs als zum methodischen Arsenal des Erfinders gehört.

Kommen wir zum zweiten Aspekt, der die Komplementärprinzipien (Umkehrempfehlungen) betrifft. Die vorliegenden Prinzipienlisten (Abschnitte 5.4.1. und 5.4.2.) zeigen, daß jegliche Konsequenz bezüglich der Komplementärprinzipien fehlt. Teils sind die Komplementärprinzipien direkt in der Liste enthalten (beispielsweise ist Prinzip 40 "Anwenden zusammengesetzter Stoffe" sichtlich nur das Umkehrprinzip zu Prinzip 33 "Gleichartigkeit der verwendeten Werkstoffe"), teils wird vom Nutzer stillschweigend erwartet, daß er sich die zu vielen Prinzipien vorhandenen – jedoch nicht aufgelisteten – Umkehrprinzipien selbst ausdenkt. In diesem Sinne gehört zum Zerlegen zweifellos das Zusammenfügen, zur Mehrzwecknutzung (bzw. Kombination) die manchmal notwendige Rückkehr zu den Einzelfunktionen. Dem "kürzesten Weg" entspricht der in Ausnahmefällen sicherlich bedenkenswerte "maximale Weg", zur kontinuierlichen gehört die diskontinuierliche Arbeitsweise, dem "Schnellen Durchgang" entspricht die Zeitlupenarbeitsweise (bei Al'tšuller "Pirschgang" genannt).

Al'tšuller hat sich zwar ansatzweise mit diesem Problem befaßt [18], jedoch keine konsequenten Empfehlungen gegeben. So ist erklärlich, daß auch die modifizierten Listen [70, 166] einige Umkehrprinzipien zu ebenfalls in der Liste aufgeführten Prinzipien enthalten, die Frage der durchgängigen Anwendung des Umkehrprinzips als eines methodisch für alle anderen Prinzipien gültigen Oberprinzips jedoch offengeblieben ist bzw. dem Zufall überlassen bleibt.

Solche Betrachtungen sind alles andere als methodische Spielereien, denn neben dem Abstrahieren, Analogisieren und Transformieren gehört die durchgängige Anwendung des Umkehrprinzips zu den wichtigsten erfinderischen Methoden überhaupt.

Ein Beispiel zum Komplementärprinzip des "Schnellen Durchgangs" (der "Zeitlupenarbeitsweise") soll den Zusammenhang belegen. Bereits der Titel der Offenlegungsschrift zeigt die unmittelbare Nähe zum Komplementärprinzip. Die Erfinder nennen ihren Apparat "Langzeit-Wäscher".[140] Klar ist, daß hier tatsächlich das absolute Gegenstück zur üblichen Vorgehensweise (die bekanntlich hohe Raum-Zeit-Ausbeuten fordert) schutzrechtlich beansprucht wird.

In der erfinderischen Praxis sollte zu jedem Prinzip stets das komplementäre Prinzip gesucht und automatisch mit in Betracht gezogen werden. Erfahrene Erfinder – auch solche ohne Methodikkenntnisse – arbeiten gefühlsmäßig ohnehin in dieser Weise, da ihr wichtigstes Instrument das Prinzip der Umkehrung ist. Betrachten wir die im dialektischen Sinne komplementären Prinzipien, so wird klar, daß sie sämtlich nur durch einfache Umkehrung des "eigentlichen" Prinzips zustande gekommen sind. Deshalb besteht keine unbedingte Veranlassung, diese komplementären Prinzipien gesondert aufzuschreiben und damit nur unnötig die Prinzipienliste zu verlängern. Wichtig ist jedoch, daß vom Erfinder immer daran gedacht wird, zu jedem Prinzip auch das genau gegenteilige Prinzip – falls vorhanden bzw. formulierbar – automatisch mit zu betrachten. Der Leser wird sicherlich für viele

Prinzipien das erfinderisch brauchbare Gegenstück selbst formulieren können.

Der dritte Aspekt unserer Kritik betrifft die offensichtliche Notwendigkeit einer hierarchische Gliederung der Prinzipienliste. Höchst merkwürdig ist, daß in den Listen [18, 70, 166] Wichtiges neben methodisch Unwichtigem formal gleichrangig aufgeführt wird. Die Prinzipien sind aber ganz offensichtlich alles andere als gleichrangig. Einige Beobachtungen dazu haben wir bereits im Abschnitt 5.4.1. an praktischen Beispielen erläutert. Etliche "Prinzipien" sind anderen derart deutlich untergeordnet, daß man durchaus mit einer weit geringeren Zahl von wirklichen Prinzipien auskommen könnte. Anders ausgedrückt: manche Prinzipien entsprechen ganz gewiß nicht dem, was wir sprachlich und sachlich unter einem Prinzip verstehen.

Nehmen wir beispielsweise "Optisches Signalisieren". Zwar handelt es sich dabei um eine für bestimmte Fälle durchaus nützliche Empfehlung, nur ist ihr Anwendungsbereich offensichtlich sehr begrenzt. Völlig klar wird dies, wenn wir "Optisches Signalisieren" mit hochwertigen Prinzipien (wie z. B. Umkehrung, Kombination, Anpassen, Zerlegen, Von-Selbst-Arbeitsweise) vergleichen. "Optisches Signalisieren" erreicht, was den Universalitätsgrad bzw. die umfassende Anwendungsmöglichkeit betrifft, nicht entfernt das Niveau dieser Prinzipien.

Auf deutlich niedrigerem Niveau stehen sichtlich auch solche Prinzipien wie "Verwenden elastischer Umhüllungen und dünner Folien", "Verändern der Farbe und Durchsichtigkeit", "Verwenden von Magneten". Eigentlich kann man dabei kaum noch von Prinzipien sprechen. Es handelt sich vielmehr um für bestimmte Fachgebiete nützliche Leitlinien, um technische Empfehlungen.

Die in diesem Sinne völlig unterschiedliche Bedeutung der 35 bzw. 40 bzw. 50 Prinzipien ist für den kritischen Betrachter wohl kaum noch strittig. Um

---

[140] "Verfahren zur Abscheidung von Feinststäuben, dadurch gekennzeichnet, daß die flüssigkeitslöslichen Bestandteile so lange im Flüssigkeitskontakt erhalten werden, bis diese staubförmigen Fraktionen angelöst und/oder total in der Flüssigkeit aufgelöst sind." [167]

[167] Hölter, H.; Ingelbüscher, H.; Gresch, H.; Dewert, H.: Langzeit-Wäscher. – DOS 3 045 686 v. 4. 12. 1980, offengel. 22. 7. 1982

Tab. 5
Gruppen heuristischer Verfahren (nach [168])

Nr. der Gruppe	Bezeichnung der Gruppe	Anzahl der Verfahren
1	2	3
I.	quantitative Veränderungen	21
II.	Umwandlungen der Form	26
III.	Umwandlungen im Raum	40
IV.	Umwandlungen in der Zeit	17
V.	Umwandlungen der Bewegung	23
VI.	Umwandlungen des Materials	14
VII.	Umwandlungen durch Ausschluß	20
VIII.	Umwandlungen durch Hinzufügen	33
IX.	Umwandlungen durch Ersetzen	41
X.	Umwandlungen durch Differentiation	49
XI.	Umwandlungen durch Integration	34
XII.	Umwandlungen durch prophylaktische Maßnahmen	16
XIII.	Umwandlungen durch Nutzen von Reserven	24
XIV.	Umwandlungen durch Analogiebildung	23
XV.	Kombination u. a.	39
	Gesamt	420

[141] Ferner enthält die umfangreiche Liste der Unterverfahren zahlreiche technische Empfehlungen noch geringeren Verallgemeinerungsgrades. Diese Art der hierarchischen Anordnung gestattet den Einsatz von Computern im Sinne einer Such- und Entscheidungshilfe für den Erfinder [168].

[168] Methoden der Suche neuer technischer Lösungen / Hrsg. A. I. Polovinkin (Hrsg. d. deutschen Ausgabe: J. Müller, B. Schüttauf). – Halle: Zentralinstitut für Schweißtechnik der DDR, 1976. – (Technisch-wissenschaftliche Abhandlungen des ZIS; 121)

so seltsamer mutet die Tatsache an, daß sich nur wenige Autoren damit befaßt haben, die Prinzipien hierarchisch zu ordnen und das System auf diesem Wege nutzerfreundlich und übersichtlich zu gestalten. Nur Polovinkin [168] unternahm einen überzeugenden Versuch der hierarchischen Gliederung, wobei zu berücksichtigen ist, daß sein System für die rechnerunterstützte erfinderische Arbeit regelrecht konstruiert worden ist. Aus diesen – und anderen – Gründen arbeitet Polovinkin nicht direkt mit den Al'tšullerschen Prinzipien. Seine 15 Grundverfahren (Tab. 5) sehen deshalb wesentlich allgemeiner aus, decken sich jedoch in einigen Punkten sinngemäß mit den universellen Prinzipien aus Al'tšullers Liste. Spalte 3 der Tabelle 5 enthält die technisch detaillierteren Empfehlungen ("Unterverfahren"). Viele dieser Unterverfahren (siehe Originalquelle [168]) enthalten Elemente oder Elementekombinationen, die ebenfalls aus Al'tšullers Liste stammen, indes Prinzipien geringeren Verallgemeinerungsgrades betreffen.[141]

Al'tšuller hält von solchen Gliederungsversuchen nicht allzu viel. Er schreibt dazu: "Die Verfahren und die Tabelle ihrer Anwendung sind wohl das einfachste im ARIS. Hinter der jetzigen kleinen Tabelle sehen einige Optimisten jedoch schon eine Vielzahl großer Tabellen und lange Verfahrenslisten, wonach der Einsatz von Elektronenrechnern bereits abzusehen wäre. Nach der Publizierung des ARIS-71 wurden viele Vorschläge unterbreitet, um den Fonds der Verfahren zu vervollkommen ... Polovinkin untergliederte die Verfahren in eine Vielzahl von Unterverfahren. Versuche solcher Art werden mit der besten Absicht unternommen, aber leider auf rein willkürlicher Basis ..." ([70], S. 100)

Diese Behauptung Al'tšullers halte ich für falsch. Versuche zur hierarchischen Gliederung in Hauptverfahren und Unterverfahren sind, sofern gut durchdacht, alles andere als willkürlich. Sie liefern dem Nutzer eine praktikable Übersicht, sie helfen Zeit zu sparen, und sie machen das System der Verfahren zum Lösen technischer Widersprüche durchsichtiger. Mit Hilfe der Zuordnung erkennt man vor allem, daß es nur sehr wenige Grundverfahren gibt (siehe beispielsweise Tab. 5: Polovinkin rechnet mit nur 15 Grundverfahren). Auch ist Al'tšullers generalisierend negative Bemerkung zur Frage der Einsatzmöglichkeiten des elektronischen Rechners un-

Tab. 6
Universalprinzipien zur Lösung technischer Widersprüche.

(In Klammern: Komplementärprinzipien (KP) bzw. – im Falle von "Umkehrung" – Beispiele der hierarchischen Zuordnung von Prinzipien geringeren Verallgemeinerungsgrades, die in Tabelle 7 zusammengefaßt sind)

Nr. des Prinzips (nach [18])	Bezeichnung des Prinzips
1	Zerlegen (KP: Vereinigen)
2	Abtrennen (KP: Hinzufügen)
3/15	Schaffen optimaler Bedingungen/Anpassen (Prinzipien gehen ineinander über)
5	Kombination (selten angewandtes KP: Übergang zu den Einzelfunktionen)
6	Mehrzwecknutzung (KP: Verlassen der Mehrzwecknutzung, falls eine Spezialfunktion überragend ausgeführt werden soll und die Mehrzwecknutzung die Erfüllung dieser Forderung behindert)
9/10/11	Vorspannen/Vorher-Ausführen/Vorbeugen (Prinzipien weitgehend ähnlich; gehen ineinander über)
12	Kürzester Weg (selten angewandtes KP: Maximaler Weg)
13	Umkehrung (Höchstrangiges Universalprinzip; hierarchisch untergeordnet sind: 16 Nichtvollständige Lösung; 18 Verändern der Umgebung; 22 Umwandeln des Schädlichen in Nützliches; 23 Überlagern einer schädlichen Erscheinung mit einer anderen; 25 Zulassen des Unzulässigen; 27 Ersetzen der teuren Langlebigkeit durch billige Kurzlebigkeit)
20	Kontinuierliche Arbeitsweise (KP: Intermittierende Arbeitsweise = Impulsarbeitsweise)
21	Schneller Durchgang (KP: Zeitlupenarbeitsweise)
25	Selbstbedienung, Von-Selbst-Arbeitsweise, Selbstbewegung (eindeutig dazu gehört Prinzip 47 "Umweltenergienutzung")
26	Arbeiten mit Modellen (nicht nur wörtlich zu nehmen: im übertragenen Sinne steht es für das methodische Elementarverfahren der Modellierung)
28	Übergang zu höheren Formen (umfassendes Prinzip der technischen Entwicklung. Das KP dazu entspricht meist – aber nicht immer – einer technischen Rückentwicklung. Untergeordnet ist u. a. Prinzip 17 "Übergang in eine andere Dimension")

gerechtfertigt. Natürlich wird auch künftig derjenige, der am Tableau des Rechners sitzt, ganz gewiß ein Erfinder (und niemals ein Operator) sein – aber daß diese modernen Hilfsmittel in wachsendem Maße Einzug halten werden, steht außer Zweifel (s. dazu Abschn. 6.6.).

In einer früheren Veröffentlichung [169] hatte ich einen Vorschlag zur hierarchischen Gliederung der Al'tšuller-Prinzipien unterbreitet. Vorgeschlagen wurden Prinzipklassen abnehmenden Verallgemeinerungsgrades: Universelle Prinzipien (A), für mehrere Fachgebiete gültige Prinzipien (B), für mehrere Fachgebiete anwendbare Lösungsvorschläge (C) und überwiegend fachspezifische Lösungsvorschläge (D). Das gleiche Schema wurde in der Erfinderfibel verwendet [63].

[169] Zobel, D.: Systematisches Erfinden in Chemie und chemischer Technologie. – In: Chem. Technik. – Leipzig 34 (1982) 9. – S. 445–450

Tab. 7
Prinzipien geringeren Verallgemeinerungsgrades zur Lösung technischer Widersprüche

(in Klammern: Bemerkungen zur hierarchischen Zuordnung sowie zu den Komplementärprinzipien KP)
Es fällt auf, daß für nur wenige Prinzipien der Tabelle 7 Umkehrprinzipien zu finden sind, hingegen für fast alle der Tabelle 6. Zu den Kriterien, nach denen die Zuordnung erfolgen sollte, gehört sicher auch dieser Sachverhalt.

Nr. des Prinzips[1]	Bezeichnung des Prinzips
4	Asymmetrie
7	Matrjoška
8	Gegengewicht durch aerodynamische, hydrodynamische und magnetische Kräfte
14	Sphärische Form (selten angewandtes KP: nicht sphärische Form)
16	Nicht vollständige Lösung (Unterprinzip der Umkehrung, da "normalerweise" die perfekte Lösung angestrebt wird)
18	Verändern der Umgebung (Unterprinzip der Umkehrung, da "normalerweise" das Objekt verändert wird)
22	Umwandeln des Schädlichen in Nützliches (direkte Zuordnung zum Oberprinzip 13 "Umkehrung" unverkennbar)
23	Überlagern einer schädlichen Erscheinung mit einer anderen (erfordert ebenfalls direkte Umkehr der konventionellen Denkrichtung und ist deshalb Prinzip 13 untergeordnet)
25	Zulassen des Unzulässigen (direkte Aufforderung, etwas konventionell Verbotenes zu tun, d. h. in Umkehr der Konvention zu handeln ≙ Prinzip 13)
27	Ersetzen der teuren Langlebigkeit durch billige Kurzlebigkeit (in der Technik eine noch immer ungewöhnliche Umkehrempfehlung: gehört deshalb zu Prinzip 13)
29 bis 35	Bezeichnungen siehe Tab. 3 (sichtlich nicht universell anwendbar, z. T. fast schon fachspezifische Empfehlungen)
36 bis 40	Bezeichnungen siehe Abschnitt 5.4.2. (z. T. bereits in den Prinzipien 1 bis 35 enthalten bzw. ihnen untergeordnet)
36 (bzw. 40) bis 50	Bezeichnungen siehe Abschnitt 5.4.2. (enthalten z. T. komplette Fachgebiete, wie Chemie und Biotechnologie, jedoch ohne methodische Aufbereitung; im übrigen weitgehend fachspezifische Empfehlungen)

[1] bis 35 nach [18]; 36–40 nach [70]; 40–50 nach [166]

Allerdings sind die Übergänge zwischen den Klassen B, C und D ziemlich fließend. Wollte man die Klassen A, B, C und D beibehalten, so bestünde die Gefahr der Überformalisierung bzw. der Zwang zum Benutzen allzu subjektiver Einordnungskriterien. Für die Praxis dürften in Anbetracht dieser Schwierigkeiten wahrscheinlich zwei Klassen genügen: die Universalprinzipien, die in Tabelle 6 aufgeführt sind, und die Prinzipien geringeren Verallgemeinerungsgrades (Tab. 7).

Zum Teil sind die Prinzipien geringeren Verallgemeinerungsgrades den Universalprinzipien untergeordnet (eine aufgeschlüsselte hierarchische Zuordnung wurde am Beispiel des Umkehrprinzips vorgenommen, Tab. 6), zum Teil sind sie durchaus selbständig, nur eben nicht grundsätzlich und überall anwendbar (Tab. 7). Stets durchgeprüft

[142] Formalismus hilft hier nicht weiter. Epperlein bemerkt treffend, "daß sich die erwähnten Prinzipien in ihren Anwendungs- und Wirkungsbereichen überlappen, so daß es mit einer gewissen Willkür verbunden ist, solche Prinzipien zu formulieren, abzugrenzen und mit Beispielen zu untersetzen" [170]. Als wirklich grundlegend erkennt Epperlein, jedenfalls auf dem Gebiet der technischen Chemie, überhaupt nur das Analogieprinzip, das Variationsprinzip, das Umkehr- und das Kombinationsprinzip an [171], mit gewissen Einschränkungen auch die Prinzipien "Transformation" und "Vereinfachung" [172]. Eine derart radikale Straffung ist wohl eher nützlich als schädlich, zumal sie die zwanglose Einordnung minder universeller Prinzipien (z. B. "Multifunktionalisierung", "Bausteinprinzip" und "Dekomposition plus Neukombination") als dem Kombinationsprinzip hierarchisch untergeordnete Prinzipvarianten [172] gestattet.

[143] In der Praxis genügt es, auf diesem Wege das persönliche System ständig zu verbessern (Sofortnotizen!).

[170] Epperlein, J.: Einige Aspekte erfinderischer Tätigkeit in der technischen Chemie I. – In: Wiss. Z. TU Karl-Marx-Stadt 30 (1988) 2. – S. 314

[171] Epperlein, J.: Einige Aspekte erfinderischer Tätigkeit in der technischen Chemie II. – In: Wiss. Z. TU Karl-Marx-Stadt 30 (1988) 5. – S. 766–778

[172] Epperlein, J.; Keller, S.: 150 Jahre Fotografie – Entdeckungen, Erfindungen, Patente (II.) – In: Bild u. Ton. – Berlin 42 (1989) 11. – S. 325–331

und unter allen Umständen beachtet werden sollten vom Erfinder die wenigen Universalprinzipien (vgl. Tab. 5 und Tab. 6) und ihre Kombinationen.

"Starke" Erfindungen sind ohnehin dadurch gekennzeichnet, daß ihnen mehrere Prinzipien und/oder Kombinationen physikalischer Effekte zugrundeliegen ([70], S. 101)[142]

Denkmethodisch gesehen könnte der routinierte, mit zahlreichen Effekten und Spezialtechniken vertraute Erfinder auf die weniger wichtigen Prinzipien geringeren Verallgemeinerungsgrades (vgl. Tab. 7) durchaus verzichten, es sei denn, daß ein Spezialfall vorliegt, für dessen Lösung sie sich als nützlich erweisen. Hinzu kommt, daß der Erfinder beim Handhaben der Tabelle 6 sehr bald ein praktisches Gespür dafür entwickelt, welche Unterverfahren sich hinter den sehr allgemein gehaltenen Oberbegriffen (wie Zerlegen, Abtrennen, Anpassen, Umkehrung, Kombinieren, Selbstbedienung) jeweils verbergen. Der schöpferischen Ergänzung durch den Erfinder steht absolut nichts im Wege – im Gegenteil: aktive methodische Arbeit sei angeraten. Hierher gehören die persönlichen – d. h. oftmals fachspezifischen – Unterprinzipien, die der Erfinder selbst für notwendig hält, die ihm in Ergänzung der Tabelle 7 einfallen, und die sich aus seiner praktischen Arbeit ergeben. Der letztgenannte Punkt ist besonders wichtig, denn auch hier gilt das Prinzip der Umkehrung: Methodik liefert nicht nur theoretische Hinweise für die erfinderische Praxis, sondern umgekehrt liefert die persönliche erfinderische Praxis neue Erfahrungen, die z. T. verallgemeinerungsfähig sind und demgemäß zum Verbessern der Methodik beitragen können ("Abheben" neuer, eigener Erfahrungen zwecks methodischer Verallgemeinerung).[143]

Im übrigen dient ein System – gleich welcher Art – dem routinierten Erfinder ohnehin nur als Orientierungshilfe für den Fall, daß er sich festgefahren hat. Ansonsten benutzt er es, ohne

eigentlich hinzusehen. Ferner modifiziert der erfahrene Erfinder ein solches System ständig nach seinen eigenen Bedürfnissen, Vorstellungen und Wünschen. Dem Anfänger sei deshalb dringend geraten, die in den vorangegangenen Abschnitten behandelten Systemvarianten nur als Anregung, nicht aber als starre Vorschrift aufzufassen.

Jeder systematisch interessierte Erfinder kann die Prinzipien nach seinem persönlichen Geschmack auch umformulieren, sofern er sich methodischen Gewinn davon verspricht.

Eine besonders gelungene Formulierung ("Reißverschlußprinzip") geht auf Herrlich zurück. Er versteht darunter, daß die Widerspruchspartner wechselweise räumlich und/oder zeitlich neben- bzw. nacheinander wirken und somit nicht mehr miteinander in Kollision geraten können. Tatsächlich ist das ein besonders eingängiges Prinzip, dessen Herkunft (Abtrennen der einander störenden Faktoren/Funktionen) zwar ganz klar ist, dessen Formulierung methodisch aber erheblichen Gewinn gebracht hat. Viele Probleme erscheinen aus dieser neuen Sicht überhaupt nicht mehr schwierig. Die methodische Aufforderung lautet ganz einfach: Schaffe Bedingungen, unter denen die einander störenden Faktoren nicht mehr gleichzeitig/am gleichen Ort wirken können, und das Problem ist gelöst.

Ein sehr einfaches Beispiel verdeutlicht das allen "Reißverschluß"-Lösungen gemeinsame Grundmuster. In der Biotechnologie werden Schüttelkolben für die in Nährlösungen wachsenden Mikrobenkulturen verwendet. Der Kolbeninhalt muß kräftig geschüttelt werden können, zugleich aber ist dafür Sorge zu tragen, daß der sterile, jedoch luftdurchlässige Verschluß des Kolbens nicht durch Spritzer des Kolbeninhaltes benetzt wird. Ferner ist während des Schüttelvorgangs – ebenso wie davor und danach – der ungehinderte Luftzutritt zu gewährleisten.

Beim ersten Hinsehen könnte der Eindruck entstehen, das Problem sei we-

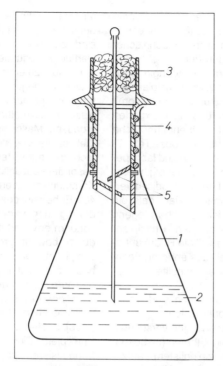

Abb. 37
Prinzip "Reißverschluß":
Aufsatz für einen Schüttelkolben (nach [173])

1 Schüttelkolben; *2* Bakterienkultur in Nährlösung; *3* Sterilverschluß (luftdurchlässig); *4* Zylinderförmiger Rohrstutzen mit auf der Mantelfläche aufgebrachten Dichtungen; *5* Prallflächen

[144] "Die Lösung ist gekennzeichnet durch einen zylinderförmigen, in den Schüttelkolben hineinragenden Rohrstutzen mit einer auf seiner Mantelfläche aufgebrachten, gegenüber der Öffnung des Schüttelkolbens wirkenden Dichtung, Prallflächen innerhalb des Rohrstutzens, die schräg zu Querschnittsebenen des Rohrstutzens angeordnet sind und den Querschnitt des Rohrstutzens zumindest zur Hälfte überdecken, und eine schräge Ausbildung des in den Schüttelkolben ragenden Rohrstutzenendes." [173]

[173] Schütt, E.: Aufsatz für einen Schüttelkolben. – DOS 3 210 730 v. 24. 3. 1982, offengel. 6. 10. 1983

[174] Gall, John: List und Tücke der Systeme: Wie Organisationen arbeiten, versagen und trotzdem weiterleben. – Düsseldorf; Wien: Econ-Verlag, 1979

gen der einander offensichtlich (?!?) ausschließenden Bedingungen unlösbar. Abbildung 37 zeigt dagegen, daß über das Reißverschlußprinzip die Funktionen "kräftiges Schütteln ohne Rücksicht auf Spritzer" und "Luftzutritt verläuft ungestört, Sterilverschluß bleibt steril" mit Hilfe eines gewöhnlichen Labyrinths überzeugend voneinander getrennt und gerade dadurch gemeinsam ermöglicht werden.[144]

Dabei überlappt das räumliche Trennen durchaus mit dem Anpaßprinzip. Die schräg zueinander angestellten und funktionell als Labyrinth ausgebildeten Prallflächen sorgen für einen allmählichen (d. h. beiden Forderungen zugleich angepaßten) Übergang zwischen dem spritzergefüllten Kolbenraum und dem flüssigkeitsfrei zu haltenden Kolbenhals. Zwar gelangen einzelne Flüssigkeitströpfchen in die Pufferzone, sie können diese Zone aber nicht passieren und tropfen schließlich wieder ab.

Was ist nun beim individuellen Anpassen des Al'tšuller-Systems bzw. seiner Modifikationen zu beachten? Das Hauptkriterium sollte sein: Unbedingte Einfachheit! Komplizierte Systeme führen in die Irre!

Besser als mit den Worten von Gall [174] läßt sich diese Warnung kaum präzisieren:

– Jedes komplizierte System funktioniert meist nur fehlerhaft.
– Komplizierte Systeme produzieren komplizierte Antworten auf komplizierte Fragen, aber niemals echte Problemlösungen.
– Reparaturversuche an komplizierten Systemen sind zwecklos. Komplizierte Programme bestehen überwiegend aus Fehlern.
– Locker konzipierte Systeme halten länger und funktionieren besser.

Eingedenk dieser wahrlich nicht nur ironisch gemeinten Sentenzen wollen wir uns ein Kapitel zum Für und Wider der sogenannten *Industriezweigalgorithmen* (insbesondere fachspezifischer Prinzipienlisten) ersparen. Allerdings sollten, da diese Frage mit der Entwicklung rechnerunterstützter Systeme ständig an Bedeutung gewinnt, die wichtigsten Grundgedanken kurz umrissen werden:

– Eine generelle Schwierigkeit betrifft die ursprünglich fachspezifische Ausbildung aller heute auf dem Gebiet der Erfindungslehre tätigen Methodiker (ausgeklammert seien jene, die zwar über die Bedeutung des erfinderischen Schaffens geläufig plaudern, selbst aber nicht erfinden können bzw. keine äquivalenten wissenschaftlichen Leistungen vorzuweisen haben). Die meisten erfolgreichen Methodiker sind heute – ihrer fachlichen Herkunft nach – im weitesten Sinne Maschinenbauer. Geradezu Seltenheitswert besitzen innerhalb der ohnehin kleinen Methodiker-Gilde hingegen beispielsweise die Physiker, Elektroniker, Chemiker, Funktechniker, Computerspezialisten, Mediziner und Philosophen. So ist zu erklären, daß die vorhandenen Prinzipienlisten [18, 70, 166] zunächst überwiegend auf Basis maschinentechnischer Beispiele entstanden sind.

– Abgesehen vom durchgängig gültigen Wert der Universalprinzipien gemäß den Tabellen 5 und 6 besteht somit die Schwierigkeit, daß sich Experten außerhalb der Maschinenbaubranche von vielen Prinzipien (s. bes. Tab. 7) nicht angesprochen fühlen und fachspezifische Prinzipien für notwendig halten. Andererseits erkennen methodisch versierte Maschinenbauer klar, daß die Prinzipienliste (hier ist überwiegend vom minder universellen Prinzipienfonds gemäß Tabelle 7 die Rede) unbedingt um Verfahren aus anderen Fachgebieten ergänzt werden sollte.

– Beide Arbeitsrichtungen sind bisher ansatzweise erprobt worden.
Die Nicht-Maschinenbauer versuchten fachspezifische Algorithmen (insbesondere eigene Prinzipienlisten) aufzubauen. Solche Versuche – Al'tšuller bezeichnet sie als "rein willkürlich" – wurden beispielsweise von Voronkov zur Lösung allgemeiner Aufgaben auf dem Gebiet der Leitung und Organisation, von Gutkin hingegen für funktechnische Aufgaben unternommen ([70], S. 100). Die bereits behandelten und von Al'tšuller ebenfalls kritisierten Untergliederungsversuche von Polovinkin ([168], S. 116–151) haben, obzwar auch sie gewisse Elemente fachspezifischer Algorithmen enthalten, dagegen einen methodisch weit höheren Wert, d. h., Polovinkins Vorschläge gehen im wesentlichen von übergeordneten Gesichtspunkten aus und entsprechen damit jenen Kriterien, die für das rechnergestützte Lösen beliebiger Aufgaben gelten. Zweifellos haben fachspezifische Prinzipienlisten ihre Grenzen. Ohne Al'tšullers herbe Kritik ("rein willkürlich") unbedingt zu teilen, sollte man doch bedenken, daß jede aus der Sicht des Fachmannes für den Fachmann konstruierte spezielle Prinzipienliste zwangsläufig das Grenzgebiet zum fachmännischen – und damit nichterfinderischen – Handeln berührt. Damit sind zusätzliche, methodisch höchstwertige Anregungen aus dieser Richtung kaum zu erwarten.

Die entgegengesetzte Arbeitsrichtung geht primär vom fachlichen Kenntnisstand des methodisch fähigen, hochkreativen Maschinenbauers aus. Sein Ziel ist die Erweiterung des zunächst fachlich begrenzten Suchraumes (insbesondere bezüglich Analogieweite und Kommunikationsbreite, s. dazu Abb. 40). Er betreibt deshalb keine Untergliederung der vorhandenen Prinzipien, sondern erweitert sein Assoziationsfeld durch bewußt großzügige Aufnahme von Prinzipien, die dem Maschinenbauer zunächst fremd sind. Die bisherigen Versuche in dieser Richtung fielen allerdings etwas hemdsärmlig aus: so vereinnahmen Herrlich und Zadek ([166], S. 59–60) beispielsweise mit den Prinzipien "Biologisch einwirken" und "Chemisieren" ganz einfach komplette, eigenständige Fachgebiete (s. Abschn. 5.4.2.). Zwar haben solche flächendeckenden Pauschalempfehlungen für den Maschinenbauer zweifelsohne ihren praktischen Wert, nur sollte man sie nicht "Prinzipien" nennen. In methodischer Hinsicht wird dies klar, wenn wir echte Prinzipien (Umkehrung, Anpassen, Zerlegen, Kombinieren usw.) mit der großzügigen Eingliederung ganzer Fachgebiete ("Chemisieren", "Biologisch einwirken") vergleichen.

– Für den Chemiker besteht die erläuterte doppelte Gefahr (einerseits: Untergliederung bis hin zum fachmännischen Handeln; andererseits: großzügige Aufnahme ganzer Fachgebiete in die Prinzipienliste) ebenso wie für den Vertreter einer beliebigen anderen Sparte. Hinzu kommt, speziell für den verfahrenstechnisch interessierten Chemiker, eine fatale Ähnlichkeit derart gefächerter Prinzipienhierarchien zu den bekannten Grundoperationen. Damit dürfte klar sein, daß Al'tšullers Warnung vor "großen Tabellen" und "langen Listen" ([70],

[145] Trotzdem wäre für den Chemiker die Kopplung der Prinzipien zum Lösen technischer Widersprüche mit den Grundoperationen verlockend. Insbesondere könnte an das von Matthes [175] gewählte Konzept angeknüpft werden, der die bisherige Systematik der Reaktionen und Apparate kritisch analysiert hatte und zu dem Schluß gelangt war, daß nicht Äußerlichkeiten, sondern naturgesetzmäßige Grundtatsachen Basis der Systematik sein sollten: Energieverhältnisse der Reaktionen, Art der zugeführten Energie, Art des Ablaufs der Reaktionen; Beeinflussung von Gleichgewichten, Reaktionsgeschwindigkeiten und Reaktionswegen. Man käme dann zu einer inneren Doppelstruktur der Prinzipien, d. h., alle Prinzipien geringeren Verallgemeinerungsgrades (die fachspezifischen Suchstrategien) müßten der Reihe nach unter den von Matthes in ganz anderem Zusammenhang als übergeordnet erkannten Gesichtspunkten durchgeprüft werden.

[146] Führt das konkret gewählte technische Mittel zu einer überraschenden Wirkung, so wird das Schutzrecht dennoch erteilt.

[175] Matthes, F.: Zur Systematik der Chemischen Technologie. – Teil III. – In: Chem. Technik. – Leipzig 11 (1959) 12. – S. 648–655

[176] Irrling, H.-J.: Die staatliche Prüfung von Erfindungen in der DDR. – Berlin: Humboldt-Universität, 1977. – (Lehrbrief)

[177] Eine ganze Milchstraße von Einfällen – Aphorismen von Lichtenberg bis Raabe / Hrsg.: Dietrich Simon. – 2. Aufl. – Rostock: Hinstorff, 1976

S. 100) unbedingt ernst genommen werden sollte, sofern es sich um allzu fachspezifische Untergliederungen handelt.[145]

– Schließlich ist der schutzrechtliche Aspekt solcher Versuche von Bedeutung. Bereits 1977 hat Irrling [176] auf eine Liste von Lösungsprinzipien hingewiesen, bei deren Anwendung das Vorliegen einer erfinderischen Leistung im allgemeinen in Abrede gestellt wird. Es sind dies folgende Prinzipien: Baukastenprinzip, Standardisierung, Ersatz taktmäßiger durch kontinuierliche Schritte, Verwendung von Abfall- und Austauschstoffen, Ineinanderschachteln, Neuordnung in Raum und Zeit, kinematische Umkehr, Wiederholungen zur Funktionsverstärkung oder -sicherung, energetisches Nullniveau im Ruhezustand, Ersatz von Dauer- durch Impulswirkungen.[146]

Zweifellos sind viele dieser Prinzipien den Al'tšuller-Prinzipien [18, 70] und den Ergänzungsprinzipien [166] verdächtig ähnlich. Die Schlußfolgerung allerdings, daraufhin sei nun wohl bald gar nichts mehr schutzfähig, ist – wie die Erteilungspraxis zeigt – unzutreffend. Worauf es ankommt, ist immer noch das konkrete technische Mittel, der im betrachteten Umfeld ungewöhnliche physikalische Effekt, ganz besonders aber die überraschende Wirkung. Indes sei der Anfänger ausdrücklich gewarnt: Im Gegensatz zu früheren Jahren lesen heute die Patentprüfer bereits denkmethodische bzw. erfindungsmethodische Literatur. Die unmittelbare Folge ist zwangsläufig, daß die an sich vorhandenen Prüfkriterien künftig sicherlich weit schärfer als bisher gehandhabt werden. Somit ist, da bereits das Anwenden derart allgemeiner Lösungsprinzipien bei strenger Auslegung [176] als nichterfinderisch gilt, eine allzu weitgefächerte fachspezifische Untergliederung nur noch von fragwürdigem Wert. Trainierte Dialektiker denken allerdings sofort auch in entgegengesetzter Richtung: Eine genügend pfiffig angelegte fachspezifische Hierarchie läßt die unmittelbare Zugehörigkeit einer Detailempfehlung zu einem "Oberprinzip" nicht unbedingt erkennen (!). Ohne jeden Spott ist anzumerken: Wird der Prüfer klüger, muß notgedrungen auch der Erfinder klüger werden.

Nach diesem Hierarchologie-Exkurs benötigen wir dringend eine Erholungspause. Halten wir es deshalb mit Schlegel, dem berühmten deutschen Romantiker: "Zur Vielseitigkeit gehört nicht allein ein weitumfassendes System, sondern auch Sinn für das Chaos außerhalb desselben ..." ([177], S. 130)

Besser läßt sich das Wechselverhältnis zwischen dem an sich systematischen, zugleich aber auch intuitiv-chaotischen Denken des erfolgreichen Erfinders wohl kaum beschreiben.

6.
Ausgewählte Fortschritte der modernen Erfindungsmethodik

6.1. Die prinzipielle Struktur der Erfindungsmethodik

Überlege dir, was vorausgeht und was folgt.
P. Syrus

[147] Auf den Deckblättern der Erfindungsbeschreibung (EB) werden gemäß INID-Code u. a. angegeben: (11) Patentnummer, (19) Anmeldeland, (22) Anmeldedatum, (51) Internationale Patentklassifikation, (54) Titel, (57) Referat oder Hauptanspruch, (72) Erfindername. Damit kann jede Erfindungsbeschreibung in die 8 Sektionen (A „Täglicher Lebensbedarf" bis H „Elektrotechnik"), 20 Untersektionen, 118 Klassen, 617 Unterklassen, sowie etwa 5 400 Haupt- und etwa 58 000 Untergruppen sicher eingeordnet und jederzeit wiedergefunden werden. Patentdatenbanken liefern per Fernzugriff die erforderlichen Angaben. [179]

[178] Verordnung über die Anmeldung von Patenten (PatAnmV) v. 29. 5. 1981, zuletzt geändert durch Verordnung v. 4. 5. 1990. – München, Deutsches Patentamt

[179] Patentinformation des Amtes für Erfindungs- und Patentwesen der DDR, Hauptabteilung Information und Dokumentation. – Berlin, 28. 2. 1989

Im vorigen Kapitel haben wir uns näher mit Al'tšullers Erfindungsmethodik befaßt und dabei den Schwerpunkt auf die Phase der Lösungssuche gelegt, d. h. das Handhaben der Prinzipien zur Lösung technischer Widersprüche in den Vordergrund gerückt. Andere Rahmenvorschläge zur Erfindungsmethodik rücken hingegen andere Phasen des erfinderischen Prozesses (z. B. das Herausarbeiten der erfinderischen Aufgabenstellung) wesentlich stärker in den Vordergrund. Allen Methoden gemeinsam ist jedoch, daß ein Stufensystem angewandt wird, dessen Elemente einander sehr ähnlich sind. Insbesondere besteht jedes dieser Systeme aus überwiegend analytischen und überwiegend synthetischen Stufen.

Bereits die rein formalen Vorschriften zum Abfassen von Patentanmeldungen (Erfindungsbeschreibungen) haben äußerlich den Charakter eines erfindungsmethodisch brauchbaren Schemas. Beachtet werden sollte vom Anfänger allerdings, daß es sich dabei um eine zwar notwendige, zum Erarbeiten starker Erfindungen aber keineswegs hinreichende Vorschrift handelt. Diese Vorschrift [178] gewährleistet jedoch immerhin einen systematischen Aufbau des Textes und sichert damit zugleich eine gewisse Einheitlichkeit der Vorgehensweise auch beim Erarbeiten von Erfindungen.

Unter dem Gesichtspunkt der Informationsökonomie ist die strikte Einhaltung der vorgeschriebenen Gliederung sogar unerläßlich, da nur so das Einordnen der Informationen in den Fonds des schutzrechtlich relevanten Weltwissens möglich bzw. nur so ein rationelles Recherchieren gewährleistet ist.[147]

Was die eigentliche Erfindungsbeschreibung betrifft, so ist nicht nur aus der Sicht des Gesetzgebers vorgeschrieben, sondern aus rein methodischer Sicht auch dringend geraten, sich streng an die Gliederungsvorschrift in [178] zu halten. Eine Erfindungsbeschreibung besteht aus folgenden Teilen:

– Patentansprüche (was wird beansprucht)
– Titel der Erfindung (kurze, genaue Bezeichnung)
– Angabe des Gebietes der Technik, zu dem die Erfindung gehört
– Charakteristik des bekannten Standes der Technik (es wird beschrieben, welche bekannten technischen Lösungen existieren; die Fundstellen sind anzugeben)
– das der Erfindung zugrunde liegende Problem ist zu erläutern, insbesondere dann, wenn es zum Verständnis der Erfindung oder für ihre nähere inhaltliche Beschreibung unentbehrlich ist
– Darlegung des Wesens der Erfindung, für die in der Anmeldung Schutz begehrt wird
– Angaben, in welcher Weise der Gegenstand der Erfindung gewerblich anwendbar ist
– gegebenenfalls vorteilhafte Wirkungen der Erfindung unter Bezugnahme auf den bisher bekannten Stand der Technik
– mindestens ein Weg zum Ausführen der beanspruchten Erfindung ist detailliert zu erläutern (Ausführungsbeispiele, ggf. ergänzt an Hand von Zeichnungen unter Verwendung entsprechender Bezugszeichen).

An sich ist diese Reihenfolge aus rein juristischen Erwägungen zur Vorschrift erhoben worden. Um so günstiger wirkt die Übereinstimmung zwischen gesetzlicher Forderung und methodischer Zweckmäßigkeit.

Beim Abfassen eigener Erfindungsanmeldungen sollte der Anfänger zunächst mit Mustern arbeiten. Als Muster eignen sich insbesondere Patentschriften aus dem eigenen Fachgebiet, sofern sie vernünftig formuliert und übersichtlich aufgebaut sind. Die gefürchtete Formulierungshürde läßt sich so schnell überwinden.

Voraussetzung für den Erfolg ist jedoch nicht die formale, sondern die sachbezogene Seite der Arbeit. Zunächst ist deshalb der Stand der Technik

[148] Auch sind die Besonderheiten des Fachgebietes zu beachten: Chemie [184], Biotechnologie [185], Pharmazie und Medizin [186].

[149] Dem Anfänger sei geraten, den ersten und den letzten Satz dieses Abschnitts generell als Standardformulierung zu verwenden.

[180] Handbuch Erfindertätigkeit / Hrsg.: J. Hemmerling. – Berlin: Verlag Die Wirtschaft, 1988

[181] Herrlich, Michael: Erfinden – aber wie? – (Mitarbeit: D. Herrig, C. Christmann). – Leipzig: Fachbuchverlag (vorgesehen für 1992)

[182] Schutzrechtsseminar Nr. 18. – In: neuerer. – Berlin 33 (1984) 10. – S. 134–136

[183] Die erfinderische Leistung (Erfindungshöhe) – eine systematische Aufbereitung der Rechtsprechung einschließlich Verfahrensfragen der staatlichen Patentprüfung. – Bearbeiterkollektiv: Foltin, Franz; Gottschalk, Wolfgang; Gruschke, Günter; Hergett, Ute; Kipf, Hartmut; Oswald, Yvonne; Schmechel, Christa; Thalheim, Dieter. – Hrsg.: ORGREB-Institut für Kraftwerke. – Berlin: 1984. – S. 1–50: "Erfinderische Leistung"

[184] Matschinor, Barbara: Patentfibel für Chemiker. – 2. Aufl. – Berlin: Deutscher Verlag der Wissenschaften, 1987

[185] Baumbach, Fritz; Ziebig, Marlene: Patentfibel für Biotechnologen. – Berlin: – Deutscher Verlag der Wissenschaften (evtl. 1992/93)

[186] Wehlan, H.; Heinze, D.: Patentschutz für pharmazeutische und medizinische Erfindungen. – In: neuerer. – Berlin 36 (1987) 2. – S. 25–26

[187] Zobel, D.: Verfahren zur Herstellung von reinem Natriumhypophosphit. – DD-PS 233 746 v. 23. 1. 1984, ert. 12. 3. 1986

anhand einer sorgfältigen Patent- und Literaturrecherche zu ermitteln. Ich verweise dazu auf die detaillierten Angaben in den entsprechenden Buchkapiteln bei Hemmerling [180] und insbesondere bei Herrlich [181].

Ferner sollte der Erfinder die Erteilungschancen für seine Anmeldung rechtzeitig abschätzen lernen. Dazu ist ein Mindestmaß an Kenntnissen zur Prüf- und Erteilungspraxis erforderlich. Während die Kriterien der Neuheit, des technischen Fortschritts und der gewerblichen Anwendbarkeit vergleichsweise klar sind, gab es immer wieder Probleme mit dem recht diffusen Kriterium "erfinderische Leistung" (auch "Erfindungshöhe" genannt). Dazu sei insbesondere auf Hemmerling [180] verwiesen. Detaillierte Angaben finden sich ferner bei [182] und [183]. Bundesdeutsches Recht spricht noch lapidarer von "erfinderischer Tätigkeit".[148]

Besondere Schwierigkeiten macht dem Anfänger erfahrungsgemäß die Formulierung des Wesens der Erfindung. Da jede Erfindung eine ganz bestimmte Aufgabe löst, sei hier aus eigener Erfahrung empfohlen, diesen Zusammenhang klar und unmißverständlich auszudrücken. Am besten eignet sich dazu eine Widerspruchsformulierung.

Folgendes Beispiel demonstriert die – auch für den Prüfer sehr einleuchtende – Vorgehensweise.

Angestrebt wird bei unserem Beispiel die vorteilhafte Gewinnung einer möglichst reinen Verbindung aus einem wäßrigen Kristallbrei, wobei das Problem darin besteht, daß möglichst auf die vollständige Reinigung der Ausgangslösung vor Beginn der Kühlungskristallisation verzichtet werden soll, weil derartige – an sich durchaus möglichen – Reinigungsoperationen umständlich und teuer sind. Wegen des Verzichts auf die Reinigungsoperationen ist der Kristallbrei mit störenden Nebenbestandteilen verschmutzt. Neben der erwünschten Hauptkomponente Natriumhypophosphit ($NaH_2PO_2 \cdot H_2O$) enthält der Kristallbrei noch das ebenfalls wasserlösliche Natriumphosphit ($Na_2HPO_3 \cdot 5\,H_2O$) sowie das zwar schwerlösliche, jedoch zur Peptisation neigende Calciumphosphit ($CaHPO_3 \cdot H_2O$). Wir haben also, bezogen auf die im wäßrigen Kristallbrei enthaltenen Salze, ein Dreikomponentensystem vor uns. Gewünscht wird aber, daß nach dem Zentrifugieren (Trennen in möglichst trockene Kristalle und Mutterlauge) Natriumhypophosphit als reines kristallines Produkt anfällt. Das läßt sich mit konventionellen Mitteln nicht erreichen.

In der Patentschrift wird deshalb folgende unmißverständliche Formulierung verwendet:

"Die technische Aufgabe, die durch die Erfindung gelöst wird, läßt sich am besten anhand des vorliegenden technischen Widerspruches erläutern.

Zwar ist durch Kühlungskristallisation aus vergleichsweise phosphitarmen Lösungen in bekannter Weise ein sehr phosphitarmes Hypophosphit erhältlich, jedoch geht die Forderung nach einem zugleich auch sehr calciumarmen Produkt mit der Notwendigkeit einher, zuvor die Ausgangslösung in einer speziellen Verfahrensstufe vom Calcium befreien zu müssen. Will man diesen Aufwand vermeiden, so hat dies bei Anwendung bekannter Mittel zur Folge, daß man entweder Hypophosphit mit erhöhtem Phosphitgehalt oder Hypophosphit mit erhöhtem Calciumgehalt erhält.

Vorliegende Erfindung löst diesen Widerspruch." [187][149]

Eine solche bisher nicht praktizierte Direktverbindung zwischen schutzrechtlich eindeutiger Formulierung und moderner Erfindungsmethodik dürfte für den Prüfer besonders überzeugend sein.

Während das Anwenden und Befolgen der vom Gesetzgeber für jede Patentschrift vorgeschriebenen Textgliederungen zwar notwendig, nicht aber hinreichend für das Entstehen schutzfähiger Erfindungen ist, haben sich Denk-

[150] Trotzdem ist die Lektüre der Engelmeyerschen Arbeit sehr empfehlenswert. Es finden sich bereits viele Elemente der modernen Erfindungsmethodik, vor allem was die besonders wichtige Analyse der Aufgabe anbelangt. Überzeugend wird an Beispielen belegt, wie der – wenn auch als rein intuitiv beschriebene – Qualitätssprung zwischen erstem und zweitem Denkakt vorbereitet werden kann.

[151] Wie bei Engelmeyer werden drei wesentliche Stufen unterschieden. Das eigentliche Erfinden wird als Übergang zwischen fertiger Aufgabenanalyse und schöpferischem Anwenden durchaus bekannter Gesetze (Natur- und Denkgesetze) gesehen. Zum Lösen des Problems werden in erster Linie nicht etwa Eingebungen, sondern vielmehr Grundregeln, Arbeitsverfahren, sowie geistige und materielle Hilfsmittel als wesentlich angesehen.

[188] Engelmeyer, P. K. v.: Der Dreiakt als Lehre von der Technik und der Erfindung. – In: Gewerbl. Rechtsschutz u. Urheberrecht. – (1909) 11. – S. 367–397

[189] Fenzl, F.: Die Lehre des Erfindens. – Halle: Marhold Verlagsbuchhandlung, 1927

[190] Herrig, D.; Müller, H.: Technische Semiotik. – Wismar: Ingenieurhochschule, 1979. – (Manuskriptdruck)

methodiker ausschließlich mit der Frage befaßt, wie der erfinderische Prozeß "an sich" eigentlich abläuft. Wir hatten Gelegenheit, uns im 5. Kapitel mit Al'tšullers Gedankengängen vertraut zu machen. Wir konnten uns anhand vieler Beispiele überzeugen, daß die meisten Stufen des kreativen Prozesses durchschaubar sind.

Wie hat sich nun die denkmethodische Beurteilung des erfinderischen Prozesses im Laufe der Zeit entwickelt? Es fällt auf, daß frühere Veröffentlichungen zwar das heute anerkannte Grundmuster durchaus bereits verwenden, daß aber der Kernpunkt, das eigentliche Erfinden, weitgehend im Dunkeln bleibt.

So erklärt v. Engelmeyer, ein deutscher Ingenieur in russischen Diensten, zu Anfang unseres Jahrhunderts das Erfinden als Dreiakt aus Wollen, Wissen und Können [188]. Der erste Akt (Entstehung der Absicht) wird als Akt des Wollens und der Intuition gedeutet. Der zweite Akt (Ausarbeitung des Schemas) gilt als Akt des Wissens und Denkens. Der dritte Akt (konstruktive Ausführung der Erfindung) wird als Akt des Könnens bezeichnet. Wir sehen, daß der Sprung zwischen erstem und zweitem Akt nicht rational erklärt wird. Das Schema (der gedankliche Kern der Erfindung) wird bei v. Engelmeyer, ausgehend vom unbedingten Wollen, mehr oder minder erahnt, nicht aber systematisch erarbeitet.[150]

Der äußere Ablauf des erfinderischen Prozesses wird auch von Fenzl [189] einleuchtend dargestellt. Er gibt folgendes Schema an:

A. Konzeption
– Schulung der Beobachtungsgabe
– Bedürfnislehre
– Lehre über die Aufstellung und Lösung von Problemen
B. Perzeption
– Die Natur- und Denkgesetze
– Grundregeln der Physik und Chemie
– Arbeitsverfahren und Fabrikationsmethoden
– Geistige Hilfsmittel

a) Das geistige Experimentieren
b) Das Rechnen und Zeichnen und ihre Bedeutung für den Erfinder
– Körperliche Hilfsmittel
a) Das Experiment
b) Das Modell
C. Konstruktion
Praktische Regeln bei der Formgebung.[151]

Moderne Arbeiten zur Struktur des Erfindungsprozesses versuchen eine sehr weitgehende Allgemeingültigkeit der Aussagen durch wesentlich abstraktere Darstellung zu erreichen. So leiteten Herrig und Müller [190] die folgenden fünf Arbeitsschritte denkpsychologisch und heuristisch ab:

I Aufbereiten, d. h. vorwiegend Analyse
II Generieren, d. h. vorwiegend Synthese
III Kritisieren, d. h. vorwiegend Analyse
IV Modifizieren, d. h. vorwiegend Synthese
V Entscheiden
V 1 Entscheiden als Analyse: Bewerten
V 2 Entscheiden als Synthese: Beschlußfassen.

Dieses Schema trifft für jegliche Erfindungsmethodik zu. Es liefert allerdings nur den strategischen Rahmen und enthält keinerlei Lösungsinformationen. Sein besonderer Wert besteht darin, daß nicht nur der Gesamtablauf des erfinderischen Prozesses, sondern auch das Vorgehen innerhalb jeder einzelnen erfinderischen Etappe eindeutig charakterisiert bzw. vorgeschrieben wird.

Besonders übersichtlich ist das von Herrlich und Zadek ([166], Teil 1, S. 61) angegebene Schema. Es zeigt zehn erfinderische Etappen, davon fünf mit wachsendem Abstraktionsgrad und fünf mit wachsendem Konkretisierungsgrad (Abb. 38). Jede dieser Etappen sollte vom Erfinder nach den oben angegebenen denkmethodischen Grundregeln I bis V [190] abgearbeitet werden, d. h., dieser stufenweise Ablauf gilt nicht nur insgesamt, sondern für jede einzelne

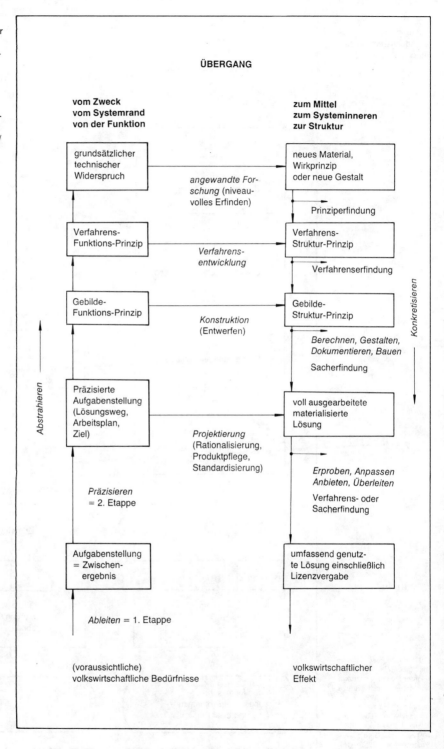

Abb. 38
Etappen und Schritte der methodisch-systemwissenschaftlichen Arbeitsweise (nach: [166], Teil 1, S. 60)

In jeder Etappe wird in fünf Schritten, z. T. mit Sprüngen und/oder Wiederholungen gearbeitet: Aufbereiten/Generieren/Kritisieren/Modifizieren/Entscheiden.

Abb. 39
Allgemeine Struktur des Erfindungsprozesses (nach [191])

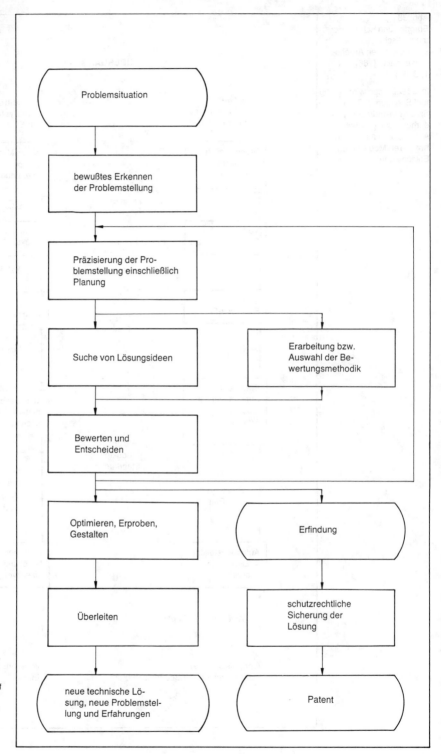

[191] Busch, K.: Erfindungsmethodik – ein Mittel zur Effektivierung der Konstruktionsarbeit. – Gastvortrag auf dem 28. Intern. Wiss. Kolloquium der TH Ilmenau 1983, Vortragsreihe "Entwicklung feinmechanisch-optischelektronischer Geräte". – Proceedings. – S. 181–182

[152] Forschendes Erfinden: Übergang 5 — 6; verfahrensentwickelndes Erfinden: Übergang 4 — 7; konstruierendes Erfinden: Übergang 3 — 8; projektierendes Erfinden: Übergang: 2 — 9 (Terminologie nach Herrlich; die letztgenannten drei Wege betreffen meist nur Verbesserungserfindungen.)

[153] Dabei verschiebt sich die Wichtung innerhalb der Elemente von Etappe zu Etappe erheblich. Grundsätzlich entspricht aber auch dieses Schema dem Wechsel zwischen analytischen und synthetischen Arbeitsschritten.

[154] Herrlich fügt rechts oben, außerhalb der Sphäre der "starken" Erfindungen, noch die Entdeckungen ein. Ich halte diese Art der Darstellung nicht für zweckmäßig.

[155] Die Unterschiede in den Auffassungen der einzelnen Autoren sind eigentlich nicht erheblich. Im wesentlichen handelt es sich um unterschiedliche Wichtungen (Betonen der mehr praktischen bzw. mehr systemwissenschaftlichen Seite, der analytischen bzw. synthetischen Schritte, der rein erfolgsorientierten bzw. der überwiegend methodikverpflichteten Betrachtungsweise).

[192] Linde, H.-J.: Strategiemodell zur Bestimmung von Entwicklungsaufgaben mit erfinderischer Zielstellung. – Dissertation A, TU Dresden, 1988

der in Abbildung 38 dargestellten Arbeitsetappen. Dieses Schema sichert, daß nichts vergessen wird. Alle in den vorangegangenen Abschnitten behandelten und in den Folgeabschnitten noch zu behandelnden methodischen Techniken lassen sich zwanglos in dieses Schema einordnen.

Besonders wertvoll ist die übersichtliche Darstellung der Abstraktionsschritte bis zur 5. Etappe, des erfinderischen Überganges zwischen 5. und 6. Etappe[152] und schließlich der Konkretisierungsschritte bis zur 10. Etappe. Falls der Erfinder in jeder Etappe tatsächlich alle Arbeitsschritte nach Herrig und Müller (s. o.) anwendet, bestehen beste Erfolgsaussichten. Herrlich bringt in seinem Buch [181] zahlreiche überzeugende Beispiele.

Einleuchtend ist auch ein von Busch [191] angegebenes Schema. Er geht davon aus, daß Erfinden grundsätzlich auf folgenden Elementen aufbaut:

– Identifizieren
– Präzisieren
– Analysieren
– Abstrahieren
– Generieren
– Konkretisieren
– Synthetisieren
– Generalisieren
– Bewerten und Entscheiden.

Abbildung 39 zeigt die allgemeine Struktur des Erfindungsprozesses nach Busch. Wir gehen nicht fehl, wenn wir die oben angeführten Elemente des Erfindens auch im Falle dieses Schemas als für jede einzelne Etappe zutreffend betrachten.[153]

Eine systemwissenschaftlich wertvolles, auf den Arbeiten von Rindfleisch und Thiel [73] basierendes ausführliches Strategiemodell legte Linde [192] vor. Das Modell behandelt überwiegend die Stufen 1 bis 5 des erfinderischen Prozesses (s. Abb. 38).

Besonders einleuchtend ist das von Herrlich [2] vorgelegte Grundschema. Die sehr einprägsamen Termini

– Analogieweite
– Kommunikationsbreite
– Abstraktionshöhe

umreißen treffend, welche Anforderungen grundsätzlicher Art der Erfinder zu erfüllen hat, um zu möglichst niveauvollen Lösungen zu gelangen. Unabhängig von der jeweils betrachteten Methode hat diese Darstellungsweise (Abb. 40) prinzipiellen Wert. Sie zeigt vor allem, daß sich mit einer recht begrenzten Zahl von Methoden arbeiten läßt, wenn nur ausreichend hohe Maßstäbe an die genannten drei Grundforderungen gelegt werden. Kürzer ausgedrückt: Schutzfähige Lösungen finden sich nicht oder nur selten, wenn ausschließlich fachmännische Schritte gegangen, nur vorhandene technische Gebilde berücksichtigt und naheliegende Informationen verwendet werden. Abbildung 40 zeigt schematisch, daß erst außerhalb vom "Suchraum des Durchschnittsfachmannes" erfolgreich erfunden werden kann.[154]

Fassen wir die bisher behandelten methodischen Varianten zusammen, so ist das grundsätzlich ähnliche Vorgehen aller Methodikautoren zu erkennen. Stets wird die zu lösende Aufgabe sorgfältig analysiert, das Ist mit dem Weltstand verglichen, stets wird das Ideal definiert, und stets wird versucht, die einander widersprechenden Bedingungen/Parameter in erfinderischer Weise miteinander in Einklang zu bringen, damit eine möglichst weitgehende Annäherung an das Ideal erreicht werden kann. Es folgen die Konkretisierungsstufen bis zur fertigen technischen Lösung.[155]

Die folgenden Abschnitte dienen deshalb allein dem Zweck, wesentliche Elemente der modernen Erfindungsmethodik abzuhandeln, ohne jedesmal den gesamten erfinderischen Prozeß erneut beleuchten zu müssen.

Der Leser möge diejenigen methodischen Elemente auswählen und zielstrebig nutzen, die ihm besonders vielversprechend erscheinen. Das siche-

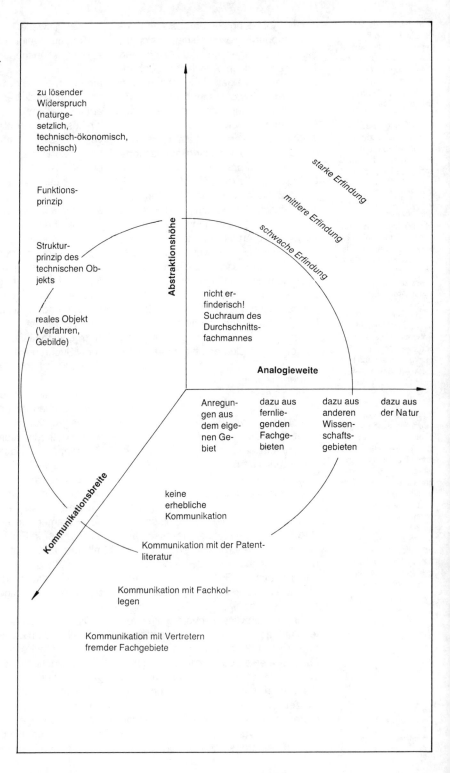

Abb. 40
Ideensuchraum des Erfinders im Vergleich zu dem des Durchschnittsfachmannes (nach [2], S. 174)

re Einordnen dieser zusätzlichen Elemente in den erfinderischen Gesamtprozeß fällt nunmehr leicht (s. dazu Abb. 38 und 39).

6.2. Elementarmethoden, die analytisch wie synthetisch eingesetzt werden können

Keine Betrachtungsweise kann die bestmögliche sein.
W. Gilde

Gefragt sind elementare Denk- und Arbeitsmethoden, die gleichermaßen im überwiegend analytischen Operationsfeld des Erfinders wie auch im vorwiegend synthetischen Operationsfeld von Nutzen sind.

Prüfen wir, ob eine solche Forderung erfüllbar ist, und betrachten unter diesem Gesichtspunkt die folgenden sieben Elementarmethoden:

- Ist-Soll-Ideal-Vergleich (Orientierung am Idealen Endresultat)
- schwächstes Kettenglied
- Kausalitätsermittlung
- historische Methode
- Operator MZK (Maße, Zeit, Kosten)
- Stoff-Feld-Betrachtungsweise
- Übergang vom Makro- zum Mikrosystem.

Herrlich ([74], S. 125) bevorzugt die ersten fünf der oben genannten Elementarmethoden zum Ermitteln von Widersprüchen, d. h. als typische Analysenmethoden. Die drei letztgenannten Methoden gehen direkt auf Al'tšuller [69, 70] zurück, der im Falle des Operators MZK (Extremieren, Zuspitzen des Problems) ebenso wie im Falle der Stoff-Feld-Betrachtungsweise den systemanalytischen Verwendungszweck, im Falle des Übergangs vom Makro- zum Mikrosystem hingegen den überwiegend synthetischen Wert betont. Der letztgenannte Fall wird von Al'tšuller geradezu als Paradebeispiel für eines der Entwicklungsgesetze technischer Systeme verwendet (Übergang vom Makro- zum Mikrosystem). In diesem Sinne handelt es sich zweifellos um eine typische Methode zum Lösen technischer Widersprüche, d. h. um die Aufforderung zu prüfen, ob der Übergang vom groben Makrosystem (z. B. Maschine mit "klassischer" Mechanik) zum höherwertigen Mikrosystem (z. B. einer für die vorteilhaftere Erfüllung der gleichen Funktion gedachten trägheitslosen mikroelektronischen Einheit) den vorliegenden Widerspruch löst.

Wir wollen nun die in den folgenden Abschnitten 6.2.1. bis 6.2.7. zu behandelnden Elementarmethoden nicht in der bisher üblichen Weise einseitig betrachten, sondern den Grad ihrer Verwendbarkeit für systemanalytische wie für synthetische Zwecke jeweils konkret prüfen. Dazu sind diese Methoden nach unterschiedlichen Gesichtspunkten zu beurteilen.

Vor allem betrifft dies den systemanalytischen Aspekt (Herausarbeiten von Widersprüchen), den systemverändernden Aspekt (Lösen von Widersprüchen) und den Umkehraspekt (Wann ist die Umkehrung der durch die Gesetze der Entwicklung technischer Systeme anscheinend vorgeschriebenen Denkrichtung nützlich?).

Wenn man nicht weiß, wohin man geht, landet man irgendwo anders.
L. J. Peter

6.2.1. Ist-Soll-Ideal-Vergleich

Für jedes technische Objekt (System, Verfahren, Gebilde) läßt sich ein Ideal definieren. Jeder Chemiker träumt beispielsweise von einem Verfahren,

- das hundertprozentige Ausbeute liefert,
- dessen Energiebedarf im "Inselbetrieb" (d. h. durch die energetische Nutzung exothermer Verfahrensstufen, Dampf- und Elektroenergieverbund, komplette Abwärmenutzung und/oder Energie-Recycling) völlig autonom gedeckt werden kann,
- das selbständig abläuft, so daß der Anlagen-, Kontroll-, Wartungs- und Reparaturaufwand extrem gering ist.

Bei technischen Gebilden, z. B. Vorrichtungen, kann das Ideal beispielsweise so definiert werden:

– Die Vorrichtung besteht nur aus einem Teil (alle anderen Teile sind bei schärferem Hinsehen funktionell nicht zwingend notwendig).
– Die Vorrichtung ist extrem leicht und verursacht daher nur geringe Materialkosten.
– Die Vorrichtung arbeitet "von selbst", d. h., sie erfüllt ihre Funktion beispielsweise ohne Bewegung oder während sie sich selbst zerstört, oder sie wird vom zu bearbeitenden Material in Bewegung gesetzt, oder sie arbeitet mit Hilfe des Gravitationsfeldes (hier sind kühne Gedanken gefragt!).

Solche Wunschformulierungen haben primär den Sinn, die Zielhöhe nicht zu niedrig anzusetzen. Abstriche sollten nicht unmittelbar schon in der Startphase, sondern erst während des erfinderischen Prozesses gemacht werden. Wer das nicht beachtet, verschenkt erhebliche Reserven. Die leider gängige Vorgehensweise ("hat sowieso keinen Zweck, dazu fehlt uns jede Voraussetzung, ein solches Ideal läßt sich doch nur mit modernster Importtechnik realisieren, darum definieren wir ein solches Ideal gar nicht erst") ist vom Prinzip her falsch. Vor allem wird damit die qualifizierte Suche nach verblüffend einfachen "Von-Selbst-Lösungen" unmöglich gemacht, denn grundsätzlich besteht nur unter Einsatz solcher Lösungen (und nicht etwa mittels komplizierter Technik!) die Chance, sich dem Idealen Endresultat (IER) wenigstens zu nähern.

Im Ergebnis der überwiegend systemanalytischen Phase (Analyse des Istzustandes) wird ersichtlich, wie weit das derzeitige Verfahren/Erzeugnis vom IER entfernt und in welchen Punkten das der Fall ist.

Gleichen bzw. noch höheren heuristischen Wert besitzt das IER in der synthetischen Phase: jeder Schritt während der Lösungssuche und jeder Schritt (auch jeder Zwischenschritt!) des Konstrukteurs in der Endphase ist am IER zu messen. Damit wird das ungewollte Abdriften vom Ideal wirksam verhindert.

Auf die grundsätzlichen Vorteile des Arbeitens mit dem IER weist Herrlich ([74], S. 126) hin:

– Die gedankliche Beschäftigung mit dem Ideal sorgt dafür, daß "fachidiotische" Denkbarrieren überwunden werden ("Es geht nur so!" – hypnotische Wirkung bestehender technischer Gebilde; die "normierende Kraft des Bestehenden" wird mindestens abgeschwächt).
– Die Fixierung des gewissermaßen "realisierbaren Ideals", d. h. des auf der Verbindungslinie zwischen Ist und Ideal liegenden Soll-Zielpunktes, sichert eine fortschrittliche Entwicklung und vermeidet, daß man irgendwo landet.

6.2.2. Schwächstes Kettenglied

Meist haben wir es bei unseren erfinderischen Bemühungen mit mehrstufigen, komplexen Systemen zu tun. Dies ist besonders in der systemanalytischen Phase zu berücksichtigen. Fast niemals sind die Stufen eines komplexen Systems gleichstark entwickelt. Die Folge ist, daß der Gesamtprozeß nur so schnell/gut/kostengünstig/unempfindlich/reparaturfreundlich arbeitet wie sein schwächstes Kettenglied.

Wir haben die Grundregeln der Teilsystem-Funktionsanalyse, die diesen Zusammenhang aufdeckt und quantifiziert, bereits kennengelernt (Abschnitt 5.2.). Deshalb sind die folgenden Ergänzungen recht kurz gefaßt.

Kernpunkt des systematischen Vorgehens ist das Aufspüren des "Flaschenhalses".[156]

Mehrstufige Prozesse zeigen meist mehrere Schwachstellen. Aus der Leistungsfähigkeit jeder einzelnen Stufe ergibt sich zwanglos die Reihenfolge

---

Die Anzahl der vorhandenen Ersatzteile ist reziprok proportional zu ihrem Bedarf.
4. Murphysches Gesetz

[156] Im angelsächsischen Sprachraum wird der sehr anschauliche Begriff bottle neck als offizieller terminus technicus benutzt.

[157] Aktivität und sinnvolles Handeln sind aber zweierlei. Nur durch vorrangiges Bearbeiten der Schwachstellen kann der Gesamtprozeß verbessert werden. Das unüberlegte Verstärken einer ohnehin schon starken Verfahrensstufe ist nicht nur überflüssig, sondern oft genug schädlich (siehe Motto zu diesem Abschnitt).

[158] Der beste Transport ist "kein Transport": statt Förderschnecken und Bändern Übergang zur Kaskadenarbeitsweise per Gravitation, Zusammenlegen von Verfahrensstufen, Kürzester Weg usw.

Keine Erklärung sollte komplizierter als notwendig sein.
W. Ockham

der in Angriff zu nehmenden Arbeiten (Wichtung der Arbeitsschritte). Die schwächsten Verfahrensstufe wird zuerst bearbeitet. Sie ist in der Regel Verursacher des erfinderisch zu lösenden Widerspruchs. Das zu erreichende Ziel sollte nicht "freihändig" festgelegt, sondern am Leistungsvermögen der stärksten/schnellsten/einfachsten Verfahrensstufe orientiert werden. Indes ist diese Empfehlung nicht wörtlich zu nehmen. Es sind Fälle denkbar, in denen mit vertretbarem Aufwand nur ein mittleres Niveau erreichbar ist. Dann sollte dieses – und kein höheres – Niveau angestrebt werden ("Nicht so gut wie möglich, sondern so gut wie nötig"). Danach ist mit der nächstschwächeren Verfahrensstufe analog zu verfahren.

Empfehlungen dieser Art mögen banal erscheinen. Indes zeigt die Praxis, daß meist unüberlegt an beliebigen Prozeßstufen herumverbessert wird – oft einfach deshalb, weil sich dort vordergründig Verbesserungsmöglichkeiten zeigen, die zur sofortigen Bearbeitung reizen.[157]

Beispiele finden sich in allen Industriezweigen. So sind in der chemischen Industrie mehrstufige Prozesse die Regel. Vor der ersten Verfahrensstufe befindet sich der Rohstoffantransport, nach der letzten Verfahrensstufe der Fertiggutabtransport. Dazwischen liegen oft zahlreiche innerbetriebliche Transport-, Umschlags- und Lagerprozesse, die wegen der spezifischen Eigenschaften mancher Zwischenprodukte, insbesondere aber wegen der prozeßstörenden Wirkung von Stockun-

6.2.3. Kausalitätsermittlung

Besonders klar umrissen wird dieses wichtige Elementarverfahren von Herrlich ([74], S. 130–132). Der folgende Abschnitt basiert deshalb auf seinen Erläuterungen.

Bei komplizierten (vielelementigen) und komplexen (d. h. mit vielen Kopplungen versehenen) technischen Sy-

gen im Transportsystem, sehr gut durchdacht sein sollten.

Daran hapert es aber. Durchdacht und sauber aufeinander abgestimmt sind solche Problemstrecken nur selten. Natürlich spielt auch die Ausbildung der verantwortlichen Leiter eine Rolle: Sie sind im allgemeinen Chemiker und kümmern sich deshalb – oft sehr erfolgreich – überwiegend um ihre "eigentliche" Arbeit, d. h. die Intensivierung der stoffwandelnden Verfahrensstufen. Dieses Vorgehen nützt aber nur dann, wenn die Transportstrecken mindestens mit gleicher Intensität bearbeitet werden, und zwar sinnvollerweise nicht parallel, sondern komplex. Praktisch bedeutet das die weitgehende Integration der Transportprozesse, was für den Gesamtprozeß auf eine starke Annäherung an das IER hinausläuft.[158]

Genau die gleichen Gesichtspunkte sind in der synthetischen (d. h. der eigentlichen erfinderischen) Phase gültig. Zunächst ist die beim Generieren gewonnene Lösungsidee per Schwachstellenanalyse sehr kritisch zu betrachten. Sodann ist zu überprüfen, welche Stufe des Gesamtprozesses durch Verbessern der bisher schwächsten Stufe zur nunmehr schwächsten Stufe wird, welcher Aufwand zu treiben ist, um diese Stufe zu verbessern, was dann mit dem Gesamtsystem geschieht, und schließlich: welche qualitativ höhere Entwicklungsrichtung (an die vorher gar nicht zu denken war) sich nach dem Verbessern mehrerer Verfahrensstufen für den Gesamtprozeß eröffnet.

stemen ist nicht immer sofort erkennbar, welche Größen Ursache, welche hingegen Wirkung sind. Somit bleibt zunächst offen, welche Einflußgrößen den Widerspruch hervorrufen und demgemäß erfinderisch verändert werden müssen. Zur Aufklärung des Sachverhaltes im Rahmen der Prozeßanalyse haben sich drei Vorgehensweisen bewährt:

[159] Dem Erfinder kommt hierbei entgegen, daß der Prüfer nur eine bestimmte Anzahl von Experimenten beim bloßen "screening" (Durchprobieren unter Auswählen) für zumutbar hält. Per Computersimulation ist der Aufwand vertretbar, ohne Hilfsmittel nicht. Das angewandte Hilfsmittel wird jedoch im Prüfverfahren nicht abgefragt.

[193] Scheffler, Eberhard: Einführung in die Praxis der Statistischen Versuchsplanung. – 2. Aufl. – Leipzig: Deutscher Verlag für Grundstoffindustrie, 1986. – S. 170 ff.

Der heutige Tag ist ein Resultat des gestrigen. Was dieser gewollt hat, müssen wir erforschen, wenn wir zu wissen wünschen, was jener will.
H. Heine

– theoretische Modellierung mittels Differentialgleichungen, Zurückführen auf Elementarvorgänge
– passive statistische Prozeßanalyse, sofern an der Anlage keine aktiven Experimente zwecks Funktions- und/oder Strukturaufklärung möglich sind.
Der Anlage werden zu diesem Zweck zunächst umfangreiche Meßdatensätze entnommen (jede Anlage schwankt in ihren Betriebsbedingungen). Sodann wird eine rechnergestützte Faktoren-, Korrelations- und Regressionsanalyse ausgeführt. Nunmehr wird das mathematische Prozeßmodell aufgestellt, das anschließend zu optimieren ist. Gewöhnlich sind solche Optimierungslösungen nicht schutzfähig. Wird allerdings eine überraschende Wirkung mit hohem Produktivitätsgewinn gefunden, so läßt sich mit guten Chancen durchaus eine Auswahlerfindung anmelden (... "Überraschend wurde gefunden, daß ...").
– statistische Versuchsplanung und -auswertung [193]
Sie ist besonders effektiv und kann im Rahmen der statistisch abgesicherten Aufklärung von Kausalitäten zum Aufdecken von Widersprüchen (d. h. bei der Ist-Zustands-Analyse) ebenso wie zum experimentellen Funtionsnachweis der tragenden Erfindung (d. h. in der überwiegend synthetischen Phase) dienen. Hierzu werden alle vermuteten Einflußgrößen gleichzeitig zwischen mehreren aktiv einzustellenden Niveaus variiert und die Wirkungen bzw. Wechselwirkungen auf beliebig viele Ausgangsgrößen mit Hilfe einfacher Rechnungen in Form linearer oder nichtlinearer mathematischer Modelle ermittelt. Auf einfachste Weise können so das mathematische Grobmodell erarbeitet, unwesentliche Einflußgrößen ausgesondert, Synergismen festgestellt und

6.2.4. Historische Methode

Die historische Methode gehört zu den Elementarmethoden, die der Erfinder

gegebenenfalls das mathematische Modell zwecks weitere Optimierung verfeinert werden.

Gegenüber der traditionellen Experimentalplanung (eine Größe wird variiert, alle anderen werden konstant gehalten) spart die statistische Versuchsplanung somit Zeit, Geld und Nerven.

Unter rein schutzrechtlichen Aspekten betrachtet dürfte die statistische Versuchsplanung (ebenso wie die passive statistische Prozeßanalyse und die Computersimulation) eigentlich nicht zu schutzfähigen Lösungen führen. Die Praxis zeigt jedoch, daß nicht wenige Erfindungen gerade mit Hilfe dieser Methoden erarbeitet worden sind.[159] Das wird auch verständlich, wenn man die Grundregel des Prüfers bedenkt: Entscheidend ist nicht der Weg, auf dem eine Erfindung entsteht, sondern allein das vom Erfinder vorgeschlagene technische Mittel bzw. der zugrundeliegende – wenn auch für sich nicht schutzfähige – Effekt.

Nun sind statistische Versuchsplanung wie passive statistische Prozeßanalyse ihrem Wesen nach "nur" in der Lage, die Wechselbeziehungen an sich vorhandener Einflußgrößen zu bestimmen. Hochwertige Erfindungen hingegen sind durch die Einführung mindestens einer zusätzlichen Einflußgröße gekennzeichnet. Indes verfügen die modernen Rechner mit ihrer immensen Arbeitsgeschwindigkeit im Vergleich zum menschlichen Hirn über einen derart wesentlichen quantitativen Vorteil, daß Quantität gelegentlich in Qualität umschlägt; liefert eine ohne Rechnerhilfe gar nicht oder nur zufällig auffindbare Parameterkombination unerwartete Effekte (z. B. Synergismen), so steht der Schutzrechterteilung nichts mehr im Wege.

niemals unberücksichtigt lassen sollte (siehe Motto).

Die historische Analyse eines beliebigen technischen Systems zeigt uns zunächst, welche Bedürfnisse seinerzeit vorlagen, welche Widersprüche dem System eigen waren, wie sie gelöst wurden und welche neuen Widersprüche sich mit der Einführung wesentlich modifizierter oder prinzipiell veränderter Systeme neu herausbildeten. Technisch-ökonomische Widersprüche und ihre historische Entwicklung lassen erkennen, ob konsequent gehandelt worden ist oder unnötig viel Zeit bis zur Lösung der Widersprüche verstrich. (Al'tšuller: "Das Zuspätkommen von Erfindungen ist geradezu ein ehernes Gesetz." [18])

Im allgemeinen wird bei der historischen Betrachtungsweise (z. B. nach Busch [194]) unter Berücksichtigung gesellschaftlicher, technischer und naturgesetzlicher Bedingungen wie folgt verfahren:

– Ermitteln der Entwicklung des Bedürfnisses
(Vergangenheit, Gegenwart, Zukunft)
– Ermitteln der Aufgabenstellung, Planen der Lösung zum Entwickeln sowie Realisieren
(betr. Stoffe, Energieträger, Informationen)
– Ermitteln der Aufgabenstellung und Planen der Lösung zum Entwickeln sowie Realisieren
(betr. notwendige technische Objekte, wie z. B. Fertigungsverfahren oder Werkzeugmaschinen, zum Herstellen anderer technischer Objekte)
– Ermitteln der Aufgabenstellung und Planen der Lösung zum Entwickeln, sowie das Realisieren/Herstellen der benötigten Endverfahren/Endprodukte
– Ermitteln der Aufgabenstellung und Planen der Lösung zum sinnvollen Wiederverwenden, Weiterverarbeiten oder der sonstigen Nutzung der nunmehr verschlissenen/überwundenen Gebilde/Objekte, Erarbeiten von Vorstellungen zur Abproduktverwertung sowie zur sinnvollen Nutzung von Nebenwirkungen und/oder Sekundärenergien.

Wir sehen, daß die historische Methode ihrer Natur nach nicht nur die Vergangenheit, sondern auch die Gegenwart und die Zukunft umfaßt. (Was war? Was ist? Was wird sein?) In diesem Sinne ist Prognostik lediglich eine in die Zukunft gerichtete Anwendungsform der historischen Methode.

Die historische Methode gestattet die gesamte Entwicklung eines technischen Objektes/Verfahrens von der Idee über die Stufen

– Konstruktion
– Nutzung
– beginnender moralischer Verschleiß
– "Vergreisungspunkt"
– Verschrottung
– Schrottnutzung

so zu verfolgen, daß rechtzeitig Schlüsse gezogen werden können (ab wann sind erfinderische Aktivitäten zwingend erforderlich?).

Eine aufschlußreiche Darstellung der "Lebenslinien" technischer Systeme geht auf Al'tšuller ([18], S. 117) zurück. Abb. 41a zeigt den zeitlichen Verlauf der Entwicklung beliebiger technischer Systeme.

Die erdachte, im Labor erprobte Basiserfindung entwickelt sich zunächst nur sehr zögernd (Startpunkt bis Punkt α). Erst mit dem Beginn der technischen Einführung des Verfahrens (Punkt α) beginnt eine stürmische Entwicklung. Jedoch werden bereits am Punkt β Verzögerungserscheinungen sichtbar (Knickpunkt!). Spätestens hier hat der verantwortungsbewußte Erfinder wach zu werden. Zwar entwickelt sich das System noch, die verzögerte Entwicklungsgeschwindigkeit setzt aber ein deutliches Alarmsignal: wer jetzt nicht handelt, wird von der bereits absehbaren Überalterung des Systems ("Vergreisungspunkt" γ) überrascht und verliert mit ziemlicher Sicherheit seine Konkurrenzfähigkeit. Der Erfinder sollte prüfen, ob spätestens am Punkt β mit den Vorbereitungen für ein völlig neues System begonnen werden muß (Vorlaufforschung zu einem Zeitpunkt, der für

[194] Busch, H.: Strategie der siebenfachen Entscheidungssuche bei Konstruktions- und Erfindungsaufgaben. – In: Maschinenbautechnik 25 (1976) 5. – S. 204–207

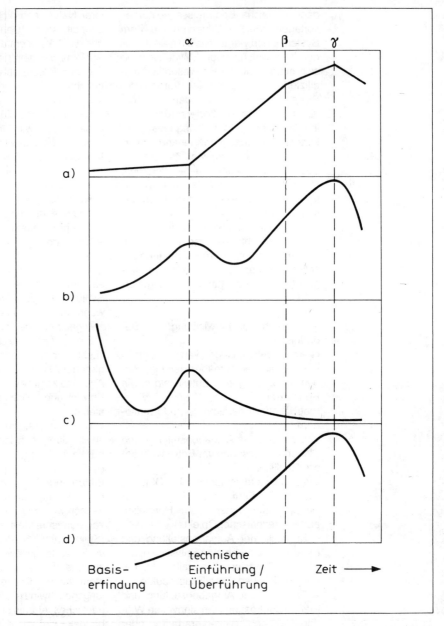

Abb. 41
Lebenslinien technischer Systeme (nach [69], S. 141)
a) Lebenskurve des technischen Systems
b) Zahl der für das technische System angemeldeten/erteilten Erfindungen
c) Änderung des Niveaus der Erfindungen
d) mittlere Effektivität (Ökonomie des Verfahrens/Systems)

den Betriebsblinden noch keinerlei Beunruhigung auslöst). Allerdings ist, wie Thiel und Patzwaldt ([70], S. 118) in ihrem Kommentar zu bedenken geben, zum oben angegebenen Zeitpunkt β keineswegs grundsätzlich die Notwendigkeit des Startes in Richtung höchstwertiger Vorlauferfindungen gegeben.

Vielmehr zeigt die betriebliche Erfahrung immer wieder, daß sich die am bewährten System hängenden Fachleute mit dem Eintreten dieser Entwicklungsphase im höchsten Maße provoziert fühlen. Dieser Provokationseffekt führt die Fachleute dann, oftmals mit überraschendem Erfolg, zu wesentlichen Ver-

[160] Thiel und Patzwaldt drücken den Zusammenhang so aus: "Extrapolationen beobachtbarer Entwicklungskurven sind ... nicht für absolute Aussagen über Entwicklungsreserven geeignet, sondern stets an ein System von Annahmen gebunden, das u. U. durch Erfindungen geändert werden kann ... Diese können u. U. gewährleisten, daß mit geringem ökonomischen Aufwand erhebliche Effektivitätsgewinne erzielbar sind. Diese wiederum dienen der Erschließung wirtschaftlicher Reserven, die im allgemeinen benötigt werden, um die ökonomischen Voraussetzungen für prinzipiell neue Technologien zu schaffen."
([70], S. 118, Fußnote)

[161] Werden auf solche Erfindungen dennoch Patente erteilt, was im Zusammenhang mit stilistischen Bravourstückchen nicht selten gelingt, so haben diese Patente aus dem erläuterten Grunde kaum Bedeutung für die Praxis. Dem Erfinder kann deshalb nicht dringend genug geraten werden, die Lage seines Systems auf der Lebenslinie stets schonungslos zu analysieren. Nur so können Fehlschläge vermieden werden.

[195] Albrecht, E.: Zyklus Wisenschaft-Technik-Produktion: Wissenschaftstheoretische Studie zur Wechselwirkung von wissenschaftlicher und technischer Revolution. – Berlin: Deutscher Verlag der Wissenschaften, 1982

besserungserfindungen, die nicht selten noch einmal einen kräftigen Innovationsschub innerhalb des bereits alternden Systems auslösen.

Basiserfindungen und daraus entwickelte Basisinnovationen sind zwar dringend erforderlich, sollten aber nicht ohne gründliche Prüfung möglicher Entwicklungsreserven des alten Systems in Angriff genommen werden, d. h. nicht immer und nicht um jeden Preis.[160]

Eine sehr interessante Analogie zu Abb. 41a ergibt sich, wenn wir das Grundschema zur Entwicklung von Marktperioden betrachten ([195], S. 84). Es zeigt sich dabei eine annähernd gleiche Verlaufsform der Kurve: schwach ansteigend in der Periode der Markteinführung, stark ansteigend in der Wachstumsperiode, nur noch sehr schwach ansteigend in der Gipfelperiode, rapide abfallend in der Auslaufperiode. Dieses Schema betrifft zwar verkaufsfähige Erzeugnisse im unmittelbaren Sinne, es gilt aber, wie der Vergleich mit Abbildung 41a ausweist, sinngemäß auch für technische Systeme aller Art.

Abbildung 41b zeigt uns die Zahl der im Zusammenhang mit dem betrachteten System angemeldeten Erfindungen. Am Beginn der Kurve steht die Basiserfindung, mit der sich technisch noch nichts anfangen läßt. Zunächst muß eine Reihe von Anpassungserfindungen gemacht werden, ehe mit der technischen Realisierung des Systems (Punkt α) begonnen werden kann. Unmittelbar nach Einführung des Systems gibt es noch einige Kinderkrankheiten, dann aber läuft sich der Prozeß ein. Das System arbeitet nun annähernd störungsfrei (Absinken der Häufigkeitskurve zwischen α und β). Mit beginnender Alterung des Systems steigt die Kurve wieder an: objektiv wird so unter rein ökonomischen Aspekten versucht, das Altern hinauszuzögern; subjektiv kommt der verständliche Hang der Experten zum Ausdruck, das liebgewordene, bewährte System zu stabilisieren. Mit Erreichen des Punktes γ wird dann jegliches Bemühen zwecklos: die Zahl

der Erfindungen sinkt rasch. Allerdings gibt der Umstand, daß hier überhaupt noch Erfindungen angemeldet werden, zu denken. Wahrscheinlich sind methodisch weniger versierte Erfinder nur bedingt in der Lage, den offenkundigen Untergang des Systems zu begreifen und entsprechende Schlußfolgerungen zu ziehen. Erfindungen in diesem Bereich sind praktisch überflüssig, da ihnen ein wesentliches Gütezeichen (hier: der technische Fortschritt) fehlt.[161]

Abbildung 41c zeigt das Niveau der Erfindungen. Die eigentliche Basiserfindung ist im Hinblick auf die erbrachte geistige Leistung von höchstem Wert. Die wenigen vor Beginn der technischen Einführung angemeldeten Anpassungserfindungen lehnen sich hingegen an die eigentliche Erfindung an; das Niveau sinkt demgemäß ab. Ein nicht unbeträchtlicher Niveauschub wird sodann am Punkt α beobachtet: die technische Einführung des neuen Systems erfordert noch einmal hochwertige Lösungen, die zwar niemals das geistige Niveau der Basiserfindung erreichen, deren vergleichsweise hohes Niveau aber Lebensfähigkeit und Zukunftsaussichten des technischen Systems maßgeblich bestimmen. Vom Punkt α an sinkt das Niveau unaufhaltsam. Allerdings hat Al'tšuller ([70], S. 117) den rechten Kurvenverlauf (α-β-γ) wohl doch etwas zu formal angesetzt. Im Bereich von β dürfte durchaus noch die eine oder andere niveausteigernde Erfindung auftauchen (siehe Bemerkung zur Kurve Abb. 41b).

Betrachten wir schließlich Abbildung 41d. Die Kurve zeigt die Durchschnittseffektivität der Erfindungen. Basiserfindungen sind zunächst alles andere als ökonomisch: sie verschlingen Geld, und kaum ein Mensch versteht, warum der vorausschauende Erfinder in dieser Phase an die ökonomischen Erfolgsaussichten seiner Erfindung glaubt. Oft wird ihm in dieser Phase selbst ein Minimum an Förderung versagt.

Gewinn beginnt das System erst mit dem Beginn der technischen Überfüh-

[162] Diese Erkenntnis, gewonnen auf einer Tagung des Instituts für angewandte Systemanalyse in Laxenburg bei Wien, spiegelt die Meinung der international führenden Wirtschaftswissenschaftler wider. Vertreter der USA, der UdSSR und europäischer Staaten kamen zu völlig einheitlichen Auffassungen. Vor allem wurde die Verringerung der sozialen Reibungsverluste als beinahe einziges Mittel zur wirksamen Förderung der (objektiv dringend benötigten!) Basisinnovationen bezeichnet.

[196] Schrauber, H.: Der Generationswechsel läßt sich programmieren. – In: Techn. Gemeinschaft. – Berlin 33 (1985) 3. – S. 22–23

[197] Haag, G.: Nur Basisinnovationen führen aus der Krise. – In: Bild Wissensch. (1984) 8. – S. 23

rung (Punkt α) zu erwirtschaften. Der Gewinn steigt, und das macht die Sache so bedenklich, selbst im Bereich des Knickpunktes β (Abb. 41a, Alterung des Systems bereits absehbar!) noch stetig an. Genau hier versagen viele Manager; sie lassen sich vom augenblicklich noch sicher erscheinenden Gewinn blenden und übersehen die Signale der Kurve Abbildung 41a. Gerade deshalb ist die komplexe Analyse aller vier Kurven von großer praktischer Bedeutung.

Schrauber [196] liefert eine Reihe eindrucksvoller Ergänzungen zur historischen Methode, speziell zur Lebenslinie technischer Systeme. Folgende Aspekte sind besonders hervorzuheben:

– Jedes technische System strebt im Verlaufe seiner Evolution einem Sättigungswert zu.
– Immer kleinere Leistungssteigerungen erfordern immer größere Anstrengungen/Aufwendungen.
– Es gibt innerhalb einer Systemgeneration Grenzen, die wegen der Ausschöpfung der Möglichkeiten des betreffenden Wirkprinzips nicht überschritten werden können.
– Was dann zwangsläufig folgt, ist als qualitativer Sprung zu beschreiben. (Wobei über längere Zeit gesehen die Feststellung von Bernal gilt: "Der technische Fortschritt macht keine sehr großen Sprünge, sondern er verläuft in Tausenden von kleinen ... Veränderungen.")
– Für die Wirtschaftspraxis von Bedeutung ist, den richtigen Zeitpunkt für den Übergang von der vorliegenden Entwicklungskurve zur nächst höheren zu bestimmen.
– Der Übergang zur neuen Technik erfolgt mit großer Wahrscheinlichkeit in einem bemerkenswert schmalen Bereich der betreffenden Leistungsgrenze des alten Systems(!).

An den letztgenannten Gesichtspunkt anknüpfend, entwickelt Schrauber nun ein faszinierendes Bild. Ohne sich auf Al'tšuller zu beziehen, kommt er aus ganz anderer Sicht zur "85-%-Regel", die geeignet ist, den Punkt β (Abb. 41) noch schärfer zu charakterisieren. Im Ergebnis einer Analyse sehr verschiedenartiger technischer Systeme (z. B. Lichtquellen, elektronische Bauelemente, Verkehrsflugzeuge, Präzisionsuhren, Tieftemperaturverfahren, Reifencord-Materialien) zeigt sich, daß zum Zeitpunkt des Erreichens von etwa 85 % der Leistungsgrenze eines Systems die neue Technik bereits verfügbar und ökonomisch nutzbar sein muß. Vor diesem Zeitpunkt, entsprechend etwa Punkt β in Abbildung 41, verfügt die alte Technik meist noch über Effektivitätsvorteile, und die neue Technik hat es dementsprechend schwer, sich durchzusetzen. Danach steigt die Wahrscheinlichkeit stark an, daß die Konkurrenz neue Lösungen findet und konsequent nutzt. Wer den "85-%-Punkt" verschläft, büßt seine Konkurrenzfähigkeit ein.

Abbildung 41 zeigt nur Tendenzen, keine absoluten Größen. Diese liegen im Falle schnellebiger Entwicklungen heute in der Umgebung des Punktes β bei etwa zwei Jahren. Das gilt für den innerhalb einer derart kurzen Zeitspanne zwingend notwendigen Generationswechsel bei Spitzen-Erzeugnissen und -Verfahren ebenso wie für Verbesserungen innerhalb einer Generation (Übergang zu neuen Leistungsklassen).

Nicht übersehen werden sollten allerdings die Schwächen neuer Systeme. Störanfälligkeit und fehlende Ökonomie zum Überleitungszeitpunkt führen nicht selten dazu, daß man die neue Technik – zunächst – wieder fallen läßt. Hinzu kommt die wohl mehr subjektiv – aus der konservativen menschlichen Natur – erklärbare Tatsache, daß "gerade Basisinnovationen während ihrer Anfangsentwicklung nicht allgemein überzeugend oder gar dringend erforderlich zu sein pflegen". ([197], S. 23)[162]

Parallel wirkt der bereits behandelte "Provokationseffekt": die Einführung so mancher Neuerung stellt eine extreme Herausforderung an die Vertreter der al-

[163] Die Forderungen des Marktes sind sicherlich nicht als Gerade darzustellen, da z. B. bereits der geschaffene Vorlauf dem Markt ein solches Leistungsangebot offeriert, daß er automatisch seine Forderungen hochschraubt.

[164] Der Zusammenhang zwischen der Steigerung der Arbeitsproduktivität und dem zeitlichen Verlauf der technischen Entwicklung entspricht in der gewählten halblogarithmischen Darstellung wohl eher den Realitäten. Entscheidend ist, daß in Anbetracht der oft genug regelrecht davongaloppierenden Entwicklung mit einem "Vorhaltewinkel" (α) gearbeitet werden muß.

[165] Herrlich weist darauf hin, daß die Anwendbarkeit der Zinseszinsformel für diesen Zweck auf Arbeiten des Instituts für angewandte Systemanalyse (Laxenburg bei Wien) zurückgeht und von Eilhauer [198] erstmals praktiziert wurde.

[198] Eilhauer, H.-D.: Weltstandsforschung und Pflichtenhefte. – In: neuerer. – Berlin 31 (1982) 5. – S. 66–68

ten Technik dar. Die etablierte Technik wird noch einmal forciert, so daß manche Weiterentwicklungen wie neue Generationen erscheinen (Leuchtstofflampe/Halogenglühlampe; Transistor/Nuvistorröhre; Filmkamera/Videokamera).

Frappierende Beispiele zur 85-%-Regel [196] zeigen, daß dieser Aspekt der historischen Methode für den Erfinder von hohem Praxiswert ist:

– Düsenverkehrsflugzeuge haben eine Maximalgeschwindigkeit, die bei der Schallgeschwindigkeit liegt (Mach 1). In 11 000 m Höhe werden real etwa 900 km/h geflogen. Das Verhältnis zur Maximalgeschwindigkeit liegt somit bei Mach 0,86 = 86 % der Leistungsgrenze.
– Die Lichtausbeute von Leuchtstofflampen wird durch technologische Verbesserungen noch immer erhöht. Verbesserungen auf 90 bis 100 lm/W werden für ökonomisch sinnvoll gehalten. Die Leistungsgrenzwerte liegen bei 115 lm/W. Die realen Spitzensysteme sollten demnach bei 78 bis 87 % arbeiten.

Offenbar sind Arbeitsbereiche um etwa 85 % der jeweiligen Leistungsgrenze effektiv. Die restlichen 15 % fungieren als Leistungsreserve.

Betrachten wir Abbildung 42. Dargestellt sind die typischen Phasen in der Lebensgeschichte eines technischen Systems/Erzeugnisses/Verfahrens. Die Abbildung zeigt vor allem, daß die rein evolutionären Abschnitte zwangsläufig von der die volle Konkurrenzfähigkeit symbolisierenden Geraden (Forderungen des Marktes) abdriften, wenn die jeweils betrachtete Ausgangsposition zu niedrig liegt. Selbst eine mittlere Erfindung (I) kann ein hoffnungslos veraltetes System auf Dauer nicht retten. Nur hochwertige Erfindungen (II) schaffen den notwendigen Vorlauf. Die Darstellung ist allerdings sehr stark vereinfacht.[163]

Deshalb ist die von Herrlich [74] insbesondere für die Erfinderschulen geschaffene Art der Darstellung sicherlich zutreffender (Abb. 43).[164]

Bewährt hat sich zur Charakterisierung der realen Entwicklungsgeschwindigkeit technischer Systeme *die Zinseszinsformel*.[165]

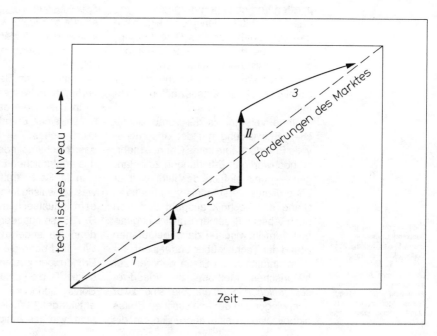

Abb. 42
Evolutionäre (*1, 2, 3*) und revolutionäre (*I, II*) Phasen in der "Lebensgeschichte" eines technischen Systems/Erzeugnisses/Verfahrens

I Eine Erfindung mittleren Niveaus, ausgehend von veralteter Technik, führt nur für kurze Zeit zu einem weltmarktfähigen Ergebnis.
II Eine Erfindung hohen Niveaus sichert einen solchen Vorlauf, daß über längere Zeit mittels Optimierung erfolgreich weitergearbeitet werden kann (*3*).

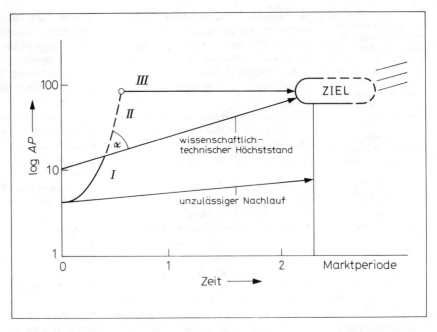

Abb. 43 Halblogarithmische Darstellung der Entwicklungsphasen einer revolutionierenden Erfindung, zugleich Aufwands-Nutzen-Diagramm des erfinderischen Schaffens (nach [74])

Entscheidend ist, daß nur ein genügend großer Vorhaltewinkel α das Erreichen des Zieles garantiert. Er sichert, daß die neue Technik zum Zeitpunkt ihrer Einführung nicht hinter dem dann von der Konkurrenz erreichten Entwicklungsstand zurückgeblieben ist.
AP Arbeitsproduktivität; I rationelles Informieren; II methodisches Erfinden; III optimales Überleiten

[199] Conrad, Walter: Chips, Sensoren, Computer. – Urania-Verlag: Leipzig, Jena, Berlin, 1986. – (akzent)

[200] Schmidt, Albrecht: Die industrielle Chemie in ihrer Bedeutung im Weltbild und Erinnerungen an ihren Aufbau. – Berlin; Leipzig: Walter de Gruyter, 1934

Ein von Conrad [199] verwendetes Beispiel belegt den Zusammenhang. Er zieht als Maß der technischen Entwicklung die Zunahme der Zahl elektronischer Bauelemente in den für die jeweilige Zeit typischen elektronischen Apparaten/Vorrichtungen/Automaten ins Kalkül. Verblüffenderweise zeigt sich, daß seit Einführung des Detektorempfängers über die Stufen Röhrenempfänger, Transistorempfänger usw. bis hin zum modernen Hochleistungsrechner ziemlich exakt die Zinseszinsformel zutrifft.

Ohne Verständnis der voraussichtlichen Entwicklung hat der anspruchsvolle Erfinder heute keine Chance mehr, zu hochwertigen Erfindungen zu gelangen – ganz einfach deshalb, weil er ohne dieses Verständnis vom heutigen Stand der Technik ausgeht und sich nach Abschluß seiner Entwicklungsarbeit vom inzwischen davongelaufenen Stand der Technik überrundet sieht.

Im unmittelbaren Sinne gehören zur historischen Methode die *ideengeschichtlichen Studien*. Sie sind zwar überwiegend in der analytischen Phase aktuell, wirken sich aber – sofern die richtigen Schlußfolgerungen gezogen werden – in der synthetischen Phase unmittelbar positiv auf die Entwicklung des neuen Systems aus. Deshalb sollten bei ideengeschichtlichen Studien nicht nur die rein technikgeschichtlichen Aspekte, sondern alle erkennbaren Umstände betrachtet werden (z. B. Persönlichkeit des Erfinders, materielle und soziale Bedingungen, methodisches Instrumentarium, Höhe der geistigen Leistung unter Berücksichtigung des verfügbaren Wissens). In diesem Sinne ist insbesondere das bewußte Nacharbeiten einer Erfindung von Interesse. Didaktisches Ziel ist dabei vorrangig das "Nachempfinden" der Arbeitsweise des erfolgreichen Erfinders.

In der Sache treffend – wenn auch etwas schwülstig formuliert – wird das von dem Industriechemiker Schmidt ([200], S. 785) so ausgedrückt: "Wie haben es denn die anderen Erfinder gemacht? Wie sind denn die großen chemischen Erfindungen zustande gekommen? Wie sind z. B. die Leblanc- und nachher die Solvay-Soda, wie das Nobel-Dynamit entstanden? Wie ist der erste Teerfarbstoff, wie das Antipyrin, wie das Phen-

[166] "Den Erfinderspuren durch systematisches Umwälzen chemischer, pharmazeutischer, medizinischer Literatur nachzugehen, war deshalb lange Zeit hindurch des Verfassers unverdrossene Tätigkeit in frühester Morgenstunde bis zum Beginn der offiziellen Laboratoriumstätigkeit. So gelangte man dann, durch die Beispiele geweckt, bald zum eigenen Iktus des Erfindens, vor allem auch zum Mut des Erfindens. Die schlummernden Fähigkeiten, soweit sie etwa vorhanden waren, wurden geweckt, die Erfinderkunst wurde durch fremde Beispiele und eigenes Erleben allmählich mehr und mehr herangebildet ... Solche Exkursionen in die Vergangenheit und damit die Kenntnis der historischen Entwicklung befriedigen wie kaum sonst etwas die Kausalitätsbedürfnisse und helfen deshalb auch, das Erfinden zu lernen. Man lernt, in die Erfinderwerkstätten zu sehen und wird heimisch darin ...

... Denn es wurde erkannt, daß auch beim größten Erfinder überall 'mit Wasser gekocht' wird, daß es, wie es hier immer wieder betont wird, auch auf diesem Gebiet natürlich zugeht: das Suchen, Finden, Erkennen von Anlässen, die hundertfältig sich jedem bieten ... Dies allein befähigte Verfasser dazu, nach zehnjähriger pharmazeutischer Tätigkeit – wörtlich – von einem Tag zum anderen in ein völlig anderes Gebiet, in die Farbstofftechnik überzutreten und das Nacharbeiten dort ebenso zu organisieren, um darauf dann eigene Wege zu finden und zu schaffen."

([200], S. 785 f.)

azetin entstanden? Wie ist man auf die Chloral-, Chloroform-, Sulfonal-Wirkung gekommen? Und auch in späteren Jahren, als das Eis längst durchbrochen war, stellte sich immer wieder dies Kausalitätsbedürfnis ein, so z. B.: wie ist das Salvarsan, wie sind bestimmte Schwefel- oder Küpenfarben, wie das Aspirin und viele andere Erfindungen großen oder kleinen Formats eigentlich zustande gekommen, wodurch sind insbesondere die großen chemischen Erfinder zu ihren Erfindungen veranlaßt worden?

Nur solche Fragestellung und Beantwortung erschaffen eine selbständige Erfinderinitiative, eine Erfinderatmosphäre ..."[166]

Dieser gewiß etwas umständlich formulierte Bericht aus der "Erfinderwerkstatt" von Schmidt ist deshalb wertvoll, weil er unumwunden die Beziehung zwischen bewußtem Nachahmen und eigener schöpferischer Leistung aufdeckt. Der notwendige Qualitätssprung zwischen den beiden recht verschiedenartigen Gebieten allerdings ist ohne ein hohes Maß an schöpferischer Aktivität wohl kaum zu erreichen. Die Tatsache, daß wenig befähigte Wissenschaftler das didaktisch so wertvolle Nacharbeiten zum eklektizistischen Nachahmen mißbrauchen, sollte vom Hochbefähigten nicht fehlgedeutet werden. Der Hochbefähigte ist sehr wohl in der Lage, den entscheidenden Qualitätssprung zu schaffen. Verzichtet er – weil ihn der Eklektizismus der Minderbefähigten abstößt – auf die konsequente Anwendung der historischen Methode, so gerät er in Gefahr, gewissermaßen im luftleeren Raum zu operieren. Das aber können sich bestenfalls Genies leisten – wahrscheinlich noch nicht einmal sie. Einsteins Veröffentlichungen kamen z. T. ohne Literaturzitate aus. Er wird deshalb oft als Kronzeuge für ein von seinen Vorgängern völlig unabhängiges Denken angeführt. Tatsächlich war seine Arbeitsweise dadurch charakterisiert, daß er das vorhandene Wissen jahrelang tiefgründig durchdachte und die inneren Widersprüche der historisch gewachsenen klassischen Physik vorbehaltlos analysierte. Daß er im Ergebnis dieses Denkprozesses weitgehend auf Literaturzitate verzichten konnte, ist somit nicht einfach seiner bekannten Abneigung gegen konventionelles akademisches Brimborium zuzuschreiben.

Für den Praktiker von Bedeutung sind heute vor allem ideengeschichtliche Studien, welche die Entwicklung eines technischen Gedankens unter historischen sowie denk- und erfindungsmethodischen Aspekten darstellen. Derart angelegte Studien analysieren Haupt- und Nebenwege der Entwicklung, Irrtümer, Fehlschläge sowie die praktischen Folgen des Vorliegens technischer Vorurteile. Das Werden, Wachsen und Vergehen technischer Systeme wird aber nicht nur unter rein historischen Aspekten betrachtet, sondern es wird auch der – oft erst heute erkennbare – methodische Bezug hergestellt.

Der eigentliche Wert solcher Studien wird allerdings erst an der Nahtstelle zur synthetischen Phase sichtbar: der Erfinder kann für die eigene Arbeit aus den Fehlern, Irrwegen und methodischen Schwächen seiner Vorgänger außerordentlich viel lernen.

Den gleichen Zweck verfolgen die in den Erfinderschulen verwendeten, von besonders befähigten Erfindern verfaßten *Erfindungsgenesen*. Diese Art der Darstellung bevorzugt bewußt den methodischen Aspekt. Es wird stets erkennbar, daß – und mit welchem Erfolg – in jeder der analytischen und in jeder der synthetischen Etappen die Schritte Aufbereiten, Generieren, Kritisieren, Modifizieren und Entscheiden nacheinander abgearbeitet worden sind. Besonders überzeugende Beispiele solcher Erfindungsgenesen stammen von Herrlich, Lippert, Rindfleisch und Speicher. Es handelt sich jeweils um eigene Erfindungen der Autoren, was die Überzeugungskraft solcher Genesen [74, 168] naturgemäß wesentlich verstärkt.

Aber auch die anhand der Literatur erarbeitete ideengeschichtliche Studie hat

[201] Paper Chromatography – A Comprehensive Treatise / Hrsg.: J. M. Hais, K. Macek. – Prague: Publishing House of the Czechoslovak Academy of Science, 1963

[202] Matthias, W.: Serienuntersuchungen mit Hilfe einer neuen Form der Streifen-Papierchromatographie. – In: Naturwissenschaften. – Berlin; Heidelberg 41 (1954). – S. 17

[203] Schwerdtfeger, E. – In: Naturwissenschaften. – Berlin; Heidelberg 41 (1954). – S. 18

Abb. 44
Entwicklung der Papierchromatographie (Pionierphase)

Ideengeschichtliche Darstellung, zusammengestellt nach J. M. Hais und K. Macek [201]

ihren praktischen Wert. Betrachten wir abschließend die Geschichte der Papierchromatographie. Sie wurde im wesentlichen anhand der einschlägigen Monographie von Hais und Macek zusammengestellt [201], wobei der unmittelbare Eindruck eine Rolle spielte, den ich in den Jahren 1955/1956 als Mitarbeiter von Matthias gewann (Abb. 44).

Consden, Gordon, Martin und Synge publizierten 1945 ihr Verfahren zur aufsteigenden Papierchromatographie. Benutzt wurden rechteckige Papierstreifen. Die Substanzflecken sind nach erfolgter Trennung und Entwicklung unregelmäßig geformt und zeigen Verzögerungsschatten ("lagging shadows"). Für quantitative Analysen ist die Methode kaum geeignet.

Reindel und Hoppe verbesserten 1953 das Verfahren: Das Lösungsmittel steigt nunmehr über eine Papierzunge auf. Das bei × aufgetragene Substanzgemisch läßt sich so weit besser als mit Hilfe der ursprünglichen Methode auftrennen. Parallel dazu entwickelte sich die Rundfiltertechnik (Abb. 44, unten links). Das Papier liegt hierbei waagerecht in einer Petrischale, das Lösungsmittel wird der mittig aufgetragenen Substanz über einen Docht zugeführt. Die Weiterentwicklung des Verfahrens (außermittiges Auftragen der Substanz) schuf die Möglichkeit von Serienanalysen durch Mehrfachnutzung des Rundfilters (Abb. 44, unten Mitte).

Die Kombination beider Prinzipien wurde nun von zwei Autoren parallel zueinander betrieben. Während Matthias [202] die optimale Kombination fand, gelang Schwerdtfeger [203] nur eine unbefriedigende Lösung, die sich nicht

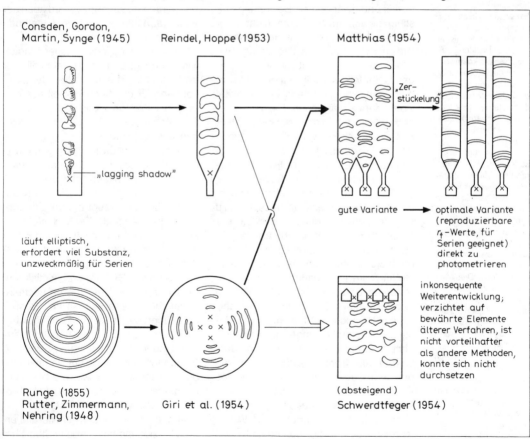

durchsetzen konnte. Da Schwerdtfeger die absteigende Chromatographie wählte (Überlappung der Kapillarkräfte mit der Gravitation), verstärkte er die ohnehin bekannten Nachteile dieser Methode und verbaute sich überdies die Möglichkeit, den konsequenten Schritt des Zerlegens zu gehen: Die Last des vertikal hängenden feuchten Papierstreifens kann von der schmalen Zunge nicht getragen werden.[167]

6.2.5. Operator MZK

Unter "Optimieren" verstehen wir gewöhnlich den Versuch, durch Variation der Parameter eines Systems Verbesserungen zu erzielen. Gewöhnlich variieren wir dabei in einem relativ engen Bereich. Die Vorstellung, man könne extrem weitab vom Arbeitspunkt des derzeitigen Systems sinnvoll operieren, wird meist verworfen. Extremversuche wagt kaum jemand.

Auch in dieser Hinsicht hat Al'tšuller die Methodik in Bewegung gebracht. Er empfiehlt zum Zwecke des Aufdeckens von Widersprüchen bei der Analyse des vorhandenen Systems, den "Operator MZK" (MZK = Maße, Zeit, Kosten) anzuwenden [69, 70]. Er versteht darunter, daß man – zunächst vor allem gedanklich – das technische System bis an seine äußersten Grenzen "abklopfen" sollte. Konkret wird geraten, sich das technische Objekt z. B. unendlich groß, dann verschwindend klein, den Prozeß/das Verfahren sich unendlich langwierig (andererseits jedoch momentan ablaufen) oder den verwendeten Werkstoff sich beliebig teuer und schließlich extrem billig vorzustellen. Es wird also – bis zur Grenze des überhaupt Vorstellbaren – mit den Maßen, mit der Zeit und mit den Kosten gedanklich manipuliert.

Es geht bei solchen Denkspielen nicht vorrangig um sofortige technische Lösungen, sondern um den Abbau von Denkblockaden. Wer sich immer nur im direkten Umfeld des derzeitigen Arbeitspunktes bewegt, erliegt mit Sicherheit der hypnotischen Kraft des existierenden technischen Gebildes.[168]

Die heuristische Bedeutung der Methode wird bereits am Motto zu diesem Abschnitt erkennbar. Es zeigt nicht nur die engen Beziehungen zwischen künstlerischer und technischer Kreativität, sondern läßt sich für unsere Zwecke überdies recht sinnvoll ergänzen. Mit Hilfe des Operators MZK werden nicht nur Sachverhalte verdeutlicht, bei denen es "mittelmäßig und daher nicht sehr übersichtlich" zugeht, sondern die vermeintlich so einfachen Sachverhalte lassen sich damit überdies in Gebiete transferieren, in denen völlig andere Verhältnisse herrschen, die ihrerseits wieder völlig andere Voraussetzungen anzunehmen bzw. vorher unsinnig erscheinende Ideen zu realisieren gestatten. In diesem Sinne geht der Operator MZK weit über sein ursprüngliches Arbeitsfeld hinaus, denn bei Anwendung auf neue Systeme lassen sich mit Hilfe des Operators sofort Möglichkeiten vorhersehen, die sonst nur zufällig – vielleicht erst nach Jahrzehnten oder überhaupt nicht – betrachtet worden wären.

Der Operator MZK ist deshalb als elementare Empfehlung bzw. methodisches Grundverfahren anzusehen. In seiner ursprünglichen analytischen Funktion liefert der Operator zunächst eine klare Aussage, was im Ergebnis von Extremversuchen mit dem vorhandenen System geschieht. In seiner synthetischen Funktion gestattet der Operator nicht nur eine frühzeitige Vorhersage der Leistungsfähigkeit des neuen Systems, sondern seine rechtzeitige Anwendung sorgt auch dafür, daß der Erfinder nicht bei einer technisch unausgereiften Lösung stehenbleibt.[169]

Wichtiger als der direkte technische Nutzen des Operators ist aber sein heuristischer Wert. Er besteht im bewußten Lösen gedanklicher Blockierungen. In diesem Sinne liefert er eine sinnvolle Ergänzung des elementaren Umkehrprin-

---

Ich habe eine manchmal etwas grobschlächtige Art, mir etwas zu verdeutlichen; ich vergrößere eine Sache ins Riesige, oder ich bringe sie auf Zwergenmaß, und ich denke mir in übertriebenen Dimensionen einen Prozeß, in dem es in Wahrheit nur mittelmäßig und daher nicht sehr übersichtlich zugeht.
H. Kant

[167] Alle anderen Einzelheiten, insbesondere zum erfolgreichen Vorgehen von Matthias, sind Abbildung 44 zu entnehmen. Matthias formuliert treffend: "Es gelang uns, durch Kombination der gewöhnlichen Chromatographie mit der Rundfilterchromatographie die Vorteile beider Verfahren zu vereinen." [202]

[168] Für rein naturgesetzliche Sachverhalte ist die MZK-Betrachtungsweise ganz gewiß ebenso zu empfehlen Wäre Einstein bei der Betrachtung gewöhnlicher Geschwindigkeiten/Entfernungen/Massen stehengeblieben, hätte die Relativitätstheorie wohl nicht lange auf sich warten lassen.

[169] Wird der Operator MZK auf das neugeschaffene System vom Erfinder selbst nicht sofort angewandt, so nutzt die wachsam lauernde Konkurrenz unter Anwendung des MZK-Operators unverzüglich die Möglichkeit, eigene Umgehungs- und Verbesserungspatente anzumelden.

[170] Herrlich nannte mir ein besonders treffendes Beispiel. Pfiffige Leute nutzten während des täglich mehrstündigen Stromabnahme-Verbots in der Kriegs- und Nachkriegszeit eine Spartrafo-Puppenstubenbeleuchtung. Die Zählerscheiben reagieren nicht darauf ("unterschwellige" Arbeitsweise), und die Kontrolleure konnten keinerlei Verstöße feststellen.

zips: Jedes Prinzip, das auch nur entfernt dafür geeignet erscheint, sollte nicht nur umgekehrt, sondern generell auch mit Hilfe des Operators MZK bis an die Grenzen seiner Leistungsfähigkeit untersucht werden.

Betrachten wir das im Abschnitt 5.4. behandelte Umkehrprinzip "Schneller Durchgang/Zeitlupenarbeitsweise" unter diesem neuen Aspekt. Wir erkennen, daß nahezu unendlich schnell ablaufende Prozesse (z. B. momentane Schockkühlung) und extrem geringe Prozeßgeschwindigkeiten (z. B. Belichtungszeiten von mehreren Tagen für einen fotografischen Prozeß) die Grenzen der Skala markieren. Solche Extrembereiche sind nicht selten auch praktisch von besonderer Bedeutung. So gelangt man im Falle der metallischen Gläser nur mit Hilfe der Schockkühlung in den technisch besonders wichtigen amorphen Zustandsbereich. Im Falle der Langzeitprozesse liegt die mögliche technische Bedeutung darin, daß mit extrem geringem finanziellen Aufwand gearbeitet werden kann, natürlich nur in solchen Spezialfällen, bei denen es auf den Zeitfaktor und/oder die sonst gängigen Leistungsparameter nicht ankommt.[170]

Es ist sonderbar, daß nur außerordentliche Menschen die Entdeckungen machen, die hernach so leicht und simpel scheinen. Dieses setzt voraus, daß die simpelsten, aber wahren Verhältnisse der Dinge zu bemerken sehr tiefe Kenntnisse nötig sind.
G. Chr. Lichtenberg

[171] Stoff-Feld-Paarungen werden in der methodischen Literatur in Anlehnung an das russische Original oft VEPOL (≙ veščestvo i pol'je) genannt.

[172] Das Beispiel zeigt, daß ein zum Heben von Schrott verwendeter Elektromagnet selbstverständlich, aber ein ebenso funktionierender Elektromagnet, der z. B. zum Entlasten von Turbinenlagern durch "Beinahe-Anheben" der Welle dient, noch nicht ganz so selbstverständlich ist.

6.2.6. Stoff-Feld-Betrachtungsweise

Auch die Stoff-Feld-Betrachtungsweise geht auf Al'tšuller [69, 70] zurück, der ein technisches System als System von Wechselwirkungen zwischen Stoffen und Feldern definiert. Das technische Minimalsystem besteht im allgemeinen aus zwei miteinander in Wechselwirkung stehenden Stoffen, wobei die Wirkung aufeinander durch ein Feld ausgeübt wird. (Beispiel: Brennglas = Stoff 1; Feld = Sonnenstrahlen, die mit Hilfe des Brennglases gebündelt werden; Stoff 2 = Papier, das entzündet wird; Wechselwirkung: brennendes Papier erhitzt u. a. auch das Brennglas.)

Das Grundmuster der Stoff-Feld-Betrachtungsweise ist demnach verblüffend einfach. Es bleibt auch einfach, wenn mit mehreren Stoffen und mehreren Feldern gearbeitet wird. Das technische Minimalsystem ist als "technisches Dreieck" besonders überzeugend darstellbar (Abb. 45, I). Jedoch läßt sich nach Anwendung der heuristischen Regel "Füge einen Stoff und/oder ein Feld hinzu" auch ein komplizierteres Stoff-Feld-System (Abb. 45, IIa) in seiner durch den zusätzlichen Stoff bzw. das zusätzliche Feld veränderten Struktur (Abb. 45, IIb) übersichtlich darstellen.

Die Stoff-Feld-Betrachtungsweise[171] ist ganz besonders geeignet, die Nützlichkeit solcher Elementarverfahren in der analytischen wie in der synthetischen Phase des erfinderischen Arbeitens zu zeigen. Analysiert man das vorhandene System nach den einfachen Regeln der Stoff-Feld-Betrachtungsweise, so weiß man sofort genau, welche Stoffe und welche Felder vorliegen und welche Wechselwirkungen bestehen. Wahrscheinlich läßt sich überhaupt nur so die Funktion komplizierterer Systeme einfach und übersichtlich beschreiben.

Es gelten drei grundlegende heuristische Ansätze bzw. Regeln. Eine haben wir bereits kennengelernt ("Füge einen Stoff und/oder ein Feld hinzu"). Neben dem Beispiel gemäß Abb. 45 IIb drängen sich zahlreiche Assoziationen auf. Beispielsweise sind an sich unmagnetische Stoffe zweckmäßigerweise mit einem weiteren Stoff (einfachste Variante: Eisenpulver) zu versehen, damit sie mittels Magnetfeld beeinflußt/bewegt/abgetrennt werden könne. Das Eisenpulver dient in solchen Fällen nur als Hilfsstoff (Schleppsubstanz), es wird anschließend wieder vom nichtmagnetischen Material getrennt und rückgeführt. Gravitationsbeeinflußte Körper sind bequem anzuheben/zu entlasten, wenn man sie mittels Magneten anhebt.[172]

Abb. 45
Stoff-Feld-Systeme

I: technisches Dreieck als Symbol eines technischen Minimalsystems
IIa: reales Stoff-Feld-System: "Hochschaukeln" durch Wechselwirkung von Stoffen und Feldern
Stoffe: Stadtgas, Stadtgasleitung
Felder bzw. "Felder": Korrosion, Explosion
IIb: reales Stoff-Feld-System gemäß IIa, bei dem sich die Wirkungskette durch Einbringen eines weiteren Stoffes rechtzeitig unterbrechen läßt: mit Mercaptan versetztes Stadtgas riecht stark, so daß bereits der geringste Leitungsdefekt sofort bemerkt wird

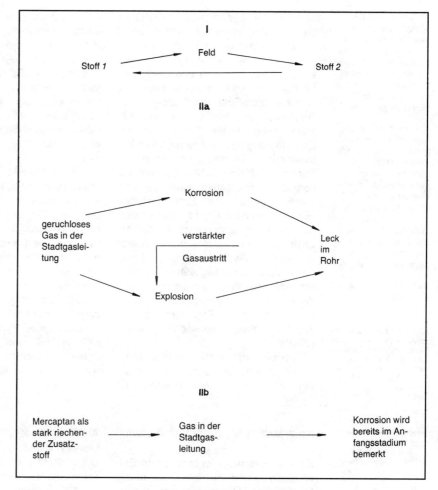

Der zweite heuristische Ansatz fordert: "Kann kein Element des Systems verändert werden, so ist die Umgebung zu verändern." Beispielsweise sind die hohen Temperaturen, die bei gewöhnlichen Otto-Motoren auftreten, verfahrenstypisch. Sie sind zwar für den Motor schädlich, aber für die vollständige Verbrennung und damit die einwandfreie Funktion unerläßlich. Demzufolge muß ein äußerer Stoff (Kühlmedium) eingeführt werden, welcher mit Feldwirkung (Wärmeabfuhr) arbeitet.

Der dritte heuristische Ansatz leitet zu den physikalischen Effekten über: "Ist ein bestimmtes Feld gegeben und wird am Ausgang des Systems ein anderes Feld gewünscht, so kann man die Bezeichnung des für die Transformation benötigten physikalischen Effektes in Erfahrung bringen, wenn man die Bezeichnung der Felder in einer Matrix miteinander verknüpft."

Die bisherigen Beispiele zeigen, daß der Terminus "Feld" nur einen – wenn auch sehr wichtigen – Spezialfall charakterisiert. Begriffe wie "Korrosion" oder "Explosion" (vgl. Abb. 45) entsprechen aber nur entfernt bzw. nur sehr bedingt dem korrekten Terminus "Feld". Besser wäre demnach der Ausdruck "naturgesetzmäßige Wirkungsquelle". Indes ist "Feld", auch als sprachlicher Bestandteil von "VEPOL", inzwischen

[173] Verknüpfung der Stoffe/Felder bzw. Energieströme: Die Menge des insgesamt benötigten Zuschlagstoffes wird mit Hilfe der vom bereits zugegebenen Zuschlagstoff entwickelten Wärmemenge gesteuert.

[174] "Erfindungsgemäß liegen eine oder mehrere Magnetspulen oder mehrere Magnetspulen oder Permanentmagnete sowie deren Kombination von der Schweißstelle räumlich getrennt und/oder außerhalb der Schweißebene, wobei im Lichtbogenbereich mindestens auf einem Magnetleiter einstellbare Hilfswicklungen angebracht sind." [205]

[204] Panholzer, W.: Verfahren zur Nachbehandlung von Klärschlamm sowie Vorrichtung zur Durchführung des Verfahrens. – DOS 3 322 023 v. 18. 6. 1983, offengel. 20. 12. 1984

derart fest eingebürgert, daß dieser im umfassenden Sinne nicht exakte Terminus beibehalten werden soll.

Betrachten wir nun einige Praxisbeispiele. Absolut typisch und ohne ausführlichen Kommentar direkt erkennbar sind die Stoff-Feld-Beziehungen beim "Verfahren zur Nachbehandlung von Klärschlamm sowie Vorrichtung zur Durchführung des Verfahrens". Der Patentanspruch lautet: "Verfahren zur Nachbehandlung von Klärschlamm, bei dem der Klärschlamm entwässert und durch Zugabe von Zuschlagstoffen (Kalk) hygienisiert und pasteurisiert wird, dadurch gekennzeichnet, daß als Zuschlagstoff ein exotherm mit Wasser reagierender Stoff verwendet wird, daß der Temperaturanstieg während des Mischungsvorganges gemessen wird und der gemessene Temperaturanstieg für die Steuerung der Zugabemenge des Zuschlagstoffes verwendet wird." [204][173]

Typisch sind auch berührungslose Anordnungen, bei denen die Felder Fernwirkungen ausüben. Bekannt sind z. B. die Wirbelstrombremse und der Induktionsofen. In der Schweißtechnik liefert der Gedanke noch immer schutzfähige Lösungen, wie z. B. bei einer Vorrichtung zum Schweißen mit magnetisch bewegtem Lichtbogen [205]. Wir haben es dabei eigentlich mit einem Feld/Feld/System zu tun, das naturgemäß ganz ohne Stoffe – hier: Hilfswicklungen/Magnetleiter – nicht funktioniert.[174]

Auch profane Apparate, wie bespielsweise Toilettenspülkästen, taugen in ihren modernen Ausführungsformen als Beispiele. Ein derartiger Spülkasten ist beispielsweise dadurch gekennzeichnet, "daß die Bewegung des Schwimmers und/oder des Abflußventils mit Hilfe von Permanentmagneten zusätzlich gesteuert wird." [206]

Raffiniert einfach ist eine "Säuresäge", mit der sich unter Zusatz einer Hilfsflüssigkeit (wäßrige Lösung von HCl, H_2CrO_4 und HF) schneller, genauer und materialschonender als gewöhnlich arbeiten läßt. [207]

Bei allen Entdeckungen starrt uns etwas Vorhandenes an und wartet darauf, daß wir die Augen öffnen.
M. Polanyi

[205] Gerlach, M.; Burmeister, J., Posselt, H.-J.: Vorrichtung zum Schweißen mit magnetisch bewegtem Lichtbogen. – DD-PS 150 859 v. 27. 5. 1980, ausg. 23. 9. 1981

[206] Altmann, K.: WC-Spülkasten. – DOS 3 321 453 v. 14. 6. 1983, offengel. 20. 12. 1984

[207] Eichler, W.; Büttner, L.; Graichen, E.; Daniel, D.; Benkwitz, H.: Säuresäge für materialschonendes Trennen von Kristallen. – In: Wiss. Z. Martin-Luther-Universität Halle-Wittenberg, Math.-Nat. Reihe. – Halle 37 (1988) 5. – S. 16–19

6.2.7. Makrosystem und Mikrosystem

Zu den Tendenzen der technischen Entwicklung gehört zweifellos der häufig beobachtete Übergang vom Makro- zum Mikrosystem. Al'tšuller [18] behandelt diesen Trend zunächst überwiegend im Rahmen des Prinzips "Übergang zu höheren Formen" und versteht darunter im Sinne einer erfinderischen Empfehlung, daß "grobe" Systeme in "feinere" Systeme überführt werden sollten, z. B. mechanische in elektrische/magnetische, solche wiederum in optische usw. In den neueren Arbeiten [69, 70] wird die an hoch- und höchstwertigen Erfindungen zu beobachtende generelle Tendenz hervorgekehrt, von makroskopischen Systemen zu solchen auf molekularer Ebene überzugehen. Al'tšuller spricht nunmehr regelrecht von "Makroebene und Mikroebene der Anwendung der Verfahren" [70] und umreißt damit die umfassende und übergreifende Bedeutung der Makro-Mikro-Betrachtungsweise. Er behandelt vier Möglichkeiten:

– Das Makroobjekt bleibt Makroobjekt (Symbol M—M). Das technische Problem wird in anderer Weise als zuvor, aber ebenfalls auf Makroebene gelöst.
– Übergang vom Makroobjekt zum Mikroobjekt (M—m). Bespiel: neuartiger Bremsring aus Piezokeramik; Stromquelle: Hochfrequenzgenerator (gegenüber der alten mechanischen Bremse, die mit Hilfe von Backen, Hebeln, Federn und Gestängen arbeitet, ist mit dem Übergang in den molekularen Bereich – durch Veränderung des Kristallgitters – die Mikroebene erreicht).
– Übergang vom Mikro- zum Mikroobjekt (m—m). Das Problem wurde zuvor

bereits – und wird nun in technisch anderer Weise – auf Mikroebene gelöst.
– Übergang vom Mikroobjekt zum Makroobjekt (m—M)
Al'tšuller schreibt dazu kategorisch: "Derartige Erfindungen gibt es nicht: Der Übergang m—M widerspricht den Entwicklungstendenzen der Technik, weil er eine 'Vergröberung' des technischen Systems verlangt." ([70], S. 106)

Bevor wir uns kritisch mit Al'tšullers Denkansatz befassen und Erweiterungsmöglichkeiten in Betracht ziehen, wollen wir die analytisch wie synthetisch wichtige Funktion der Makro-Mikro-Betrachtungsweise abhandeln. Während mittels Stoff-Feld-Analyse (vgl. Abschn. 6.2.6.) die stofflich-energetischen Verknüpfungen in einem System ermittelt werden, liefert die Mikro-Makro-Betrachtungsweise prinzipielle Angaben zur Funktionalebene. Zu beachten ist dabei, daß auch ein vordergründig rein mechanisch erscheinendes System bei schärferem Betrachten teilweise oder ganz unter Mikroaspekten funktionieren kann. Nur ein nach diesen Gesichtspunkten exakt analysiertes System ist bezüglich eventuell möglicher Verbesserungen genau einzuschätzen. Ist im Zusammenhang mit der Funktionalebene erkennbar, daß die Mängel prinzipieller Art sind, so muß erfunden werden. Systematisch sind nunmehr die vier Varianten M—M, M—m, m—m, m—M auf ihre Verwendbarkeit für die Schaffung des neuen Systems zu prüfen.

Dabei zeigt sich allerdings, daß Al'tšuller für die Anforderungen der erfinderischen Praxis wohl doch zu streng vorgegangen ist.[175]

Betrachten wird zunächst die Behauptung, (m—M)-Übergänge gebe es nicht. Derart absolut formuliert ist diese Behauptung falsch. Neue Bedingungen und veränderte Umstände können sehr wohl dazu führen, daß auch der Übergang m—M technisch progressive Lösungen enthält. Nehmen wir beispielsweise die Waschmittel. Zweifellos handelt es sich um höchst wirksame Substanzgemische, die auf der molekularen Ebene m arbeiten. Allerdings nehmen die im Dauergebrauch eintretenden Umweltschäden ständig zu. Vor allem die Waschmittelphosphate sind als Quellen der Eutrophierung in Verruf geraten: Gewässerüberdüngung führt zu extrem gesteigertem Algenwachstum, gefolgt vom überproportionalen Absterben der Biomasse. Die dadurch ausgelöste erhöhte Sauerstoffzehrung führt schließlich zum "Umkippen" des Gewässers. Als Ausweg wurden die phosphatarmen bzw. phosphatfreien Waschmittel propagiert. Sie lösen das Problem allerdings keineswegs: Phosphat ist bezüglich des Algenwachstums Minimumfaktor, d. h., erst beim Unterschreiten der Minimalschwelle tritt die erhoffte Wirkung ein. Bis zu diesem Punkt geschieht nichts. Praktisch müßten 90 % der heute insgesamt eingebrachten löslichen Phosphate den Seen und langsam fließenden Gewässern ferngehalten werden, um diese Grenze zu erreichen. Nur etwa 30 % der Gesamtfracht stammen aber aus den Haushaltswasch- und Reinigungsmitteln. Der Rest verteilt sich zu etwa gleichen Teilen auf die Folgen der Überdüngung und auf die abgebauten oder auch nicht abgebauten Bestandteile der Fäkalien. Dieser Rest reicht auch bei totalem Verzicht auf Waschmittelphosphate vollkommen aus, das unerwünschte Algenwachstum exakt auf dem heutigen Niveau zu halten.

Die Lösung des Problems kann nicht an den Naturgesetzen vorbeigehen (hier: Phosphat ist Minimumfaktor!). Demgemäß führt nur eine weitgehende Gesamtphosphat-Elimination zum Ziel. Erreichen läßt sich dies mit Hilfe der dritten Reinigungsstufe (Phosphatfällungsstufe, die den üblichen mechanischen und biologischen Reinigungsstufen der Kläranlagen nachzuschalten ist; ausgefällt werden die aus den Fäkalien und die aus den Waschmitteln stammenden Phosphate). Damit werden etwa zwei Drittel aller löslichen Phosphate erfaßt.

---

[175] Zum einen betrifft dies die kategorische Behauptung, Erfindungen, die dem Übergang m—M entsprechen, gebe es nicht. Zum anderen ist die Bedeutung der Begriffe "Makro" und "Mikro" im gegebenen Zusammenhang von Al'tšuller zwar unbestritten exakt interpretiert, jedoch wird uns gerade deshalb eine für den Praktiker wesentliche Assoziation einfachster Art vorenthalten. Sie betrifft den rein phänomenologischen Vergleich kleiner und großer Systeme gleichen Wirkprinzips (z. B. Labortechnik – industrielle Technik).

[176] Die ersten phosphatfreien Fabrikate waren, was ihre Waschkraft anbelangte, vergleichsweise kümmerliche Ersatzprodukte. Die Hersteller steuerten mit modernsten Tensiden gegen, die z. T. biologisch kaum abbaubar sind. Andere Erzeugnisse arbeiten mit Phosphat-Substituten, die sich im Vorfluter als ebenfalls recht nachteilig erwiesen haben (z. B. Toxizität gegenüber der Fischbrut, Stickstoffeutrophierung statt Phosphateutrophierung).
Die Entwicklung verläuft schnell; einige Nachteile konnten bei modernsten Produkten inzwischen gemildert werden. Andere Nachteile kamen hinzu. Die vielgerühmten Zeolithe sind ein eher ärmlicher Ersatz.

[177] "... die im Haushalt anfallende schmutzige Wäsche kann in ihrem Umfang und ihrer Zusammensetzung z. Z. nicht mit einem Waschgerät, das auf dem Ultraschallverfahren basiert, entsprechend den in Mitteleuropa geltenden Anforderungen gewaschen werden." [209]

[178] Natürlich sind reine Maßstabsübertragungen grundsätzlich nicht schutzfähig. Hier geht es jedoch um sinngemäße Übertragungen, die mindestens praktisch nützlich, nicht selten sogar schutzfähig sind.

[208] Ultraschall statt Waschpulver. – In: Berliner Zeitung. – Berlin, 24. 12. 1987. – S. 13

[209] Expertise des VEB Waschgerätewerk Schwarzenberg vom 21. 7. 1988 (Brief an den Verfasser)

Das restliche – aus der Überdüngung der Felder sowie aus der Gülle stammende – Drittel muß u. a. durch vernünftige Dosierung und der Vegetationsperiode angepaßtes Düngen beeinflußt werden. Dann erst ist das Problem sachgerecht gelöst.

Im Rahmen dieses Gesamtkonzeptes ist nun das phosphatfreie Waschen an sich durchaus ein lohnendes Ziel, und sei es nur, um die nicht gerade billige dritte Reinigungsstufe zu entlasten und/oder die Phosphatressourcen zu schonen. Da die angebotenen Alternativwaschmittel aber bisher schwere Nachteile aufweisen[176], muß das Problem – sofern sich keine geeigneteren Substitute finden – radikal gelöst werden. Das heißt im gegebenen Zusammenhang: vollständiger Verzicht auf jegliches Waschmittel. Da nun die modernen phosphathaltigen Waschmittel bereits auf molekularer Ebene arbeiten und die bisherigen Alternativwaschmittel mit all ihren Nachteilen ebenfalls dieser Ebene entsprechen (m—m), kommt für die Lösung des Problems anscheinend nur ein von Al'tšuller für prinzipiell ungangbar erklärter Weg infrage: der Übergang m—M. Tatsächlich wurden und werden immer wieder Versuche gemacht, z. B. mit Hilfe von Ultraschallapparaten in Kombination mit einem Luftstrom unter Einsatz klaren Wassers zu waschen [208]. Ultraschall und Luftbläschen arbeiten zwar ebenfalls im Beinahe-Mikrobereich, aber eben nicht im molekularen Mikrobereich. Deshalb kann durchaus vom Übergang m—M gesprochen werden. Die offensichtlich noch immer vorhandenen Schwächen und praktischen Mängel dieser Radikaltechnologie der Zukunft sind in methodischer Hinsicht kein Gegenargument.[177] Jedenfalls wäre im Falle der (aus obenerläuterten Gründen erstrebenswerten) Lösung des Problems mit Hilfe der Ultraschalltechnologie ein Idealbeispiel des Übergangs m—M gegeben.

Betrachten wir nun jenen zweiten Punkt, in dem Al'tšuller eine für den Praktiker lästige Schranke aufgebaut hat. Zwar wurden die Begriffe "Mikroebene" und "Makroebene" von ihm wissenschaftlich unanfechtbar definiert, jedoch dürfte auch die wörtliche Auslegung der Begriffe nützlich sein. Gewiß ist ein im Labormaßstab angewandtes System deshalb nicht ohne weiteres ein Mikrosystem, und ein in der Technik angewandtes System im physikalischen Sinne keineswegs automatisch ein Makrosystem, jedoch können phänomenologische Betrachtungen dieser Art das für den Erfinder so wichtige Transformationsdenken wirksam schulen.[178]

Sehen wir also für unseren rein praktischen Zweck vom physikalischen Inhalt der Begriffe "Makrosystem" und "Mikrosystem" ab und betrachten Laboratoriumslösungen als Mikrosysteme und analog arbeitende technische Systeme als Makrosysteme. Wir beobachten folgendes Phänomen: Techniken, Prinzipien, apparative Lösungen und Verfahren, die im Laboratorium vollkommen geläufig sind, werden noch nicht einmal im gleichen Industriezweig automatisch in die Großtechnik übertragen, auch wenn dies von besonderem Vorteil wäre.

Der Fall, daß die Übertragung nicht zweckmäßig oder nicht möglich ist, sei ebenso ausgeklammert wie der Fall, daß die Analogie in weit entfernten Industriezweigen nützlich erscheint. Betrachtet werden soll nur der Fall, daß die im gleichen Industriezweig (oft in räumlicher Nachbarschaft des Laboratoriums) tätigen Produktionsspezialisten viel zu wenig von den gängigen Laboratoriumstechniken wissen und sich demzufolge kaum Gedanken zur möglichen Übertragbarkeit machen. Selbstverständlich gilt dies auch in umgekehrter Richtung.

Die jeweils noch viel zu isolierte Denkweise der Labor- und Produktionsspezialisten, welche nicht selten sogar die gleiche Fachausbildung besitzen, ist demnach als praktisch sofort greifbare Leistungsreserve zu betrachten. Mit Kenntnislücken allein läßt sich das Phänomen jedenfalls nicht erklären. Weit eher scheint es sich um Übertragungsblockaden zu handeln.

[179] Selbstverständlich käme auch das Absieben und Verwerfen des Feinstanteiles vor Ausführung der Analyse infrage. Indes hätte diese Verfahrensweise für den Fall objektiver Phase-I- : Phase-II-Verhältnisschwankungen in den Kornfraktionen einen schwerwiegenden Fehler anderer Art provoziert.
Das Beispiel ist vor allem deshalb typisch, weil an sich alle notwendigen Kenntnisse für die Übertragung vorlagen und auch die Motivation im vollen Maße gegeben war. Hinzu kommt, daß hier noch nicht einmal ein komplizierter Sachverhalt vorliegt. Daß feinteilige Produkte reaktionsfreudiger als grobe sind, gehört zum Grundwissen. Mein alter Analytik-Professor sagte häufig: "Es ist alles nur eine Frage des Dispersitätsgrades."

[210] Merkenich, K.: Seifen-Öle-Fette-Wachse 91 (1965). – S. 319

[211] Mc Gilvery, J. D.: ASTM – Bull. 191 (1953). – S. 22

[212] Seiffarth, J.; Zobel, D.: Zur Bestimmung des Anteiles an Phase I im technischen Natriumtriphosphat. – In: Chem. Technik. – Leipzig 20 (1968). – S. 490–491

[213] Thomas; Griffith; St. Ives: Verfahren zum Extrahieren löslicher Phosphate aus natürlich vorkommenden Eisen- und Aluminiumphosphaten mittels Alkalicarbonat- und Alkalihydroxidlösungen. – DOS 3 428 735 v. 3. 8. 1984, offengel. 21. 2. 1985

Betrachten wir ein Beispiel, das die Nicht-Übertragung vorliegender Kenntnisse aus dem technischen Maßstab in den Laboratoriumsbereich betrifft. Pentanatriumtriphosphat ($Na_5P_3O_{10}$) war über Jahrzehnte die unbestritten wichtigste anorganische Komponente moderner Haushaltswasch- und Reinigungsmittel. Die Verbindung existiert in einer Tieftemperaturmodifikation ("Phase II") und einer Hochtemperaturmodifikation ("Phase I"). Beide unterscheiden sich in ihrer Hydratationsgeschwindigkeit. Phase-I-haltiges Produkt hydratisiert schneller als reines Phase-II-Produkt. Bei der Hydratation wird Wärme frei. Ein aus Wasser oder wäßrigen Lösungen bzw. tensidhaltigen Suspensionen und $Na_5P_3O_{10}$ unter Rühren bereiteter Brei ("slurry") erhitzt sich demgemäß schneller, wenn das eingesetzte Produkt Phase I enthält.

Jedoch ist nicht nur der Phase-I-Gehalt, sondern auch das Kornspektrum für die Hydratationsgeschwindigkeit – und damit für die Wärmeentwicklung sowie die Viskositätseinstellung im slurry – von Bedeutung. Die Viskositätseinstellung hängt insofern mit der Wärmeentwicklung zusammen, als das Hydratationsprodukt des $Na_5P_3O_{10}$, das $Na_5P_3O_{10} \cdot 6 H_2O$, entscheidend die slurry-Viskosität beeinflußt. Will man bei Viskositätstests zur Optimierung der slurry-Stufe des Heißsprühverfahrens in der Waschmittelfabrikation reproduzierbare Werte erhalten, so muß man Produkte stets gleicher Kornspektren – in der Praxis sind dies oft ausgesiebte Materialien – verwenden [210].

Merkwürdigerweise hat diese im industriellen Maßstab gewonnene Erkenntnis durchaus nicht automatisch dazu geführt, den in den Betriebslaboratorien der $Na_5P_3O_{10}$ – sowie der Waschmittelproduzenten als Mittel zur Bestimmung des Phase-I-Gehaltes im Pentanatriumtriphosphat allgemein anerkannten "Temperature Rise Test" (TRT) in seiner Aussagekraft anzuzweifeln. Dieser Test beruht auf der Messung der Hydratationswärme von $Na_5P_3O_{10}$ in einer Glycerol-Wasser-Mischung, und nach den oben dargelegten Befunden hätte auch bei dieser Analysenmethode durchaus ein Zusammenhang zwischen Viskosität, Hydratationsgeschwindigkeit und Kornspektrum gesehen werden müssen. Das geschah aber offensichtlich nicht. Die Aussagekraft des Original-TRT [211] wurde zunächst von niemandem angezweifelt, obwohl die Vorschrift keinerlei Bemerkungen zur Körnung des zu prüfenden Materials enthält und demzufolge beliebig feine bis gröbere Materialien routinemäßig untersucht wurden.

Wir prüften zur Klärung des Sachverhaltes mit Hilfe des TRT extrem feinkörniges $Na_5P_3O_{10}$ (< 0,06 mm), das sich im röntgenographischen Paralleltest als reines Phase-II-Produkt erwiesen hatte. Es zeigte sich, daß der TRT stets mehr oder minder hohe Phase-I-Gehalte vortäuscht. Die Erklärung ist einfach: Feinteiliges Material hydratisiert bei gleichem Phase-I-Gehalt schneller als gröberes Material und liefert demgemäß pro Zeiteinheit mehr Hydratationswärme. Diese aber ist ein (somit subjektiver) Maßstab für den Phase-I-Gehalt. Dies bedeutet, daß die Methode bisher immer dann grobe Fehlmessungen geliefert hatte, wenn extrem feinteiliges Material geprüft wurde. Wir unterdrückten die Fehlerquelle durch Heraufsetzen des Glycerol-Wasser-Verhältnisses und änderten die Standardvorschrift [212].[179]

Dem Leser sei empfohlen, sein eigenes Fachgebiet unter diesen Gesichtspunkten kritisch zu untersuchen. Sehr wahrscheinlich findet sich diese oder jene bisher nicht beachtete Übertragungsmöglichkeit.

Manchmal ist die Übertragung innerhalb des engeren Fachgebietes allerdings derart vordergründig, daß die Schutzfähigkeit bezweifelt werden muß. So ist ein "Verfahren zum Extrahieren löslicher Phosphate aus natürlich vorkommenden Eisen- und Aluminiumphosphaten mittels Alkalicarbonat- und Alkalihydroxidlösungen" [213] ganz of-

[180] Dem gleichen Prinzip gehorcht offensichtlich ein "bandförmiges textiles Drainageelement zur vertikalen Wasserzuführung im grabenlosen Einbau" [216].

[214] Bick, H.: Belüftungseinrichtung zum Begasen von Flüssigkeiten, insbesondere zum Lufteintrag in Wasser, insbesondere Abwasser. – DOS 3 324 039 v. 4. 7. 1983, offengel. 24. 1. 1985

[215] Pause, M.: Der Trick mit dem Seil. – In: neuerer. – Berlin 33 (1984). – S. 147

[216] Boettcher, P.; Hoyer, W.; Kessler, H.; Luedemann, G.; Pflug, D.; Garbe, D.: Bandförmiges textiles Drainagelement. – DD-PS 210 938 v. 18. 10. 1982, ausg. 27. 6. 1984

[217] Heller, Carl; Das Süßwasseraquarium, ein Stück Natur im Hause. – 3. Aufl. – Leipzig: Verlag von Quelle & Meyer, 1924

fensichtlich direkt dem aus der analytischen Chemie wohlbekannten Sodaauszug nachempfunden, bei dem man das zuvor unlösliche Analysengut einfach mit Sodalösung kocht, um den gewünschten Anteil (hier: das Phosphatanion) in Lösung zu bringen.

Recht durchsichtig ist auch die Herkunft einer "Belüftungseinrichtung zum Begasen von Flüssigkeiten, insbesondere zum Lufteintrag in Wasser, insbesondere Abwasser, mit einer Lufteintrittsstelle, dadurch gekennzeichnet, daß über der Lufteintrittsstelle ein Tauchkörper angeordnet ist, der als Füllkörperhaufwerk aus einzelnen Füllkörperelementen ausgebildet ist" [214]. Hier hat, wie Abbildung 46 zeigt, ganz offensichtlich jener poröse Bimssteinkörper Pate gestanden, der zum Erzeugen möglichst kleiner Luftblasen üblicherweise für die Aquarienbelüftung eingesetzt wird.

Besonders eindrucksvoll ist der seit einiger Zeit praktizierte Einsatz von Drainageseilen anstelle von Drainagerohren. Während Drainagerohre, insbesondere bei Beschädigungen, aber auch bei geringfügigen Verlegefehlern, bereits nach kurzer Zeit versetzt sein können, ist dies bei Drainageseilen nicht zu befürchten. Hinzu kommen beträchtliche Vorteile: die für die Herstellung des Seils verwendeten Kunststoff-Fasern verrotten nicht, das Verlegen von Seilen ist einfacher als das Verlegen von Rohren, es besteht keine Bruchgefahr, das System kann praktisch nicht versanden usw. [215].[180]

Diesen technischen Lösungen liegt gedanklich anscheinend jener Wollfaden zugrunde, mit dem Aquarien- und Blumenfreunde seit langem arbeiten. Bringt man einen Wollfaden (besser: mehrere Wollfäden) in ein Heberrohr ein, so läßt sich damit Wasser sehr langsam und dosiert aus einem Reservoir ansaugen (Kapillarwirkung der Wollfasern). Dem Aquarienfreund, der sich keine Belüftungsmembranpumpe kaufen wollte, wurde früher empfohlen, das abtropfende Wasser zur Bewegung und damit Belüftung der Wasseroberfläche, besonders aber zur Unterdrückung der Kahmhaut einzusetzen ([217], S. 18). Eine vergleichbar einfache Vorrichtung dient sicherlich manchem Leser zu Hause zum automatischen Bewässern

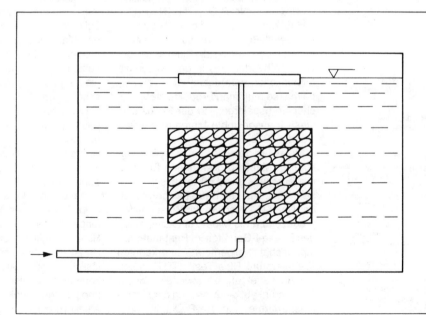

Abb. 46
Analogie zum Luftblasenverteiler im Aquarium: Belüftungseinrichtung zum Begasen von Flüssigkeiten (nach [214])

Eine bei strenger Prüfung möglicherweise nicht schutzfähige Lösung!

Abb. 47
Drainageapparatur
(nach [218])

1 Trübe-Zulauf; *2* Reservoir; *3* Trübe; *4* Drainage- und Filterelement ("nonwoven fabric"); *5* Drainagebehälter bzw. Drainagerinne ("drain pit")

[181] Der Gedanke ist anscheinend noch immer nicht selbstverständlich. Eine erst wenige Jahre alte japanische Anmeldung zeigt einen einfachen Drainageapparat, der zugleich Filterfunktionen erfüllt. Die Beschreibung läßt offen, ob mit Drainageseilen oder flächigen Gebilden gearbeitet wird. Das Prinzip jedenfalls ist klar erkennbar ([218]; Abb. 47). Ich arbeitete (fast ohne Hintergedanken) im Labor gerade an einer solchen Vorrichtung, als mir das Kurzreferat dieser japanischen Anmeldung in die Hände fiel.

[218] Otsuka, S.: Liquid drain apparatus. – Jap. P. 61-222584 (A) v. 3. 10. 1986, Appl. – No. 60-63327 v. 29. 3. 1985

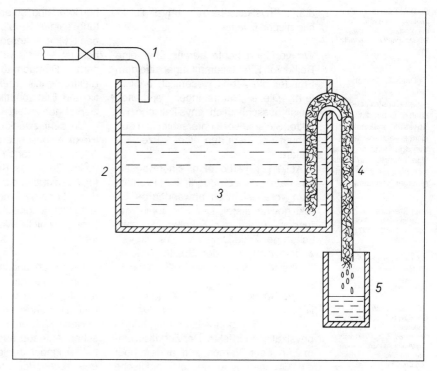

6.3. Physikalische und andere Effekte – das Handwerkszeug des Erfinders

Kommen die fremdesten Dinge durch einen Ort, eine Zeit, eine seltsame Ähnlichkeit zusammen, so entstehen wunderliche Einheiten und eigentümliche Verknüpfungen – und eines erinnert an alles, wird zum Zeichen vieler ...
Novalis

[182] Der Anfänger muß unbedingt den Unterschied zwischen Effekten und Erfindungen erlernen!

der Zimmerpflanzen während des Urlaubs.[181]

Die letztgenannten Beispiele zeigen nicht nur die sehr engen Beziehungen zwischen "Mikro"- und "Makro"-Technik im überwiegend maßstäblichen Sinne, sondern auch die Richtigkeit der von Al'tšuller behaupteten Tendenzen (hier: das Kapillarsystem entspricht im physikalischen Sinne der fortschrittlichen Mikroebene, das alte Drainagerohr hingegen der Makroebene).

Wir kommen nun zum unmittelbaren Handwerkszeug des Erfinders, den naturgesetzlichen Effekten. Effekte (Wirkungen) sind, wie bereits mehrfach erwähnt, an sich nicht schutzfähig, da sie keinen Mittel-Zweck-Zusammenhang, sondern einen naturgesetzlichen Ursache-Wirkungs-Zusammenhang verkörpern und somit als Entdeckungen gelten. Tatsächlich ist ein jeder in der Natur existierender, jedoch zu einem bestimmten Zeitpunkt vom Menschen erstmalig bemerkter Ursache-Wirkungs-Zusammenhang zu eben diesem Zeitpunkt unzweifelhaft eine Entdeckung. Für die Schutzrechtspraxis ist uninteressant, ob der Effekt neu entdeckt oder bereits in der Literatur beschrieben ist, eben weil Effekte grundsätzlich nicht schutzfähig sind. Wichtig zu wissen ist, daß nicht der Effekt, sondern seine technische Anwendung mit Hilfe konkreter Mittel Aussicht auf Patentschutz hat. Dabei sollte im Text (bei der Beschreibung der erfinderischen Lösung) möglichst erkennbar sein, welcher Effekt genutzt wurde. Der Patentanspruch hingegen sollte im kennzeichnenden Teil keinerlei Andeutungen enthalten, welcher Effekt der Erfindung zugrundeliegt. Hier ist allein die Mittel-Zweck-Beziehung gefragt, d. h., die Ansprüche haben die Aufzählung der zum Erreichen des erfinderischen Zwecks verwendeten Mittel zu enthalten und sonst nichts.[182]

Bedenke, daß Du zu jeder Erkenntnis ihre Nutzanwendung setzen mußt, damit die Wissenschaft nicht unnütz sei.
L. da Vinci

[183] Der erfinderische "Pfiff" des schöpferischen Konstrukteurs kann ohnehin durch Konstruktionskataloge nicht ersetzt werden. Hingegen sind sie in der Überleitungs- und Realisierungsphase von erstrangiger Bedeutung.

[219] Koller, R.: Ein Weg zur Konstruktionsmethodik. – In: Konstruktion 23 (1971) 10. – S. 388–399

[220] Katalog physikalischer Effekte. – Hrsg.: G. Presse. – Dresden: Technische Universität, Sektion 10, 1976

[221] Borodastov, G. V.; Denisov, S. D.; Efimov, V. A.; Subarev, V. V.; Kustov, V. P.; Gončarov, A. H.: Verzeichnis physikalischer Erscheinungen und Effekte zur Lösung von Erfindungsaufgaben (russ.). – Moskau: Zentrales wissenschaftliches Forschungsinstitut für Informationen und technisch-ökonomische Untersuchungen zu Atomwissenschaft und Technik, 1979. – (Arbeitsübersetzung von B. Kahmann, Erfurt-Wiesenhügel, 5087, Heinrich-Rau-Str. 15)

[222] Roth, K.-H.: Konstruieren mit Konstruktionskatalogen. – Berlin/Heidelberg/New York: Springer-Verlag, 1982

[223] Schubert, Joachim: Physikalische Effekte. – 2. Aufl. – Weinheim: Physik-Verlag, 1984

[224] Rüdrich, G.; Grünberg, H. U.: Nutzung von naturgesetzmäßigen Effekten und Wirkprinzipien zur kreativen Bearbeitung technisch-naturwissenschaftlicher Probleme. – Berlin: Trainingszentrum für wissenschaftlich-technische Kreativität bei der Bauakademie der DDR, 1988

[225] Effekte der Physik und ihre Anwendungen. – Hrsg.: M. v. Ardenne; G. Musiol; S. Reball. – Berlin: Deutscher Verlag der Wissenschaften, 1988

6.3.1. Physikalische und physikalisch-chemische Effekte

Wir verfügen heute bereits über eine Reihe von Effektesammlungen, die dem Erfinder die Arbeit wesentlich erleichtern. Diese Sammlungen enthalten meist ausschließlich physikalische Effekte. Sie sind sehr unterschiedlich aufgebaut und bedürfen einer kurzen Erläuterung.

Koller [219] arbeitet mit einer Kausalitätsmatrix, die den Zugriff vom Problem zum voraussichtlich anwendbaren Effekt gewährleistet. Der Effekt wird gefunden, indem der Tabellenplatz zwischen der Zeile Ursache ("Was ist veränderlich?") und der Spalte Wirkung ("Was soll verändert werden?") gesucht wird.

Der Katalog der TU Dresden [220] liegt in Form von 9 Mikrofiches vor. Er enthält 263 alphabetisch aufgeführte physikalische Effekte. Der Zugriff ist einmal über den Namen, zum andern über die Grundaufgabe (in technologische Anwendungsbereiche gegliedert) möglich.

Borodastovs "Verzeichnis physikalischer Erscheinungen und Effekte ..." [221] ist nach physikalischen Sachgebieten gegliedert, wie z. B. Mechanik, Hydrostatik, elektromagnetische Erscheinungen. Formeln fehlen zwar, Anwendungsbeispiele werden dafür aber in Form konkreter Patentansprüche erläutert. Ergänzend folgen Literaturangaben.

Der Wissenspeicher von Roth [222] stellt überwiegend eine Anleitung zum Variieren und Kombinieren dar. Er dient somit weniger dem Erfinder, sondern eher dem rationell arbeitenden Konstrukteur.[183]

Für den Praktiker gut geeignet ist das Werk von Schubert [223]. Über 350 physikalische Effekte sind alphabetisch aufgeführt. Obwohl Formeln, Dimensionierungs- und Anwendungsbeispiele fehlen, wird der Sachverhalt jeweils derart klar erläutert, daß gerade der Nichtphysiker Gewinn aus der Darstellung ziehen kann und, sofern er bei der Bearbeitung seines Problems stecken geblieben ist, neue Anregungen erhält. Schubert ist Mitarbeiter des Siemens-Konzerns. Demgemäß sind die Gebiete Elektrotechnik, Elektronik, Magnetooptik und Elektrooptik besonders qualifiziert abgehandelt.

Ein sehr zweckmäßiger und für den Praktiker besonders nützlicher Katalog wurde von Rüdrich und Grünberg [224] geschaffen. Das Konzept ist übergreifend denkmethodisch angelegt, d. h., es umfaßt das gesamte Feld naturwissenschaftlich-technischer Fragestellungen. Drei prinzipielle Wege werden angeboten:

– Mittels Lösungsmatrix werden diejenigen Effekte und Wirkprinzipien ermittelt, die jeweils zwei physikalische Größen miteinander verknüpfen.
– Nach Wahl einer elementaren technischen Aufgabe aus einem vorgegebenen Angebot erfolgt die Ausgabe von entsprechenden Effekten und Wirkprinzipien.
– Das alphabetische Verzeichnis der Effekte und Wirkprinzipien gestattet per Codenummer das Auffinden im Effekte-Speicher.

Voraussetzung für die optimale Nutzung der Matrix ist die auf hoher Abstraktionsebene durchzuführende Analyse der Aufgabe. Anhand der technisch-naturgesetzmäßigen Widersprüche werden die einander entgegenstehenden Parameter bestimmt. Die Matrix liefert dann folgende Varianten: direkte Verknüpfung der Ein- und Ausgangsparameter, Verknüpfung über einen Zwischenparameter, Verknüpfung über mindestens zwei Zwischenparameter. Pionierarbeit auf diesem Gebiet hat Herrig geleistet (s. Abschnitt 6.6.).

Die derzeit beste Sammlung physikalischer Effekte stammt von v. Ardenne, Musiol und Reball [225]. Es handelt sich um einen Wissenspeicher, in dem 225 Effekte aus allen Bereichen der Physik und, sofern physikalisch nutzbar

[184] Früher dienten die physikalischen Effekte übrigens zur Unterhaltung des sogenannten gebildeten Publikums. So rühmte beispielsweise Goethe den Wittenberger Professor Chladni, der mit seinem Planwagen im Lande herumzog und effektvoll aufgemacht physikalische Experimente vorführte. Moderne Fernsehsendungen knüpfen sichtlich an diese schöne Tradition an (z. B. [226]).

[185] Für Kenner, denen der Humor noch nicht abhanden gekommen ist, sei ferner das Werk von Jones [229] nachdrücklich empfohlen.

[186] Bastlerexperimente regen das Assoziations- und Transformationsvermögen derart an, daß früher oder später Querverbindungen zu erfinderischen Gedankengängen entstehen.

[226] Bublath, Joachim: Das knoff-hoff-Buch. – München: G + G Urban-Verlag, 1987

[227] Warburg, Emil: Lehrbuch der Experimentalphysik. – 4. Aufl. – Freiburg i.B.: Verlag von J. C. B. Mohr (Paul Siebeck), 1899

[228] Pfaundler, Leopold: Die Physik des täglichen Lebens. – Stuttgart, Leipzig: Deutsche Verlags-Anstalt, 1904

[229] Jones, D. E. H.: Zittergas und schräges Wasser: Die phantastischen Erfindungen des modernen Daedalus. – Thun: Verlag Harri Deutsch, 1985

[230] Wagner, Hermann: Illustriertes Spielbuch für Knaben. – 16. Aufl. – Leipzig: Verlag von Otto Spamer, 1896

[231] Kolumbuseier – Eine Sammlung unterhaltender und belehrender physikalische Spielereien. – 2. Aufl. – Stuttgart/Berlin/Leipzig: Union Deutsche Verlagsgesellschaft. – (o. J.)

bzw. physikalisch bedingt, aus anderen Fachgebieten aufgenommen wurden. Der Inhalt ist jeweils gegliedert in: Historische Bemerkungen, Sachverhalt, Kennwerte und Funktionen, Anwendungen, Literatur. Stark betont werden die Anwendungen. Demgemäß ist das Werk ausdrücklich besonders auch für Praktiker gedacht (Techniker, Ingenieure, Forscher). Die einzelnen Abschnitte differieren allerdings bezüglich ihrer Qualität, gemessen an den Kriterien Praxisnähe und erfinderische Relevanz. Auch steht bei einem solchen Werk trotz angestrebter Praxisnähe naturgemäß der Grundlagenaspekt im Vordergrund.[184]

Dem Anfänger sei geraten, auch die ältere Literatur zu berücksichtigen. Gerade alte Physikbücher, die oft noch vergleichsweise billig im Antiquariat zu haben sind, beschreiben die grundlegenden physikalischen Effekte sehr anschaulich (z. B. [227, 228]).

In älteren Büchern findet sich (historische Methode!) meist ein in doppelter Hinsicht sinnvoller Bezug zum Thema. Das Argument, ältere Literatur vermittele keine Anregungen zur Hochtechnologie, ist kaum stichhaltig. Ohne Kenntnis der Geschichte des Faches sowie ohne solide Grundlagenkenntnisse in der klassischen Physik wird der an Hochtechnologien interessierte Erfinder früher oder später den Grund unter den Füßen verlieren. Mindestens aber fehlt ihm dann jegliches Gefühl für die Basis, von der aus er die Arbeit fortsetzt.[185]

Nicht minder interessant sind alte und neue Spiel- und Bastlerbücher (z. B. [230, 231]). Neben reinen Spielereien bieten diese Bücher eine Fülle interessanter Experimente, die äußerst praxisnah sind und auf der unmittelbaren Anwendung physikalischer Effekte beruhen.[186]

In der gleichen Richtung liegen die Bastler- und Haushaltstips, die von vielen Tageszeitungen in der Wochenendbeilage gebracht werden. Hier wird (z. B. unter dem Titel "Trick 17" in einer hallischen Zeitung) zwar im allgemeinen

nur der Sachverhalt abgehandelt, aber der findige Leser ist oft durchaus in der Lage, den zugrundeliegenden Effekt sofort zu verstehen. In anderen Fällen regen die Tips dazu an, eben dieses Verständnis durch Nachschlagen und Nachdenken zu erwerben. Nützlich sind solche Tips vor allem deshalb, weil hier nicht nur physikalische, sondern oft auch chemische, biochemische oder biologisch determinierte Effekte indirekt beschrieben werden.

Genau in diesem Punkt aber besteht ein erheblicher Nachholbedarf. So beklagt Herrlich [74], daß wir heute zwar bereits über gute Physikeffektespeicher verfügen, jedoch vergleichbare Werke zu biologischen bzw. chemischen Effekten derzeit noch fehlen. Tatsächlich finden sich diese für Hochtechnologien ebenfalls wichtigen Effekte heute bestenfalls in den Fachmonographien bzw. Originalpublikationen verstreut. Spezielle chemische und/oder biologische Effektesammlungen, besonders aufbereitet für den Erfinder, gibt es noch nicht.

Zwar ist das Fehlen von Effektekatalogen auf den Gebieten Chemie und Biologie für den Anfänger verdrießlich, für den geübten Erfinder aber eher von besonderem Vorteil. Der Prüfer kann hier ebensowenig wie der Erfinder auf Effektekataloge zurückgreifen. Wichtig für die Schutzfähigkeit ist zwar allein das konkrete technische Mittel, aber bei manchen Effekten liegt die technische Nutzanwendung dermaßen offen auf der Hand, daß der Prüfer durchaus bereits anhand des Effektekataloges Einwände bringen könnte.

Der Erfinder gewinnt einen zusätzlichen Vorteil, wenn er sich über die souveräne Verwendung allgemein bekannter (jedoch in der Fachliteratur verstreuter) Effekte hinaus eine eigene Effektesammlung zulegt. Noch nützlicher sind selbstgefundene Effekte, gewissermaßen individuelle "Mini-Entdeckungen". Von erstrangiger Bedeutung ist deshalb – gerade für den Chemiker und den Biologen – fleißiges Experimentieren (nicht

[187] Beispielsweise zerstört er den Schaum nicht sofort mit konventionellen Mitteln, sondern betrachtet die Tatsache der Schaumbildung zunächst einmal nicht als schädlich, sondern als für seine Zwecke nützlich. Er denkt etwa so: Wenn der Schaum an einem bestimmten Punkt der Reaktion plötzlich auftritt, so ist das eine offenbar entscheidende Reaktionsphase. Was passiert an diesem Punkt eigentlich? (Viskositätssprung?; plötzlich verstärkte Gasentwicklung; wenn ja, warum?)

[188] Ob solche Vorschläge noch schutzfähig sind oder nicht, ist hier übrigens kaum von Interesse. Für das praktische Beherrschen einer Reaktion sind die nicht schutzfähigen Kniffe oft ebenso wichtig wie schutzfähige Systemlösungen. Das Beispiel soll nur die anzutrainierende Denkweise zeigen.

[232] Informationsdienst Nr. 135 des VEB Zementkombinat: "Vorschrift zur Verarbeitung von Karbidkalkhydrat KH 65 B 0 bis 0,09 nach TGL 28 108 zu Mauer- und Putzfrischmörtel", 1983

etwa ins Blaue hinein, sondern durchaus nach den fachlich anerkannten Regeln!). Entscheidend ist nur, daß dieses an sich fachmännische Handeln ergänzt werden muß durch aufmerksames Beobachten und scharfsinnige Analyse der vom Normalen abweichenden Beobachtungstatsachen.

Diese an sich selbstverständliche Forderung muß besonders herausgestellt werden, weil leider manche "Fachleute" dazu neigen, Unerwartetes zu übersehen, wohl in der Annahme, jede Abweichung vom Normalen sei irgendwie mit einem experimentellen Fehler zu erklären. Der wahre Fachmann hingegen interessiert sich fast ausschließlich für die Abweichungen vom Normalen. So genügt beispielsweise bereits die Beobachtung, daß in einer bestimmten Phase einer chemischen Reaktion plötzlich lästige Schaumbildung auftritt. Der Nichterfinder ärgert sich an dieser Stelle, für den Erfinder hingegen kann es nichts Besseres geben. Er hat seine "Mini-Entdeckung" gemacht und kann das Problem nun erfinderisch lösen.[187] Diese Denkweise führt letztendlich dazu, daß der an sich lästige Schaum vom Erfinder nun direkt genutzt wird, z. B., um die weitere Reaktion automatisch zu steuern. So wäre an eine Leitfähigkeitssonde zu denken, die in einer bestimmten Höhe angebracht ist und die auf den im Reaktor ansteigenden Schaum reagiert. Noch einfacher ist die Stromaufnahme des Rührwerksmotors als Meßgröße zu verwenden: steigt der Schaum in den Bereich eines entsprechend weit oben angebrachten – gewöhnlich im Gasraum unbelastet laufenden – Rührwerksflügels, so erhöht sich auch die Stromaufnahme des Rührwerksmotors, die sich wiederum als Steuergröße für die optimale Fahrweise gegen Ende der Reaktion nutzen läßt.[188]

Gerade Chemie, Biochemie, Biotechnologie und Biologie bieten dem aufmerksamen Experimentator eine Fülle von Möglichkeiten zum Aufspüren von Effekten. Indes ist die Anzahl der "reinen" chemischen bzw. biologischen Effekte, legt man scharfe Maßstäbe an, vergleichsweise gering. Viele von ihnen sind im Kern eigentlich physikalische Effekte (z. B. Schaumbildung, Viskositätssprünge, Flockungserscheinungen durch Umladung usw., Adsorptionsgleichgewichte, heterogene Katalyse, Entnebelung von Abgasströmen mittels Fasertiefbettfiltern im Aktionsbereich der Brownschen Molekularbewegung). Dabei verschiebt sich der Anteil immer mehr zugunsten der eigentlich physikalischen Effekte, je weiter man von der Grundlagenforschung in den Bereich der angewandten Wissenschaften kommt (Chemie $\rightarrow$ Chemische Technologie; Biologie $\rightarrow$ Biotechnologie).

Ein Beispiel aus dem Bereich der chemischen Technologie soll einen solchen chemisch-physikalischen Grenzbereichseffekt und seine erfinderische Nutzung erläutern.

Das durch Ablöschen von Calciumcarbid (CaC_2) zwecks Gewinnung von Acetylen erzeugte Carbidkalkhydrat ($Ca(OH)_2$) enthält noch Carbidreste, so daß das für Bauzwecke verkaufte Produkt zum Nachgasen (Restacetylenentwicklung) neigt, weshalb dem Kunden ein Merkblatt zwecks Einhaltung der erforderlichen Sicherheitsvorkehrungen beim Verarbeiten mitgegeben wird [232]. Acetylen-Luft-Gemische sind, insbesondere im Aktionsbereich leidenschaftlicher Raucher, je nach Acetylenkonzentration gelegentlich explosibel. Wegen eines bestimmten Phosphin-Diphosphin-Anteils explodieren sie unter ungünstigen Umständen aber auch spontan.

Wir benötigten nun für eine bestimmte Reaktion u. a. eine $Ca(OH)_2$-Suspension in Natronlauge und zögerten zunächst, dafür das gefährliche Carbidkalkhydrat einzusetzen. Da es aber weit billiger als das aus Naturkalk gebrannte und durch Ablöschen hergestellte Produkt ist und letzteres überdies nur unter Schwierigkeiten homogen suspendiert werden kann, gingen wir unter entsprechenden Sicherheitsvorkehrungen zum

[189] Nach dem Umformulieren der zunächst ungeschickt abgefaßten Ansprüche (die Entdekkung bzw. der Effekt schimmerte gewissermaßen noch durch die Ritzen) lautete der schließlich akzeptierte Anspruch nunmehr: "Verfahren zur Herstellung weitgehend lagerstabiler wasserhaltiger Calciumhydroxid-Suspensionen, dadurch gekennzeichnet, daß frisches oder vergleichsweise kurzzeitig abgelagertes Carbidkalkhydrat in an sich bekannter Weise in wäßrigen Lösungen, insbesondere Natronlauge, mittels gewöhnlicher Rühr- bzw. Mischvorrichtungen suspendiert wird, wobei die Rühr- bzw. Mischvorrichtung nur am Beginn des Vorganges in Funktion zu sein hat." [233]

[233] Zobel, D.; Ebersbach, K.-H.; Wenzel, R.; Mühlfriedel, J.: Verfahren zur Herstellung weitgehend lagerstabiler Calciumhydroxidsuspensionen. – DD-PS 158 477 v. 6. 12. 1980, ert. 19. 1. 1983

[234] Lammers, A.: Abgas-Reinigung. – DOS 3 526 381 v. 24. 7. 1985, offengel. 17. 4. 1986

[235] Nakagawa, Yoshinori, Nara: Zahnpflegemittel. – DOS 3 424 074 v. 29. 6. 1984, offengel. 10. 1. 1985

Einsatz von Carbidkalkhydrat über. Die Natronlauge-Ca(OH)$_2$-Suspension wurde in einem Rührwerksbehälter hergestellt. Eines Tages fiel das Rührwerk aus. Da ohnehin an anderen Anlagenteilen eine Inspektion geplant war, blieb der Inhalt des Rührwerksbehälters in diesem Zustand einige Tage sich selbst überlassen. Wir bemerkten nun voller Erstaunen, daß sich die Ca(OH)$_2$-Partikel in dieser Zeit kaum abgesetzt hatten (beim früher praktizierten Einsatz von gelöschtem Branntkalk hingegen setzte sich der Feststoff nach Abstellen des Rührwerkes stets sofort ab und war dann kaum noch aufzurühren).

Die Untersuchung des Sachverhaltes ergab, daß die durch Nachgasen gebildeten Acetylenbläschen offensichtlich für längere Zeit an den Ca(OH)$_2$-Partikeln haften bleiben und jedes Partikel dann an einem Bläschen in der relativ viskosen Natronlauge schwebt.

Natürlich ist das ein – wenn auch sehr spezifischer – Effekt, dem Prüfer durchaus unbekannt, deshalb erfinderisch besonders vorteilhaft verwendbar, aber eben – wie andere Effekte auch – absolut nicht schutzfähig.

Da auf Grund unserer Beobachtung nun der Carbidkalkhydrateinsatz für den oben genannten Zweck geschützt werden sollte, mußten von uns die bekannten Gefährdungen beim Umgang mit diesem Produkt [232] als Argumente gegen die von der Prüferin per Prüfbescheid zunächst als selbstverständliches fachmännisches Handeln bezeichnete Auswahl des Carbidkalkhydrates herangezogen werden.[189]

Die strenge Trennung zwischen erlaubter (und zweckmäßiger) Darlegung des zugrundeliegenden Effektes im Text der Erfindungsbeschreibung von der reinen Aufzählung der Mittel und Parameter im Patentanspruch läßt sich in der Praxis nicht immer überzeugend durchführen. Auch ist nicht eigentlich zwingend vorgeschrieben, Bemerkungen zum Effekt im Patentanspruch völlig zu unterlassen. Gerät aber eine auch nur indirekte Bermerkung zum Effekt in den kennzeichnenden Teil, so kann – selbst wenn es sich um absolut originelle Entwicklungen handelt – daraus kein irgendwie gearteter Schutz des Effektes im Sinne eines Benutzungsverbotes abgeleitet werden.

Die beiden folgenden Beispiele sollen zeigen, daß Kompromisse in der Formulierung manchmal kaum vermeidbar sind: "Abgas-Reinigung, dadurch gekennzeichnet, daß die Abgase komprimiert und von außen gekühlt werden und sich dann entspannen müssen, dies in solchem Verhältnis zueinander erfolgt, daß die Schadstoffe NO$_x$ und SO$_x$ dadurch auskondensieren müssen und chemisch gebunden werden können." [234] – "Zahnpflegemittel, bestehend aus üblichen Bestandteilen, einschließlich mindestens einem Poliermittel, einem Schaummittel und einem Bindemittel, dadurch gekennzeichnet, daß weiter ein Pulver eines N-Typ-Halbleiters in dem Zahnpflegemittel enthalten ist." [235]

Im ersten Falle [234] hätte der Erfinder getrost auf die indirekte Erwähnung des Joule-Thomson-Effektes verzichten können. Im zweiten Falle [235] hingegen ist es zweifellos kaum möglich, sich kurz und knapp auszudrücken, ohne den zugrundeliegenden Effekt – hier sogar vergleichsweise direkt – zu benennen.

Abschließend noch eine Bemerkung zu den *Effektekombinationen*. Al'tšuller und Seljucki [69] nennen ihr Konzept zum systematischen Einsatz physikalischer Effekte, insbesondere zum gleichzeitigen Einsatz mehrerer Effekte beim Lösen komplizierter Aufgaben, "Standards zur Lösung ausgewählter Klassen von Erfindungsaufgaben". In enger Verkettung zur Stoff-Feld-Betrachtungsweise (vgl. Abschn. 6.2.6.) werden folgende Standardklassen angegeben:

– Standards zur Veränderung von Systemen (dazu gehören: Ergänzung von Stoff/Feld-Systemen; Transformation von Stoff/Feld-Systemen; Aufbau ver-

ketteter Stoff/Feld-Systeme; Übergang zu Ferro/Feld-Systemen; Auflösung von Stoff/Feld-Systemen; Übergang zu grundsätzlich neuen Systemen)
– Standards zur Feststellung und Messung
(dazu gehören: Umgehungswege zur Lösung der Aufgaben; Synthese von Stoff/Feld-Systemen; Synthese komplizierter Stoff/Feld-Systeme; Übergang zu Ferro/Feld-Systemen – alles jeweils zum Zwecke der Feststellung/Messung)
– Standards für die Anwendung von Standards
(dazu gehören: Stoffzusatz beim Aufbau, Umbau oder Abbau von Stoff/Feld-Systemen; Vereinigung von Objekten zu einem System und Vereinigung von Systemen zu einem Obersystem).

Offensichtlich sind mindestens die anspruchsvolleren Empfehlungen in dieser methodischen Aufzählung nur durch den gleichzeitigen Einsatz mehrerer, meist miteinander in Wechselwirkung stehender physikalischer Effekte realisierbar. In diesem Sinne eignet sich das Schema vor allem für den Aufbau eines anwendergerechten Programms zum Einsatz physikalischer Effekte im Rahmen des rechnerunterstützten Erfindens (s. Abschn. 6.6.). Die von den Autoren angeführten Beispiele ([69], S. 275–284) sind durchaus überzeugend. Das Studium der leicht zugänglichen Originalquelle kann empfohlen werden.

Zum erfolgreichen Denken gehört es, den richtigen Anfang einer Gedankenkette zu finden. Dann folgt die Logik von selbst.
W. Gilde

6.3.2. Denkfelder und Ideenketten

Die im Abschnitt 6.3.1. behandelte Arbeitsweise geht von einer jeweils konkreten erfinderischen Aufgabe aus, deren Lösung den Einsatz eines ganz bestimmten Effekts erfordert, der zu suchen, zu finden und mit aufgabenbezogenen technischen Mitteln umzusetzen ist.

Die entgegengesetzte, für den weitblickenden Erfinder mindestens ebenso wichtige Arbeitsrichtung betrifft hingegen die konsequente Mehrfachnutzung eines bestimmten Effekts für sehr verschiedenartige Aufgaben. Der Erfinder stellt sich dabei folgende Fragen: Wozu kann ich diesen Effekt noch nutzen? Für welche Fälle, die ich im Augenblick gar nicht bearbeite oder die vordergründig nicht zu meinem Aufgabengebiet bzw. nicht zur gerade bearbeiteten Aufgabenstellung gehören, wäre dieser Effekt voraussichtlich noch einsetzbar? Wie weit kann ich das sich eröffnende Denkfeld mit meinen – zunächst begrenzten – Kenntnissen praktisch ausdehnen?

Dabei ist kaum von Bedeutung, ob es sich um einen bekannten oder um einen selbstgefundenen Effekt handelt. Bekannte Effekte, in einem bisher solchermaßen noch nicht bearbeiteten technischen Umfeld genutzt, sind nicht selten ebenso erfolgsträchtig wie selbstgefundene Effekte.

Bei den selbstgefundenen Effekten handelt es sich naturgemäß nicht immer um echte Mini-Entdeckungen, sondern manchmal auch um Phänomene, die an sich durchaus bekannt sind. Solche Effekte haben aber für den Erfinder trotzdem einen – gewissermaßen emotionalen – Neuheitswert, eben weil sie ihm selbst zuvor nicht bekannt waren. Vor allem beim Experimentieren tritt ziemlich häufig der Fall ein, daß einem selbst etwas erstmalig auffällt. Das weitere Vorgehen des routinierten Erfinders hängt nun wesentlich von seinem Typ, seiner Mentalität und seinen Arbeitsgewohnheiten ab. Manche nutzen, obwohl sie mindestens ahnen, daß die Sache wohl kaum neu sein kann, bewußt zunächst einmal ihre Unbefangenheit und denken sich vor Beginn ihrer Literaturrecherche eine Reihe sehr divergenter Anwendungsvorschläge aus ("romantischer" Typ nach Ostwald). Andere fangen mit einer umfangreichen Literaturrecherche an und ordnen den beobachteten Fall sorgfältig in den vorhandenen Wissensfundus ein; erst dann beginnen sie – vorsichtig, langsam, aber zugleich zäh und konsequent – mit individuellen Experimentalarbeiten und ziehen eigene Schlüsse ("klassischer" Typ nach Ostwald).

Das folgende Beispiel einer nicht durch Literaturstudium, sondern durch eine zufällige Beobachtung ausgelösten Ideenkette soll zeigen, wie der Erfinder zweckmäßig vorgehen kann. Dabei sind die einzelnen Schritte so wiedergegeben, wie sie von mir tatsächlich gegangen wurden.

Eine Trübe sollte filtriert werden. Die verfügbaren Wasserstrahlpumpen waren blockiert. Da ohnehin noch andere Experimente liefen, wurde die Labornutsche (Saugflasche, durchbohrter Gummistopfen, Porzellan-Nutsche) nebenbei unter Normaldruck betrieben. Das Filtrat tropfte durch das Filtertuch und füllte allmählich die Saugflasche. Um den Vorgang nicht unterbrechen zu müssen, wurde ein Schlauch als Filtratüberlauf auf den Evakuierungsstutzen gesteckt. Die Saugflasche stand auf dem Labortisch, der Schlauch führte in einen auf dem Fußboden stehenden Eimer (Abb. 48). Beim Nachgießen weiterer Trübe war zu beobachten, daß plötzlich die Filtrationsgeschwindigkeit stark anstieg. Die an sich naheliegende Vermutung, daß dafür die Saugwirkung des durch den Schlauch ablaufenden Filtrats verantwortlich sein müßte, wurde durch folgende Beobachtungen erhärtet:

– Mit dem Filtrat zusammen werden Luftblasen durch den Schlauch transportiert.
– Besonders hohe Filtrationsgeschwindigkeiten werden erreicht, wenn man den Filtratstrom per Schlauchklemme leicht androsselt.
– Die Filtrationsgeschwindigkeit erhöht sich, wenn man den Niveauunterschied erhöht.
– Gleichmäßige Filtration läßt sich nur bei getaucht betriebenem Filtratablauf erreichen.

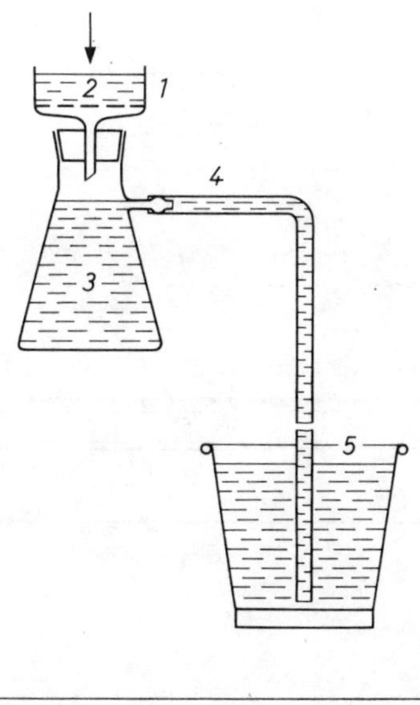

Zweifellos handelt es sich bei dem Vorgang um eine ganz einfache Sache. Sicherlich ist die geschilderte oder eine ähnliche Vorrichtung bereits von anderen Experimentatoren verwendet worden. Im übrigen wird man beispielsweise an den Jenaer Analysentrichter für schnelle Filtration erinnert. Wir haben es mit dem bestens bekannten, sehr einfachen physikalischen Effekt "Saugende Wirkung einer hängenden bzw. langsam strömenden Flüssigkeitssäule" und gleichzeitig mit Al'tšullers Prinzip 29 "Nutzung pneumatischer und hydraulischer Effekte" zu tun. Weil die im Sinne der Wiederverwendbarkeit der Idee zu empfehlende Denkrichtung damit bereits klar bestimmt ist, wollen wir zunächst einmal überlegen, wo der Effekt bereits technisch genutzt wird.

Nach Durchsicht der sofort verfügbaren Erfahrungen und Kenntnisse zeigt sich, daß es bereits einzelne industrielle Anwendungsbeispiele gibt (z. B. automatische Kolonnensumpfentwässerung, Einspritzkondensator). Was ganz offensichtlich fehlt, ist aber die umfassende und systematische Nutzung des Gedankens.

Abb. 48
Schnellfiltration unter Eigenvakuum mit Hilfe einer hängenden Filtratsäule – ideale Demonstration des Al'tšuller-Prinzips "Selbstbedienung" ("Von-Selbst"-Lösung)

1 Porzellan-Nutsche; 2 Filtertrübe; 3 Saugflasche; 4 Gummischlauch für ablaufendes Filtrat, welches das zur Beschleunigung der Filtration erforderliche Arbeitsvakuum selbst erzeugt; 5 Filtratbehälter

[236] Zobel, D.; Jochen, R.; Rust, R.: Verfahren und Vorrichtung zur Filtration unter autogenem Vakuum. – DD-PS 214 904 v. 10. 8. 1979, ert. 20. 8. 1980

[237] Ziegler, P.: Schnellfilter – ihr Bau und Betrieb. – Leipzig: Verlag v. O. Spamer, 1919

[238] KDT-Erfinderschule Biotechnologie, Philadelphia, 7. 11. 1986

Die nächste Stufe war zunächst nicht eine umfangreiche Recherche, sondern die Übertragung der beschriebenen Laboratoriumsvorrichtung auf eine im technischen Maßstab funktionierende Nutsche, die mit Hilfe des ablaufenden Filtrats ihr Arbeitsvakuum selbst erzeugt.

Wir entwickelten einen solchen Apparat [236]. Die Vorrichtung erzeugt, ausreichenden Niveau-Unterschied vorausgesetzt, ihr Arbeitsvakuum selbst (Abb. 49). Vakuumpumpen sind überflüssig. Je nach Widerstand des Filterkuchens werden Unterdruckwerte von etwa 670 bis 970 hPa (500 bis 730 mm Hg), entsprechend einem absoluten Gasdruck von etwa 260 bis 30 mm Hg im System, erreicht. Die Vorrichtung arbeitet bis zum Versetzen der Filterfläche vollautomatisch ("Von-Selbst"-Lösung). Bei erheblichem Feststoffgehalt der Trübe stellen sich hohe Unterdruckwerte automatisch ein; bei geringen Feststoffgehalten werden entsprechend höhere Filtrationsgeschwindigkeiten trotz geringerer Arbeitsvakua erreicht ("Anpassung"). Klare Filtrate sind, besonders bei Zugabe von etwas Filterhilfsmittel zur Trübe, immer gewährleistet.

Die Vorrichtung wird im 2-m^3-Maßstab erfolgreich betrieben. Filtriert werden z. B. Mutterlaugen der Trinatriumphosphatproduktion. Bedienungs- und Wartungsaufwand sind außerordentlich gering. Die Vorrichtung braucht nicht beaufsichtigt zu werden, da das erneute Anfahren, falls die Nutsche versehentlich einmal leergelaufen ist, nur wenige Minuten beansprucht.

Interessanterweise finden sich nicht nur bei Gesprächen mit Fachkollegen, sondern auch in der Literatur erhebliche Vorurteile gegen die Realisierbarkeit der an sich naheliegenden Idee. So schlugen entsprechende Versuche im Wasserwerk der Stadt Harrisburg, ausgeführt an einem Trinkwasserschnellfilter, ganz offensichtlich fehl ([237], S. 137).

Trotzdem hatten wir, und das zeigte sich erst nach Erteilung des Patents [236], nicht sorgfältig genug recherchiert. Tatsächlich erwies sich die Lösung schließlich als durchaus nicht neu. In der Diskussion zu einem erfindungsmethodischen Vortrag wies mich Heidrich [238] darauf hin, daß annähernd

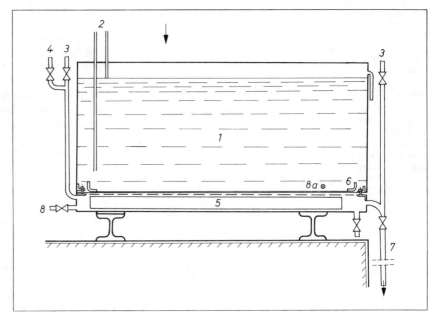

Abb. 49
Verfahren und Vorrichtung zur Filtration unter autogenem Vakuum (nach [236])

1 Filtertrübe; 2 Minimum-Maximum-Sonde; 3 Entlüftungsstutzen; 4 Vakuummeßstutzen; 5 Filtratraum mit Stützrippen; 6 Filtertuchrahmen; 7 Filtratablaufleitung; 8 Rückspülstutzen; 8 a Ablauf der Spülflüssigkeit

[190] Der Ablauf erfolgte zwar nicht über ein ausschließlich senkrechtes Rohr, sondern über einen sogenannten Schwanenhals; dieses Detail ist aber nicht von prinzipieller Bedeutung.

[191] Typisches Einsatzfeld für alte (Filtrations)-Technik ist aber z. B. das frühere Brauereiwesen, wie an sich auch ohne nähere Fachkenntnis vorstellbar: seit Jahrhunderten wird gebraut, und trübes Bier wollte schon damals niemand trinken.

Abb. 50
Anordnung zur Destillation unter vermindertem Druck (nach [239])

1 Verdampfer; *2* Standglas; *3* Siedekapillare; *4* Einfüll- und Produktstutzen; *5* Heizmantel; *6* Kondensator; *7* oberes Reservoir; *8* "y-Stück"; *9* zum unteren Reservoir

vergleichbare Apparate ("Läuterbottiche") in Brauereien älterer Bauart durchaus üblich waren.[190]

Das Beispiel ist auch in dieser Hinsicht doppelt lehrreich. Sorgfältiges Recherchieren in der älteren Literatur wäre zweifellos erforderlich gewesen. Eine reine Patentrecherche genügt hier offensichtlich nicht. In solchen und ähnlichen Fällen sollte der Erfinder überdies noch selbstkritischer als sonst vorgehen. Beim besprochenen Beispiel lag immerhin der Verdacht nahe, daß es sich möglicherweise um alte Technik handeln könnte.[191]

Ferner zeigt das Beispiel, daß ein erteiltes Patent durchaus kein zwingender Beweis für den Neuheitswert einer Sache ist. Was die Erfinder übersehen hatten, fiel auch dem Prüfer nicht auf – ein Fall, der in der Praxis nicht eben selten vorkommt.

Wir kennen nun bereits drei Anwendungsfälle (unter autogenem Vakuum arbeitende Nutsche bzw. Läuterbottich, Einspritzkondensator, automatische Kolonnensumpfentwässerung). Überlegen wir also, wo die hängende bzw. langsam strömende Flüssigkeitssäule außerdem noch sinnvoll eingesetzt werden könnte und sehen uns zu diesem Zweck Abbildung 49 noch einmal näher an. Zunächst tröpfelt unter Normaldruck Filtrat in den mit Stützrippen versehenen Filtratraum *5*. Die Luft entweicht über die Entlüftungsstutzen *3*. Ist der Filtratraum gefüllt, so werden die Entlüftungen geschlossen und das Filtratablaufventil *7* geöffnet. Das Filtrat setzt, während es in das Reservoir fließt, den Filtratraum unter Vakuum. Öffnet man nun vorsichtig die Entlüftung *3*, so vermindert sich das Vakuum erwartungsgemäß, da nunmehr Luft einströmt. Beim normalen Betrieb der Nutsche bleibt die Entlüftung zwar geschlossen, hier soll aber gezeigt werden, daß das Einströmen ("Ansaugen") von Luft der Ansatzpunkt zum Weiterdenken ist.

Der nächste Schritt ist gedanklich einfach. Anstelle von Filtrat soll nun Wasser verwendet werden, und die Aufgabe

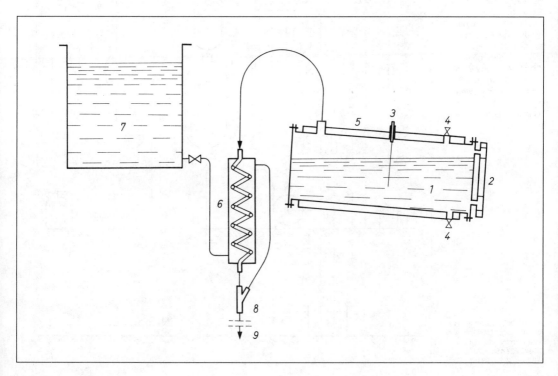

soll nicht mehr in der Lösung eines Filtrationsproblems, sondern in der Anwendung des gleichen Prinzips für Zwecke der Eindampfung bzw. der Destillation bestehen. Wir kommen auf diesem Wege fast zwanglos zu einer Destillationsvorrichtung, die prinzipiell ähnlich der Nutsche arbeitet (Abb. 50).

Das Wasser strömt aus einem oberen Reservoir 7 durch einen Kondensator 6 in das sogenannte y-Stück 8, dessen Form – allerdings nur rein äußerlich – Ähnlichkeiten zur Wasserstrahlpumpe aufweist. Während bei der Wasserstrahlpumpe mit einer Düse (Stauabschnitt/Diffusorabschnitt) gearbeitet wird, fließt hier das Wasser langsam – ohne intermediäre Geschwindigkeitsveränderung – herab. Das "y-Paßstück" enthält keine Einbauten. Funktionell ist das y-Stück, und das ist wichtig, somit etwas völlig anderes als eine Wasserstrahlpumpe. Der Wasserverbrauch, verglichen mit einer Wasserstrahlpumpe, ist überdies sehr gering. Auch arbeitet die Vorrichtung, ganz im Gegensatz zur Wasserstrahlpumpe, völlig rückschlagsicher [239].

Das aus 1 ständig nachverdampfende Destillat gelangt nach erfolgter Kondensation zusammen mit dem aus dem oberen Reservoir stammenden Treibmittel (Wasser) in das y-Paßstück und von dort aus in das untere Reser-

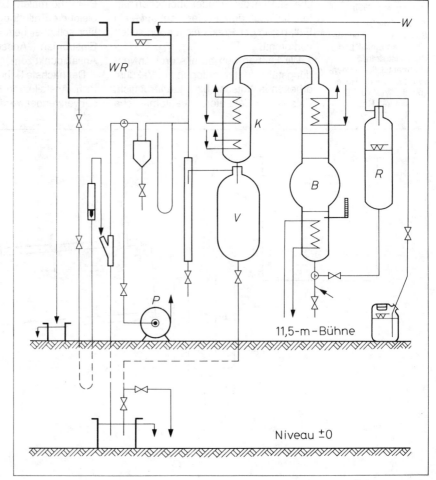

Abb. 51
Vakuumdestillationsanlage mit y-Paßstück und "hängender" Wassersäule nach dem in [239] dargelegten Prinzip
WR Reservoir, aus dem über Sicherheitsschleife und Rotameter das y-Paßstück mit Wasser versorgt wird; R Reservoir für verdünnte Säure, die eingedampft werden soll; B Destillationsblase; K Kondensator; V Vorlage für das abdestillierte Wasser; P Ölpumpe, die zum Anfahren verwendet wird (Umschaltvorgang über Dreiwegehahn)

[239] Zobel, D.; Jochen, R.: Anordnung zur Destillation unter vermindertem Druck. – DD-PS 208 453 v. 23. 2. 1982, ert. 2. 5. 1984

Abb. 52
Extrem einfache Destillationsanlage (nach [240])

1 siedende Wassersäule; *2* kondensierte Wassersäule

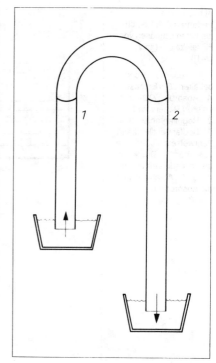

[192] Der für das Erreichen des Maximalvakuums erforderliche Niveauunterschied beträgt, wie nicht näher erläutert zu werden braucht, für Wasser etwa 10 m. In der Praxis wird einfach mit den verfügbaren Bühnen gearbeitet (Abb. 51).

[193] Der Anspruch lautet: "Destillationsanlage, dadurch gekennzeichnet, daß die kondensierende Wassersäule kälter ist als die siedende Wassersäule, und ihr Übergewicht zur Förderung genutzt wird, ohne daß sie dabei zu sieden beginnt, und die erste Wassersäule, die zu destillieren ist."
[240]

[240] Nehring, A.: Destillationsanlage. – DOS 3 522 660 v. 25. 6. 1985, offengel. 6. 3. 1986

[241] Zobel, D.; Gisbier, D.; Pietzner, E.; Mühlfriedel, I.: Verfahren und Vorrichtung zum Entgasen von Flüssigkeiten. – DD-PS 224 221 v. 6. 6. 1984, ausg. 3. 7. 1985

voir. Dabei erfüllt das Wasser aus dem Reservoir 7 im Kondensator 6 zunächst seine Funktion als Kühlmittel und wirkt sodann im y-Stück 8 als vakuumerzeugendes Mittel ("Mehrfachnutzung").

Abbildung 50 zeigt die Versuchsanlage, an der wir die Funktionsweise erprobten und die betrieblichen Finessen durchprüften. Im praktischen Betrieb erwies sich eine Apparatur gemäß Abbildung 51 als noch zweckmäßiger. Diese von Ebersbach modifizierte Apparatur, eine handelsübliche Destillationsanlage aus JENAer Glas, wurde vom Vakuumpumpenbetrieb auf den Betrieb mit der "hängenden" Wassersäule umgerüstet. Nur zum Anfahren wird die Ölpumpe benutzt, danach wird umgeschaltet. Die Anlage läuft dann ohne jegliches Bedienpersonal völlig wartungsfrei. Wir konzentrieren in dieser Apparatur beispielsweise verdünnte Unterphosphorige Säure (H_3PO_2) gefahrlos unter Vakuum auf. Übrigens läßt sich das Prinzip der automatischen Vakuumkolonnensumpfentwässerung auch für das Abziehen der aufkonzentrierten Fertigsäure (aus B, Abb. 51) nutzen: ausreichenden Niveauunterschied vorausgesetzt, fließt die Fertigsäure über einen Schlauch ab, wobei B unter stabilem Vakuum verbleibt.[192]

Nach Erteilung unseres Schutzrechtes [239] fanden wir in der *Express-Information* des Deutschen Patentamtes München das Referat einer Offenlegungsschrift, die sichtlich auf ganz ähnlichen Gedankengängen beruht.[193] Abbildung 52 zeigt die höchst einfache Verfahrensweise. Die linke Wassersäule siedet; sie wird von der rechten (kälteren, schwereren) am Sieden erhalten. Die rechte Wassersäule entsteht durch Kondensation aus dem Dampf, der sich beim Sieden der linken Wassersäule bildet. Daß (und warum) mit ungleich langen Rohrschenkeln gearbeitet werden muß, ist dem aufmerksamen Leser gewiß klar.

Die bisher behandelten Anwendungsfälle ergeben sich einigermaßen zwanglos aus dem ihnen allen zugrundeliegenden Effekt. Man könnte nun meinen, damit sei das Prinzip erschöpft. Ein weiteres eigenes Beispiel soll zeigen, daß dies ein Irrtum ist.

Betrachten wir Abbildung 53 [241]. Dargestellt ist die automatische Vakuumentgasung einer Flüssigkeit, wobei das Arbeitsvakuum wiederum von der Flüssigkeit selbst erzeugt wird. In R 1 befindet sich die zu entgasende Flüssigkeit. Der Entgasungsvorgang findet in E statt, wobei mit Hilfe der Ventile *1* und *2* Zu- und Abfluß unter Berücksichtigung des erreichten Arbeitsvakuums sowie der Viskosität des Mediums reguliert werden können. Der Entgasungsvorgang wird durch scharfkantige, poröse Füllkörper in E unterstützt, die nach dem Prinzip der Siedeperlen arbeiten. Handelt es sich um ein mit einfachen Mitteln absorbierbares Gas, so wird der abgesaugte Gasstrom zunächst durch die Absorptionsflüssigkeit in A geleitet, ehe er in das y-Paßstück eintritt. Aber auch für den Fall, daß der direkte Weg gewählt wird, beobachtet man immerhin

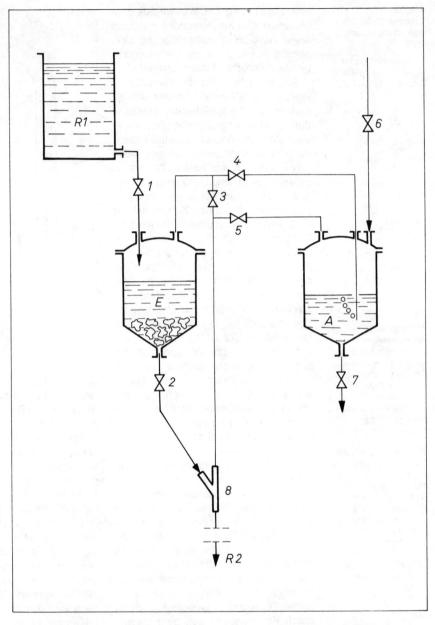

Abb. 53
Verfahren und Vorrichtung zum Entgasen von Flüssigkeiten (nach [241])

R 1 Reservoir (Hochbehälter); *E* Entgaser; *A* Absorber; *R 2* zum unteren Reservoir; *1, 2* Regulierventile; *3, 4, 5* Bedienventile für die Fahrweise mit oder ohne Absorber; *6* Druckausgleich für den Abfahrvorgang; *7* Ablaßventil für die Absorptionsflüssigkeit; *8* y-Stück

eine partielle Entgasung der im Reservoir R 2 aufgefangenen Flüssigkeit. Der O_2-Gehalt von Leitungswasser kann beispielsweise auf etwa 65 % des ursprünglichen Gehaltes abgesenkt werden. Diese Beobachtung überrascht zunächst, jedoch wird die Sache klar, wenn man den Verteilungsgrad der Luft in R 1 mit dem Verteilungsgrad der Luft unterhalb des y-Paßstückes vergleicht. Zunächst liegt die Luft gelöst vor, vom y-Paßstück an wird sie jedoch in Form vergleichsweise großer Blasen nach unten transportiert. Kontaktfläche und Kontaktzeit reichen nicht aus, um das Gas wiederum zu lösen. Im übrigen steht das

Abb. 54
Assoziationskette "Hängende Flüssigkeitssäule": Systematische Nutzung eines physikalischen Effekts für recht unterschiedlich erscheinende Einsatzfälle, die jedoch alle dem gleichen Prinzip gehorchen

linke Bildhälfte: allgemein verfügbares Assoziationsmaterial
1 Torricelli-Manometer; 2 Jenaer Analysentrichter für schnelle Filtration; 3 Melitta-Kaffeefilter (hier überlappt der Effekt mit einfachen Maßnahmen zum Erzielen eines ungestörten Flüssigkeitsablaufes); 4 Anordnung gemäß Abbildung 48; 5 Heber zum "Angießen" gemäß [242]
rechte Bildhälfte: bereits bekannte sowie neugefundene technische Lösungen

[242] Szigeti, W.: Chemiker-Ztg. 39 (1915). – S. 122. – (zit. nach: Lux, Hermann: Anorganisch-Chemische Experimentierkunst. – 3. Aufl. – Leipzig: Johann Ambrosius Barth, 1970. – S. 184)

[243] Raschig, F.: Z. angew. Chemie 28 (1915). – S. 409. – (zit. nach: Ullmanns Encyclopädie der technischen Chemie. – 2. Aufl. – Berlin, Wien: Urban & Schwarzenberg 1931. – Band 8. – S. 738)

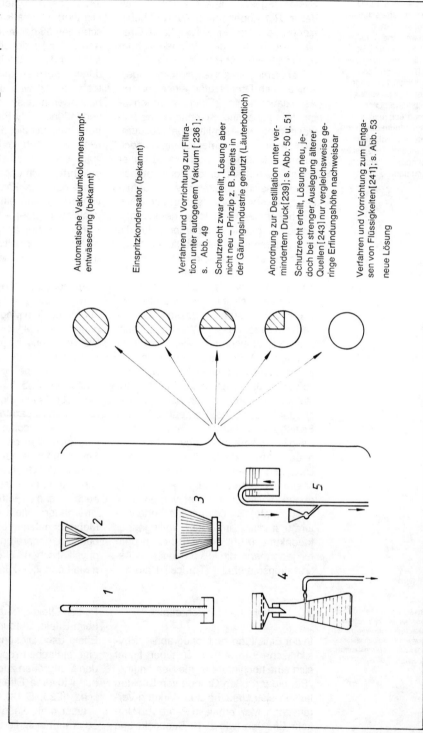

[194] Dieser Hergang mag nicht gerade schmeichelhaft sein; ich habe die wirkliche Abfolge der Arbeitsschritte jedoch ehrlich geschildert, weil sich analoge Schnitzer täglich zu Tausenden (und dies an wahrlich wichtigeren Objekten) wiederholen. In diesem Sinne dürfte das erläuterte – bewußt einfach gewählte – Beispiel besonderen didaktischen Wert haben.

System ingesamt unter Vakuum, so daß der in $R\ 1$ gegebene O_2-Wert ohnehin nicht wieder erreicht werden kann. Gasblasen und Flüssigkeit trennen sich im unteren Reservoir $R\ 2$.

Der Erfinder sollte zweckmäßigerweise nach Durchlaufen einer solchen Assoziationskette (Einspritzkondensator, Automatische Kolonnensumpfentwässerung, Vakuumfiltration, Vakuumdestillation, Vakuumentgasung) noch einmal selbstkritisch das Niveau seiner neuen Lösungen unter denkmethodischen Gesichtspunkten zusammenfassend bewerten. Dazu gehört zunächst, alle bekannten und alle neugefundenen Anwendungsfälle so zu ordnen, daß die z. T. unterschwellig abgelaufenen Assoziationen im nachhinein erklärt werden können. Das ist zweckmäßig, weil der erfahrene Erfinder mit einem bestimmten experimentellen und theoretischen Grundwissen arbeitet, dessen Vorhandensein und dessen Wirken er sich beim Nachdenken normalerweise nicht ständig vor Augen hält, sondern das anscheinend unmittelbar in den Denkprozeß einfließt. Somit ist das Zusammenstellen des vorhandenen Assoziationsmaterials und das Verdeutlichen der Beziehungen zwischen vorhandenem Assoziationsmaterial und alten wie neuen Anwendungsfällen notwendig. Dazu gehört stets auch, daß die Recherchetätigkeit/Literaturarbeit niemals als abgeschlossen betrachtet werden darf.

So zeigte sich beim ergänzenden Literaturstudium im Falle vorliegender Ideenkette (Abb. 54), daß neben dem für jedermann direkt vorhandenen Assoziationsmaterial (Torricelli-Barometer, Jenaer Analysentrichter für schnelle Filtration, Melitta-Kaffeefilter, Labornutsche gemäß der im Text beschriebenen Anordnung) in der älteren Literatur [242] auch ein Hebertyp beschrieben ist, der durch Angießen mit Flüssigkeit in Betrieb gesetzt wird und der demgemäß besonderen assoziativen Wert (Querverbindung: "y-Paßstück"!) gehabt hätte, falls mir diese einfache Apparatur (Pos. 5 in Abb. 54) geläufig gewesen wäre. So aber verlief das Denken in umgekehrter Richtung: In Unkenntnis dieses Hebertyps kam ich – ausgehend von der gerade eingeführten Vakuumdestillation [239] – auf die Idee, einen solchen Heber anzufertigen, und fand erst nach sorgfältigerem Literaturstudium, daß die Sache längst bekannt ist.[194]

Abbildung 54 ist überdies eine weitere Demonstration der im Abschnitt 6.2.7. abgehandelten Möglichkeiten des Überganges vom Mikro- zum Makrosystem. Die Abbildung zeigt allerdings nur die rein phänomenologische Seite der Sache: Labor- und Haushaltgeräte (linker Bildteil von Abb. 54) können Assoziationen auslösen, die zu großtechnisch nutzbaren Apparaten führen.

In physikalischer Hinsicht geschieht in allen Fällen das gleiche; in diesem Sinne findet weder der Übergang M—m, noch der Übergang m—M statt. Dies wiederum beweist eindringlich, daß auch ohne Einführung prinzipieller Übergänge, allein nur durch sinnvolle Mehrfachnutzung ein und desselben an banalen Apparaten zu beobachtenden physikalischen Effektes, noch immer neue Lösungen zugänglich sind.

Genie oder die Fähigkeit etwas Neues zu entdecken, besteht immer darin, daß einem etwas Selbstverständliches zum erstenmal einfällt.
G. Hertz

6.3.3. Effekte und Umkehreffekte

In der Einleitung zur Monographie "Physikalische Effekte" von Schubert findet sich eine hochinteressante Bemerkung: "Bei einer großen Gruppe von Effekten lassen sich Ursache und Wirkung vertauschen. Man erhält so Paare von Umkehr-Effekten, wie z. B. Seebeck- und Peltier-Effekt, Wiedemann- und Wertheim-Effekt, Dufour- und Ludwig-Soret-Effekt usw. Diesen Effekten liegt meist eine einfache Proportionalität zwischen den Meßgrößen zugrunde. Die Bezeichnung inverse Effekte ist ebenfalls üblich." ([223], S. IX).

Liest man diese Sätze unbefangen, so drängt sich die Schlußfolgerung auf, die Beziehungen zwischen Effekt und Umkehreffekt seien einfach, klar und für jedermann verständlich. Damit scheint gleichzeitig festzustehen, daß zum Zeitpunkt der Entdeckung eines Effektes der Entdecker sofort an den möglicherweise zugehörigen Umkehreffekt hätte denken müssen. Dies erscheint um so näherliegend, als ein Entdecker gewöhnlich an der geistigen Front seiner Zeit operiert, so daß ihm ohne weiteres zugetraut werden kann, Ursache und Wirkung bei einem von ihm neu entdeckten Phänomen, das ihn gerade deshalb besonders fesseln müßte, gedanklich und/oder experimentell zu vertauschen. Folglich wäre eigentlich zu erwarten, daß in den meisten Fällen das Jahr der Entdeckung und der Entdecker eines Effektes identisch sein müßten mit dem Jahr der Entdeckung und dem Entdecker des zugehörigen Umkehreffektes.

Die Wirklichkeit sieht völlig anders

Tab. 8
Effekte und Umkehreffekte

Effekt	Umkehreffekt
Seebeck-Effekt 1822 (in einem aus zwei verschiedenen, homogenen Leitern gebildeten Stromkreis entsteht eine Thermospannung, wenn die Lötstellen unterschiedliche Temperaturen aufweisen)	Peltier-Effekt 1834 (fließt in einem aus zwei verschiedenen homogenen Leitern gebildeten Kreis ein Strom, so wird an den Lötstellen je nach Stromrichtung Abkühlung bzw. Erwärmung beobachtet)
Ludwig-Soret-Effekt 1856/1879 (in einer ungleichmäßig temperierten Lösung stellen sich Konzentrationsunterschiede ein)	Dufour-Effekt 1872 (die Diffusion zweier Substanzen in einer Lösung führt zum Aufbau eines Temperaturgradienten)
Wertheim-Effekt 1852 (tordiert man einen Draht aus ferromagnetischem Material, so tritt Magnetisierung ein)	Wiedemann-Effekt 1858 (bringt man einen ferromagnetischen Draht in ein longitudinales Magnetfeld und schickt einen Strom hindurch, so tordiert sich der Draht: Magnetostriktion)
Elektrophorese (Kataphorese), Reuss 1807, Wiedemann 1852 (elektrisch aufgeladene, in einer Flüssigkeit suspendierte oder kolloidal verteilte Partikel wandern unter dem Einfluß eines elektrischen Feldes)	Elektrophoretisches Potential (wandern elektrisch aufgeladene, in einer Flüssigkeit suspendierte oder kolloidal verteilte Partikel, unter dem Einfluß der Gravitation, so baut sich ein "elektrophoretisches Potential" auf, verwandt dem Dorn-Effekt 1878).
Piezoelektrischer Effekt, Curie 1880 (mechanische Deformation eines Kristalls bewirkt elektrische Polarisation in einer Vorzugsrichtung. Ladungsausgleich über "Piezo-Funken": Piezoelektrisches Feuerzeug)	Inverser Piezo-Effekt, Lippmann 1881 (beim Anlegen einer elektrischen Spannung deformiert sich der Kristall)
Ettingshausen-Effekt (wird ein homogener Leiter in einem Magnetfeld von einem Gleichstrom durchflossen, so kommt es zur Ausbildung eines Temperaturgefälles, das dem Strom und dem Magnetfeld proportional ist)	Ettingshausen-Nernst-Effekt 1886 (Umkehrung des Ettingshausen-Effektes: im transversalen Magnetfeld entsteht bei transversalem Wärmestrom eine transversale Potentialdifferenz)
Barnett-Effekt 1915 (schnelle Rotation eines in Richtung seiner Längsachse frei aufgehängten Eisenstabes bewirkt Magnetisierung)	Einstein-De-Haas-Effekt 1915, von Richardson 1908 vorausgesagt (ein in Richtung seiner Längsachse frei aufgehängter Eisenstab beginnt zu rotieren, wenn er plötzlich magnetisiert wird)

[195] Diese Fragen sind Vorschläge im Sinne von Denkanstößen. Ernsthafte Interessenten sollten sich tiefgründig in die faszinierende Welt der physikalischen Effekte hineindenken und vor allem die besonders wertvollen Querbeziehungen zu den selbstgefundenen Effekten immer wieder neu herstellen.

aus. Fast nie wurde der Umkehreffekt vom gleichen Physiker gefunden, der den "Originaleffekt" (das zuerst entdeckte Phönomen) erstmalig beobachtete und beschrieb. Noch erstaunlicher sind die Zeitdifferenzen zwischen der Entdeckung eines Effekts und der Entdeckung des Umkehreffekts. Meist vergingen Jahre, manchmal Jahrzehnte, bis der Umkehreffekt endlich gefunden wurde.

Betrachten wir Tabelle 8. Ich habe sie im wesentlichen anhand der lexikalisch aufgebauten Monographie von Schubert [223] zusammengestellt. Sie zeigt den erläuterten Sachverhalt derart deutlich, daß wir uns bei unseren persönlichen erfinderischen Schlußfolgerungen kurz fassen können.

Wenn noch nicht einmal die Avantgarde der Wissenschaft (man beachte die großen Namen in Tab. 8!) fähig ist, das universelle Umkehr-Denkprinzip konsequent anzuwenden, dann sollten wir, die wir uns bestenfalls zu den Talenten zählen dürfen, die Qualität des eigenen Denkens sehr selbstkritisch beurteilen. Dies heißt nun keineswegs, man solle resignieren. Ganz im Gegenteil: möglicherweise ist heute, in einer Zeit exzessiver Technikentwicklung, die generelle Denkmethodik endlich an einem Punkt angelangt, der jenem vielzitierten Umschlag Quantität/Qualität gerecht wird. Somit wären wir in der Lage, wenigstens denkmethodisch etwas vorteilhafter als unsere wissenschaftlichen Vorfahren zu arbeiten, denen offensichtlich der generelle Vorteil des Umkehr-Denkens nicht geläufig war.

Auf unsere erfinderische Arbeit bezogen lautet die klare Empfehlung: Zu jedem Effekt, gleich ob bekannt oder neuentdeckt, ist der Umkehreffekt zu suchen. Gibt es ihn nicht (z. B. ist der Hall-Effekt nicht umkehrbar), so ist zu überlegen, warum der Effekt nicht umkehrbar ist. In einzelnen – seltenen – Fällen ist auch heute noch vorstellbar, daß der zugehörige Umkehreffekt tatsächlich existiert, obzwar er bislang nicht gefunden wurde.

Genau die gleichen Prinzipien sind zweckmäßigerweise auch auf die eigenen Erfindungen anzuwenden. Die selbstgestellten Fragen sollten lauten:

– Läßt sich das erfindungsgemäße Mittel so umkehren, daß der dem ursprünglichen Zweck genau entgegengesetzte Zweck erreichbar ist?
– Welches (Umkehr-)Mittel liefert welche (Umkehr-)Wirkungen?
– Lassen sich Mittel und Umkehr-Mittel so kombinieren, daß ungewöhnliche Mittel-Zweck-Relationen erzielbar sind?
– Ist mit Hilfe eines Mittel/Umkehrmittel-Kombinationsverfahrens ein pulsierender Prozeß zu realisieren?[195]

Die Natur ist sozusagen das Laufseil, woran unsere Gedanken geführt werden, daß sie nicht ausschweifen.
G. Chr. Lichtenberg

6.3.4. Effekte und Analogieeffekte

Schubert schreibt zu den Analogieeffekten: "Weiterhin gibt es 'analoge' Effekte: Viele neue physikalische Erscheinungen lassen sich durch Analogie zu bekannten in einem ersten Schritt erklären. So läßt sich der elektrische Strom zunächst analog zu strömenden Flüssigkeiten deuten. Durch Analogie lassen sich die Ergebnisse der Schwingungsgleichung und der Wellengleichung vom rein mechanischen Fall z. B. auf die Optik oder elektromagnetische Schwingungen und Wellen prinzipiell übertragen. Die bestimmenden Größen müssen dann allerdings neu interpretiert werden. Ein Beispiel für analoge Effekte sind der Barkhausen- und der Portevin-Le-Chatelier-Effekt." ([223], S. X)

Im Falle der Analogieeffekte ist die heuristische Situation demnach grundverschieden von der Sachlage bei den Umkehreffekten (s. Abschn. 6.3.3.). Während bei den meisten Umkehreffekten nicht so recht einzusehen ist, warum die Spitzenphysiker ihrer Zeit nach Auffinden eines an sich umkehrträchtigen neuen Effektes nur äußerst selten sofort den Umkehreffekt fanden, reicht der

[196] Schubert [223] hat für derartige Fälle also durchaus recht, wenn er die Denkrichtung umgekehrt angibt: Analogiebildung verläuft vom neugefundenen Effekt zu den lange bekannten Effekten; neue Effekte lassen sich besser erklären, wenn man Analogien zu "klassischen" Effekten zieht.
Die oft sehr anschaulichen "klassischen" Effekte sind als erste Erklärungshilfe für die zunächst noch wenig anschaulichen neuen Effekte nützlich.

physikalische Wissensfundus des jeweils betrachteten Zeitabschnitts anscheinend nicht aus, um entdeckungsträchtige Analogiefelder "nach vorn" überblicken zu können.

Tabelle 9 zeigt einige Beispiele. So war die Unterkühlung von Schmelzen und die Übersättigung von Lösungen sicher lange bekannt, ehe sich Kamerlingh Onnes mit der Tieftemperaturphysik zu befassen begann (s. Tab. 9 unten). Daher fehlten aus der Sicht der klassischen Physik die Voraussetzungen, um irgendeine Analogie in einem noch gar nicht bearbeiteten, geschweige denn gedanklich erschlossenen Gebiet auch nur vermuten zu können.[196]

Ganz anders sieht es aus, wenn wir die Analogien innerhalb der Gruppe der klassischen Effekte untersuchen. Hier scheint eher die gleiche Situation wie bei den Umkehreffekten vorzuliegen. In vielen Fällen war das physikalische Wissen der Zeit bereits ausreichend, um entdeckungsträchtige Analogiebetrachtungen anstellen zu können. Nehmen wir das Beispielpaar Hall-Effekt/1. Righi-Leduc-Effekt (Tabelle 9, oben). Hier ist der mit dem seinerzeit moderneren Gebiet der Elektrizitätsleitung verbundene Hall-Effekt sogar älter als der mit dem klassischen Gebiet der Wärmeleitung verbundene 1. Righi-Leduc-Effekt.

Tab. 9
Effekte und Analogieeffekte

Effekt	Analogieeffekt
Galvanomagnetische Effekte (ein im Magnetfeld befindlicher Leiter wird vom elektrischen Strom I durchflossen: – Hall-Effekt 1879: es entsteht eine Potentialdifferenz; – Ettingshausen-Effekt: wird ein homogener Leiter in einem Magnetfeld von einem Gleichstrom durchflossen, so kommt es zur Ausbildung eines Temperaturgefälles)	Thermomagnetische Effekte (ein im Magnetfeld befindlicher Leiter wird vom Wärmestrom W durchflossen: – 1. Righi-Leduc-Effekt 1887: es entsteht eine Temperaturdifferenz; – Ettingshausen-Nernst-Effekt 1886: im transversalen Magnetfeld entsteht bei transversalem Wärmestrom eine transversale Potentialdifferenz)
Kerr-Effekt 1875 (optisch isotrope Materialien werden unter dem Einfluß eines homogenen elektrischen Feldes optisch anisotrop: "elektrische Doppelbrechung")	Cotton-Mouton-Effekt 1907 (ein magnetisches Feld senkrecht zur Ausbreitungsrichtung des Lichts führt bei lichtdurchlässigen Materialien zur sog. magnetischen Doppelbrechung)
Barkhausen-Effekt 1919 (beim Ummagnetisieren von Eisen klappen die magnetischen Elementarbereiche um. Dies verursacht in einer Spule ein Rauschsignal)	Portevin-Le-Chatelier-Effekt 1923 (mechanisches Analogon zum Barkhausen-Effekt: Das Wechselspiel "Blockieren" und "Losreißen" führt bei mechanischer Belastung einer fremdatomhaltigen Probe zu Sprüngen im Spannungs-Abgleitungs-Diagramm)
Elekrostriktion (unter dem Einfluß elektrischer Felder kann es bei Isolatoren zu Form- und Volumenänderungen bzw. elastischen Spannungen kommen)	Magnetostriktion (Summe aller Erscheinungen, die infolge Magnetisierung des Körpers zu Änderungen seiner geometrischen Abmessungen führen; Joule 1842)
Unterkühlung von Schmelzen, Übersättigen von Lösungen (eine Schmelze bleibt für längere Zeit unterhalb ihres Erstarrungspunktes flüssig; eine Salzlösung kristallisiert beim Erreichen der Löslichkeitsgrenze nicht sofort)	Unterkühlungs-Effekt (Übergang vom normalleitenden in den supraleitfähigen Zustand findet unterhalb des kritischen Punktes nicht sofort statt)

Für alle Fälle sollte deshalb immer so vorgegangen werden, als sei eine Analogie durchaus denkbar. Die tiefgründige Prüfung ergibt dann entweder, daß die Analogie bereits bekannt ist (Durchsicht der Effektesammlungen), oder daß sie aus naturgesetzlichen Gründen nicht vorstellbar ist (Achtung! Grenzen der eigenen Kenntnisse? Grenzen der eigenen Vorstellungskraft?), oder daß sie durchaus vorstellbar und damit ein besonders lohnendes Suchobjekt ist.

Geht man so vor, läßt sich für die Praxis des Erfindens viel gewinnen. Vor allem sei dringend geraten, diese an sich prinzipielle Denkweise unbedingt vorrangig auf die selbstentdeckten Effekte anzuwenden. Solche Effekte sind meist hierarchisch den bekannten Effekten unterzuordnen, sie stellen also "Sub-Effekte" dar, die aber nichtsdestoweniger den Charakter eigener Mini-Entdeckungen haben. Genau dieses Feld ist von der Substanz her nur dem fleißigen Experimentator, nicht aber dem bloßen Schreibtischerfinder zugänglich. Dem Experimentator sei dringend geraten, die eigenen Beobachtungen ständig mit dem vorhandenen Wissensfundus (hier: den Effektesammlungen) zu vergleichen, alle nur denkbaren Analogiebetrachtungen anzustellen und auf diese Weise erfindungsträchtige Anwendungsmöglichkeiten so früh wie möglich zu orten.

Sehr einfache Ideen liegen nur in Reichweite der kompliziertesten Gehirne.
R. de Gourmont

6.3.5. Effektegruppen, hierarchische Zuordnung, besondere Effekte

Ebenso wie bei den Prinzipien zum Lösen technischer Widersprüche (Abschn. 5.4.1. und 5.4.2.) ist es nicht jedermanns Sache, eine lange Reihe von Möglichkeiten ohne jedes Ordnungsprinzip in der Hoffnung durchzusehen, daß sich vielleicht eine für den gewünschten Fall brauchbare Anregung findet. Gefragt sind deshalb Ordnungsrichtlinien.

Zunächst bietet sich die Gliederung nach sachlich zusammenhängenden *Effektegruppen* an. Sie liest sich in einigen Fällen bereits wie eine Ordnung nach Fachgebieten. Schubert [223] unterscheidet: allgemeine Effekte, Atom- und Quantenphysik, Astronomie, Elektrokinetik, Elektrolyte, Elektrizität und Magnetismus, Elektrooptik, Elektromechanik und Elektrothermik, Festkörper, Festigkeit, Flüssigkristalle, Galvanomagnetismus, Halbleiter, Halbleiterbauelemente, Kernphysik, Laser und nichtlineare Optik, Mechanik, Magnetomechanik, Magnetooptik, Optik, Photoelektrik, Photoeffekte in Halbleitern, Plasma, Relativistische Physik, Supraleitung, Stromleitung, Streuung, Tieftemperaturphysik, Thermoelektrizität, Thermodynamik und Kinetik, Thermomagnetismus.

Ohne Schwierigkeiten sind mit Hilfe der solcherart geordneten Effektegruppen in den Nachbartabellen eventuelle Analogieeffekte aufzufinden, was der erfinderischen Assoziation entgegenkommt.

Eine *hierarchische Ordnung* hingegen ist zweifellos schwierig aufzubauen. Bisher fehlt eine solche Ordnung. Indes sind ganz offensichtlich einige Effekte denkmethodisch derart hochwertig, daß sich hinter einem einzigen Schlagwort nicht selten bereits ein eigenständiges Wissenschaftsgebiet verbirgt. Nehmen wir als Beispiel die im Zusammenhang mit den Kombinationserfindungen (Abschnitt 5.4.) bereits kurz abgehandelten Synergismen. Ihnen allen gemeinsam ist Nichtlinearität, d. h. exponentielle Verstärkung der resultierenden Wirkung beim Zusammentreffen zweier oder mehrerer Einzelwirkungen. Die Synergetik ist heute das vielleicht faszinierendste interdisziplinäre Arbeitsgebiet der Fachsparten Physik, Biologie, Ökonomie, der Populationsforschung und weiterer Sparten. Sie hat die Beschreibung komplexer Systeme zum Ziel, die durch kooperatives Verhalten vieler Subsysteme weitab vom

[197] Dem Erfinder sei auch aus dieser höheren Sicht dringend geraten, sich mit – möglichst selbstgefundenen – synergistischen Phänomenen zu befassen und sie zielstrebig schutzrechtlich zu nutzen. Gerade die Grenzgebiete zwischen Physik, Chemie und Biologie sind gewiß noch lange fündig.

[198] Jedoch ist gerechterweise zu bedenken, daß beispielsweise der Wiener Hofrat Eder [246] von rein praktisch-experimentellen, nicht aber von physikalisch-systematischen Gesichtspunkten ausging, als er seine berühmte Monographie schrieb.

[244] Haken, H.: Synergetik. – Berlin/Heidelberg/New York: Springer, 1982

[245] Ebeling, Werner; Feistel, Rainer: Physik der Selbstorganisation und Evolution – 2. Aufl. – Berlin: Akademie-Verlag, 1986

[246] Eder, Josef Maria: Ausführliches Handbuch der Photographie. – 3. Aufl. – Halle: Verlag von Wilhelm Knapp, 1927/1929. – Bd. 1–4

thermodynamischen Gleichgewicht geordnete Strukturen bilden [244, 245]. Die klassischen physikalische Beispiele sind Laser, Magnetismus, der Benard-Effekt, der Taylor-Effekt, Plasmainstabilitäten [223].[197]

Betrachten wir nunmehr den *"Modernitätsgrad"* der Effekte. Schubert [223] hat eine recht sinnvolle Gliederung in "klassische" und "neue" Effekte angegeben. Er stellt die Verknüpfung zwischen beiden Gruppen her, indem er die Quanteneigenschaften als Bindeglied betrachtet. So sind elektrische, magnetische, elektrolytische, elektrokinetische, elektromechanische, elektrothermische, elektrooptische, magnetomechanische, magnetooptische, mechanische, optische, Strömungs-, Stromleitungs-, thermodynamische sowie Tieftemperatureffekte (d. h. sämtliche klassischen Effekte) über die Quanteneigenschaften mit den neuen Effekten (Atom- und Quanteneffekte, Streueffekte, kernphysikalische Effekte, Plasmaeffekte, Festkörpereffekte, Supraleitungseffekte) direkt verknüpft.

Von besonderem Wert für den Praktiker sind die klassischen Effekte. Schubert schreibt dazu: "Der Anwendung längst bekannter Effekte steht häufig ein Materialproblem entgegen. Ein Beispiel ist der Hall-Effekt, der jetzt, unter Verwendung moderner Halbleiter (der sog. III/V-Verbindungen) in immer größerem Umfang angewendet wird. Aus diesem Grund sind auch ältere Effekte mit in das Buch aufgenommen worden, die nur in alten Lehrbüchern zu finden sind: sie warten auf modernen Anwendungen." ([223], S. XII)

Diese Anschauung findet der Praktiker täglich bestätigt. Es bedarf noch nicht einmal immer neuer Materialien, um alte Effekte heute sinnvoll einsetzen zu können: sie sollten grundsätzlich zum Wissens- und Assoziationsfundus des Erfinders gehören.

Abschließend noch eine Bemerkung zu den *besonderen Effekten*. Unter dieser Rubrik führt Schubert [223] Belichtungseffekte, Entwicklungseffekte, weitere fotografische Effekte, Effekte bei Radiowellen, Effekte bei der kosmischen Strahlung und schließlich Wahrnehmungseffekte auf. Besonders die Belichtungs- und Entwicklungseffekte sowie die fotografischen Effekte sind für den Spezialisten faszinierend. Das Gebiet der Fotografie wurde speziell im vergangenen Jahrhundert nicht nur von Wissenschaftlern, sondern auch von leidenschaftlich engagierten Dilettanten bearbeitet. Im Ergebnis dieser sehr unsystematischen Bemühungen wurde ein im Vergleich zu anderen Gebieten extrem umfangreicher Erfahrungsschatz gewonnen, zu dem auch recht seltsame Spezialeffekte gehören. Schubert führt einige Beispiele an. Die älteren Monographien zur Fotografie enthalten eine Fülle weiterer Spezialeffekte. Der heutige Interessent muß in derartigen Werken (z. B. [246]) allerdings fleißig suchen, denn von Übersichtlichkeit kann bei der geschilderten Arbeitsweise der beteiligten Dilettanten, deren Ergebnisse z. T. langatmig abgehandelt werden, kaum die Rede sein.[198]

Spezielles Interesse beanspruchen die Wahrnehmungseffekte. Der kritische Leser wird bemerkt haben, daß Bionik heute abschnittsweise noch immer als grob mechanistisch orientierte Beispielsammlung gehandhabt wird, was automatisch zur Folge hat, daß kompliziertere Sachverhalte dem bionischen Denken verschlossen bleiben. Die Wahrnehmungseffekte, ihrem Wesen nach überwiegend physiologische Effekte, bilden hingegen eine besondere Brücke zwischen belebter und unbelebter Natur. Es ist zu vermuten, daß auf diesem Wege in Zukunft höchstwertige bionische Anregungen zugänglich gemacht werden. Die von Schubert [223] angeführten Beispiele betreffen allerdings ausschließlich optische Wahrnehmungseffekte, so daß wiederum überwiegend die Photographie profitieren dürfte.

Im weitesten Sinne zu den besonderen Effekten gehören für alle, die ein wenig Sinn für Humor haben, schließlich der Knalleffekt, der Vorführeffekt und der Dreckeffekt.

Während Schubert den Knalleffekt im landläufigen Sinne definiert, teilt er im Vorwort zur zweiten Auflage seiner Monographie mit: "Den Vorführ- und den Dreckeffekt, die ein Leser der ersten Auflage vermißt hatte, haben sie (Verfasser und Verlag) auch diesmal nicht aufgenommen." ([223], S. V)

Das ist bedauerlich, denn beispielsweise der Chemiker lebt geradezu vom Dreckeffekt. Jene oft kolportierte Mär vom zerbrochenen Quecksilberthermometer (freiwerdendes Hg setzt eine bestimmte Reaktion katalytisch in Gang) ist nur ein Beispiel unter vielen. Einen physikalisch-chemischen Effekt, der eigentlich ein Dreckeffekt ist, weil er nur mit "definiert verschmutzten" Substanzen funktioniert, haben wir am Beispiel der in Natronlauge suspendierten, an C_2H_2-Gasbläschen schwebenden $Ca(OH)_2$-Teilchen bereits kennengelernt (Abschn. 6.3.1.)

Im Grunde ist das Dotieren von Halbleitern ebenfalls nur ein gezielt eingesetzter Dreckeffekt. Heuristisch gesehen haben wir fast immer die erfinderische Umwandlung eines vermeintlich negativen in einen positiven Effekt vor uns. Besondere Bedeutung kommt dabei der persönlichen Sicht des Entdeckers/Erfinders zu. Was zwei Fachleute sehen, mag objektiv identisch sein – was sie jeweils wirklich sehen, ist oft genug subjektiv verfärbt. Jede an sich objektive Beobachtungstatsache wird von solchen Beobachtern unter dem Blickwinkel ihrer persönlichen fachlichen Interessen gesehen, so daß unerwartete Nebeneffekte zunächst fast automatisch als störend eingestuft werden.[199]

Nur universell eingestellte Fachleute haben die Chance, sofort aus einem zunächst negativ erscheinenden Effekt positive Schlüsse ziehen zu können. Leider ist dieser Fall selten. Häufiger wird eine Bemerkung zu einem derartigen Nebeneffekt (in einer Publikation oder einer Fachdiskussion) zum Auslöser. Bedingung ist, daß ein Fachmann mit völlig anders gelagerten Interessen auf eine derartige Bemerkung stößt.

Jurèv berichtet, wie Popov auf den Kohärer stieß ([247], S. 118). Popov las in einem Fachartikel von Lodge, daß Branly bei seinen Versuchen zur Untersuchung der Leitfähigkeit von Metallpulvern plötzliche Widerstandsänderungen bemerkt hatte. Branly ärgerte sich und fahndete nach der Ursache. Er fand sie: beim Einschalten einer Induktionsspule im benachbarten Laboratorium traten plötzliche Widerstandsänderungen in der Metallpulverschüttung auf. Nun interessierte sich Branly – ganz im Gegensatz zu Lodge und Popov – nicht im geringsten für elektromagnetische Wellen. Immerhin glaubte Branly die auf seinem Gebiet arbeitenden Fachleute warnen zu müssen. Er schrieb deshalb in seiner Publikation: "Auf den Widerstand metallischer Feilspäne üben elektrische Entladungen, die in einiger Entfernung von ihnen vor sich gehen, einen Einfluß aus. Unter der Einwirkung dieser Entladungen ändern sie plötzlich ihren Widerstand und beginnen den Strom zu leiten." ([247], S. 119)

Entscheidend war nun, daß Branlys flüchtiger Hinweis für Lodge eine ganz andere Bedeutung hatte. Er lieferte ihm eine glückliche Idee: man müßte, so sagte sich Lodge, ein solches Glasröhrchen mit metallischen Feilspänen für die Vervollkommnung des Hertzschen Versuches verwenden. Er verfuhr in der geplanten Weise, kam auch zu Teilerfolgen, scheiterte dann aber an dem mißlichen Umstand, daß ein solcher Kohärer zwischenzeitlich immer wieder gerüttelt werden muß, damit die Teilspäne ihre Orientierung verlieren, wieder regellos durcheinanderrieseln und erneut aufnahmebereit werden. Es gelang ihm nicht, gewissermaßen reproduzierbar zu rütteln.

An die Nutzung dieser primitiven Vorrichtung zur drahtlosen Signalübertragung dachte Lodge ebensowenig wie seinerzeit Hertz, der erstaunlicherweise seine revolutionären Grundlagenversuche für technisch bedeutungslos hielt.

---

[199] Die Subjektivität geht so weit, daß nur sehr verantwortungsvolle Fachleute die (für sie) störenden Nebeneffekte in ihren Publikationen wenigstens erwähnen. Andere, an denen es in der Wissenschaft nicht eben mangelt, lassen die vermeintlich negativen Effekte zwecks Schönung der Publikation einfach weg.

[247] Jurev, W.: Eine große Erfindung. – In: Aus dem Reiche der Entdeckungen. – Berlin: SWA-Verlag, 1949

[200] Gleiches gilt für den Vorführeffekt, der sich bei näherem Hinsehen meist als Dreckeffekt erweist. Beide Effekte erfordern ihrer Natur nach einen besonders positiv eingestellten Erfinder mit universeller Sicht ("Umwandeln des Schädlichen in Nützliches"!), der zuallererst fleißiger Experimentator und scharfäugiger Beobachter sein sollte, denn weit besser als zufällig bemerkte Fußnoten in Fachpublikationen eignen sich natürlich selbst entdeckte (Dreck-)Effekte als Basis eigener Erfindungen.

Völlig anders sah das Popov. Sein auf der geschilderten Metallpulverschüttung beruhender, im Verlaufe langwieriger Versuche immer wieder modifizierter und verbesserter Kohärer kann – allen noch verbliebenen Mängeln zum Trotz – als erster brauchbarer Empfänger für drahtlos übertragene Signale gelten.

Das Beispiel steht für viele ähnlich gelagerte Fälle. Was für den einen ein negativer Effekt – ein Dreckeffekt – ist, hat für den anderen den Charakter einer geradezu wunderbaren Anregung. In diesem Sinne ist der Dreckeffekt absolut keine satirische Fiktion, sondern wichtiger Bestandteil der täglichen erfinderischen Praxis.[200]

Untauglich für diese Art des Denkens sind jene Leute, die zunächst unerklärlich erscheinende Experimentalergebnisse "hinbiegen", d. h. den eigenen oder den Erwartungen ihres Chefs anzupassen versuchen. Solche Leute können mit dem fachlichen Lebenselexier des Kreativen, dem Dreckeffekt, naturgemäß nichts anfangen. Sie beherrschen das Umkehrdenken noch nicht einmal in den Anfangsgründen und können deshalb prinzipiell nicht erkennen, daß gerade der vermeintlich negative Effekt, insbesondere wenn er neu ist, die Basis hochwertiger Erfindungen liefert.

6.4. Gesetze der Entwicklung technischer Systeme

Es ist gleich tödlich für den Geist, ein System zu haben und keins zu haben. Er wird sich also entschließen müssen, beides zu verbinden.
F. Schlegel

[201] Ein technisches System ist dann lebensfähig, wenn keines seiner Teile die Note "mangelhaft" verdient, sondern alle Teile besser zu bewerten sind. Ist ein Teil mit der Note "mangelhaft" einzustufen, so taugt das Gesamtsystem nichts.

[202] Oft, aber nicht immer, gilt dann beim Übergang vom alten System zum neuen System das Prinzip "Übergang zu höheren Formen" (hier: zu modernen Formen der Energieübertragung, z. B. Ersatz mechanischer durch berührungslose Messungen usw.).

Jedes System, auch jedes technische System, unterliegt bestimmten Entwicklungsgesetzen. Berücksichtigt der Erfinder diese Gesetze nicht, so vermindert er von vornherein seine Chancen, in der Nähe des Idealen Endergebnisses zu landen. Es ist das Verdienst von Al'tšuller [70], die Gesetze der Entwicklung von Systemen erfindungsmethodisch erschlossen zu haben. Selbstverständlich kann nach Lage der Dinge nicht erwartet werden, daß seine "Gesetzessammlung" vollständig ist. Es ist deshalb Aufgabe des praktisch tätigen Erfinders, sich in jedem konkreten Fall genau zu überlegen, welche Entwicklungsgesetze für das gerade betrachtete System typisch sind bzw. welche Entwicklungsgesetze noch zutreffen könnten. Schwierig wird es dann, wenn die für das System zutreffenden Entwicklungsgesetze nicht sofort erkennbar bzw. nicht oder noch nicht bekannt sind.

Immerhin liefert Al'tšullers Übersicht ([70], S. 124–132) eine Reihe wichtiger Grundgesetze:

Gesetz der Vollständigkeit der Teile eines Systems
Diese Gesetz besagt sinngemäß, daß ein komplettes technisches System nur dann lebensfähig ist, wenn seine Hauptteile nicht nur sämtlich vorhanden, sondern auch minimal funktionsfähig sind.

Im Grunde gelten die Regeln der Teilsystem-Funktionsanalyse: Taugt ein wesentlicher Teil des Systems nichts, so ist das Gesamtsystem (bis zur Behebung des Defektes) nichts wert.[201]

Gesetz der "energetischen Leitfähigkeit" eines Systems
Zu den notwendigen Bedingungen für die Lebensfähigkeit eines technischen Systems gehört der funktionierende Energiefluß durch alle Teile des Systems.

Jedes technische System kann als Energiewandler aufgefaßt werden. Die Energie kann materiell (über Wellen, Zahnräder usw.), über ein Feld (z. B. Magnetfeld) oder stofflich-feldförmig (z. B. durch einen Ionenstrom) übertragen werden.

Zu analysieren ist, welche Energieübertragungsart beim alten System vorliegt und welche für das angestrebte neue System gewählt werden soll.[202]

Gesetz der Abstimmung der Rhythmik aller Teile eines Systems
Zu den notwendigen Bedingungen für die Lebensfähigkeit eines technischen

[203] Hier helfen Umrechnungskoeffizienten weiter (z. B. der Vergleich des Masse:Leistungs-Verhältnisses).

[204] Als großtonnagige Supertanker gebaut wurden, machten sich wesentlich stärkere Motoren erforderlich, während die technischen Mittel zum Abbremsen vorerst unverändert blieben. Damit entstand die Aufgabe, wie z. B. ein 300 000-t-Tanker aus voller Fahrt abzubremsen sei – usw.

[205] Im gleichen Sinne wäre auch der heute bereits absehbare Übergang zum Biocomputer einzustufen. Ausgehend von den im gängigen Computer aktuellen Stoff-Feld-Wechselwirkungen kommen bei diesem Übergang weitere höherwertige Stoff-Feld-Wechselwirkungen hinzu.

Systems gehört die Abstimmung z. B. der Schwingungsfrequenz, der Periodizität, des Taktverhaltens aller Teile des Systems.

Gesetz der allmählichen Annäherung an den Idealzustand
Die Entwicklung aller Systeme verläuft, wenn auch oft genug über langwierige Umwege, letztlich in Richtung auf die Erhöhung des Idealitätsgrades.

Ein ideales System in diesem Sinne ist ein am Endpunkt der Entwicklung schließlich nicht mehr notwendiges System, d. h. ein System, das sich beim Erreichen des Idealen Endergebnisses selbst als nunmehr überflüssig eliminiert, wobei seine Funktion störungsfrei ausgeübt wird. Dieser Endpunkt wird natürlich praktisch nie erreicht, jedoch taugen neue Lösungen, die weiter als ihre Vorgängersysteme vom Ideal entfernt sind, von vornherein nichts.

Das Gesetz ist – von seinem objektiven Wirken abgesehen – deshalb vor allem als Maßstab für die Bewertung neuer Lösungen tauglich. Ein praktisches Problem besteht darin, daß moderne Systeme oftmals den Marsch in die Gigantomanie angetreten haben (Flugzeuge, Tanker, z. T. auch Kraftfahrzeuge). An solchen Systemen läßt sich oberflächlich nicht ohne weiteres erkennen, inwieweit der Grad der Idealität zugenommen hat. Offenbar verdeckt der sekundäre Prozeß (Zunahme von Leistung, Geschwindigkeit, Tonnage) den weit wichtigeren Prozeß der Erhöhung des Idealitätsgrades.[203]

Gesetz der Ungleichmäßigkeit der Entwicklung der Teile eines Systems
Je komplizierter ein System ist, desto ungleichmäßiger verläuft die Entwicklung seiner Teile.

Dieses Gesetz ist letztlich die Grundlage des Heranreifens technisch-ökonomischer Widersprüche und damit auch der Erfindungsaufgaben. Jeder, der schon einmal eine Prozeßanalyse gemacht und nach einigen Jahren wiederholt hat, kennt das Wirken dieses Gesetzes. Zunächst ist ein bestimmter Teil des Systems der Schwachpunkt. Dieser Teil wird verstärkt, damit wird ein anderer Teil zum Schwachpunkt usw.[204]

Gesetz des Übergangs in ein Obersystem
Ist ein System in seinen Entwicklungsmöglichkeiten erschöpft, so wird es als Teilsystem in ein Obersystem aufgenommen.

Gesetz des Übergangs von der Makroebene zur Mikroebene
Die Entwicklung der Funktionalelemente alter Systeme erfolgt zunächst auf der Makroebene. Die technische Entwicklungstendenz verläuft insgesamt jedoch so, daß heute bevorzugt der Übergang von der Makro- zur Mikroebene erfolgt. Wir haben dieses wichtige Gesetz (und seine partielle Umkehrung) ausführlich bereits im Abschnitt 6.2.7. kennengelernt.

Gesetz der Erhöhung des Anteils von Stoff-Feld-Systemen
Die Entwicklung moderner Systeme verläuft in Richtung auf die Erhöhung des Anteils und der Bedeutung von Stoff-Feld-Wechselwirkungen.

Praktische Beispiele finden sich in Hülle und Fülle. Im Zusammenhang mit dem Makro-Mikro-Übergang wäre beispielsweise an die Erhöhung des Dispersitätsgrades eines Systems zu denken. Mit einer derartigen Maßnahme verlieren automatisch die klassischen Stoff-Feld-Wechselwirkungen (z. B. Massen im Gravitationsfeld) zugunsten "höherer" Stoff-Feld-Systeme an Bedeutung (z. B. kolloiddisperse Stoffe: zunehmende Rolle von Adsorptions-, Kohäsions-, Ladungs- und Umladungsvorgängen, reversible Gel-Sol-Systeme usw.).[205]

Der praktisch tätige Erfinder sollte diese acht Gesetze der Entwicklung technischer Systeme stets berücksichtigen, sich aber niemals einbilden, damit bereits alle infrage kommenden Gesetze

Abb. 55
Einrichtung zum Mischen von Schüttgut (nach [248])

Vorrichtung, mit deren Hilfe die beim Befüllen von Bunkern eintretende Materialentmischung rückgängig gemacht werden soll

E Eintragsöffnung; *A* Austragsöffnung; *B* Bunker; *M* Mischrohr mit Einlauföffnungen; *MT* Mischtrichter
Am Mischvorgang sind nicht nur die durch *M* vereinigten Fraktionen beteiligt, sondern im gleichen Sinne wirkt auch der zentrale Materialaustrag in Kombination mit dem linksseitig mittig angesetzten Materialablauf.

[248] Krambrock, W.; Kolitschus, H.-L.: Einrichtung zum Mischen von Schüttgut. – DOS 3 512 538 v. 6. 4. 1985, offengel. 19. 6. 1986

beachtet zu haben. Zweckmäßig ist vielmehr, von der Existenz weiterer, bisher nicht bekannter Gesetze auszugehen und beim Erfinden – im Sinne eines methodischen Nebenproduktes – nach diesen Gesetzen zu suchen. Oft liefert bereits das induktive Denken – d. h. das Verallgemeinern eines Experimentalbefundes – Hinweise, die dem Praktiker zu weiteren Gesetzen verhelfen.

Betrachten wir ein eigenes Beispiel, das den Vorteil großer Einfachheit und damit hoher Anschaulichkeit hat.

Bekannt ist, daß bei einem Haufwerk, z. B. einem lose aufgeschütteten Kieshaufen, die Grobanteile bevorzugt nach außen abrollen. Gegenüber dem Kern des Schüttkegels bzw. seiner Spitze tritt somit eine deutliche Klassierung zugunsten gröberer Anteile in den Außenbereichen ein. Dieser wohlbekannte, bei vielen Gütern auftretende, als "Segregation" bezeichnete Effekt ist auch beim Befüllen eines Bunkers zu beobachten. Er gilt als außerordentlich schädlich, denn gewöhnlich wird das Ausspeichern eines Produktes mit reproduzierbarem Kornband gefordert. Das ist, falls nicht produktbedingt ohnehin ein einheitliches Nennkorn vorliegt, nicht gerade einfach. Wegen des Segregationseffektes läuft die Aufgabe darauf hinaus, das auch im Bunker beim Befüllvorgang partiell nach Kornklassen entmischte Material in einer Weise auszuspeichern, die per Vermischung der unterschiedlich zusammengesetzten Teilmengen den Segregationseffekt wieder aufhebt. Eine der infrage kommenden technischen Lösungen haben wir bereits kennengelernt (Abb. 25, II). Eine weitere "Einrichtung zum Mischen von Schüttgut" [248] wird in Abbildung 55 gezeigt. Das Verfahren beruht auf dem gleichzeitigen Abzug des inhomogenen Materials über die gesamte Bunkerhöhe, wobei u. a. ein senkrechtes, über die gesamte Bunkerhöhe mit mehreren Einlauföffnungen versehenes Materialabzugsrohr die Funktion der Vorrichtung sichert. Es wird demnach erheblicher Aufwand getrieben, den hier äußerst unerwünschten Segregationseffekt zu annulieren.

Versuchen wir nunmehr, den vermeintlichen Negativeffekt als Positiveffekt zu sehen und ihn für ein höchst einfaches Trennverfahren zu nutzen. Kehren wir deshalb zu unserem Kies-Schüttkegel zurück und verfahren gemäß Al'tšullers Prinzip "Übergang zur kontinuierlichen Arbeitsweise". Ziel soll nunmehr sein, die beim Aufbau des Kegels sich von selbst trennenden Materialien kontinuierlich abzuführen, was zwangsläufig bedeutet, daß der Kies-Schüttkegel nicht stationär aufgebaut, sondern dynamisch betrieben werden muß. Dies wiederum setzt aufeinander

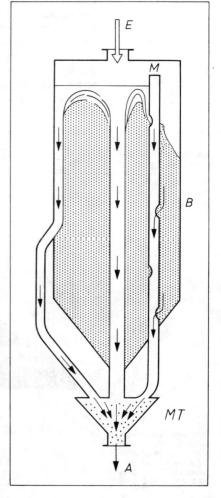

[206] Allerdings führen bereits einige wenige Körner mittleren Durchmessers, die wegen der nicht vollständigen Trennung manchmal in den Feingutstrom gelangen, zum Versagen der Vorrichtung (Versetzen des Loches). Die extreme Einfachheit des Trennapparates scheint ihren Preis zu fordern (eingeschränkte Funktionssicherheit). – Was nun? Eine einfache Hilfsvorrichtung löst das Problem: In den Aufgabegutstrom wird ein starres Kegelsieb mit der Charakteristik eines Mogensen-Sizers eingebracht.

abgestimmte Materialzu- und -abfuhr voraus.

Betrachten wir Abbildung 56, so wird uns das Prinzip klar. Das Schüttgut rieselt auf eine mittig durchbohrte Scheibe. Feinkorn läuft kontinuierlich innen, Grobkorn bevorzugt über die Flanken nach außen ab. Die Vorrichtung kommt in ihrer Einfachheit dem Wesensbild der idealen Maschine (hier: der idealen Vorrichtung) recht nahe. Dafür müssen nicht unwesentliche Kompromisse bezüglich der Trennschärfe hingenommen werden. Auch ist die Verfahrensweise für nicht frei rieselnde Güter selbstverständlich ungeeignet. Für das automatische Abtrennen des Feingutanteils solcher Schüttgüter (z. B. bestimmter Salze), bei denen Schwing- oder Trommelsiebe nicht vorteilhaft oder zu aufwendig sind, ist die Vorrichtung dagegen recht gut geeignet. Auch unmittelbar nach ihrer Herstellung frei rieselnde, später aber wegen ihrer ungünstigen Kornzusammensetzung ("Betonkies-

spektrum") zum Verbacken neigende Salze lassen sich in dieser Weise vorteilhaft klassieren. Besonders günstig ist, mehrere Trennapparate in Kaskadenschaltung zu betreiben (wesentliche Verbesserung der Trennschärfe). Erprobt wurde die Vorrichtung von uns bisher für Sand, Trinatriumphosphat ($Na_3PO_4 \cdot 12\ H_2O$) und Natriumhypophosphit ($NaH_2PO_2 \cdot H_2O$) [249].

Abbildung 57 zeigt die technische Ausführungsform. Sie ist dermaßen einfach, daß tatsächlich fast von einer idealen Vorrichtung gesprochen werden kann.[206]

Wir gelangten nur über einen Umweg zu der verblüffend einfachen Lösung gemäß der Abbildung 57. Dieser Umweg sei hier erläutert, da er in mehrfacher Hinsicht interessant ist.

Obwohl der Ausgangspunkt aller Überlegungen das Bild des Schüttkegels war, wurde zunächst ein kastenförmiges Funktionsmodell gebaut, das die Aufgabe des Gutes sowie die Abfuhr der

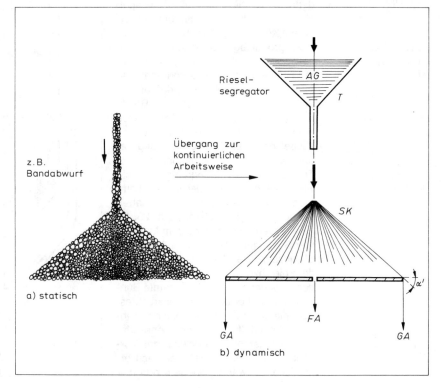

Abb. 56
Prinzip des Verfahrens zum automatischen Klassieren von Schüttgütern (nach [249])

AG Aufgabegut; T Trichter; SK Schüttkegel; GA Grobanteil; FA Feinanteil

[249] Zobel, D.; Gisbier, D.; Busch, W.: Verfahren und Vorrichtung zum automatischen Klassieren von Schüttgütern. – DD-PS 206 882 v. 10. 3. 1982, ausg. 8. 2. 1984

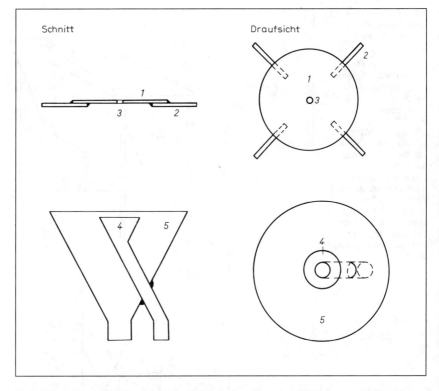

Abb. 57
Vorrichtung zum automatischen Klassieren von Schüttgut (nach [249])

1 Lochscheibe;
2 Distanzstücke (Auflageelemente);
3 Feingutauslauföffnung (variierbar); *4* Innentrichter für Feingut;
5 Außentrichter für Grobgut

Fraktionen über Schlitze vorsah (Abb. 58). Wahrscheinlich können auch erfahrene Erfinder nur schwer der Versuchung widerstehen, bereits mit der Konstruktion zu beginnen, ehe noch das Verfahrensfunktionsprinzip in aller Konsequenz bis zum Kern zurückverfolgt worden ist.

So verlief die Sache auch im vorliegenden Falle. Im Sinne der Konstruktion wirkt Abbildung 58 durchaus "technikgemäß", verglichen mit Abbildung 57. Der Apparat hat indes einen kleinen Mangel: er funktioniert nicht.

Im nachhinein ist – wie immer in solchen Fällen – der Grund für den Mißerfolg durchaus klar. Bei der Segregation über einen Schüttkegel (Abb. 56 und 57) führt sich das Verfahrensfunktionsprinzip in geradezu idealer Weise selbst vor: Am Aufgabepunkt beginnt die Materialtrennung und endet grobkornseitig auf einer Linie maximaler Länge, eben jener Kreislinie, die am Fuß des Schüttkegels liegt und deren Länge durch die Höhe des Kegels und den materialbedingten Schüttwinkel bestimmt wird. Alle überhaupt denkbaren Konstruktionen sollten deshalb unmittelbar von der Notwendigkeit eines dynamisch betriebenen Schüttkegels ausgehen, da jede Abweichung von der Schüttkegelgeometrie sichtlich vom Idealen Endresultat wegführen muß. Hinterher, wie gesagt, ist das vollständig klar, und wir hätten uns bei rechtzeitiger Überlegung des prinzipiellen Sachverhaltes die Konstruktion gemäß Abbildung 58 ersparen können. Sie weicht vom unmittelbaren Schüttkegelprinzip ab, arbeitet mit einem durch die schlitzförmige Aufgabeart bedingten sattelförmigen Haufwerk und ist – wie die Praxis bestätigte – insbesondere ablaufseitig zum Scheitern verurteilt. Bereits wenige mittelgroße Körner versetzen den über ein Winkeleisen regulierbaren Feingut-Ablaufschlitz. Das in diesem Bereich äußerst unerwünschte sporadische Auftreten mittlerer oder gar grober Fraktionen ist

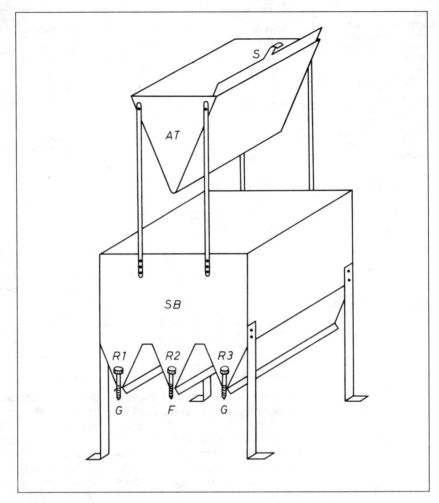

Abb. 58
Vorläufer der Vorrichtung gemäß Abbildung 57

AT Aufgabetrichter;
S Schieber zur Regulierung der Schlitzbreite;
SB Segregationsbunker; *F* Feingut;
G Grobgut;
R 1, 2, 3 Regulierschrauben für die Winkeleisen, die zur Variation der Ablaufschlitzbreite dienen

Das Modell funktioniert nicht, weil vorzeitig rein konstruktive Gesichtspunkte berücksichtigt wurden (absoluter Vorrang des Verfahrensfunktionsprinzips; siehe Text)

aber bei einem sattelförmigen Haufwerk sehr viel wahrscheinlicher als im Falle eines echten Schüttkegels (s. o.). Hinzu kommt, daß der Schlitz extrem schmal sein muß, damit die Vorrichtung nicht unkontrolliert leerläuft. Genau deshalb aber dürfen noch nicht einmal mittlere Fraktionen im Feinkornanteil erscheinen. Der Kreis schließt sich: Es ist wegen der Abweichung vom materialisierten Verfahrensfunktionsideal (hier: vom Schüttkegel) klar, daß eine solche Vorrichtung nur schlecht oder gar nicht funktionieren kann.

Erfindungsmethodisch lassen sich mindestens folgende Schlüsse ziehen:

– Die einfachste Konstruktion (Abb. 57) ist dann vorhersehbar die beste Konstruktion, wenn sie unmittelbar dem Verfahrensfunktionsprinzip in seiner idealen Ausführungsform (hier: Schüttkegel) entspricht.

– Komplizierte Konstruktionen sind prinzipiell nur dann gerechtfertigt, wenn sie nicht vom Idealen Endresultat wegführen. Eine Konstruktion führt dann vom IER weg, wenn das Verfahrensfunktionsprinzip nicht bis zu seinem theoretischen Kern (der im vorliegenden Fall unmittelbar die praktische Ausführungsform bestimmt) zurückverfolgt worden ist.

Wir wollen nunmehr die gewonnenen Erfahrungen in Form eines weiteren – bisher nicht formulierten – Gesetzes der Entwicklung technischer Systeme zusammenfassen: Ein gut funktionierendes technisches System wird nicht durch konstruktive Gesichtspunkte, sondern durch die sich aus dem Verfahrensfunktionprinzip ergebenden Notwendigkeiten bestimmt.

6.5. Bewertungsmethoden

Ein Weiser kommt erst gar nicht in Situationen, aus denen ein Kluger einen Ausweg sucht.
A. Gelman

[207] Im Falle des Vorliegens einer mustergültig formulierten Aufgabenstellung wäre eine spätere "Reparatur" der Arbeitsrichtung mit Hilfe eines Bewertungsverfahrens eigentlich durchaus unnötig, weil bei folgerichtiger Arbeit (z. B. mit Hilfe der ersten beiden Stufen des ARIS) ohnehin die zum IER führende – d. h. die zweckmäßigste – Arbeitsrichtung eingeschlagen wird.
Die Praxis zeigt indes, daß die Autoren [250] durchaus recht haben und ein Wechsel der Arbeitsrichtungen mit Hilfe vernünftig gehandhabter Bewertungsverfahren nicht selten praktiziert werden muß.

[250] Preisler, Werner; Schüler, Werner; Schumann, Eva: Bewertungsmethoden und -verfahren. – Methodenkatalog. – 2. Aufl. – Karl-Marx-Stadt: Technische Hochschule, Sektion Verarbeitungstechnik, 1982

[251] Preisler, Werner: Methoden- und Verfahrensauswahl zur Unterstützung erfinderischen Schaffens. – Karl-Marx-Stadt: BVo d. KDT 1986. – (Hrsg.: AG(B) "Erfindertätigkeit/Schöpfertum")

[252] Preisler, W.: Zu einigen Grundlagen des Bewertens im konstruktiven Entwicklungsprozeß. – In: Wiss. Z. TH Karl-Marx-Stadt 25 (1983) 4. – S. 500–509

Zum methodischen Arsenal des Erfinders gehört in jeder Stufe des Erfindungsprozesses, d. h. in allen prozeßanalytischen und in allen synthetischen Stufen, grundsätzlich das Bewerten. Bevor wir überhaupt in Erwägung ziehen, ein vorhandenes Verfahren/Produkt zu verändern, beginnen wir – auch ohne großartige Systematik – bereits mit dessen Bewertung. Erscheint uns die Sache perfekt, mindestens aber anderen bekannten Lösungen überlegen, so werden Veränderungen nicht für notwendig gehalten. Jedoch scheiden sich hier bereits die Geister. Selbstzufriedene Menschen ohne technisches Gespür sehen grundsätzlich keine Veranlassung zur Arbeit. Problemfühlige und kritisch eingestellte Ingenieure hingegen bewerten jede Ist-Lösung allein danach, wie weit sie vom Ideal entfernt ist.
Genau die gleichen Gesichtspunkte gelten, wenn systemverändernde/systemerneuernde Lösungsvarianten untereinander verglichen werden sollen. Zwar ist bei exakter Definition des Idealen Endresultats und sachgerechter Anwendung des heuristischen Oberprogramms ARIS die ungefähre Arbeitsrichtung gegeben, jedoch verbleibt stets die Notwendigkeit zum bewertenden Vergleich verschiedenartiger Lösungsvarianten in der Nähe des IER.
Zum Bewerten gibt es heute bereits umfangreiche Veröffentlichungen. Eine ausführliche Darstellung ist hier aus Platzgründen nicht möglich. Die folgenden Angaben sind deshalb nur als weiterführende Hinweise für Interessenten gedacht.
Preisler, Schüler und Schumann behandeln das Problem der Bewertung in Form eines Kataloges [250]. Detailliert erläutert werden von den Autoren überwiegend mathematische Methoden.

In der Praxis ist ein vernünftiges Vorgehen nicht zwingend an die konsequente Verwendung streng mathematischer Bewertungsverfahren gebunden. So hat Preisler [251] neben den streng mathematischen inzwischen auch nützliche, überwiegend deskriptive Methoden abgehandelt. Dazu zählen der Technologische Variantenvergleich, der Weltstandsvergleich und die Deskriptionsmethode im engeren Sinne. Besondere Bedeutung haben diese Methoden nicht nur im Bereich der Endpunktbewertung, sondern auch am Start des Erkenntnisprozesses. Preisler schreibt zur Deskriptionsmethode: "Sie ist auch und besonders geeignet in Stufe 0 des Erkenntnisprozesses, um feststellen zu können, ob mit den Arbeiten an der Lösung des Problems überhaupt begonnen werden soll." ([251], S. 46)
Der Praktiker tut gut daran, sich eine ihm gemäße Methode zu suchen, maximal aber einige wenige Methoden anzuwenden. Oft genügt am Startpunkt schon eine nach Merkmalen gegliederte Tabelle mit den Spalten: Was ist? Was wäre ideal? Was erscheint trotz Restriktionen maximal erreichbar? Beim Variantenvergleich ist stets Merkmal für Merkmal einzuschätzen, wie groß der Abstand vom Ideal ist. Mit Hilfe einer Bewertungsmatrix läßt sich dann die Punktzahl ermitteln, die einer bestimmten Lösung entspricht.[207]
Zur Unterstützung des Erfinders bietet sich hier sichtlich der Computer an. Klar unterschieden werden sollte allerdings das Erzielen und Bewerten von Kompromißbildungen einerseits und das Erzielen und Bewerten von Widerspruchslösungen andererseits.
Preisler [252] weist darauf hin, daß besonders die erstgenannte Gruppe der

[253] Schultz, K.; Posthoff, Chr.: Computer und Kreativität. – In: Technische Gemeinschaft, – Berlin 36 (1988) 5. – S. 2

EDV-Auswertung bequem zugänglich ist, während die für den anspruchsvollen Erfinder weit wichtigere zweite Gruppe nach prinzipiell anderen Gesichtspunkten zu bewerten ist. Echte Widerspruchslösungen sind in einem solchen Maße neu, daß das (für den Rechner einfache) Bewerten anhand von Vorbildern nicht infrage kommt. Das Bewerten muß allein anhand der Wirkungen der neuen Lösung im betreffenden technischen Umfeld erfolgen. Das Problem liegt hier bereits im Erkennen der möglichen Wirkungen. Demgemäß werden gerade die Ausführungsvarianten hochwertiger Erfindungen wohl vorerst nicht mit dem Rechner beurteilt werden können. Klassische Deskriptionsmethoden, bewußt auf die neu erzielten Wirkungen ausgerichtet, sind für diesen Zweck vom Rechner nicht zu ersetzen. So ist beispielsweise das Patentprüfverfahren an sich bereits eine recht gute Vorbewertung. Später sind dann Markterfolg und gelungene Lizenzvergaben praktisch brauchbare Kriterien.[208]

6.6. Rechnerunterstütztes Erfinden

Rechnerunterstützung bei Entdeckungs- und Erfindungsprozessen wird seit etwa zwanzig Jahren versucht, ist heute noch nicht üblich und als CAC (Computer aided creativity) und CATI (Computer aided technical inventions) kaum bekannt.
D. Herrig (1986)

[208] Wie wir sehen, kann es *die* Bewertungsmethode grundsätzlich nicht geben, sondern immer nur eine bestimmte Methode in einem ganz bestimmten Gefüge von Bedingungen. Soll bewertet werden, müssen mindestens Zweck, Ziel, Methode und Sachbezug klar sein. Das Niveau der erbrachten geistigen Leistung hat zum kommerziellen Erfolg eines Patentes in vielen Fällen keinerlei Bezug.

[209] "Die Tatsache, daß der Maschinencode der heutigen Rechner nur die binären Größen 0 und 1 kennt, hat keinerlei theoretische Bedeutung für die Programmierung ... Die Symbole werden zwar binär kodiert, aber das hat keinerlei logische Konsequenzen." [253]

Konventionelle CAD-CAM-Systeme dienen der Umsetzung von Ideen und unteressieren demgemäß vor allem den Konstrukteur. Für den Erfindungsprozeß nutzbare Systeme (CAC: computer aided creativity) haben hingegen höheren Ansprüchen zu genügen. Sie sollen, wenn sie auch keine Ideen schaffen können, doch das Auffinden erfinderischer Ideen wesentlich unterstützen.

Dabei ist die technologische Basis aller Systeme heute noch immer gleich. Die Rechner arbeiten nach dem klassischen "Von-Neumann-Prinzip", d. h., alle Operationen (und zwar immer nur eine) werden grundsätzlich nacheinander ausgeführt. Geschwindigkeitssteigerungen beim heutigen Rechnertyp sind deshalb nur durch quantitative Maßnahmen möglich, wie Verkleinerung der Strukturen, höhere Taktfrequenzen oder Parallelschaltung mehrerer Mikroprozessoren.

Allerdings ist die Annahme, derartige Rechner seien wegen ihrer dualen Arbeitsweise prinzipiell nicht zum Bau künftiger Kreativitätsautomaten geeignet, unrichtig.[209]

Obgleich die duale Struktur demnach nicht einschränkend auf die prinzipiellen Möglichkeiten wirkt, ist die Arbeitsweise der heutigen Rechner doch noch sehr weit von der Arbeitsweise des menschlichen Gehirns entfernt. Es fehlen die "Grauwerte", d. h. die eigentlichen Denkbereiche, die zunächst vermeintlich nicht sinnhaltigen Assoziationen, die Vielleicht-Betrachtungen, die Ahnungen, Träume und dazwischenfunkenden Emotionen. Der in dieser Hinsicht sehr wahrscheinlich leistungsfähigere Biocomputer aber scheint, obzwar bereits 1981 vorgeschlagen, noch weit von seiner technischen Einführung entfernt zu sein.

Jedenfalls existiert keineswegs bereits jener sagenhafte Kreativitätsautomat, der Erfindungen selbst produziert. Der Rechner kann helfen, nicht erfinden! Seine Stärke besteht vor allem in seinem Speichervermögen und seiner Verläßlichkeit beim Umgang mit einer Unmenge von Fakten, vor allem beim Vergleichen und Berechnen. Der Mensch ist emotionalen Schwankungen ausgesetzt, nicht selten nervös, gelegentlich krank, manchmal schlampig, häufig vergeßlich – er kann solche Hilfe also gut gebrauchen.

Allerdings sind es gerade die emotionalen Komponenten, die Phantasie, die Intuition, der spielerische Umgang mit zunächst unsinnig erscheinenden Assoziationen, die den Menschen zum Erfinder machen. Der Mensch hat eigene Bedürfnisse, der Rechner nicht.

Grimm hat den Qualitätsunterschied klar umrissen. Über einen bereits 1987 in den USA aufgebauten Supercomputer ("schlau wie ein menschliches Gehirn") schreibt er: "... hat sich der Computer einen weiteren Schritt an das Ar-

[210] Eine weitere Schule arbeitet im Energetischen Institut Ivanovo mit folgenden EDV-Projekten:
– Suche nach und Kombination von physikalischen Effekten.
– Morphologischer Kasten.
– "Wörterbuch des technischen Erfindens".
– Gebrauchswert-Kosten-Analyse [256].

[211] Alle Programme werden zum Verkauf angeboten.

[254] Grimm, R.: Gut organisiert bleibt das Gehirn umschlagbar – Bei Beethovens Telefonnummer bekommt der Supercomputer Probleme. – In: Ärzte-Zeitung. – Dreieich, 1000. Ausgabe, 13./14. 2. 1987. – S. 15

[255] Fachdiskussion zur Vorlesung von D. Herrig: "HEUREKA" an der Polytechnischen Hochschule Volgograd, September 1987

[256] Brand, L. (Steudnitz 6901, PO Nr. 21: pers. Mitteilung v. 1. 1. 1990)

[257] Feige, K.-D.: FZT-software. – Programme für rechnergestützte Forschung (CAR). – Rostock-Dummerstorf: Forschungszentrum für Tierproduktion, 1986

[258] Busch, K.; Feige, K.-D.: Variantenbewertung in Innovationsprozessen. – In: Rostocker Philosophische Manuskripte (1987) 28

[259] Feige, K.-D.: FZT-software. – Programm für rechnergestützte Forschung (CAR). – Rostock-Dummerstorf: Forschungszentrum für Tierproduktion, 1986

[260] Hansen, Friedrich: Konstruktionswissenschaft – Grundlagen und Methoden. – 2. Aufl. – Berlin: Verlag Technik, 1974

[261] Preisler, W.; Lechner, L.: Das Morphologische Schema als allgemeines Arbeitsmittel im Konstruktiven Entwicklungsprozeß. – TU Karl-Marx-Stadt: Vortrag auf der Fachtagung "Bildschirmunterstütztes Konstruieren", Karl-Marx-Stadt, 2. 7. 1987

beitssystem des menschlichen Gehirns angenähert. Auch dieses funktioniert, indem es verschiedenartige Informationen gleichzeitig verarbeitet. Dabei ist es vor allem hinsichtlich Geschwindigkeit, Kapazität sowie Verarbeitungs- und Erinnerungssicherheit modernen Computerleistungen weit unterlegen. Dennoch dürfte das menschliche Gehirn nach dem gegenwärtigen Stand der Diskussion um die künstliche Intelligenz vom Computer nicht zu ersetzen sein.

Welche Telefonnummer hatte Beethoven? Auf eine so simple Frage können die meisten Menschen eine bessere Antwort geben als der Rechner. Und selbst ein Spatzenhirn kann es mit dem Computer aufnehmen, das macht das oft genannte Vogelnestproblem deutlich: Alles 'Kopfzerbrechen' nützt dem Superhirn nicht, es kann den Vogelinstinkt beim Nestbau nicht schlagen, weil die Einzelteile des Nestes nicht zu normen sind.

'Bedenken' kann der Computer eben nur die Quantität der gespeicherten Tatsachen." [254]

Diese Erläuterung ist notwendig, um Irrtümern vorzubeugen. Rechnergestütztes Erfinden automatisiert nicht das Erfinden, sondern es ist bzw. liefert ein modernes Werkzeug ("Denkzeug"), das nur vom Kreativen sinnvoll genutzt werden kann.

Umfangreiche Arbeiten zum Rechnereinsatz leistete Polovinkin [168] mit seiner Schule bereits in den siebziger Jahren. Er analysierte viele Denk-Elementarprozesse und wählte etliche nach dem Gesichtspunkt ihrer Formalisierbarkeit (und damit Übertragbarkeit auf Maschinenträger) aus. Er gab Empfehlungen zur Methodik der Programmierung und schuf einen allgemeinen Algorithmus im Sinne eines Mensch-Maschine-Programms zur Suche nach neuen technischen Lösungen. Bereits diese frühen Arbeiten enthalten z. B. ein Programm zum Generieren zufälliger Assoziationen sowie Empfehlungen zur Programmierung morphologischer Methoden.

Inzwischen arbeitete diese Schule zwar umfangreiche Programme aus, indes beklagt Polovinkin selbst, daß sie von seinen Studenten für das Generieren erfinderischer Lösungen kaum genutzt werden [255]. [210]

Vor einigen Jahren wurden in der DDR Arbeiten zum rechnerunterstützten Erfinden begonnen. Beachtliche Erfolge sind schon heute erkennbar. Keiner der Autoren setzt auf Mammutprogramme. Im Vordergrund stehen Anwendbarkeit, Nutzerfreundlichkeit, Anpassungsfähigkeit, Erweiterungsmöglichkeit, Überschaubarkeit. Superrechner sind nicht erforderlich. Es genügen durchaus Bürocomputer.

Im Forschungszentrum für Tierproduktion Dummerstorf-Rostock wurde von Feige speziell für die Analyse von Entwicklungstrends technischer Systeme das Programm TREND entwickelt. Es ermöglicht die mathematische Modellierung der Entwicklung wichtiger Parameter von Verfahren/Vorrichtungen über die Zeit [257].

Für das Bewerten und Entscheiden (einschließlich der statistischen Planung von Experimenten) wurden ebenfalls Programme geschaffen. Als Beispiele seien das Programmsystem CADEMO zur rechnergestützten Versuchsplanung sowie das Programm BEWERTUNG genannt [258].

Von Bedeutung ist das Programm KETT. Es basiert auf einer 66 physikalische Effekte umfassenden Verknüpfungsmatrix mit etwa 250 Variablenverbindungen ("Entwurf physikalischer Wirkprinzipien") [259].[211]

Die Arbeiten von Preisler (Sektion Verarbeitungstechnik der TU Chemnitz) sind weitgehend der von Hansen [260] geprägten Sicht des Konstruktionswissenschaftlers verpflichtet. 1986/87 entwickelte Preisler ein morphologisches Programm für die erfinderische Arbeit [251, 261]. Neuere Arbeiten betreffen Expertensysteme zur Unterstützung des erfinderischen Schaffens. Vorrangig bearbeitet wird dabei die Variantenbewertung.

[212] Der vergeßliche Mensch wird allein schon durch das übersichtliche Ordnen des vermeintlichen Durcheinanders in dieser "Trickkiste der Naturwissenschaft" entlastet. Das Programm geht indes über die bloße Datensammlung hinaus. Es koppelt eine Datei physikalischer Effekte mit der Relation "Kleine Ursache – Große Wirkung" und liefert dem Erfinder Auskünfte auf sehr verschiedenartige Fragen (Zum Beispiel: Welche Effekte erzeugen Kräfte? Welche Effekte erzeugen bei Temperaturänderungen Kräfte? Welche Effekte benutzt man für Motoren? Wie verhalten sich Kupfer-Zinn-Legierungen? Was versteht man unter dem TAS-Effekt?)

[213] "Die Gemeinschaftsarbeit für die Verbesserung und Erweiterung des Prinzips und des Programms ... kann beginnen." ([263], S. 44)

[262] Herrig, Dieter: Rechnerunterstütztes Erfinden – eine Einführung. – Suhl: Bezirksneuererzentrum, 1986

[263] Herrig, D.; Kahmann, B.; Möws, H.; Müller, H.-J.: Kleine Ursache – große Wirkung: ein Prinzip und ein Programm zum Erfinden und Entwickeln. – Suhl: BVo der KDT, 1987

[264] Herrig, Dieter: Patente für die Nervenklinik. – Schwerin, 1988. – (Schriften der Schweriner Bezirks-Nerven-Klinik; 2)

[265] Herrig, Dieter: Expertensysteme für die Nervenklinik. – Schwerin, 1989. – (Schriften der Schweriner Bezirks-Nerven-Klinik; 5)

[266] Herrig, Dieter: Programmpaket HEUREKA. – Berlin: Bauakademie der DDR, 1988. – (Manuskriptdruck)

Besondere Bedeutung haben die Arbeiten von Herrig, der 1986 sein Programmpaket HEUREKA (**H**ilfsmittel für das **E**rfinden **u**nter **R**echner- und **Ka**rteinutzung) der Öffentlichkeit vorlegte [262]. Vorangegangen waren Entwicklungsarbeiten, die Herrig im wesentlichen allein ausführte. Seit 1987/88 wurde das Programmpaket HEUREKA von einer überbetrieblichen Arbeitsgemeinschaft an der Bauakademie überarbeitet, insbesondere wurden die Dateien wesentlich erweitert.

HEUREKA bestand 1986 bereits aus folgenden Programmen:

– PATPRO   (Patentrechercheprogramm)
– EFFPRO   (Effektkettungsprogramm)
– WIDPRO   (Widerspruchsmerkmalsprogramm)
– STAPRO   (Standardsituationsprogramm)
– TREPRO   (Trenddateiprogramm)
– ASSPRO   (Assoziationsprogramm).

Inzwischen wurden die zusätzlichen Programme

– EVOPRO   (Evolutionssimulierungsprogramm)
– STUPRO   (Strukturkonkretisierungsprogramm zum Kombinieren und Variieren)
– DIAPRO   (Programm zum Finden von Lösungen bei dialektischen Widersprüchen)

entwickelt.

Das Programm EFFPRO schrieb der Internationale Schachmeister Grünberg. Rüdrich schuf dazu die Datei aus 211 physikalischen Effekten, deren besonderer Wert in der Verknüpfungsmatrix liegt. Es können im Dialog mit dem Rechner – über vorgegebene Zwischengrößen – diejenigen Effekte und Wirkprinzipien ausgewählt werden, die Eingangs- und Zwischengröße sowie Zwischen- und Ausgangsgröße miteinander verbinden [224].

Für den erfinderisch tätigen Praktiker wichtig ist das 1987 veröffentlichte Programm KLUPRO ("Kleine Ursache – große Wirkungen") [263]. Es geht von der Erkenntnis aus, daß pfiffige Erfindungen überdurchschnittlich oft durch raffiniert einfache Nutzung der Kette "Kleine Ursache – Große Wirkung" zustande kommen. Tatsächlich sind geringfügige Zustandsänderungen, kleinste Stoffmengen, kaum nachweisbare Dimensionsänderungen, verschwindend kleine Temperaturänderungen usw. nicht selten die heuristische Basis hochwertiger Erfindungen.[212]

Die Autoren belegen den Nutzen ihres methodischen Prinzips und ihres Programmentwurfs anhand eigener Erfindungen und rufen zur Mitarbeit auf.[213]

Wie weit der Anwendungsbereich des Programmsystems HEUREKA bereits jetzt reicht, zeigt Herrig in seiner interessanten Schrift "Patente für die Nervenklinik" [264], inzwischen ergänzt durch die Broschüre "Expertensysteme für die Nervenklinik" [265]. Das Begleitmaterial zum Programmsystem HEUREKA [266] zeigt die stürmische Entwicklung des Gesamtgebietes.

HEUREKA ist ein offenes Programmsystem. Pro Jahr werden z. Z. zusätzlich etwa zwei weitere Programme aufgestellt. Herrig hat bereits 1987/88 mit dem praktischen Training im Rahmen eines Aufbaulehrgangs für die Erfinderschulen begonnen.

Anspruchsvollere Programme sind in Arbeit. Sehr wahrscheinlich dürfte, langfristig gesehen, Herrigs Prognose zutreffen: "Der Weg von der 'Künstlichen Intelligenz' zur 'Künstlichen Kreativität' ist unaufhaltsam." ([262], S. 78)

7.
Das Umkehrprinzip – Universalprinzip schöpferischen Denkens und Handelns

Unser sogenanntes logisches Denken besteht in der Hauptsache darin, daß wir Argumente suchen, die es uns ermöglichen, weiterhin zu glauben, was wir bereits glauben.
J. H. Robinson

[214] "Bacon war der festen Überzeugung, die Wahrheit könne nur aus sorgfältiger Beobachtung der Natur resultieren. Die Wahrheit fließe in den menschlichen Geist hinein und nicht aus ihm heraus. So erwarb er sich seinen Ruf als Vater der wissenschaftlichen Methode."
([267], S. 93)

In seiner Stellungnahme zum Exposé dieses Buches schrieb einer der Gutachter, die methodisch einseitige und daher bedenkliche Überbetonung des Umkehrprinzips als einer Art erfinderischen Universalprinzips lasse kaum eine methodische Leitvorstellung erkennen, eher das Gegenteil. Diese harte Kritik geht von der Prämisse aus, nur die sachgerechte Analyse der erfinderischen Aufgabe sei entscheidend für den Erfolg der erfinderischen Arbeit.

Wir haben uns im Abschnitt 5.2. ausführlich mit dieser wichtigen Phase befaßt. Dem Leser ist inzwischen sicher klar, daß hochwertige Erfindungen ohne ordnungsgemäße Analyse der Aufgabe kaum möglich sind. Die nicht selten in "vergifteter" Form vorliegende Aufgabenstellung ist zunächst solange systematisch zu analysieren, bis die eigentliche Aufgabe erkennbar wird. Meist ist die Aufgabe völlig neu zu formulieren. Erst dann folgt das Erfinden.

Indes hat diese unstrittige Tatsache nichts damit zu tun, daß dem Umkehrprinzip in allen Stufen des kreativen Prozesses nach meinem Verständnis tatsächlich die Funktion eines denkmethodischen Universalprinzips zukommt. Wer die Fähigkeit verliert, stets auch das genaue Gegenteil dessen in Erwägung zu ziehen, was logisches – und damit oft konventionelles – Denken vorzuschreiben scheint, kommt wesentlich seltener als andere zu hochwertigen Lösungen. Dies gilt für jede Art schöpferischen Denkens.

Bereits behandelt wurde der rein technische Aspekt des Umkehrprinzips (hierarchisch höchstwertiges Prinzip zum Lösen technischer Widersprüche; Abschn. 4.5. und 5.4.1.). Die folgenden Abschnitte befassen sich hingegen mit übergreifend denkmethodischen Gesichtspunkten des Prinzips, das für alle schöpferischen Prozesse, so u. a. auch für das Erfinden, von grundsätzlicher Bedeutung ist. Naturgemäß wird die in vielen Punkten subjektive Sicht des Verfassers deutlich. Die denkmethodischen Aspekte des Umkehrprinzips können aus didaktischen Gründen nicht wissenschaftlich-trocken, sondern nur in manchmal etwas provokativer Form überzeugend erläutert werden. Zudem wird hier ein rein praktischer Zweck verfolgt. Wichtig ist allein das Beseitigen von Denkblockaden. Es gibt kein Gebiet, in dem das Umkehrprinzip nicht sinnvoll angewandt werden könnte. Auch das Gebiet der Arbeitsorganisation ist davon keineswegs ausgenommen.

7.1. Induktives und deduktives Denken

Das induktive Vorgehen besitzt zwar keine absolute Gewißheit, ist aber dennoch gerechtfertigt, weil es in einer großen Zahl der Fälle von Erfolg gekrönt ist.
S. Lem

[267] de Bono, Edward: Großer Denker. – Köln: Verlagsgesellschaft Schulfernsehen -vgs-, 1980

Abbildung 59 zeigt die beiden Grundmuster des wissenschaftlichen Denkens. Beim induktiven Denken geht der Mensch vom Praxisfall, vom Experimentalbefund, von der Naturbeobachtung aus. Er sammelt dabei nicht nur Fakten (dies allein hat mit Denken wenig zu tun), sondern er bemüht sich, die Experimentalbefunde zu verallgemeinern und zu einer erklärenden Theorie zu verdichten. Auf technische Sachverhalte angewandt, aber auch in der naturwissenschaftlichen Grundlagenforschung gültig, entsteht dabei aus einem konkreten Fall – mit all seinen vielleicht zufälligen Äußerlichkeiten – ein Modell (vgl. Abb. 59).

Als Vater der *induktiven Methode* gilt Roger Bacon (1561–1626), Baron of Verulam and Viscount of St. Albans, der wohl widersprüchlichste Wissenschaftler seiner Zeit. Unkonventionell und scharfsinnig, wissenschaftlich in höchstem Maß engagiert, zugleich intrigant, heimtückisch und hemmungslos machtgierig, repräsentiert Bacon den schillernden Typ des Spätrenaissance-Erfolgsmenschen. Sein bleibendes Verdienst ist die konsequente Einführung der induktiven Methode, ohne die wissenschaftliche Arbeit nicht denkbar wäre.[214]

Qualifiziertes Denken ohne ständigen Wechsel der Denkrichtung ist wahrscheinlich nicht möglich. Die gleiche Bedeutung wie dem induktiven Denken

Abb. 59
Grundtypen des wissenschaftlichen Denkens: induktives und deduktives Denken

In der Denkpraxis gibt es in der zeitlichen und logischen Abfolge allerdings keine derart scharfe Trennung.

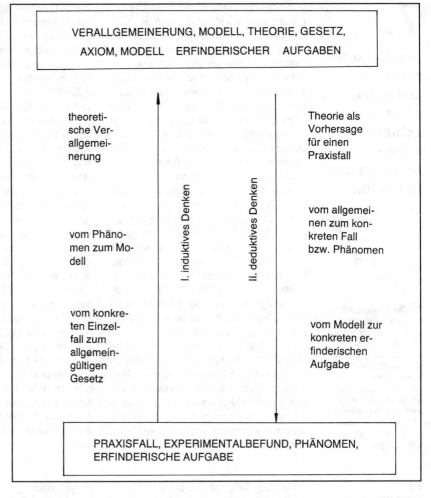

kommt dem *deduktiven Denken* zu. Es lehrt die Vorhersehbarkeit eines praktisch noch nicht beobachteten Sachverhaltes anhand der Theorie. Jedoch entstammt die Theorie nicht, wie Platon annahm, dem "reinen" Denken ohne Bezug zur Wirklichkeit.

Mit Hilfe einer Theorie bzw. eines Modells, das entweder aus einem momentan praxisbezogenen induktiven Denkschritt oder der überwiegend theoretischen Analyse älteren Wissens abgeleitet wird, läßt sich eine ohne diese Denkweise vermeintlich völlig neue Einzeltatsache erklären bzw. sogar vorhersehen. Demnach ist derjenige Erfinder überdurchschnittlich erfolgreich, der beide Denkrichtungen wechselweise – besser: unbewußt gleichzeitig – beherrscht. Von besonderem Nutzen ist die trainierbare Fähigkeit, selbst beobachtete Experimentaltatsachen auf induktivem Wege zu verallgemeinern, dabei seine theoretischen Lücken zu erkennen, sich daraufhin erst einmal gründlich mit der Theorie zu befassen, um sodann vermeintlich völlig andere Praxisfälle anpacken zu können.

Diese einander ständig befruchtenden Umkehrdenkschritte sind von höchster praktischer Bedeutung, denn ohne diese Denkweise erscheinen Praxisfälle, Experimentalbefunde, Phänomene, erfinderische Aufgaben (unterer

[215] Welche prinzipielle Struktur bzw. welche prinzipielle Funktion – abstrahiert von allen zufälligen Äußerlichkeiten – hat das betrachtete System?

[216] Zwicky, der Schöpfer der morphologischen Methode, meint dazu, daß die Mehrzahl aller Menschen sich am Konkreten festhalte und nur vom Speziellen zum Allgemeinen vordringen könne. Der umgekehrte Weg hingegen sei nicht ohne gründliche Anleitung begehbar [56].

Kasten in Abb. 59) dem Anfänger als eine unübersichtliche Sammlung beziehungslos nebeneinanderstehender Fakten. Nur das induktiv-deduktive Denkverbundnetz liefert die Erkenntnis, daß vermeintlich beziehungslos nebeneinanderstehende Erscheinungen/Experimentaltatsachen/Einzelfälle/Spezialaufgaben durchaus, vom übergeordneten Gesichtspunkt des Modells/der Theorie gesehen, miteinander in Beziehung stehen und nach einheitlichen Gesichtspunkten erklärt/gelöst werden können.

Uns wird nunmehr klar, warum beim erfinderischen Arbeiten abstrahiert und modelliert werden muß (z. B. Abstraktion des Praxisfalles zum Gebilde-Struktur-Prinzip bzw. zum Gebilde-Funktions-Prinzip).[215] Ferner wird klar, warum anspruchsvolle erfinderische Ergebnisse im allgemeinen nur über eben diese zwischengeschalteten Abstraktionsschritte zugänglich sind und warum der scharfäugige, um lebenslanges Lernen bemühte Experimentator im Vorteil ist, sofern er die Verallgemeinerung seiner Ergebnisse zwecks späterer deduktiver Weiterverwendung beherrscht.

Sehr wahrscheinlich hängt die individuelle Wichtung der beiden Denkrichtungen nicht nur vom Ausbildungsgrad, sondern auch vom Typ des jeweiligen Menschen ab. Kreative mit besonders hohem theoretischen Niveau bevorzugen eindeutig das deduktive Denken. Jedoch scheint dieser Typ selten zu sein.[216]

7.2. Axiome und Paradoxa

Ein Paradoxon entsteht, wenn eine frühreife Erkenntnis mit dem Unsinn ihrer Zeit zusammenstößt.
K. Kraus

Axiome und Paradoxa erscheinen dem oberflächlichen Betrachter zunächst als absolut gegensätzliche Begriffe.

Axiome sind in einem solchen Maße anerkannte Gesetzmäßigkeiten, daß sie im praktischen Leben zu den Grundtatsachen gerechnet werden, über die man nicht weiter nachdenkt.

Paradoxa hingegen gelten aus diesem Blickwinkel als geradezu unseriös. Sie beinhalten einen, mindestens im ersten Anlauf, nicht durchschaubaren Widerspruch. Das macht sie für den Erfinder interessant. Fast könnte man sagen, daß sich an diesem Punkt die Geister scheiden. Wem Paradoxa unangenehm sind, oder wer dabei gar "... so ein Blödsinn!" murmelt, mit dessen Kreativität ist es gewiß nicht weit her. Wer hingegen Paradoxa schätzt, sie als Prüfsteine des Denkens anerkennt, sich mit ihnen aktiv auseinandersetzt oder gar Bücher zum Thema (z. B. [268]) durcharbeitet, erwirbt wertvolles Rüstzeug für seine kreative Arbeit.

Paradoxa sind nichts Absolutes. Entscheidend ist nach meinem Verständnis, wer – und von welchem Denkniveau aus – ein Paradoxon betrachtet. Auch ist der Zeitpunkt der Betrachtung sehr wichtig. Ein Paradoxon, das heute noch diesen Namen verdient, ist morgen vielleicht von Spitzenfachleuten schon physikalisch erklärbar und erreicht möglicherweise nach einigen Jahrzehnten bereits den Status eines Axioms.

Wahrscheinlich sind, bezogen auf einen bestimmten Zeitpunkt, drei – von unten nach oben gezählte – Klassen von Paradoxa anzunehmen:

Die dritte Klasse besteht aus den sogenannten Paradoxa, die heute bestenfalls noch didaktischen Wert für Anfänger haben. Einem pfiffigen Schüler ist beispielsweise das aerodynamische Paradoxon ohne weiteres zu erklären. Zunächst mag er sich vielleicht wundern, daß zwei parallel gehaltene Blätter ihren Abstand zueinander verringern, wenn man zwischen ihnen hindurchbläst. Ein Experiment zum Stromlinienverlauf (z. B. mit Hilfe von Rauchfäden) zeigt dem Zweifler jedoch einleuchtend, warum sich die Blätter nur anscheinend paradox verhalten. Vor allem läßt sich der Unterdruck im dynamischen Bereich gegenüber dem statischen Umfeld leicht erklären. Bei schärferem Hinsehen erweist sich dieser Effekt damit als vermeintliches Paradoxon, das heute nur noch aus historischen Gründen als Paradoxon bezeichnet wird.

[268] Lange, Viktor Nikolaevič: Physikalische Paradoxa und interessante Aufgaben. – 4. Aufl. – Leipzig: B. G. Teubner Verlagsgesellschaft, 1985

[217] Analoges gilt für das Denkniveau des Patentprüfers. Erscheint ihm die physikalische Basis des Vorschlages als Paradoxie und kann die Funktion der beanspruchten technischen Lösung trotzdem glaubhaft gemacht werden, so ist der Patentschutz dem Einreicher fast sicher. Erreicht jedoch das Denkniveau des Prüfers das des Einreichers, so wird das Schutzrecht möglicherweise nicht gewährt.

[269] Kein erhöhter Ozeanspiegel: Neue Hypothese über Eisschmelze in der Antarktis. – In: Neues Deutschland. – Berlin, 17./18. 11. 1984, S. 12

Die zweite Klasse der Paradoxa liegt im Grenzbereich des aktuellen Wissens. Für Spitzenfachleute ist auch in diesen Fällen klar, daß es sich eigentlich nicht um Paradoxa handelt. Durchschnittsfachleute haben bereits Verständnisschwierigkeiten; für Laien handelt es sich um echte Paradoxa. Ein Paradoxon dieser Art war bis vor gar nicht so langer Zeit die Wärmepumpe. Für den Laien ist eben nicht so recht einzusehen, warum entgegen aller Anschauung Wärme von einem kälteren auf einen wärmeren Körper übergeht. Heute verlangt man von jedem Schüler, daß er den physikalischen Zusammenhang begreift.

Zur ersten Klasse der Paradoxa gehören die zum jeweiligen Zeitpunkt echten Paradoxa. Ihnen liegt ein Experimentalbefund zugrunde, dessen Deutung mit Hilfe einer anerkannten Theorie auch für Spitzenfachleute zunächst nicht möglich ist. Das liegt einfach am Fehlen einer für den paradoxen Fall zutreffenden Theorie. Ein solches Paradoxon bleibt zunächst bestehen, oder zu seiner Deutung wird eine Hypothese erdacht. Beispielsweise ist die von Hubble entdeckte Rotverschiebung im Spektrum ferner Galaxien an sich nicht besonders merkwürdig (Optischer Doppler-Effekt). Warum sollten sich Galaxien außerhalb der Milchstraße nicht von uns entfernen? Höchst seltsam aber ist die Beobachtung, daß der Rotverschiebungsbetrag immer mehr zunimmt, je weiter sich die jeweils betrachtete Galaxie bereits entfernt hat. Unter den halbwegs diskutablen Möglichkeiten bleibt also nur die Annahme übrig, daß das Weltall gewissermaßen explodiert, wobei die Explosionswelle – seltsam genug – nach außen immer schneller wird. Eine solche Annahme ist nicht jedermanns Sache. So entstand ersatzweise die Hypothese von der Alterung des Lichts. Allerdings gibt es für ein solches Verhalten weder experimentelle Beweise noch theoretisch plausible Erklärungen. Wem also die Vorstellung von einem explodierenden Weltall nicht ge-

heuer ist, der muß die Zunahme der Rotverschiebung für ein echtes Paradoxon halten.

Für den Erfinder besonders wichtig sind jene Paradoxa, die von fast allen für "echt" gehalten werden, denen man aber bei schärfstem Nachdenken beikommen kann. Was viele noch für höchst ungewöhnlich halten, ist für den sehr guten Fachmann bereits alltägliches Wissen, dessen konsequente Anwendung ihm selbst keineswegs ungewöhnlich vorkommt.[217]

Ein nicht-technisches Beispiel zeigt deutlich, daß viele Paradoxa bei schärferem Nachdenken keine wirklichen Paradoxa sind. So gilt seit Jahren als logisch, daß mit dem industrialisierungsbedingten Ansteigen des CO_2-Gehaltes der Luft der "Treibhauseffekt" unter allmählicher Erwärmung der Erdatmosphäre zu wirken beginnt. Als ebenfalls logisch gilt, daß damit das antarktische Eis, welches 90 % der irdischen Süßwasservorräte speichert, verstärkt abschmilzt. Folglich steigt der Wasserspiegel der Ozeane. Die gegenteilige Behauptung wird deshalb zunächst als echtes Paradoxon angesehen. Selbst die Behauptung, der Wasserspiegel werde sich im Zusammenhang mit dem Treibhauseffekt überhaupt nicht verändern, erscheint paradox.

Genau diese Behauptung, 1984 von sowjetischen Wissenschaftlern aufgestellt, ist aber bei näherem Überlegen durchaus zu verstehen. Selbstverständlich schmilzt das antarktische Eis bei globaler Erwärmung verstärkt ab, jedoch wirkt die dann immer noch kalte polare Luft, die extrem trocken ist, als regelrechte Wasserdampffalle. Die nunmehr etwas wärmeren Ozeane führen zu verstärkter Wasserverdampfung, der Wasserdampf wird von der Luft begierig aufgenommen, es kommt zu erheblich verstärktem Schneefall, und die Bilanz ist mindestens wieder ausgeglichen [269].

Besonders verlockend sind die echten Paradoxa. Ihre erstmalige Erklärung setzt voraus, daß der daran interessierte Erfinder zunächst einmal Entdecker zu sein hat. Entdeckt er jenen neuen Effekt, mit dessen Hilfe ein bislang echtes Paradoxon erstmalig erklärt werden kann und baut darauf eigene Erfindungen auf, so ist er von der Konkurrenz nicht mehr zu schlagen.

Eindrucksvolle Beispiele für vermeintliche Paradoxa, die von der Fachwelt wie echte Paradoxa behandelt werden, finden sich überall, auch im Bereich der medizinischen Forschung. So haben es "Außenseitermethoden" immer dann extrem schwer, wenn die Schulmedizin darauf verweisen kann, daß eine naturwissenschaftliche Erklärung für den jeweiligen Ursache-Wirkungs-Zusammenhang fehlt bzw. der Experimentalbefund allen gültigen Theorien zu widersprechen scheint. In solchen Fällen wird die Methode gewöhnlich auch dann noch abgelehnt, wenn ihr therapeutischer Wert längst feststeht. M. v. Ardenne, Rundfunk-, Fernseh- und Radar-Pionier, hat in den letzten Jahrzehnten bahnbrechende medizinische Grundlagenforschungen betrieben und dabei wirksame Therapiekonzepte entwickelt, die sich z. T. erst in den letzten Jahren durchsetzen konnten.

Er gibt in einer 1980 erschienenen Arbeit als Hauptursache für die verzögerte Anerkennung seiner Methoden die zunächst noch fehlende wissenschaftliche Erklärung an. Berechtigterweise bemerkt er, schließlich sei die bewiesene Wirkung entscheidend und nicht die Erklärung [270].

Leider hat diese zutreffende Bemerkung nicht dazu beigetragen, die Einführung der medizinischen Pioniermethoden zu beschleunigen. Vielmehr hat M. v. Ardenne auf diesem Gebiet zunächst selbst als Entdecker arbeiten müssen, ehe die – auch dann noch verzögerte – Anerkennung der Methoden erfolgte. Als Beispiel sei die O_2-Mehrschritt-Therapie bzw. die O_2-Mehrschritt-Prophylaxe genannt, für deren Wirkmechanismus 1980 [270] noch keine befriedigende Erklärung vorlag. Erst mit M. v. Ardennes Entdeckung des bei erhöhtem Sauerstoffangebot ausgelösten "Umschaltmechanismus" im Bereich der Blut-Mikrozirkulation gewann die Methode mehr und mehr überzeugte Anhänger [271].

Den besonderen heuristischen Wert von heute unlogisch oder unverständlich anmutenden Ergebnissen bzw. Lösungsansätzen bestreiten kreative Leute durchaus nicht. Jedoch finden sich nur wenige, die konsequent handeln. Zu ihnen gehören die Redakteure der amerikanischen Fachzeitschrift "Physical Invention". Diese Zeitschrift hat sich regelrecht darauf spezialisiert, solche Manuskripte anzunehmen, die nicht zu verstehen sind. Hingegen werden Arbeiten abgelehnt, die sichtlich von konventionellen Theorien und allgemein anerkannten Methoden ausgehen (nach [14]).

Das Prinzip, obgleich für konventionelle Geister atemberaubend, ist keineswegs neu. Bereits 1682 gab der deutsche Arzt, Chemiker und Kameralist Becher in Frankfurt ein einzigartiges Buch unter dem Titel "Närrische Weisheit und weise Narrheit" heraus, worin er veschiedene Ideen beschrieb, die nach seiner Ansicht entweder närrisch aussahen, während sie in Wahrheit praktisch brauchbar sind, oder umgekehrt, so z. B. die Süßwassergewinnung aus Meerwasser und die mechanische Ofenregulierung durch ein Thermometer an der Ofentür, "damit in einem ... Ofen gantz gleiche Wärme regiere kan ..." [272].

Geschichtlich interessierten Lesern sei geraten, solche Beispiele zu sammeln. Es ergibt sich dann eine interessante Privatkartei mit den Rubriken "Was geht" und "Was nicht geht". Selbstverständlich liefert eine solche Sammlung über ihren Heiterkeitswert hinaus zunächst einmal ideengeschichtliches Material. Es können aber auch ernsthafte Lösungsansätze für die praktische Arbeit gefunden werden, und zwar immer dann, wenn phantasiebegabte, intuitiv arbeitende, ihrer Zeit geistig vorauseilende Autoren am Werke waren.

[270] Ardenne, M. v.: Zur Wertigkeit von "Außenseitermethoden" in der Medizin. – In: Physikal. Med. Rehab., Z. praxisnahe Med. – Stuttgart 21 (1980) 7. – 345–349

[271] Ardenne, Manfred von: Sechzig Jahre für Forschung und Fortschritt (Autobiographie). – 7. Aufl. – Berlin: Verlag der Nation, 1987

[272] Usemann, Klaus W.: Lönholdt's Patent-Feuer-Closett: Kuriositäten und Anekdoten früherer Haustechnik. – Düsseldorf: VDJ-Verlag, 1980. – S. 26–27

[218] In seiner "Magia naturalis sive de miraculis rerum naturalium" beschrieb er seine Absicht, "... die Worte in der Lufft (ehe sie gehöret werden) mit bleyernen Röhren aufzufangen, und so lange verschlossen fortzuschicken, daß endlich, wenn man das Loch aufmacht, die Worte herausfahren müssen. Denn wie sehen, daß der Schall eine Zeit braucht, bis er fort kommt, und wenn er durch eine Röhre geht, daß er mitten kann verhalten werden. Und weil es etwa darinnen was ungelegen fallen mag, daß die Röhre sehr lang seyn muß, so kann man die Röhren in die Runde cirkelweise krümmen, und also die Länge ersparhen, und nur wenig Platz damit einnehmen." (nach ([273], S. 127)

7.3. Kann zu viel Wissen schädlich sein?

Es ist besser, nichts zu wissen, als von falschen Voraussetzungen auszugehen oder von festen Meinungen, deren Bestätigung man dauernd anstrebt und dabei alles vernachlässigt, was man damit nicht in Einklang bringen kann. Diese geistige Einstellung ist die denkbar schlechteste und ist das Gegenteil des Erfinderischen.
C. Bernard

[219] Der persönliche Leitspruch von K. Marx lautete: "An allem ist zu zweifeln." Leider haben seine trivial orientierten Apologeten nicht rechtzeitig begriffen, daß es dem großen Meister absolut ernst damit war.

[273] Wilsmann, Aloys Christof: Wunderwelt unter der Tarnkappe: Von merkwürdigen, erstaunlichen und unwahrscheinlichen Dingen. – Essen: Fels-Verlag Dr. Wilhelm Spael, o. J.

Natürlich amüsiert uns die Rubrik "Was nicht geht" zunächst einmal mehr als die Rubrik "Was geht". G. della Porta "erfand" bespielsweise 1589 eine Art Falle zum Festhalten und Verschikken gesprochener Worte.[218] Hätte der Gute doch nur einen einzigen Versuch gemacht! Aber die mittelalterliche Scholastik wirkte nach. Selbst zu Beginn der Neuzeit gab es offensichtlich noch immer Gelehrte, die das klärende Experiment als nicht standesgemäß ansahen. Auch der "Lügenbaron" v. Münchhausen hatte deshalb mit seiner Geschichte vom eingefrorenen Hornsignal, das erst später (nach Auftauen des Posthornes) hörbar wurde, noch beste Chancen.

Wir haben uns ziemlich ausführlich mit den Paradoxa befaßt. Betrachten wir nun die Frage, ob Axiome immer Axiome sind. Die Antwort kann kurz gefaßt werden. Einstein wurde gefragt, wie

Die allgemeine Meinung geht davon aus, daß ein direkter Zusammenhang zwischen der Fülle des Wissens und dem schöpferischen Erfolg eines Menschen besteht. Offenbar wird stillschweigend angenommen, daß mit wachsender Zahl der verfügbaren Fakten automatisch auch die Zahl der möglichen Verknüpfungen zwischen diesen Fakten anwächst. Mathematisch gesehen ist diese Annahme richtig. Der Trugschluß liegt jedoch darin, daß der unschöpferische Mensch mit seinem Faktenwissen – sofern vorhanden – nicht viel anfangen kann. Die mathematisch denkbaren Verknüpfungen bleiben für ihn weitgehend theoretische Möglichkeiten, d. h., vom unschöpferischen Vielwisser werden nur wenige – naheliegende – Verknüpfungen tatsächlich ausgeführt. Die Mehrzahl aller Fakten bleibt bei solchen Menschen beziehungslos nebeneinander stehen. Viele Gelehrte sind fleißige Sammler, nicht mehr.

Hingegen kann der schöpferische Mensch mit den ihm bekannten Fakten

er zu seiner Relativitätstheorie gekommen sei. Er antwortete: "Ich habe ein Axiom verworfen." Der Erfinder tut gut daran, sich beständig an dieser Denkweise zu messen.[219]

Natürlich sind Naturgesetze und Pseudoaxiome streng auseinanderzuhalten. Von der Beschäftigung mit dem Perpetuum mobile ist durchaus abzuraten. Es geht vielmehr um strenge Selbstkritik, sofern Unverständliches auftaucht. Die Gefahr, ein Perpetuummobilist zu werden, ist heute gering. Die Gefahr, Unverständliches für unsinnig zu halten, ist weit größer. Auch der Kreative ist nicht pausenlos kritisch, und schon gar nicht pausenlos selbstkritisch. Deshalb sollte der Leser das Gedankengut dieses Abschnittes, stets bezogen auf seine eigenen Fachprobleme, immer wieder methodisch zu Rate ziehen.

stets etwas anfangen, er kann sie im Wortsinne ausschöpfen, d. h. nicht alltägliche Verknüpfungen in großer Zahl herstellen.

Manche Menschen sind dadurch gekennzeichnet, daß sie nur durchschnittliches Faktenwissen besitzen und dabei ganz ungewöhnliche Ergebnisse erreichen. Die Erklärung dürfte in der Art ihres Denkens zu suchen sein.

Das *Assoziationsvermögen* des Kreativen ist (vielleicht sogar im Sinne einer Defektkompensation) ganz besonders ausgeprägt. Falls ein schöpferischer Mensch – z. B. durch ungenügende Ausbildung – nur wenige Fakten zur Verfügung hat, so reicht das Material nur für weitmaschige Assoziationsnetze.[220] Die besondere Fähigkeit des Kreativen besteht nun anscheinend darin, innerhalb dieses für den Nichtkreativen viel zu weitmaschigen Netzes recht kühne Sprünge ausführen zu können, ohne abzustürzen. In einem etwas anderen Zusammenhang hat M. v. Ardenne diese Fähigkeit "gezügelte Phantasie" genannt, denn verblüffender-

[220] Ferner bedeutet der Mangel an Faktenwissen zugleich auch, daß der Kreative im allgemeinen die tatsächlichen, aber auch die vermeintlichen Verbote des jeweiligen Fachgebietes nicht kennt. Der Fachmann sagt: "Das geht nicht." Der kreative Nichtfachmann weiß das nicht und denkt sich eine unkonventionelle Lösung aus.

[221] Man kann sich den Prozeß auch als interpolatorische Fähigkeit des Kreativen vorstellen. Er vermag, von wenigen Fakten ausgehend, kühner und erfolgreicher als andere zu interpolieren bzw. auf die faktenfreien Räume und deren mögliche Besetzung zu schließen. Erforderlich ist dazu auch ein gewisser Mut. Je ängstlicher ein Mensch ist, desto mehr Sicherheit durch Fakten verlangt er. Extrem vorsichtige Menschen entscheiden bekanntlich nie, weil sie immer wieder Punkte finden, die aus ihrer Sicht "noch nicht geklärt" bzw. "noch nicht durch umfassendes Zahlenmaterial belegt" sind.

[222] G. Chr. Lichtenberg: "Mancher unserer sehr mittelmäßigen Gelehrten hätte ein größerer Mann werden können, wenn er nicht so viel gelesen hätte."

weise sind oft nicht etwa gewagte Spekulationen, sondern technisch verwertbare Denkansätze das Ergebnis dieser Fähigkeit des Kreativen.[221]

Nicht wenige Kreative fühlen sich durch allzuviel Faktenwissen regelrecht behindert. Das ist nicht so merkwürdig, wie es zunächst aussieht. Die Kenntnis sehr vieler Fakten geht mit der Kenntnis sehr vieler Verknüpfungsverbote einher. Ob es sich dabei um axiomatische, wissenschaftlich begründete oder um vermeintliche Verknüpfungsverbote handelt, ist für ihre Wirkung meist zweitrangig. Jedenfalls hat die zu große Fülle an Fakten für nicht wenige Kreative offenbar eine eher hemmende als fördernde Wirkung. In gleicher Richtung wirkt die von fleißigen Gelehrten stets angestrebte Perfektion bezüglich der Literaturkenntnis. Liest man gleich zu Anfang sehr intensiv die komplette Fachliteratur zum Thema bzw. zur erfinderischen Aufgabe und denkt erst dann über mögliche neue Lösungen nach, so stellt sich nicht selten eine regelrechte Lähmung der zuvor durchaus vorhandenen schöpferischen Potenzen ein. Der Grund dürfte ebenfalls in der mit wachsendem Faktenwissen automatisch wachsenden Zahl der Verbote liegen.[222]

Einige weitere Gründe für die nach zu intensivem Literatur- bzw. Faktenstudium zu beobachtenden Denkblockaden seien genannt:

– die beim Vorliegen umfangreicher Literatur sich festigende Vermutung, das Gebiet sei schon völlig abgegrast, und es habe wenig Zweck, sich noch eine weitere mittelprächtige Lösung auszudenken,
– die Annahme, was man sich mühsam ausgedacht hat "steht sicher schon irgendwo" (man habe es nur nicht gefunden, weil man nicht fleißig genug gesucht hat),
– sehr bekannte/berühmte Autoren haben sich offensichtlich jahrelang mit der Sache befaßt und auch nichts Umwerfendes gefunden,

– die technischen Mittel aller in der Literatur beschriebenen Lösungen sind extrem kompliziert; der Literaturgläubige befürchtet deshalb, er selbst sei erst recht nicht in der Lage, eine einfachere Lösung zu finden.

Betrachten wir diese Aufstellung kritisch: jede einzelne Annahme bzw. vermeintlich sachliche Feststellung basiert auf einem Vorurteil. Hinzu kommt, daß die Literatur selbst nicht selten Wichtungen, Wertungen und Urteile enthält. Nichts aber kann unter ungünstigen Umständen so lähmend wie ein Expertenurteil sein!

Solcherart Vorurteile bzw. Expertenurteile blockieren denjenigen nicht, der ungenügend informiert ist, sich aber dafür selbst etwas ausdenkt.

Diese Gedanken könnten zu Mißverständnissen führen. Wer nunmehr glaubt, Faktenwissen sei nicht wichtig, der irrt. Gilde behandelt den Zusammenhang unmißverständlich: "Erst wenn ein ausgedehntes Tatsachennetz vorhanden ist, bringt das logische Denken Erfolg. Erst hier tritt der Nutzen organisierter geistiger Arbeit zutage. Tatsachen sind das Gerüst des Denkens." ([61], S. 226)

Das gilt allerdings nur für Kreative. Deshalb ist die Feststellung wichtig, daß Kreative, deren Faktenwissen aus irgendwelchen Gründen noch lückenhaft ist, jenen Vielwissern überlegen sind, die ihr Wissen nur als Faktensammlung betrachten und keinen Gebrauch davon machen können. Vor allem aber ist die Umkehrbehauptung "zu viel Wissen kann schädlich sein" bei der Reihenfolge der Arbeitsschritte wichtig. Auch dem hervorragenden Fachmann fehlen, wenn er mit etwas wirklich Neuem beginnt, etliche Fakten. Er sollte deshalb einige Tage erst einmal unbeschwert über die Sache nachdenken und spontan Lösungen suchen, ehe er mit dem ohnehin notwendigen Literaturstudium beginnt. Später wird er feststellen, daß seine nicht allzusehr von Sachkenntnis getrübten ersten Denkversuche manch-

[223] Voraussetzung ist wiederum die sorgfältig auszuführende Analyse der erfinderischen Aufgabe (vgl. Abschn. 5.2.).

7.4. Experten und Dilettanten

Er wurde ein Fachmann und begann Irrtümer zu verwalten.
B. Brecht

[224] "Immer weigere ich mich, irgendetwas deshalb für wahr zu halten, weil Sachverständige es lehren oder auch, weil alle es annehmen. Alles muß ich neu durchdenken, von Grund auf, ohne Vorurteile." (nach [274], S. 58)

[225] Analysiert man den kleinen Kreis der besonders erfolgreichen Erfinder, so ist unter ihnen kaum einer, der ein engbegrenztes Fachgebiet erschlossen und dann jahrzehntelang ausschließlich "abgegrast" hat.

[274] Melcher, Horst: Albert Einstein wider Vorurteile und Denkgewohnheiten. – Berlin: Akademie-Verlag, 1979

[275] Ostwald, W.: Organisierung des Fortschritts oder: Wie macht man den Fachmann unschädlich. – In: Auto-Technik; Mitt. Inst. Kraftfahrzeugwesen Sächs. Techn. Hochschule. – Dresden 17 (1928) 18. – S. 5–10

mal doch bereits den Kern der Lösung enthielten. Natürlich liefert dieses Vorgehen nebenbei auch viel Spreu ("Trägheitsvektor"!), und es sollte ganz gewiß nicht als Hintertür für "trial and error" gelten. Aber die Chance, welche das unbeschwerte Nachdenken bietet, sollte stets genutzt werden.[223]

"Experto credite" ("Glaubet dem Erfahrenen") lehrten die alten Römer. Das ehrwürdige Alter des Spruches besagt wenig – höchstens, daß sich bereits die alten Römer mit Scheinwahrheiten abspeisen ließen. Die tägliche Erfahrung zeigt, daß wir "Glaubt dem Experten lieber nicht" formulieren müßten. Nicht selten ist gerade der alte, erfahrene Fachmann fortschrittsfeindlich. Man schalte sofort auf höchste Alarmbereitschaft, wenn man hört: "Das mache ich schon seit 40 Jahren so." Die Zahl der Fälle ist hoch, in denen eben jener sagenhafte Fachmann die Sache seit 40 Jahren falsch gemacht hat – falsch mindestens in dem Sinne, daß die Sache zwar klappt, mit nur geringfügigem Denkaufwand jedoch längst hätte verbessert werden können.[224]

Recht scharf drückte sich dazu Ostwald aus; eine seiner berühmten Arbeiten zur Kreativität heißt: "Organisierung des Fortschrittes oder: Wie macht man den Fachmann unschädlich?" [275]

Um das Problem wirklich zu verstehen, muß man es tatsächlich radikal betrachten. Eine in jahrzehntelanger Tätigkeit rein empirisch gewonnene Kenntnis wird vom Fachmann oft als sauer erworbenes pesönliches Eigentum betrachtet. Die genaue Kenntnis beschränkt sich jedoch meist auf nur einen Vorgang oder einige wenige Teilvorgänge. Besser als Ostwald können wir die Folgen kaum formulieren: "Je enger, unsicherer und vereinzelter eine solche Kenntnis ist, um so höher wird sie von ihrem Eigentümer geschätzt und um so leidenschaftlicher verteidigt ..." ([275], S. 5)

Die unbedingt positive Seite der Sache ist aber, daß sich der Wissenschaftsorganisator oder der erfinderisch tätige Leiter des Teams auf eine große Fülle solider Einzelkenntnisse stützen kann. Ein solcher Leiter wird kaum in den Fehler verfallen, die nicht immer zutreffenden Schlußfolgerungen seiner Mitarbeiter überzubewerten, und so werden Teilgebietsspezialisten zu hochgeschätzten Partnern des Leiters, dem die Deutung und Wichtung der Zusammenhänge ohnehin nicht abgenommen werden kann.

Viel schwieriger ist es, den "alten erfahrenen Fachmann" in uns selbst unschädlich zu machen. Zwangsläufig wird gerade der hochqualifizierte Experte im Laufe seines Lebens mehr oder minder betriebsblind. Die Patentprüfpraxis nimmt auf diesen Umstand ausdrücklich Bezug. Kann man "Blindheit der Fachwelt" nachweisen, so wird einem Schutzbegehren im allgemeinen stattgegeben.

Der kreative Nichtfachmann sollte ein möglichst guter Fachmann auf seinem eigenen Gebiet sein (Synektik!). Auch ist es sehr nützlich, wenn er überdurchschnittliches Allgemeinwissen besitzt. Sind diese Bedingungen erfüllt, so regt uns der kreative Nichtfachmann durch seine völlig andere Sicht an, festgefahrene Probleme in neuartiger Weise anzupacken.

Besonders konsequent handelt, wer sich ganz bewußt auf ein fremdes Fachgebiet begibt. Nicht wenige berühmte Erfinder haben mehrmals in ihrem Leben das Fachgebiet gewechselt. Selbsterkenntnis bezüglich der zunehmenden Betriebsblindheit, weit häufiger aber die allmähliche Verlagerung der fachlichen Interessen sind als Gründe zu nennen. Noch wichtiger ist aber die Erkenntnis, daß die wahren Pioniererfindungen überdurchschnittlich häufig von krassen Außenseitern gemacht werden.[225]
Deshalb ist für besonders schöpferische Erfinder typisch, daß sie im Laufe ihres Lebens sehr unterschiedliche Gebiete bearbeiten.

[226] Rasputin, Wundermann am Hofe des letzten russischen Zaren, betrieb – gewissermaßen nebenberuflich – einen schwunghaften Handel mit Posten, gab gutbezahlte Ratschläge, vermittelte Transaktionen und mißbrauchte seinen Einfluß bei Hofe schamlos für Zwecke der persönlichen Bereicherung.
Rasputin fehlte jegliche Bildung. Was er besaß, war Intuition. Was ihm Erfolg brachte, war eine für das praktische Leben wie für die kreative Arbeit äußerst nützliche Fähigkeit: extrem zu vereinfachen: "Er behandelte auch den kompliziertesten Fall, der eigentlich weit über seinen Horizont hinausgehen mußte, mit naivem und ursprünglichem Bauernverstand, ohne sich durch unverständliche Einzelheiten im mindesten verwirren zu lassen ... Die schlauesten und raffiniertesten Börsianer versagten vor dem gesunden Instinkt des Wundermannes aus Pokrowskoje, der mit sicherem Gefühl bei jeder noch so schwierigen Transaktion das Wesentliche erkannte und daran mit äußerster Zähigkeit festhielt." ([276], S. 271)

[227] Bedenklich erscheint, daß die "übersinnlichen" Phänomene inzwischen auch per Television verbreitet werden. So "praktiziert" der Hypnotiseur Kašpirovski (Sachstand 1990) im sowjetischen Fernsehen, und er nebelt, direkt und indirekt, offensichtlich auch intelligente Leute völlig ein.

[276] Fülöp-Miller, René: Der heilige Teufel – Rasputin und die Frauen. – Berlin-Wien-Leipzig: Paul Zsolnay Verlag, 1927

Als Beispiele seien Edison und v. Ardenne genannt. Edison hat mehr als 1000 Patente angemeldet, und sein Arbeitsgebiet erstreckte sich von der Mehrfachtelegraphie über die Glühbirne bis zum Phonographen; hinzu kamen Starkstromnetze auf Gleichspannungsbasis, komplett gegossene Betonfertighäuser, Kinematographen, Magnetscheider und neuartige Produktionstechnologien für Zement. Die Reihe ähnlich wichtiger, fachlich sehr weit auseinanderliegender Erfindungen läßt sich fortsetzen.

Verblüffend ist die Vielseitigkeit des in Dresden wirkenden Physikers v. Ardenne. Der weltberühmte Forscher imponiert uns nicht nur als Rundfunkpionier, als Schöpfer der entscheidenden Kombinationen, die zum elektronischen Fernsehen führten, als Erfinder des Rasterelektronenmikroskops und origineller Radar-Prinziplösungen. Heute werden in seinem Institut neben den Arbeiten zur Elektronenstrahl- und Ionenstrahltechnologie sowie zur Vakuumdampfung auch Probleme der biomedizinischen Technik behandelt. Besonders revolutionierend sind seine neueren Arbeiten zur Krebsmehrschritt-Therapie, zur Stabilisierung des Immunsystems und zur Vitalisierung mit Hilfe der O_2-Behandlung.

Selbstverständlich ist ein krasser Wechsel des Arbeitsgebietes stets damit verbunden, daß der "Umsteiger" zunächst wenig von der neuen Sache versteht. Das ist aber eher vorteilhaft als nachteilig, denn der gestandene Wissenschaftler/Erfinder beherrscht schließlich sowohl die Arbeitsprinzipien als auch den Wissensfundus seines bisherigen Gebietes; dementsprechend bringt er fast automatisch Prinzipien/Fakten/Zusammenhänge in das neue Gebiet ein, die den alteingesessenen Spezialisten oft völlig fremd sind. Selbst wenn der Umsteiger dabei zunächst Fehler macht, ist der Gewinn erheblich größer als der Verlust.

Zwicky weist ausdrücklich darauf hin, daß Spezialistentum am Anfang großer Entwicklungen nur von geringem Vorteil ist [56]. Möglicherweise ist Spezialistentum in dieser Phase sogar von Nachteil. Wenn wir nach dem Grund suchen, so kommen wir zu der Erkenntnis, daß der befangene Spezialist oft gerade durch die Fülle seiner Detailkenntnisse daran gehindert wird, das Wesen der Sache erkennen zu können (darum: Modellieren! Abstrahieren!!). Ein nicht-technisches Beispiel zeigt eindringlich, daß völlig unbefangene Urteile richtig sein können, wenn die schädlichen – weil verwirrenden – Einzelheiten beiseite gelassen werden.[226]

Hohe Unbefangenheit ist sicherlich vor allem dann von besonderem Vorteil, wenn Intuition, Intelligenz, die Fähigkeit zur extremen Vereinfachung sowie die Fähigkeit zum Modellieren und Abstrahieren zusammentreffen. Eben diese Unbefangenheit fehlt aber vielen Fachleuten. Betrachten wird deshalb das Gegenteil des Fachmannes, den Dilettanten.

Das Wort "Dilettant" ist im deutschen Sprachraum insofern mißverständlich, als es fast synonym mit "Pfuscher", "Schmalspur-Fachmann", "Halbkönner", "Scharlatan" gebraucht wird. Das ist sprachlich und sachlich ungerechtfertigt, denn das Wort stammt vom italienischen "diletto", was u. a. "Vergnügen" bedeutet. Demnach ist ein Dilettant jemand, der eine Sache um ihrer selbst willen, nur so zum Vergnügen betreibt, eine Sache, die ihm in einem angrenzenden oder fremden Wissensbereich aus irgendwelchen Gründen Spaß macht [14]. Freude und Spaß aber sind starke Triebfedern: Eigenmotivation geht vor Fremdmotivation! Natürlich genügt Motivation allein bei weitem nicht, und gelegentlich machen sich Dilettanten lächerlich.

So dilettierte z. B. Goethe glücklos auf dem Felde der Farbenlehre. Er hielt es noch nicht einmal für nötig, Newtons entscheidendes Lichtzerlegungsexperiment zu wiederholen, bzw. er hörte damit sofort auf, als es nicht auf Anhieb "klappte". Ersatzweise beschränkte er sich auf Polemik. In diesem Falle nützte die ganze Begeisterung nichts. Goethe – hier umgekehrt betriebsblind – bewertete seine wissenschaftlichen Leistungen höher als seine dichterischen, die wissenschaftliche Welt hingegen nahm seine Farbenlehre praktisch nicht zur Kenntnis.

Zöllner, der bekannte Leipziger Astronom, verirrte sich hoffnungslos auf dem Felde der "übersinnlichen" Phänomene. Erschwerend kam hinzu, daß das Gebiet, auf dem der Astronom dilettierte, im wissenschaftlichen Sinne gar kein Gebiet ist, so daß beliebige Ergebnisse (egal, ob seiner Meinung nach gut, schlecht oder keines von beiden) objektiv überhaupt keinerlei Wert haben konnten.[227]

Der Dilettantismus treibt immer dann merkwürdige Blüten, wenn das Wunschdenken des Dilettanten stärker entwickelt ist als seine naturwissenschaftliche Seriosität. Nennen wir noch ein neueres Beispiel:

"Atmendes Haus bzw. atmende Verkehrsfläche. Bautechnik ist die einzig wirksame Maßnahme gegen den sauren Regen, Smog, Erd- und Seebeben, dadurch gekennzeichnet, daß unter Häusern, Gebäuden und Verkehrsflächen Hohlräume geschaffen werden, um den dringend erforderlichen Druckausgleich (Atmen) vom Flammenkern der Erde, durch die Erdkruste zu erreichen; die Entlüftung (Atmung) der Hohlräume bei Häusern und Gebäuden ist durch eine direkte Verbindung zur Atmospäre sicherzustellen durch eine Schornsteinentlüftung ..." [277][228]

Viel größer ist allerdings die Zahl jener Dilettanten, die zu überraschenden Erfolgen kamen. Ganz besonders erfolgreich sind unter ihnen die Autodidakten mit starker Eigenmotivation. Für sie gilt der Dilettantenstatus nur anfänglich, später werden sie zu Experten – sehr wahrscheinlich zu solchen, die sich ihr unbefangenes Urteil wesentlich länger als "ordentlich" ausgebildete Experten bewahren. Suchotin ([14], S. 189) spricht regelrecht von "Wissenschaftlern, die sich selbst schufen". Er zählt zu ihnen beispielsweise Lomonossow, Franklin und Gauß.[229]

Wir sehen an den Beispielen, daß nicht irgendwelche Dilettanten, sondern nur besonders interessierte, motivierte, befähigte, fleißige Dilettanten zu überragenden Könnern werden.

Abschließend eine für die Praxis wichtige Bemerkung. Nur wenige können, wie Fermi oder v. Ardenne, konsequent mehrmals im Leben ihr Arbeitsgebiet wechseln. Den meisten von uns bleibt Betriebsblindheit mit all ihren Nachteilen nicht erspart. Folglich kommt es auf die teilweise durchaus trainierbare Fähigkeit an, sich selbst, obwohl man Fachmann ist, in die Lage des unbefangenen Dilettanten versetzen zu können.

Suchotin meint dazu, daß man einem Wissenschaftler die Fähigkeit wünschen sollte, "von den Kenntnissen abzuschweifen, die sein schmales Profil bestimmen, sich zu entspannen und 'Undiszipliniertheiten' bei der Bewertung einer Forschungsaufgabe zu zeigen. Mit anderen Worten, es geht darum, seinen Forschungsgegenstand mit den Augen eines abseitsstehenden Beobachters zu betrachten." ([14], S. 220)[230]

Besonders im Vorteil ist demnach jener Fachmann, den seine fachliche Kompetenz nicht daran hindert, das jeweils bearbeitete Problem völlig unbefangen zu sehen. Ein solcher Fachmann strebt übrigens – gerade weil er Experte ist – zunächst nicht nach vollständiger Literaturkenntnis. Er beginnt mit der Arbeit, ehe er über vollständige Informationen verfügt.

Besser als mit den Worten von Leibniz läßt sich der Zusammenhang nicht erklären: "Zwei Dinge haben mir einen Dienst erwiesen. Erstens, daß ich Autodidakt war, und zweitens, daß ich in jeder Wissenschaft, sobald ich mich mit ihr befaßte, das Neue in dieser Wissenschaft suchte, ohne völlig das allgemein bekannte verstanden zu haben." (nach [14], S. 218)

---

[228] Hier wird so ziemlich alles miteinander verrührt: die Auswirkungen des sauren Regens, von Smog, Erd- und Seebeben sollen offenbar mit den gleichen technischen Mitteln (künstlich geschaffenen Hohlräumen) bekämpft werden, wobei in allen Fällen der wirksame physikalische Effekt ausgerechnet der "Druckausgleich vom Flammenkern der Erde" sein soll. Wer so etwas verfaßt, kann nicht ernst genommen werden.

[229] Gauß hatte keine Schule besucht, wußte mit 19 Jahren noch nicht, ob er Mathematiker oder Philologe werden sollte, und begann seine beispiellose wissenschaftliche Laufbahn als reiner Autodidakt. Dalton stammte aus einer armen Weberfamilie. Faraday zeigte als Hilfslaborant von Davy derart überraschende Fähigkeiten, daß er alsbald, ohne je eine systematische Ausbildung genossen zu haben, Vorlesungen halten konnte.

[230] "Folglich entwickelte sich die Situation so, daß ein Fachmann auf seinem Gebiet Dilettant sein kann, ohne aufzuhören, Fachmann zu sein." ([14], S. 220)

[277] Thornagel, N.: Atmendes Haus bzw. atmende Verkehrsfläche. – DOS 3 532 503 v. 12. 9. 1985, offengel. 19. 3. 1987

7.5. Einfaches und Kompliziertes – Murphys Gesetze

Kinder sind die besten Erfinder. Das heißt, sie sind vermutlich die besten. Der Kinder Erfindergeist läßt sich nicht testen, denn die Eltern schenken nur fertige Sa-

Der Irrtum, man brauche für das erfinderische Arbeiten heute unbedingt komplizierte und teure Ausrüstungen, ist leider weit verbreitet. Immerhin muß differenziert werden. Für bestimmte Fachgebiete funktioniert die einfache Variante tatsächlich nicht mehr. Technisch besonders progressive Zweige verschlingen im Forschungsstadium z. T. bereits Milliardenbeträge. Aus diesem wohlbekannten Sachverhalt wird jedoch oft der Fehlschluß gezogen, alles auf diesen und anderen Hochtechnologiegebieten müsse durchgängig kompliziert und aufwendig sein. Die Wahrheit ist, daß in gut dotierten Sparten oft Mißbrauch getrieben wird: weil genügend Geld vorhanden ist, wird auch auf jenen Teilstrecken

*chen, und wer sollte mit sowas Erfindungen machen?
Ins Stammbuch der Spielzeugindustrie: Automatik tötet im Kind das Genie!*
H.-G. Stengel

[231] Einige der im 5. Kapitel besprochenen Beispiele zeigen, wie einfach man auch heute noch zu erfinderischen Lösungen gelangen kann. Natürlich wird hier nicht der Primitivität das Wort geredet. Es geht vielmehr um eine ganz bestimmte Grundhaltung. Wer immer nur fehlende Voraussetzungen beklagt, stellt sich selbst ein Armutszeugnis aus und verzichtet auf seine eigenen Möglichkeiten.

[232] Parkinson führt den Petersdom an, der erst fertig wurde, als die Zeit der mächtigen Päpste längst vorbei war. Ludwig XIV. zog in das Versailler Schloß, als sein Stern bereits zu sinken begann. Der Buckingham-Palast in London ist bestenfalls ein prächtiges Schaustück, das mit königlicher Macht nicht das geringste zu tun hat, und der Völkerbundpalast in Genf wurde wenige Monate nach Auflösung des Völkerbundes endlich fertiggestellt.

[278] Schiller, S.: Man muß die Spitzenleistung wollen. – In: Techn. Gemeinschaft. – Berlin 28 (1980) 9. – S. 10–11

[279] Parkinson, Charles Northcote. – In: Parkinsons Gesetz. – Reinbek b. Hamburg: Rowohlt-Verlag, 1966

nicht gespart, die durchaus für einfache Lösungen infrage kämen.[231]

Grundsätzlich sollte sich jeder zunächst einmal fragen: "Was ist mit den mir zur Verfügung stehenden Mitteln zu schaffen?" Man befindet sich damit in bester Gesellschaft. Die Chemiker Liebig, Berzelius, Wöhler, Ostwald und Hahn z. B. sahen ihr wissenschaftliches Kapital nicht in den Ausrüstungen, sondern vertrauten allein ihrem Denk-, Arbeits-, Assoziations- und Improvisationsvermögen. Gerade die größten Fachleute kamen mit äußerst bescheidenen Mitteln und sehr einfachen Apparaturen aus. Der Mikrobiologe Ehrlich arbeitete mit einem Dreifuß, einem Bunsenbrenner, einem Mikroskop, einigen Chemikalien zum Anfärben und mehreren Objektträgern. Im übrigen war er fleißig. ("Ehrlich färbt am längsten.")

Für Erfinder gilt dies sinngemäß. Edisons große Ideen wurden z. T. innerhalb weniger Wochen mittels improvisierter Basteltechnologien erprobt. Mauersberger, der Vater der Malimo-Technik, baute die ersten funktionsfähigen Nähwirkmaschinen in seiner Garage aus Schrott zusammen.

Diese Beispiele werden von manchen Kritikern nicht akzeptiert. Sie spielen auf die angeblich perfekten und in jeder Hinsicht unübertroffenen Ausrüstungen moderner Institute an. Der Stellvertretende Direktor des Instituts "Manfred von Ardenne" in Dresden weist deshalb in einem Interview darauf hin, daß diese Behauptung nicht entfernt für alle Arbeitsrichtungen des Instituts zutrifft und fährt fort: "Es steckt eine tiefe Lebensweisheit in dem Sprichwort 'Ein jeder muß mit der Axt Holz hacken, die er hat.' Wer immer nur nach dem Werkzeug anderer trachtet und meint, damit gäbe es keine Probleme, verzettelt sich und fixiert technologischen Nachlauf. – Hinterherrennen ist aber immer gleichbedeutend mit Hinterhersein." [278]

Noch deutlicher wird der Volksmund: "Ein Vogel im goldenen Käfig singt nicht."

Wer noch immer zweifelt, lese bei Parkinson ([279], S. 66ff.) im Kapitel "Vorgeplante Mausoleen oder der große Verwaltungsblock" nach. Da technische, künstlerische und organisatorische Kreativität in ihrer Grundstruktur zu vergleichen sind, dürften die Beispiele überzeugend sein.[232]

Entwicklung, Expansion und erfolgreiche Arbeit sind, so schlußfolgert Parkinson, an Provisorien gebunden, die ihrer Natur nach kreativitätsfördernd wirken. Mit Einführung bester äußerer Bedingungen verschwindet jeglicher Anreiz.

Versuchen wir die sich aufdrängenden Schlußfolgerungen in die Praxis zu übertragen. Es ergeben sich einige Merksätze, die beachtet werden sollten:

– Nicht Perfektion um jeden Preis!
– Nicht so gut wie möglich, sondern so gut wie nötig!
– Improvisation ist nicht gleichbedeutend mit Pfusch.
– Wer mit wenig viel erreicht, sollte in vernünftigen Grenzen unterstützt werden.
– Wer sich grundsätzlich über ungünstige Bedingungen beklagt, ist mit ziemlicher Sicherheit nicht kreativ.
– Fehlende Ausrüstungen lassen sich für Ausreden mißbrauchen.
– Werden "fehlende Ausrüstungen" als Argument anerkannt, so braucht man mit der Arbeit gar nicht erst zu beginnen.

Ganz besonders wichtig ist die Forderung, daß einfache Lösungen unbedingt zu bevorzugen sind. Besonders jeder in der Produktion Tätige tut gut daran, bei Rationalisierungs- und Intensivierungsvorhaben entsprechend zu verfahren. Im rauhen Betrieb bleibt schließlich ohnehin nur das Einfachste übrig, falls es die Anforderungen

– bequeme Handhabung
– Betriebssicherheit
– unkomplizierte Wartung
– Sparsamkeit im Gebrauch
– Robustheit

[233] Denken wir nur an die Challenger-Katastrophe (1986). Versagt hatte damals nicht etwa die Elektronik, sondern eine gewöhnliche Gummidichtung. Deren begrenzte Kälteresistenz war zwar bekannt, aber an jenem frostigen Januarmorgen dachte die Einsatzleitung (falls überhaupt) anscheinend nur: "Wird schon gutgehen!"

[280] Karcev, Vladimir Petrovič; Chazanovski, Petr Michailovič: Warum irrten die Experten?: Unglücksfälle und Katastrophen aus der Sicht der technischen Zuverlässigkeit. – 2. Aufl. – Verlag MIR Moskau/Verlag Technik Berlin, 1984

[281] Braun, W. v.: Die Auswirkungen von Appollo 13 auf das Raumfahrtprogramm. – In: Das große Projekt. – Stuttgart: Verlag Karl Weinbrenner & Söhne, 1971

[282] Hoffmann, Klaus: Otto Hahn, Stationen aus dem Leben eines Atomforschers. – 3. Aufl. – Berlin: Neues Leben, 1981

hinlänglich erfüllt. Es gibt also einen rein praktischen Grund, zunächst einmal das Einfache zu versuchen: Komplizierteres versagt später ohnehin! Ein wichtiges Grundgesetz jeglicher technischen Entwicklung lautet: "Vom Primitiven über das Komplizierte zum Einfachen."

Der geschickte Erfinder sollte die Stufe des Komplizierten, wenn irgend möglich, von vornherein gleich auslassen. Das erfordert, wie im Abschnitt 5.2. erläutert, vor allem eine schonungslose Analyse der zu lösenden Aufgabe. Gelingt diese Analyse, so besteht die reale Chance, daß der Erfinder direkt vom Primitiven zum Einfachen gelangt. In den meisten Fällen jedoch ist das zu verbessernde technische Gebilde bereits auf der Stufe des Komplizierten angelangt. Es ist dann Aufgabe des Erfinders, nicht etwa versehentlich die Rückentwicklung zum Primitiven, sondern die Weiterentwicklung zum raffiniert Einfachen zu betreiben.

Gerade weil der moderne Mensch mit Hochtechnologien arbeitet, kommt immer mehr der Irrtum auf, alles müsse zwingend immer komplizierter werden. In vielen Fällen ist der heute erreichte Komplexitätsgrad jedoch nicht nur unangemessen hoch, sondern bereits direkt schädlich. Nach den Gesetzen der Zuverlässigkeit sind technische Gebilde hohen Komplexitätsgrades von vornherein durch höhere Versagensraten als einfachere Gebilde gekennzeichnet. Erschwerend kommt hinzu, daß bei komplizierten technischen Gebilden auf die eigentlichen Hochtechnologieabschnitte des Gesamtsystems meist extreme Sorgfalt verwendet wird, während die einfachen, gewöhnlichen Elemente des Gesamtsystems stiefmütterlich bis schlampig behandelt werden. Genau diese aber werden überdurchschnittlich oft zur Fehlerquelle.[233]

Sicherlich nicht zufällig druckte u. a. die amerikanische Fachzeitschrift "Flight Safety Bulletin" jene Grundregeln ab, die heute nach ihrem Autor gewöhnlich "Murphys Gesetze" genannt werden (nach [280], S. 101f.):

I. Ein fallengelassenes Werkzeug fällt dorthin, wo es den größten Schaden anrichtet.

II. Ein beliebiges Rohr ist nach dem Kürzen immer zu kurz.

III. Nach dem Auseinanderbauen und Zusammenbauen irgendeiner Vorrichtung bleiben immer einige Teile übrig.

IV. Die Anzahl der vorhandenen Ersatzteile ist reziprok proportional zu ihrem Bedarf.

V. Wenn irgendein Teil einer Maschine falsch eingebaut werden kann, so wird sich immer jemand finden, der dies auch tut.

VI. Alle hermetischen Verbindungen sind undicht.

VII. Bei einer beliebigen Berechnung wird die Zahl, deren Richtigkeit für alle offensichtlich ist, zur Fehlerquelle.

VIII. Die Notwendigkeit, an Konstruktionen prinzipielle Änderungen vorzunehmen, steigt stetig in dem Maße, je näher der Abschluß des Projektes heranrückt ..."

Damit ist Ed Murphy, der als Flugsicherheitsingenieur wirkte, zweifellos ein großer Wurf gelungen. Letztlich gipfeln die Murphyschen Gesetze in der Feststellung, daß alle Einrichtungen, die überhaupt versagen können, früher oder später mit absoluter Sicherheit auch versagen.

Wer diese Gesetze für eine bloße Satire hält, wird ihrer Bedeutung nicht gerecht. Dementsprechend befassen sich seriöse Fachleute, z. B. Raketenpioniere, in allen Einzelheiten mit der wichtigen Frage: "Wie schlägt man Murphys Gesetz?" ([281], S. 29)

Auch aus dieser Sicht wird verständlich, warum große Experimentierkünstler dem schnell wachsenden Instrumentenpark der Neuzeit mißtrauten und mißtrauen. So äußerte der englische Physiker Lanchester bei der Inspektion einer modernen Forschungsstätte völlig unbeeindruckt: "Viel zuviel Geräte, viel zuwenig Gehirne." (nach [282], S. 45)

8.
Zur Praxis des schöpferischen Arbeitens

Es ist wahr, alle Menschen schieben auf und bereuen den Aufschub. Ich glaube aber, auch der Tätigste findet soviel zu bereuen als der Faulste; denn wer mehr tut, sieht auch mehr und deutlicher, was hätte getan werden können.
G. Chr. Lichtenberg

Die folgenden Anmerkungen und Ratschläge sind nicht im Sinne starrer, unbedingt erfolgreicher Rezepte aufzufassen. Sie sollten vom Leser stets mit den eigenen Erfahrungen verglichen und im Bedarfsfalle modifiziert werden.

Noch vor wenigen Jahren lasen sich östlich der Elbe die einschlägigen populärwissenschaftlichen Darstellungen und Presseartikel so, als habe das schöpferische Individuum ausgedient. Das Kollektiv wurde als grundsätzlich höhere Form des Schöpferischen gefeiert, schöpferischer Individualismus als überholte und wenig effektive Verhaltensform dargestellt.

In der wissenschaftlichen Literatur zum Thema hat es derart grobe Vereinfachungen nur in den fünfziger Jahren gegeben. Im Prinzip war und ist klar, daß der schöpferische Einfall, der Startgedanke, stets im Hirn eines Individuums entsteht. Auch ist zu bedenken, daß gerade die hochschöpferischen Kollektive typischerweise aus charakterlich sehr differenzierten Persönlichkeiten bestehen. Demnach ist zunächst ganz besonders das Verhalten des Individuums zu betrachten, wenn Schlüsse auf die Funktionsweise schöpferischer Kollektive gezogen werden sollen. Dies ist um so wichtiger, als wirkliche Spitzenleistungen nur von kleinen Kollektiven erbracht werden können.[234]

Aus den genannten Gründen enthalten die folgenden Abschnitte zunächst Bemerkungen zur individuell-schöpferischen Arbeit, ehe die besonders wichtigen Schlußfolgerungen zur Frage der Bedingungen kollektiv-schöpferischer Arbeit gezogen werden können.

8.1. Individuelle schöpferische Arbeit

Das Gleiche läßt uns in Ruhe, nur der Widerspruch ist es, der uns produktiv macht.
J. P. Eckermann

[234] Wer daran zweifelt, sollte das täglich zu beobachtende Phänomen der Selbstbehinderung zu groß geratener Systeme kritisch betrachten.

[235] Schachcomputer fragen in der Eröffnungsphase und im Endspiel tatsächlich alle denkbaren Varianten ab. Während des Spiels wird dagegen zeitlich begrenzt (einstellbare Spielstärke). Demgemäß braucht der auf maximale Spielstärke eingestellte Computer für jeden Zug sehr viel Zeit.

[283] Leistungsreserve Schöpfertum. – Hrsg.: Gerhart Neuner. – 2. Aufl. – Berlin: Dietz Verlag, 1987

Aus der Sicht der Hirnphysiologie verfügt der Mensch über ein sehr effektives, zugleich aber extrem anfälliges Denksystem.

Die theoretische Verarbeitungskapazität des menschlichen Gehirns wird mit 10^9 bit/s eingeschätzt. Jedoch werden nur 10^2 bis maximal 10^3 bit/s praktisch verarbeitet. Das ist sehr viel für das lange menschliche Leben.

Zwar wird nur ein winziger Bruchteil der gewonnenen Informationen in das Langzeitgedächtnis eingespeichert, jedoch ist das eher ein Vorteil als ein Nachteil, wie z. B. der Vergleich des Menschen mit dem Schachcomputer ([283], S. 177–180) zeigt. Mensch und Schachcomputer spielen nicht das gleiche Spiel. Der Schachcomputer fragt sich selbst der Reihe nach ab, ob die ihm bekannten Züge ausgeführt werden sollten oder nicht. Der Mensch hingegen betrachtet keineswegs alle Möglichkeiten und kann den auf höhere Schwierigkeitsgrade eingestellten Schachcomputer schlagen.[235]

Der Mensch denkt im Gegensatz zum Computer strategisch; er durchmustert nur die erfolgversprechenden Züge und geht dabei zugleich intuitiv, flexibel, nach vorliegender Situation, planmäßig, exakt und ökonomisch vor. Viele Züge, die der Schachcomputer sklavisch der Reihe nach abarbeitet, interessieren den Menschen wegen vorhersehbarer Erfolglosigkeit überhaupt nicht.

Die Reaktionszeit des Menschen beträgt etwa 0,2 s. Muß zwischen zwei oder drei Möglichkeiten unterschieden werden, so dauert der Entscheidungsprozeß bereits 0,4–0,8 s. Wenn es gelänge, alle Sinnesorgane völlig ruhigzustellen, so wäre der Mensch nicht in der Lage, eine statische Umgebung überhaupt wahrzunehmen.

Waches Interesse an einer – wenn auch statischen – Umgebung führt jedoch zum "Abtastprozeß", und damit zur aktiven Auseinandersetzung mit den Phänomenen der Natur, der Technik, des täglichen Lebens. Dabei führt speziell jede Verzerrung, jede Überhöhung, jede Nicht-Übereinstimmung zur wachen (erfinderischen!) Aufmerksamkeit. Dem Leser sei empfohlen, diese Behauptung anhand von Beispielen aus dem faszinierenden Gebiet der optischen Täuschungen sowie der "unmög-

Abb. 60
Aus perspektivischen Darstellungen realer Objekte lassen sich durch Abändern einiger wesentlicher Striche unmögliche Objekte entwickeln (nach [284], S. 79)

Der Betrachter spürt sicherlich die kreativitätsfördernd-provokative Wirkung derartiger Objekte.

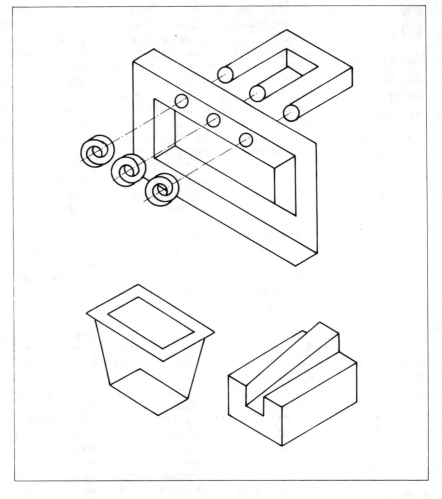

[236] Natürlich handelt es sich nicht um direkt verwendbare Ideen. Was hier spielerisch gefördert wird, ist vielmehr die für den Erfinder so notwendige geistige Lockerung. Man könnte symbolisch durchaus von einem Übergang in höhere Dimensionen sprechen.

[284] Klebe, Inge; Klebe, Joachim: Durch die Augen in den Sinn. – 2. Aufl. – Berlin: Deutscher Verlag der Wissenschaften, 1988

[285] Klingberg, F.: Vortrag auf der Herbsttagung der KDT-AGr (Z) "Rationalisierung der geistig-schöpferischen Arbeit", Leipzig, 18. 11. 1985

lichen Objekte" ([284], S. 79) nachzuprüfen.

Halten wir uns an das chinesische Sprichwort "Ein Bild sagt mehr als tausend Worte" und sehen uns einige dieser unmöglichen Objekte näher an (Abb. 60).

Dem kreativen Menschen kommen beim Betrachten solcher Bilder Assoziationen in Hülle und Fülle.[236]

Sehr wichtig sind die menschlichen Emotionen, die – je nach Qualität – hinderlich oder nützlich wirken. Im Gegensatz zum Computer arbeitet der Mensch gefühlsbeeinflußt. Grundvoraussetzung für erfolgreiches schöpferisches Arbeiten ist deshalb eine positive Grundstimmung, eine Mindestmotivation, ohne die buchstäblich nichts läuft.

Neben der Motivation kommt dem Resultat (im Sinne von Belohnung, Bestrafung, Bestätigung) zentrale Bedeutung zu. Ohne ein Mindestmaß an Übereinstimmung mit dem, was das Gehirn prognostiziert hat, bleibt das so wichtige Erfolgserlebnis aus [285].

Dementsprechend ernst sind frustrationserzeugende Faktoren zu bewerten. Niemand erträgt auf Dauer ausschließlich negative Emotionen. Etwa an diesem Punkt zeigt sich übrigens experimentell, daß gestreßte Ratten regelrecht durchdrehen.

Hingegen bewirkt die positive Emo-

[237] Die Kraft der Eigenmotivation kann so weit gehen, daß sogar alternsbedingte Prozesse überkompensiert werden. Bekannt ist, daß das Erlernen von Sprachen älteren Menschen schwerer als jüngeren fällt. Warum hat dann aber Karl Marx jenseits des fünfzigsten Lebensjahres erfolgreich Russisch gelernt? Er muß wohl über eine enorme Eigenmotivation verfügt haben, die vielen unserer für solcherlei Übungen an sich besser befähigten Schüler offensichtlich fehlt.

[286] Der lautlose Protest gegen Führungsfehler. – In: Chem. Ind. (1987) 4. – S. 86

Jedermann klagt über sein Gedächtnis, aber niemand klagt über seinen gesunden Menschenverstand.
F. la Rochefoucault

tion, der angeregte Zustand des schöpferisch wachen Geistes, daß man zufällige Ereignisse am Wege überhaupt bemerkt. Gerade wenn kein ursächlicher Zusammenhang zum Problem besteht, erzeugt das Hirn des emotional stimulierten schöpferischen Menschen auf Grund derartiger Anregungen wertvollste Assoziationen [285].

Ausgehend von der Hirnphysiologie und der Psychologie sollten folgende Gesichtspunkte zur Unterstützung des schöpferischen Arbeitens beachtet werden:

– Negativemotionen sind zu vermeiden.
– Es ist eine gewisse Sicherheit gegen unnötigen Zeitdruck zu schaffen. "Faulheit" kann gelegentlich die äußere Erscheinungsform der schöpferischen Phase sein. Hektik bedeutet nicht automatisch Schöpfertum.
– Gesetz der Interaktion: Nicht jeder kann mit jedem zu Spitzenleistungen gelangen(!)
– Eigenmotivation geht vor Fremdmotivation. Was mich selbst wirklich interessiert, bearbeite ich mit ganzer Leidenschaft. Was mir ein muffliger Chef – noch dazu ohne vernünftige Begründung – befiehlt, motiviert mich kaum.[237]
– Lob geht vor Tadel. Wird nur getadelt, so siegt die Negativ-Emotion, und die Arbeit wird praktisch eingestellt.
– Eine ausschließlich auf brave Pflichterfüllung, Ausführen von Kommandos und buchstabengetreues Nachplappern getrimmte Gruppe verfällt, Individuum für Individuum, auf den Ausweg der "inneren Kündigung". Es wird nur noch Dienst nach Vorschrift geleistet, zu allem "Ja" und "Amen" gesagt, Kompetenzen werden nicht ausgeschöpft, Gängeleien widerspruchslos hingenommen [286]. Mit dem Schöpfertum ist es unter solchen Umständen alsbald gänzlich vorbei.
– 60 Prozent positive Rückkopplung sind erforderlich. Übersteigt die Mißerfolgsrate auf Dauer 40 Prozent, so wird das schöpferische Interesse lahmgelegt (das heißt nicht, der Naturwissenschaftler müsse/dürfe Versuchsergebnisse im Interesse seiner zarten Seele "hinbiegen"!).
– Es ist ein minimaler positiver Tonus der Emotionen zu schaffen. Wer einfach nur meckert, ohne Auswege zu zeigen, vergiftet das schöpferische Klima.
– Mehr als 45 Minuten ununterbrochenes Informationsbombardement hält kein Mensch aus. Wechsel zwischen aktiver und passiver geistiger Tätigkeit ist dringend anzuraten. Lieber denken als nur lesen/hören! Referent, werde wesentlich!
– Entspannungsübungen (z. B. Yoga, Sen-Meditation, konzentrative Selbstentspannung) sind kein Firlefanz für Spinner. Schöpferische Unruhe ist notwendig, sie sollte aber nicht mit ständiger innerer Spannung verwechselt werden.
– Erwartungshaltungen sollten realistisch sein. Wer heute über Dinge nachdenkt, die in zweihundert Jahren realisiert werden könnten, ist vielleicht ein Genie, sehr wahrscheinlich aber kein erfolgreicher Erfinder.

8.1.1. Ideenkartei, Zettelkasten, methodisch-fachliche Anregungen

Viele Menschen klagen über ein schlechtes Gedächtnis. Sie benutzen ihre unzureichenden Gedächtnisleistungen als Entschuldigung für alles Mögliche, auch für kümmerliche Arbeitsergebnisse. Die Ausrede ist bequem – vor allem zeigt sie die Unkenntnis der Zusammenhänge zwischen Intellekt und Gedächtnis.

Bei vergleichbarer Intelligenz ist die Fähigkeit, sich etwas merken zu können, recht unterschiedlich entwickelt. Früher wurde angenommen, man vergesse allmählich die Fakten. Heute gilt als erwiesen, daß nur wenige der im Laufe des menschlichen Lebens gespeicherten Informationen endgültig ins

[238] Die Gedächtniskapazität des menschlichen Gehirns ist, was die Schaltmöglichkeiten betrifft, an sich sogar unbegrenzt. Allerdings ist es nicht entfernt möglich, davon Gebrauch zu machen. Selbst bescheidene Erfolge bei der tatsächlichen Verbesserung der Gehirnleistung sind deshalb von enormer praktischer Bedeutung.

Meer des Vergessen tröpfeln. Dagegen wird vermutet, daß die Informationen in hierarchisch geordneten Speichern "abgelegt" werden. Das Speichersystem selbst wählt aus, es siebt die Informationen. Die für das Individuum wichtigsten Informationen bleiben stets verfügbar, d. h., sie werden vom unmittelbar Bewußten nicht nach unten weitergegeben. Die meisten Informationen jedoch geraten in Sekundärspeicher und schließlich in Speicher, die so weit entfernt sind, daß die Informationen als vergessen gelten – bis eine zufällig auftauchende oder absichtlich hergestellte sinnhaltige Verbindung sie wieder erweckt.

Informationen werden demnach sehr konsequent abgelegt. Es ergibt sich eine wesentliche Schlußfolgerung. Entgegen der landläufigen Auffassung ist das Vergessen keine leistungsmindernde, sondern eine eher leistungssteigernde Fähigkeit des Menschen. Sie erlaubt für das eigentliche Denken Platz zu machen, nicht Aktuelles beiseite zu schieben und sich auf das Wesentliche zu konzentrieren [287].

Natürlich hat dieses zeitweilige Verschwinden der Informationen auch eine sehr negative Seite. Schließlich können wir auf eine Fülle von Fakten beim geistigen Arbeiten ganz einfach nicht verzichten. Es gibt deshalb verschiedene Methoden, die diesen Umstand einkalkulieren. Betrachten wir zunächst die *Mnemotechnik*. Das Prinzip geht davon aus, daß wir das unmittelbar Bewußte beeinflussen können. Schafft man künstliche Primärspeicher in Form von Bedeutungsnetzen, so fängt sich die in einem Sekundärspeicher zwischenzeitlich verschwundene Information.

Allgemein bekannt ist die Methode der "Eselsbrücke". Je unsinniger eine Eselsbrücke sprachlich und sachlich ist, desto sicherer läßt sich mit ihrer Hilfe die gewünschte Information wieder auffinden. Diese zunächst merkwürdige Beobachtung zeigt, wie inaktiv und leer Teile unserer Großhirnrinde sind. Das menschliche Gehirn hat genügend Platz und Kraft, sich nebenbei mit allerlei Spielereien, so auch mit absurd konstruierten Eselsbrücken, zu befassen. Von Überlastung, das haben die Untersuchungen der Physiologen inzwischen klargestellt, kann bei vernünftiger Organisation der geistigen Arbeit nicht die Rede sein.[238]

Nicht unterschätzt werden sollte, daß ein trainiertes Gedächtnis bei guten intellektuellen Fähigkeiten und hoher persönlicher Motivation die geistige Leistung enorm steigern kann. Dementsprechend preisen viele Bücher das Gedächtnistraining als Schlüssel zum Erfolg. Jedoch nützt einem Nur-Gedächtniskünstler seine einseitig entwickelte Fähigkeit kaum etwas, weil beziehungslos nebeneinanderstehende Fakten und Zahlen ohne Assoziationenen im schöpferischen Sinne eben nicht zu gebrauchen sind.

Eine völlig andere Methode findet sich mit der Vergeßlichkeit ab. Für unser spezielles Thema sind überwiegend nicht die bekannten Fakten, sondern gerade die oft blitzartig auftauchenden neuen Ideen wichtig. Für sie gelten analoge Gesichtspunkte: Trainierte Kreative prägen sich ihre Gedankenblitze ebenso ein, als handele es sich um gängige Fakten. Dieser Menschentyp ist aber vergleichsweise selten. Die Gefahr, daß wertvolle Ideen sofort wieder vergessen werden, ist außerdem ganz einfach zu groß. Der bildhafte Ausdruck "flüchtiger Gedanke" bezeichnet die Situation treffend.

Wer sich deshalb mit der Mnemotechnik (hier: zum Bewahren eigener Ideen) nicht anfreunden will, lege sich unbedingt eine *Ideenkartei* an. Im Prinzip genügt es zunächst, alle Ideen und zufällig auftauchenden Gedankensplitter sofort aufzuschreiben, unabhängig davon, wann und unter welchen Umständen sie auftauchen. Wer sich dazu erzieht, erspart sich das dumme Gefühl, am nächsten Morgen sagen zu müssen: "Gestern habe ich es aber noch gewußt" oder "Beinahe hätte ich es gepackt".

Der kreative Mensch interessiert sich

[287] Gutzer, Hannes; Pauer, Hans-Dieter: Keine Zeit, keine Zeit. – Berlin: Neues Leben, 1979. – (nl-konkret; 41)

[239] Auch für die letzte – gewissermaßen publizistische – Stufe der Arbeit kann ein Zettelkasten nützlich sein. Besonders treffende Formulierungen fallen einem erfahrungsgemäß nicht auf Kommando ein. Man entlastet sich also, indem man ständig – per Ideenkartei – an einer Sache arbeitet. Diese Feststellung klingt widersprüchlich, sie ist es aber nicht. Bei Geübteren verläuft der Prozeß alsbald im Unterbewußten. Spätestens dann wird eine solche Arbeitsweise nicht mehr als belastend empfunden.

[288] Al'tov, Genrich: I tut pojavil'sja izobretatel'. – Moskva: Detskaja Literatura, 1984. – ("G. Altov" ist das Pseudonym von G. S. Al'tšuler; er verwendet es für seine populärwissenschaftlichen und belletristischen Arbeiten)

tatsächlich für viele Probleme und behauptet dies nicht nur öffentlich. Da man das Gehirn aber nicht beliebig ein- oder ausschalten kann, kommen die guten Einfälle oft genug zu den unmöglichsten Zeitpunkten und an den seltsamsten Orten. Wer das akzeptiert, richtet sich entsprechend ein, wobei es auf die Form nicht im geringsten ankommt. Die Rohfassung einer Idee, oft völlig unausgegoren, kaum als Gedankensplitter zu bezeichnen, landet so nicht selten auf einem Packpapierfetzen oder einem Zeitungsrand.

Die nächste Stufe sollte das Übertragen der dabei bereits etwas präziser zu formulierenden Ideen auf möglichst etwa gleichgroße *Zettel* sein. Pro Zettel sollte nur eine Idee notiert werden. Wichtig ist, daß sofort alle Assoziationen, die dem Erfinder zum Thema einfallen, mit vermerkt werden. Durch Querverweise und Numerierung der Zettel lassen sich die besonders wertvollen Verknüpfungen zu anderen Ideen herstellen und sicher bewahren.[239]

Zweckmäßig ist auch das Sammeln von Zeitungs- und Zeitschriftennotizen, die zu Ideenassoziationen geführt haben. Hier ist es nicht die anscheinend aus heiterem Himmel kommende Idee, sondern die durch Induktion entstandene Gedankenverknüpfung, die unser Interesse erweckt. Auf jeden Fall ist die Art der Assoziation sofort mit zu vermerken. Die bei derartigen Notizen manchmal fachlich schiefe Art der Darstellung ist nicht unbedingt nachteilig. Man wird, falls man die sich ergebende Assoziation für wichtig hält, zu einem entsprechend sorgfältigen Quellenstudium veranlaßt, auf das man sonst vielleicht verzichtet hätte.

Eine solche Ideensammlung, gleich welcher Art, ist zunächst weitgehend ungeordnet. Dies ist kein Nachteil. Der geübte Erfinder arbeitet ohnehin gleichzeitig an mehreren Vorhaben. Damit wird Leerlauf vermieden, denn manchmal bleiben eben die Ideen aus, was dadurch kompensiert wird, daß sie gerade dann auf einem ganz anderen

Gebiet um so reichlicher zu sprudeln beginnen.

Es fällt bei dieser Arbeitsweise nicht schwer, in gewissen Zeitabständen die für ein bestimmtes Problem wichtigen Zettel auszusondern und in thematische Arbeitsmappen einzuordnen. Andere schwören darauf, den Gesamtfundus von Zeit zu Zeit zu sichten und allmählich ein Ordnungssystem zu schaffen. Zweckmäßigerweise werden die Zettel auf A-4-Bogen geklebt, die man mit möglichst einprägsamen Oberbegriffen kennzeichnet. Die Bogen sollten nur einseitig beklebt und nicht zusammengeheftet werden. Blättern ist beim Assoziieren nicht so erfolgreich wie beispielsweise das Betrachten vieler nebeneinanderliegender Bogen.

Hauptsorge muß sein, daß bei dieser Gelegenheit vor allem Verknüpfungspunkte und Querverweise ständig ausgebaut und ergänzt werden. So entstehen erfinderisch direkt nutzbare Assoziationsnetze.

Besonders deutlich lassen sich die eigenen Ideen zum Stand der Technik in Beziehung setzen, wenn ähnliche oder fachlich eng verwandte Literaturangaben, die bereits realisierte Lösungen beschreiben, mit in das Ordnungssystem einbezogen werden. So kann die individuelle Beispielsammlung zu den Al'tšullerschen Prinzipien in geeigneter Weise mit den eigenen neuen Ideen durchsetzt und in Beziehung gebracht werden. Sehr empfehlenswert ist eine ebenso methodisch wie fachlich ausgerichtete *Parallelarbeitsweise*. Al'tšuller hat in den vergangenen drei Jahrzehnten sein System ARIS mehrfach überarbeitet und aktualisiert. In der jetzt im wesentlichen noch aktuellen Fassung [76, 288] treten neben den Prinzipien zum Lösen technischer Widersprüche immer mehr die physikalischen Effekte, die Standards zum Lösen von Erfindungsaufgaben und die praktischen Schlußfolgerungen aus der Stoff-Feld-Betrachtungsweise in den Vordergrund. Gleiches gilt für die Entwicklungsgesetze der Technik. Auf diesem Gebiet hat ne-

[240] Man vergewissert sich auf diese Weise abermals, daß es für eine praktisch unbegrenzte Zahl von erfinderischen Aufgaben tatsächlich nur eine begrenzte Zahl immer wiederkehrender Lösungsprinzipien gibt. Das motiviert, rückt aber andererseits die Ergebnisse der eigenen Bemühungen in die richtigen Relationen. Vor allem aber lernt der Erfinder, das Niveau seiner eigenen Ideen zu bewerten und damit auch die mögliche Schutzwürdigkeit einzuschätzen.

ben Al'tšuller vor allem Polovinkin [289] methodisch wichtige Arbeiten geliefert.

Dem Erfinder kann aus eigener Erfahrung empfohlen werden, alle während der zunächst rein fachlichen Arbeit gesammelten Literaturbeispiele (und die sich daraus ergebenden Assoziationen) sofort mit entsprechenden methodischen Randbemerkungen zu versehen. Umgekehrt ist mit an sich fachfremden Beispielen zu verfahren, die ursprünglich unter rein methodischen Aspekten gesammelt wurden. Oft ergeben sich fachlich interessante Anregungen (z. B. sind Analogien unter methodischen Aspekten viel leichter als bei ausschließlich fachlich orientierter Arbeitsweise zugänglich).

Diese fachlich-methodisch angelegte "Hin-und-Her"-Arbeitsweise hat einen weiteren Vorteil. Der Erfinder lernt, seine Chancen zur Frage der Erfindungshöhe rechtzeitig, noch in der Phase der Ideenbearbeitung, realistisch abzuschätzen. Besonderen Wert erhält eine solche kombinierte Sammlung, wenn sie nicht nur auf der Fachliteratur beruht, sondern auch andere Quellen berücksichtigt (Fernsehen, Trivialliteratur) und überdies auch technikfremde Gebiete (Belletristik, Karikaturistik, bildende und angewandte Kunst) umfaßt.[240]

Die Leute, die niemals Zeit haben, tun am wenigsten.
G. Chr. Lichtenberg

8.1.2. Keine Zeit, keine Zeit?

Beim harmlosen Leser der Tagespresse wird gewöhnlich der Eindruck erweckt, es werde nur im Bereich der Forschung pausenlos gedacht, entwickelt, erfunden, konstruiert und überführt.

Kaum behandelt werden hingegen die Anforderungen, welche mit der gleichen Zielrichtung auch an fast alle anderen in einer beliebigen Wirtschaftseinheit tätigen Ingenieure und Naturwissenschaftler gestellt werden müßten. In Japan sieht die Sache deutlich anders aus: dort werden nicht – wie bis 1990 in der DDR – die jährlichen Patentanmeldungen pro 100 in Forschung und Entwicklung tätiger Hoch- und Fachschulkräfte gezählt, sondern es wird konsequenterweise der erfinderisch aktive Prozentsatz aller im Unternehmen tätigen Ingenieure und Naturwissenschaftler bewertet. Das liegt ganz einfach daran, daß im Prinzip von allen – unabhängig von ihrer strukturellen Zuordnung – Erfindungen verlangt werden, was für ein leistungsorientiertes Industrieland recht und billig ist und dringend übertragen werden sollte.

Natürlich nützt eine einfache Forderung dieser Art wenig, wenn die Angesprochenen nicht befähigt und/oder nicht motivierbar sind. Die Befähigung ist dabei noch der harmlosere Punkt: Viele sind durchaus befähigt, andere können – z. B. im Rahmen von Erfinderschulen oder durch methodische Literatur – befähigt werden. Das eigentliche Problem ist die z. Z. noch immer mangelnde Eigenmotivation. Beliebt ist vor allem die Ausrede "Keine Zeit", die von unten nach oben wie von oben nach unten fast durchgängig üblich ist.

Da Erfinden nicht mit der Patentschrift endet, sondern nur überführte Erfindungen volkswirtschaftlich interessant sind, sieht sich der aktive Erfinder auch heute noch subjektiven Hemmnissen gegenüber, die sich in einer nur wenig überspitzt formulierten Arbeit von H. Berlin so lesen: "Am Nachmittag sprach der Abteilungsleiter mit Thomas E. 'Ich weiß zwar noch nicht, was Sie erfunden haben, aber ich weiß genau, daß die anderen Kollegen in erster Linie die an unsere Abteilung gestellten Anforderungen erfüllen. Ich als Leiter habe da auch keine Zeit mehr, um etwas zu erfinden. Ich möchte Ihnen auch nicht vorenthalten, daß bei der derzeitigen Plansituation vermutlich nicht jeder Kollege bereitwillig an einer eventuellen Realisierung Ihrer Erfindung mitarbeiten wird. Denn alle haben vollauf mit dem wissen-

[289] Polovinkin, A. I.: Zakony stroienija i razvitija techniki. – Volgograd: Volgogradskij politechničeskij institut, 1985. – (s. a. kommentierte Kurzfassung in deutscher Sprache von D. Herrig: Gesetze des Aufbaus und der Entwicklung der Technik (Erfahrungen sowjetischer Erfindungsmethodiker). – Hrsg.: Bezirksneuererzentrum Schwerin und Bezirks-Nervenklinik Schwerin. – H. 1, 1989)

[241] Unter marktwirtschaftlichen Bedingungen ist die Situation durchaus nicht prinzipiell anders. Der Neid ist und bleibt eine Negativ-Triebkraft, besonders dann, wenn viele Nichtkreative mit wenigen Kreativen zusammenarbeiten.

[242] Wer den Terminus "Arbeitsproduktivität" nur auf die manuellen Tätigkeiten bezieht, übersieht dabei, daß die Folgen einer kümmerlich organisierten geistigen Arbeit weit schwerer wiegen als augenblickliche Organisationsmängel bei der Ausführung manueller Tätigkeiten.

[290] Berlin, H.: Erfinderlohn. – In: Techn. Gemeinschaft. – Berlin 26 (1978) 6. – S. 47

[291] Heyde, E. – In: Jugend u. Technik. – Berlin 28 (1980) 3. – S. 227

[292] Peter, Lawrence J.; Hull, Raymond: Das Peter-Prinzip oder die Hierarchie der Unfähigen. – Reinbek b. Hamburg: Rowohlt-Verlag, 1972

schaftlich-technischen Fortschritt zu tun. Auch fiel das Wort Patentjäger...'" ([290], S. 47) Eine solche Haltung nimmt natürlich auf die Dauer auch dem zähesten Optimisten jegliche Freude an der Arbeit.[241]

Noch schwieriger steht es um den entgegengesetzten Fall. Setzen wir voraus, der Leiter sehe die Notwendigkeit technologiestabilisierender Erfindungen ein, handele entsprechend als aktiver Erfinder, sei dazu anerkanntermaßen befähigt, strahle Vorbildwirkung aus und verlange vergleichbare Leistungen von seinen Mitarbeitern. Im Regelfalle bekommt er dann zu hören:

– Es ist unmöglich, zusätzlich zu den Tagesproblemen erfinderische Aufgaben anzupacken. Die tägliche operative Hektik macht mich fertig. Bleibt einmal etwas Zeit übrig, so kann ich sie nicht mehr sinnvoll nutzen, weil meine Nerven durchgefeilt sind.
– Die organisatorischen Aufgaben erdrücken mich. Die Papierflut schwillt an, sie muß aber bewältigt werden – und an wem bleibt es schließlich hängen?
– Ich sitze in der Zeitfalle. Ich bin doch verpflichtet, jedermann jederzeit anzuhören. Es gelingt mir nicht, diejenigen, die von mir etwas erwarten, einfach abzuwimmeln. Hinzu kommen Sitzungen, die schließlich auch besucht werden müssen.
– Sagen Sie mir doch, was ich zuerst machen soll! Ich würde ja auch ganz gern erfinden, aber die Tagesarbeit muß schließlich erledigt werden. Beides zusammen geht ganz einfach nicht.

Neben zutreffenden, mindestens aber verständlichen Gesichtspunkten enthält diese unvollständige Aufzählung Ausreden und Scheinargumente.

Es ist deshalb erforderlich, zunächst einmal sich selbst gegenüber völlig ehrlich zu sein. Es nützt wenig, alle Fehler nur bei "den anderen" oder "der Bürokratie" zu suchen. Heyde schreibt dazu unmißverständlich: "Viele sind versucht, dem Argument 'keine Zeit' den Mantel der Objektivität, der Unabänderlichkeit umzuhängen und damit ihre Schwächen zuzudecken. Keine Zeit haben die meisten Leute vor allem für solche Dinge, die sie weniger gern tun." ([291], S. 227)

Diese nicht sehr bequeme Aussage ist mit alarmierenden Zahlen belegt. Für die wenigen wirklich wichtigen Aufgaben und Probleme verwenden wir etwa 20 Prozent unserer Zeit, wobei bis zu 80 Prozent aller Ergebnisse(!) erzielt werden. Die vielen mehr oder minder nebensächlichen Dinge schlucken dagegen etwa 80 Prozent unserer kostbaren Zeit, woraus aber nur etwa 20 Prozent aller Ergebnisse resultieren [291]. Wesentliche Abschnitte unseres Arbeitslebens werden demnach regelrecht vertrödelt. Die angeführten Zahlen belegen, was an entscheidenden Potenzen noch immer verlorengeht.[242]

Peter spricht im Zusammenhang mit jenen, bei denen die Arbeitszeitverteilung noch ungünstiger ausfällt, zutreffend von "Nebensächlichkeitsspezialisten". ("Kümmere Dich um die Maulwurfshügel, die Berge sorgen für sich selbst." [292], S. 95)

Natürlich hat das Vertrödeln der Arbeitszeit auch eine "halbobjektive" Seite. Nicht immer genügt es, sich an die eigene Nase zu fassen und einfach weniger herumzutrödeln.

Keiner arbeitet heute mehr auf einsamer Insel, wir sind alle in hierarchische Systeme eingebaut, und diese unterliegen nach den Untersuchungen des genialen Parkinson [279] weltweit eben leider jenem berühmten Gesetz exzessiver Wucherung. Besonders verdrießlich ist, daß der output sich inzwischen nicht mehr unabhängig, sondern anscheinend reziprok proportional zum Systemaufwand verhält.

Dabei schwillt die für den Kreativen besonders lästige Personalflut ausgerechnet im Bereich jener Posten an, die hauptberuflich Papier anfordern, es "verdichten", hin- und herschieben, neu zusammenstellen und/oder umschaufeln. In der Praxis bleibt offen, ob das

[243] Vorliegender Abschnitt 8.1.2. wurde bereits 1988 geschrieben. Er schildert jene ziemlich schizophrene Situation des Kreativen unter den damals in der DDR herrschenden Bedingungen, die eine Art innerer Emigration (gekoppelt mit deutlich Švejk'schen Verhaltenselementen) erforderlich machten. Jedoch meine ich heute (Februar 1990), daß vieles davon leider weltweit Gültigkeit hat und das beschriebene Spannungsfeld Bürokratie – Kreativität nicht an ein bestimmtes Land und eine bestimmte Zeit gebunden ist.

routinemäßig in diesen Zyklus gestopfte Papier zu irgendetwas nütze ist. Auch hat diese Frage für das Funktionieren eines solchen Systems keinerlei Bedeutung.[243]

Allerdings bleibt gerade deshalb dem geschickten Praktiker, der sich seine Kreativität bewahren will, noch immer Zeit für sinnvolle Arbeit. Er muß nur – möglichst unauffällig – im Windschatten der heftig ratternden Leerlaufmaschinerie operieren. Das Verfahren versagt nur dann, wenn der kreative Praktiker allzu offen seine Verachtung für das Leerlaufsystem zeigt. Besser ist, das von den Formalisten verlangte Formale zum Schein eifrig und brav abzuarbeiten und das Papierumwälzsystem immer hübsch pünktlich zu füttern. Der routinierte Praktiker kann das, ohne sich nennenswert zu verausgaben. Jede andere Arbeitsweise wäre völlig aussichtslos, denn Nur-Bürokraten halten ja gerade das, was sie zu tun vorgeben, für die eigentliche Arbeit, und sie empfinden heftigen Abscheu gegenüber jenen, die sich mit konkreten Problemen befassen bzw. sie mit gegenständlicher Arbeit zu belästigen versuchen.

Da die produktiven Praktiker sehr wohl wissen, wer für alle arbeitet, fällt es den Unerfahrenen unter ihnen zunächst schwer, die Interessen der Gesellschaft (die sich im vorliegenden Falle weitgehend mit den eigenen decken) nicht offiziell, sondern nur mit Tricks und Finten sichern zu können. Mit wachsender Erfahrung bauen sie indessen diese inverse Arbeitsweise unter gewissermaßen sportlichen Aspekten zu einem einwandfrei funktionierenden System aus.

Hier schließt sich der Kreis: das alles funktioniert wegen der lähmenden Wirkung wuchernder Systeme nur bei stärkster Eigenmotivation, und die kann nicht befohlen werden. Nur jene Kollektive arbeiten wirklich schöpferisch, in denen jedes Mitglied über eine starke Eigenmotivation verfügt, oder in denen es ein Mitglied versteht, alle anderen dauerhaft zu motivieren: die Arbeit muß spannend sein, und sie sollte unbedingt Spaß machen (was unsinnige Papierspielereien in den eigenen Reihen ausschließt). Ferner sollte die – ideelle und materielle – persönliche Motivation mit der tiefen Überzeugung vom besonderen Eigenwert schöpferischer Tätigkeit einhergehen.

Unter solchen Voraussetzungen ist das vermeintlich teuflische Problem tatsächlich lösbar: "Zeit ist kein Problem. Das Problem ist, was wir mit der Zeit anfangen." ([61], S. 14)

Ein Gesetz des Komischen: Vereinigt werden muß, was gewöhnlich voneinander getrennt ist.
A. Kitaigorodskij

8.1.3. Humor, Phantastik, spielerisches Denken

Wenig untersucht sind bisher die Wechselbeziehungen zwischen *Humor und Schöpfertum*. Auffällig ist, daß humorlose Menschen im allgemeinen weder auf technischem noch auf künstlerischem Gebiet Erfolg haben. (Erfolg im Sinne des Hervorbringens schöpferischer Leistungen; äußerer Glanz, Titel, Orden, Ehrenzeichen und Karriere werden in diesem Buch nicht behandelt.) Demnach scheint Kreativität eine Eigenschaft zu sein, die – unabhängig vom Betätigungsfeld – eng mit dem Humor zusammenhängt.

Leider finden wir dazu kaum Veröffentlichungen, obwohl zahlreiche Beispiele (Karikaturen, Satiren und phantastische Erzählungen) den engen Zusammenhang für jedermann sichtbar belegen.

Vielleicht wagen sich deshalb so wenige Autoren an das Thema, weil es als "unwissenschaftlich", "eines Wissenschaftlers nicht würdig", "unseriös" gilt. Noch immer hat eben Lichtenbergs Sentenz Gültigkeit: "Es gibt Leute, die glauben, alles wäre venünftig, was man mit einem ernsthaften Gesicht tut." Solche Leute glauben wohl zugleich, alles, was man mit einem heiteren Gesicht tut, sei irgendwie verdächtig.

Wir finden bereits beim unbefangenen Überlegen eine Reihe von Merkma-

[244] So verurteilte ein britischer Richter einen Liebhaber der Antike, der das Nummernschild seines Autos mit römischen Ziffern beschriftet hatte; Begründung: Derartige Nummernschilder haben seit dem Rückzug der Römer aus Großbritannien im 5. Jahrhundert keine Gültigkeit mehr [293]. Das Beispiel spricht für sich. Es kann nicht nur als Beleg für Anachronismen gelten, sondern gleichermaßen für Doppelsinnigkeiten. Die doppelsinnige Denkweise zeichnet den Erfinder wie den Satiriker aus. Gleiches gilt für die Bevorzugung paradox anmutender Formulierungen, deren Wert für den Kreativen nicht hoch genug eingeschätzt werden kann.

Abb. 61
G. S. Al'tšullers Prinzip "Abtrennen" aus der Sicht des Karikaturisten E. Schmitt (aus [134]) Originalunterschrift: "Nein, das ist nicht meine eigene Stimme. Ist das vielleicht Ihre eigene Frau? Na also!"

[293] Was sonst noch passierte. – In: Neues Deutschland. – Berlin, 10. 2. 1983, S. 5

len, die dem humorvollen Menschen wie dem Kreativen gleichermaßen eigen sind. In beiden Fällen werden häufig inverse Denkmethoden angewandt. Es wird das Gegenteil dessen gedacht und getan, was allgemein üblich ist. Vermeintlich nicht Verknüpfbares wird miteinander in Verbindung gebracht; Paradoxa werden unumstößlichen Wahrheiten gleichgestellt bzw., es wird eine Kombination aus abstrusen und realen Elementen hergestellt. Dies betrifft nicht nur technische, sondern auch zeitliche Zusammenhänge (die sog. Anachronismen).[244]

Schließlich sei an das Al'tšuller-Prinzip "Umwandeln des Schädlichen in Nützliches" erinnert. Der Erfinder untersucht einen beliebig negativen (d. h. technisch völlig unbefriedigenden) Sachverhalt so lange, bis sich ein positiver und somit verwertbarer Aspekt findet. Der Erfinder kann deshalb aus einer noch so verfahrenen, anscheinend aussichtslos verpfuschten Technologie den Ausweg zeigen. Analog verfährt der Humorist, insbesondere der Satiriker. Jede Katastrophe wird so lange hin- und hergewendet, bis sie ihre komische Seite offenbart. Auf dieser Arbeitsweise basiert die Tragikomödie.

Für falsch halte ich die Auffassung, daß der Humor keine unbedingt notwendige Voraussetzung für schöpferisches Denken sei. Viel eher ist anzunehmen, daß er unbedingter Bestandteil schöpferischer Denkstrukturen ist. Wenn bei einigen Kreativen die Ausdrucksformen des Humors fehlen, so hat dies möglicherweise seine Ursachen in Ausbildung, Erziehung und Milieu. Vielleicht sind es auch Hemmungen, charakterliche Eigenheiten oder taktische Gesichtspunkte, die solche Menschen daran hindern, ihren Humor zu zeigen. Es ist eben nicht ganz leicht, ständig bierernste, dackelfaltige Gesichter um sich zu sehen und dabei seinen Humor zu bewahren. So kommt es, daß sich auch ausgesprochen humorvolle Menschen äußerlich anpassen. Unzweifelhaft hat es dann den Anschein, sie seien humorlos – aber das ist nur äußerlich, denn zum erfolgreichen Denken kann niemand auf den Humor verzichten.

Ein bekannter Arzt hat sich in sehr origineller Weise mit den Parallelen zwischen Schöpfertum und Humor auseinandergesetzt und seine Gedanken an den Gemeinsamkeiten des schöpferisch denkenden und handelnden Arztes sowie des Humoristen erläutert: "Bekanntlich stellt der Arzt zunächst die Diagnose des Ungesunden, Abwegigen, Fehlerhaften, d. h., er gelangt zu einer Erkenntnisbildung über die abwegigen Erscheinungen. Sodann setzt er die Therapie ein. Mit ihr versucht er, Abhilfe zu schaffen und Maßnahmen für die Eliminierung des Ungesunden einzuleiten, um den normalen Zustand möglichst wieder herbeizuführen. Ganz ähnlich ist das Vorgehen des Humoristen. Auch für ihn ist die 'diagnostische' Erkennung des Fehlerhaften im Verhalten die wichtigste Voraussetzung für seine Motivation. Dann folgt die 'Therapie', die in einer humorvollen Aussage besteht und ebenso wie das Bemühen

Abb. 62
Kombinationen, bei denen die Einzelfunktionen weniger gut als zuvor ausgeführt werden, taugen nichts (aus [134], E. Schmitt; s. a. Abschnitt 5.4., Prinzip "Kombination")
Originalunterschrift: "Was denn – und mit dem linken Bein können Sie gar nichts?"

[245] Setzen wir statt "ungesund, abwegig, fehlerhaft, Diagnose, Therapie" die für den technischen Erfinder analogen Bezeichnungen "Mängel der bekannten technischen Lösungen, Vorliegen technischer Widersprüche, heuristische Prinzipien zum Lösen dieser Widersprüche", so wird die enge Verwandtschaft zwischen Kreativen unterschiedlichster Berufe deutlich.

Abb. 63
Assoziationen eines Tiefseeforschers (aus [134], E. Schmitt)
Originalunterschrift: "Ach, ich habe ja ganz vergessen, meiner Wirtin eine Geburtstagskarte zu schreiben."

[246] Der qualifizierte Handwerker verzichtet im allgemeinen auf Kombinationswerkzeuge, weil es praktisch keine gibt, die die Einzelfunktionen besser als die jeweiligen Spezialwerkzeuge ausführen können.

[294] Bienengräber, A.: Húmor und Humór. – In: Dt. Gesundheitswesen. – Berlin 33 (1978) 31. – S. IX

des Arztes zur Abhilfe des Abwegigen beitragen soll ..." ([294], S. IX)[245]

Besonders deutliche Querverbindungen zwischen technischem Schöpfertum und Humor finden sich beim Betrachten von Karikaturen. Dies geht so weit, daß man unverfälscht die Al'tšullerschen Prinzipien zum Lösen technischer Widersprüche erkennt. Beispielsweise haben wir es bei Schmitts tonbandbewaffnetem Gondoliere mit einem ebenso pikanten wie allgemeinverständlichen Beispiel für Al'tšullers Prinzip 2 "Abtrennen" zu tun (Abb. 61).

Wie unzweckmäßig zusammengeschusterte Kombinationen ohne zusätzlichen Effekt sind, zeigt Abbildung 62. Der Impresario trifft den Kern der Sache: Ein solcher Entertainer ist wohl weder als Mundharmonikaspieler noch als Gitarrist überragend. Auch darf man vermuten, daß der Synthesizer mit dem rechten Fuß nicht gerade virtuos bedient werden kann. Der Impresario hat aus seiner Sicht völlig recht: zu bemängeln ist, daß der Virtuose mit dem linken Bein gar nichts macht. Eine unbefriedigende Kombination verleitet eben dazu, noch mehr Kombinationselemente im Sinne einer bloßen (nicht schutzfähigen!) Aggregation aufzupfropfen – ohne die Sache damit prinzipiell zu verbessern.[246]

Noch wertvoller als technisch konkrete Lehrbeispiele sind prinzipiell-methodische Karikaturen. Auf Lengrens "belle époque" sind wir bereits eingegangen (Abb. 28). Auch zum Thema Assoziation sagt eine Karikatur mehr als langatmige Erklärungen (Abb. 63).

Neben den hauptberuflichen Karikaturisten gibt es genügend Hobby-Spaßvögel, die unsere These vom engen Zusammenhang zwischen Humor und Kreativität ebenfalls belegen. In vielen Konstruktionsbüros hängen Zeichnungen, deren Autoren meist nicht mehr zu ermitteln sind. Solche Zeichnungen werden immer wieder vervielfältigt und dabei gelegentlich variiert.

Als Beispiel dieser Art soll Abbildung 64 dienen. Illustriert wird jenes für den Erfinder wichtige Grenzgebiet zwischen Blödelei, technischer Abstrusität, hintergründigem Humor und beinahe ernsthaften Sonderkonstruktionen.[247]

Besondere Anregungen liefert dem

Abb. 64
Spezialschrauben für Fertigung und Montage

Ein Blödel-Standard, der technischen Nonsens behandelt und von kreativen Köpfen vielleicht gerade deshalb als anregend empfunden wird.

[247] Übrigens kann man für einen nicht alltäglichen Kreativitätstest solche Zeichnungen auch mit der Werkspost verschicken. Zweckmäßig ist von zuvor instruierten Beobachtern die Reaktion des Empfängers zu prüfen. Vom tiefsinnigen Anstarren des Standards bis zum empörten Protestgemurmel sind sämtliche Reaktionen möglich. Auch das ungerührt-kommentarlose Abheften in der Mappe mit den allgemeinen technischen Standards wurde bereits beobachtet.

Deskriptoren: mechanical technology & joke	Spezialschrauben für Fertigung und Montage	$\widehat{TGL}$ 0-816 gültig ab 1.4.1991
für versetzt gebohrte Löcher (winkliger Einachser)	einseitig fehlt Platz für den Schraubenkopf	für schräg gebohrte und innen rundum angepaßte Löcher (winkliger Zweiachser)
Spezialanfertigung für doppelt gebohrte Löcher (Binokel)	für Löcher, die von unten nach oben angesenkt wurden	für einseitig schräg gebohrte Löcher (Spezialvariante mit Kugelgelenk-Kopf)
für zu große Löcher	Teleskop-Schraube (es bestehen Zweifel über die erforderliche Länge)	für innen angesenkte Löcher (mit dekorativem Schlitz-Blendkopf)
 Bohrschraube für Löcher, die in der Planungsphase stecken geblieben sind		Doppelkopf-Schraube für schwergängige Gewinde (Zweischlüsselverfahren)

Kreativen die *phantastische Literatur*. Der Nutzen ist dabei nicht vordergründig in unmittelbar verwertbaren technischen Lösungen zu sehen, sondern in einer gedanklichen Lockerung. Gefördert wird eine Betrachtungsweise, die

[248] Die zitierte Literatur ist schon lange nicht mehr neu; die tatsächlichen Prozentzahlen dürften inzwischen höher liegen.

[249] Wenn schon – wegen der Immunitätsprobleme – nicht Bel'jaevs Originallösung, dann sollte doch wenigstens ein künstlicher Kiemenapparat anstelle der heute üblichen Ausrüstungen die zukünftige Tauchtechnik bestimmen.

[250] Siehe dazu auch Abschnitt 4.4.2.. Die Beispiele entsprechen typischen Kombinationen, die z. B. mit Hilfe einer morphologischen Tabelle bzw. eines morphologischen Kastens zugänglich sind. Wir sollten demnach gerade solche Kombinationen, die uns heute "völlig unsinnig" erscheinen, nicht vorzeitig verwerfen. Grundsätzlich ist allerdings zu beachten, daß jeder morphologische Kasten wie jede morphologische Tabelle zunächst einmal nur (Wort-)Aggregationen liefert. Ob Synergismen in Aussicht stehen, kann nur der fähige Erfinder sehen oder zumindest ahnen. Der morphologische Kasten liefert niemals direkt Erfindungen.

[295] Lem, Stanisław: Robotermärchen. – 2. Aufl. – Berlin: Eulenspiegel Verlag, 1976

[296] Lem, Stanisław: Sterntagebücher. – 4. Aufl. – Berlin: Verlag Volk und Welt, 1978

[297] Al'tov, Genrich: Der Hafen der Steinernen Stürme. – 3. Aufl. – Berlin: Das Neue Berlin, 1986

[298] de Bono, Edward: Das spielerische Denken. – Reinbek bei Hamburg: Rowohlt-Verlag, 1972

anscheinend Unmögliches möglich erscheinen läßt. Die Grenzen zwischen satirischer Literatur, Phantastik und science fiction sind dabei fließend. Typische Beispiele liefert der polnische Autor Lem. Seine "Robotermärchen" [295], aber auch seine "Sterntagebücher" [296] enthalten Elemente der Satire, der Phantastik, gehobener Blödelei und angewandter Psychologie. Auch hier gilt, ebenso wie für die erfinderische Nutzung von Karikaturen, daß mittelbare Anregungen wichtiger und auch wahrscheinlicher sind als unmittelbare.

Einen in die umgekehrte Richtung weisenden Zusammenhang schuf übrigens Al'tšuller selbst. Er wurde inzwischen zum erfolgreichen Phantastik-Autor. Unter dem Namen G. Al'tov publiziert er nicht nur erfolgreiche Science-fiction-Erzählungen [297], sondern unter dem gleichen Pseudonym erläutert er seine heuristischen Prinzipien inzwischen auch in kindgerechter Weise [288]. Seine wissenschaftliche Phantastik zeichnet sich durch poetische Kraft, bildhafte Sprache und unaufdringliche Vermittlung erfindungsmethodischer Prinzipien aus. Unterhaltung, niveauvolles Amüsement, Bewußtseinserweiterung und methodischer Gewinn gehen bei seinen empfehlenswerten Erzählungen [297] fließend ineinander über.

Viele Ideen der klassischen utopischen Literatur wurden inzwischen technisch realisiert. Eine besonders hohe Erfolgsquote kann dabei Wells aufweisen, gefolgt von Verne. Auch Beljaev liegt in der Spitzengruppe. Von Wells' Ideen sind bereits 66 Prozent verwirklicht bzw. mit Sicherheit in Kürze zu realisieren; weitere 23 Prozent erscheinen prinzipiell realisierbar. Verne bringt es auf 59 bzw. 32 Prozent, Beljaev auf 42 bzw. 52 Prozent ([18], S. 239).[248]

Es scheint fast so, als hätten einige Erfinder bestimmte Werke der utopischen Literatur im Sinne von direkten Vorlagen benutzt.

Auch Beljaevs unwahrscheinlich anmutende Idee vom Amphibienmenschen ist inzwischen nicht mehr bloße Phantasie. Jener poetische Film über Dr. Salvators Adoptivsohn, der mit implantierten Haifischkiemen zeitweise im Ozean leben konnte, ist sicherlich manchem Leser noch im Gedächtnis. Natürlich ist hier die Phantasie der Realität weit vorausgeeilt, aber heute wird immerhin bereits geprüft, welche unkonventionellen Möglichkeiten der Unterwasseratmung es für den Menschen gibt.[249]

Abschließend einige Bemerkungen zum Wert des *spielerischen Denkens*, das insbesondere de Bono [298] lehrt. Zweifellos wird die Entwicklung neuer Ideen angeregt, wenn man sprachspielerisch anscheinend nicht verknüpfbares miteinander in Verbindung bringt.

Betrachten wir folgende Begriffsliste einmal mit den Augen eines Fachmannes, der vor etwas mehr als einem Jahrhundert auf der Höhe des damaligen technischen Wissens stand:

– Kohlenstoff-Faser
– metallisches Glas
– feste Lösung
– "quellende" Metalle
– Vitrokeram
– Metallkleben
– ferromagnetische Flüssigkeit
– Flüssigkristall
– nasse Fotozelle
– Brennstoffelement
– Kohlenstoffglas.

Es dürfte klar sein, daß ein hochqualifizierter Fachmann damals die meisten dieser Begriffe für unsinnig erklärt hätte. Heute verbirgt sich jedoch hinter jedem Begriff eine ausgereifte Lösung oder sogar der Ausgangspunkt einer ganzen technologischen Kette.[250]

Natürlich sind die Übergänge zwischen reiner Sprachspielerei und technisch-kreativem Denken fließend. Es kommt immer darauf an, wer solche Begriffsverknüpfungen unabsichtlich oder absichtlich herstellt, betrachtet, durchdenkt und auf ihren möglichen Sinn prüft. Nur wer durch intensives Denken und persönliche Erfahrung darauf vorbereitet ist, daß sich auch hinter vermeintlich sinnwidrigen Kombinationen etwas Sinnvolles verbergen könnte, wird diese Art der assoziativen Anregung zu schätzen wissen.

Presse, Funk und Fernsehen gehen – gerade beim Behandeln technischer

[251] Vielleicht waren es auch sportliche Aspekte, die den humorvoll veranlagten und materiell wenig interessierten Einstein veranlaßten, das Gebiet der Erfindungen nunmehr von der anderen Seite anzugehen (Einstein war nach abgeschlossenem Physiklehrerstudium zunächst als Beamter III. Klasse am Berner Patentamt tätig).

Fragen – nicht eben kleinlich mit den absonderlichsten Wortverbindungen um. Der Erfinder kann dies, sofern er Sprachgefühl besitzt, zwar belächeln, er sollte aber (Prinzip der Umkehrung!) solche Ausrutscher gleichzeitig als möglicherweise positiv für seine Bemühungen werten.

Abgesehen vom sprachlichen Reiz der meisten Wortkombinationen, d. h. vom unmittelbaren Heiterkeitseffekt, findet sich ab und zu Verwertbares. Auch hier gilt: besser unter hundert noch so seltsam anmutenden Wortkombinationen zwei besonders anregende heraussuchen und – in Verbindung mit ernsthaften Fakten – auf ihren möglichen technischen Sinn prüfen, als einfach nur vor sich hin brüten, wenn die auf "normalem" Wege zugänglichen Ideen ausgegangen sind.

8.2. Kollektivschöpferische Arbeit

Die Wissenschaft ist ein Land, welches die Eigenschaft hat, um so mehr Menschen beherbergen zu können, je mehr Anwohner sich darin sammeln; sie ist ein Schatz, der um so größer wird, je mehr man ihn teilt. Darum kann jeder von uns in seiner Art seine Arbeit tun, und die Gemeinsamkeit bedeutet nicht Gleichförmigkeit.
W. Ostwald

Zwar entsteht jede Idee zunächst in einem Kopf, alle folgenden Bearbeitungsstufen bis hin zur industriell umgesetzten Erfindung sind aber unter heutigen Bedingungen – sofern es sich um wirkliche Innovationen handelt – als Einmann-Unternehmen kaum noch denkbar. Bereits die zweite Stufe, das Ausarbeiten der Basisidee bis zur realisierbaren Erfindung, ist nur noch selten das Werk eines Einzelnen. Die Zahl der Kollektiverfindungen nimmt national und international gesehen ständig zu. Heute sind bereits mehr als 80 Prozent aller Erfindungen Kollektiverfindungen.

Für unser Thema ist vor allem der bei der Kollektivarbeit erzielbare methodische, sachliche und zeitliche Gewinn interessant. Damit ist bereits das Wesentliche gesagt. Tritt kein in diesem Sinne synergistischer Effekt ein, so ist das nur ein Beweis für die unzweckmäßige Zusammensetzung des betreffenden Kollektivs. Es hat keinen Zweck, schöpferische Kollektive nach rein äußerlichen Gesichtspunkten zusammenstellen zu wollen (z. B. nach dem Lebensalter bzw. der Zugehörigkeit zu einer Gruppierung oder Organisation). Damit lassen sich bestenfalls Statistiken füttern.

Eine der Grundregeln, nach denen schöpferische Kollektive gebildet werden sollten, haben wir bereits kennengelernt. Es ist das Prinzip der Rollenkomplementarität (Abschn. 3.2.).

In den folgenden Abschnitten wollen wir uns mit weiteren Varianten befassen. Behandelt werden drei wichtige Möglichkeiten zum Erlernen und Praktizieren der kollektiv-schöpferischen Arbeit: Wissenschaftliche Schulen, Erfinderschulen und ständige Erfinderkollektive.

Lang ist der Weg durch Lehren, kurz und erfolgreich durch Beispiele.
Seneca

8.2.1. Wissenschaftliche Schulen

Während wir den Terminus "Wissenschaft" unbewußt sofort mit "reiner Theorie" in Verbindung bringen, löst der Begriff "Erfinden" meist die Assoziation "praktische Nutzung" aus. Jedoch sind die Übergänge derart fließend, daß viele Gesichtspunkte, die für die rein wissenschaftliche Arbeit gelten, auch für das Erfinden anwendbar sind. Nicht wenige Wissenschaftler – darunter ausgesprochene Theoretiker – waren und sind zugleich erfolgreiche Erfinder. Selbst Einstein, der im Bewußtsein der Öffentlichkeit als typischer Vertreter der reinen Theorie gilt, war an mehreren Patenten beteiligt und hat während seiner Berliner Zeit gelegentlich auch experimentell gearbeitet.[251] Für unser Thema sollen deshalb die Begriffe "wissenschaftlich" und "erfinderisch" gleichrangig behandelt werden.[252]

Wir wollen uns vor allem mit Ostwalds Gedanken zu den wissenschaftlichen Schulen befassen. Noch heute haben seine Ideen die gleiche Bedeutung wie damals. Der Physikochemiker theoretisierte nicht: Er leitete die wahrscheinlich erfolgreichste wissenschaftliche Schule

---

[252] In schutzrechtlicher Hinsicht ist diese Gleichstellung ungerechtfertigt, da der Prüfer die wissenschaftliche Erklärung für einen erfinderischen Vorschlag nicht verlangt, obgleich, wie im 1. Kapitel erläutert, erfinderische Tätigkeit deshalb nicht unwissenschaftlich ist.

[253] In den vorangegangenen Kapiteln wurde versucht, diesen wichtigen Zusammenhang stets deutlich zu machen.

[299] Ostwald, Wilhelm: Wissenschaftliche Schulen (Theorie und Praxis; Vortrag, gehalten am 26. 11. 1904). – In: Forschen und Nutzen – Wilhelm Ostwald zur wissenschaftlichen Arbeit/Hrsg.: Günther Lotz; Lothar Dunsch; Uta Kring. – Berlin: Akademie-Verlag, 1978.– S. 168–172

in Deutschland. Folgen wir ihm also bei dem Versuch, die Frage zu beantworten, was für die Entstehung und das Gedeihen einer lebensfähigen wissenschaftlichen Schule erforderlich ist [299].

Zunächst ist eine wissenschaftlich hervorragende Persönlichkeit Voraussetzung. Dies allein genügt jedoch nicht. Weder Gauss noch Faraday noch Helmholtz haben, trotz höchster wissenschaftlicher Leistungen, jemals eine Schule gebildet. Faraday, als Angestellter der Royal Institution, konnte es möglicherweise aus organisatorischen Gründen nicht. Gauss und Helmholtz dagegen waren deutsche Universitätsprofessoren. Sie hatten also berufsmäßig Studenten zu unterrichten, so daß ihr Verzicht auf die Bildung wissenschaftlicher Schulen wohl ihrem Mangel an Neigung oder Fähigkeit zuzuschreiben ist.

Ostwald bringt sodann Beispiele dafür, daß einige Gründer von Schulen, die selbst keine absoluten Spitzenkräfte in ihrem Fache waren, hervorragende Schüler ausgebildet haben. Genannt wird Magnus, aus dessen Schule fast alle gegen Ende des 19. Jahrhundert bedeutenden Physiker stammten, sowie Piloty, der – nach Ostwalds Meinung – als Maler nur vergleichsweise mäßige Leistungen zeigte, dessen Schüler Lenbach, Defregger und Makart ihren Meister jedoch bei weitem übertrafen.

Uns fällt die Selbstverständlichkeit auf, mit der Ostwald Vertreter wissenschaftlicher und künstlerischer Schulen in einem Atemzuge nennt. Tatsächlich beruhen wissenschaftliche und künstlerische Kreativität auf den gleichen Denkstrukturen, was Ostwald offensichtlich völlig klar war, uns heute aber erst allmählich wieder bewußt wird.[253]

Ostwald kommt nun zu dem Schluß, daß außer hervorragender Begabung – die nützlich, aber nicht unbedingt erforderlich ist – noch weitere wichtige Bedingungen gegeben sein müssen. An erster Stelle wird die "Fähigkeit zu wollen" genannt. "In der Übertragung des Willens von dem willenskräftigen Lehrer auf den in dieser Richtung noch unentwickelten Schüler liegt das Hauptgeheimnis der schulebildenden Kraft." ([299], S. 169)

Zu unterscheiden ist dabei zwischen der Übertragung des eigenen Willens und der prinzipiellen Übermittlung der "Fähigkeit des Wollens". Im ersten Fall stirbt die Schule, wenn die Ideen des Lehrers eines Tages zu versiegen beginnen; im zweiten Falle blüht und gedeiht die Schule weiter, auch wenn der Lehrer alt wird und am geistigen Leben nicht mehr aktiv teilnehmen kann. Ein solcher Lehrer ist der seltenere, der ideale Typ. Er ist fähig, sich neidlos von seinen Schülern überholen zu lassen und die gemeinsame Sache über jene persönlichen Kümmernisse zu stellen, die mit dem Altern – insbesondere dem geistigen Altern – einhergehen.

Ein weiterer Faktor ist die Begeisterung des Lehrers für den Gegenstand seiner Arbeit. Distanzierte Haltung oder die weitverbreitete Einstellung zur Arbeit im Sinne bloßen Gelderwerbs vermag andere Menschen kaum zu begeistern. Schulen bilden sich tatsächlich nur, wenn der Lehrer mit Hingabe und Leidenschaft die selbstgewählte Aufgabe anpackt. Ohne Vorbildwirkung fällt das wichtigste Hilfsmittel zur Bildung einer Schule weg.

Außer diesen unerläßlichen Vorbedingungen sind hochentwickeltes Organisationstalent, rednerische Begabung und persönliche Liebenswürdigkeit für den Lehrer recht nützlich. Hinzu kommt eine gewisse Unbefangenheit bezüglich eigener Ansichten sowie die Fähigkeit, sich dem begabten und erfolgreichen Schüler gegenüber rechtzeitig zurückzuziehen [299].

Sinngemäß übertragbar dürften die Erkenntnisse zu den wissenschaftlichen Schulen auch auf das Erfinden sein. So lieferte Edison noch in seinen höheren Lebensjahren die entscheidenden Ideen meist selbst. Auch in diesem Sinne war er der autoritäre Chef, und

[254] Unter den Erfindern seien Edison, v. Ardenne und Fischer genannt. Edison war noch im 83. Lebensjahr hochproduktiv. M. v. Ardennes medizinische Pionierleistungen wurden im höheren Alter erzielt. Fischer ("Spreizdübel-Fischer") kann auf 5000 Patente verweisen und erfand als älterer Herr pro Zeiteinheit mehr denn je zuvor. Edison und v. Ardenne belegen zugleich die lebenslange Stabilität kreativer Persönlichkeiten: Edison meldete mit 21, v. Ardenne mit 16 Jahren das erste Patent an. Auf einseitige Urteile ("nur die Jungen", "nur die alten Füchse") sollten wir besser verzichten.

[255] M. v. Ardenne meint, daß vor allem der Aufbau und die ständige Ergänzung eines individuellen Wissensspeichers der Leistungssteigerung im Alter förderlich sei. Er erklärt dies anhand moderner Forschungsergebnisse zur Gedächtnisleistung. Danach nehmen nur das Kurzzeitgedächtnis und die Zugriffsfähigkeit zu ungeordneten Informationen kritisch ab, während die Zugriffsfähigkeit zu geordneten Informationen ("Informationsblöcken") nahezu voll erhalten bleibt [271].

[256] Wer allerdings die jahrzehntelange fleißige und zugleich schöpferische Tätigkeit des experimentierenden Spezialisten glaubt überspringen zu können, wird niemals ein fähiger Wissenschaftsorganisator, sondern eher ein Dampfplauderer.

[300] Kauke, M.; Mehlhorn, H.-G.: Klug in der Jugend – weise im Alter? – In: Wiss. u. Fortschritt. – Berlin 35 (1985) 9. – S. 236–339

seine Mitarbeiter fungierten im wesentlichen als Helfer. Von einer Schule kann trotz großem persönlichem Engagement Edisons nicht die Rede sein.

Dagegen zeigt beispielsweise v. Ardenne neben seinen individuellen fachlichen Leistungen alle Merkmale des erfolgreichen Wissenschaftsorganisators im Ostwaldschen Sinne: starke Vorbildwirkung, hohe Leistungsanforderungen, Lehren und Publizieren eigener Erkenntnisse zur systematischen geistigen Arbeit, volle Verantwortlichkeit der Mitarbeiter, weitgehende Selbständigkeit der Arbeitsgruppen. Dementsprechend gehört das Forschungsinstitut "Manfred von Ardenne" in Dresden heute zur Spitzengruppe aller einschlägig tätigen Forschungseinrichtungen.

Zwar wird der Erfolg wissenschaftlicher Schulen insgesamt kaum bestritten, einzelne Kritiker weisen jedoch darauf hin, daß mit dem Älterwerden des Begründers einer solchen Schule zwangsläufig schwerwiegende Probleme auftreten.

Vor allem handelt es sich um den bereits von Ostwald behandelten, von vielen Autoren für unvermeidbar gehaltenen allmählichen Abbau der geistigen Fähigkeiten (Kreativitätsschwund, Übergang von Urteilen zu Vorurteilen, Intelligenzverfall). Dieser These stehen allerdings die unter solchen Voraussetzungen kaum erklärbaren Spitzenleistungen älterer Wissenschaftler entgegen (Röntgen, Meitner, Planck, Hahn).[254]

Intelligenztests unter großen Personengruppen unterschiedlichen Alters schienen die Hypothese vom schicksalhaften Abbau der geistigen Fähigkeiten zunächst zu bestätigen. 1965 äußerte Schaie (zit. bei [300]) jedoch die Vermutung, der vermeintliche Leistungsabfall könne möglicherweise auch ein Leistungsunterschied zwischen den Geburtsjahrgängen sein. Demnach seien die geringeren Testleistungen der Älteren eher eine Widerspiegelung ihres niedrigen Startniveaus. Kurz gesagt: jede Generation ist im Durchschnitt in-

telligenter als ihre jeweilige Vorgängergeneration [300].

Spricht dies nun gegen ältere Leiter wissenschaftlicher Schulen? Zur Beurteilung des Sachverhaltes ist zunächst die nähere Kenntnis des Intelligenzbegriffes notwendig. Unterschieden werden heute fluide und kristalline Intelligenz. Die fluide Intelligenz charakterisiert vor allem die biologischen Potenzen des Zentralnervensystems (umfassende, rasche Wahrnehmung komplexer Reaktionen, aber auch die Fähigkeit zum Auswendiglernen). Als kristalline Intelligenz hingegen wird jene erlernbare Fähigkeit bezeichnet, Beziehungen zu finden, zu urteilen, Strategien zum Problemlösen einzusetzen, systematisch sinnhaltige Verknüpfungen herzustellen. Während nun tatsächlich die fluide Intelligenz mit dem Alter abnimmt, steigen die Leistungen im Bereich der kristallinen Intelligenz bei Geübten bis ins hohe Alter fortlaufend an [300].[255]

Genau diese Fähigkeiten aber sind es, die der Leiter wissenschaftlicher Schulen braucht, und mit deren Hilfe er auch im hohen Alter – sofern ihn nicht die Sklerose lahmlegt – überzeugende Arbeit zu leisten vermag.

Mit dem Ansteigen der kristallinen Intelligenz dürfte wohl auch die Neigung des älteren Wissenschaftlers zusammenhängen, seinen Spezialistenstatus allmählich aufzugeben und vieles gewissermaßen von höherer Warte aus zu beurteilen. Ein solcher Wissenschaftler schreibt keine Spezialarbeiten mehr; stellt interdisziplinäre Zusammenhänge in hochwertigen Monographien dar und nutzt die aus jahrzehntelanger Spezialistenarbeit induktiv gezogenen Schlüsse nunmehr überwiegend für das deduktive Arbeiten.[256]

Demgemäß zeigt jeder bedeutende Wissenschaftler – sofern er didaktische Neigungen hat – eine annähernd vergleichbare Entwicklung. In jungen Jahren ist er ein hervorragender Spezialist, der sich durch Spitzenleistungen an den Frontlinien der Wissenschaft auszeichnet. In seinen reiferen Jahren beginnt er die gesammelten Erfahrungen methodisch zu nutzen, er stellt ungewöhnliche Querverbindungen zu vermeintlich fernliegenden Wissensgebieten her und bleibt, ausgehend von seinem souveränen Überblick und seiner im Rahmen der kristallinen Intelligenz gesteigerten Leistungsfähigkeit, anerkannter und hochgeschätzter Leiter der im allgemeinen von ihm selbst begründeten wissenschaftlichen Schule.

Zur Methode wird nur der getrieben, dem die Empirie lästig wird.
J. W. v. Goethe

8.2.2. Erfinderschulen

Wer auf der Schule, der Spezialschule und später der Fach- bzw. Hochschule im wesentlichen nur Faktenwissen geboten bekommt, wer nicht systematisch mit ungelösten Problemen, technischen Widersprüchen, erfinderischen Aufgaben, kreativitätsfördernden Diskussionstechniken und schöpferischem Meinungsstreit vertraut gemacht wird, dem erscheint die Welt der Technik schließlich als ein festgefügtes und in jeder Hinsicht fertiges Gebäude, innerhalb dessen man mit bewährten, in Tabellenwerken und Handbüchern festgehaltenen Formeln, Konstruktions- und Arbeitsrichtlinien bestens zurechtkommt. Für den Zweifel am Bestehenden, für das systematische Erkennen von prinzipiellen Mängeln und Lücken, für den Anreiz, völlig Neues zu schaffen, bietet ein so verstandenes Weltbild keinen Platz.

Leider sind auch heute noch nur wenige Hochschullehrer in der Lage, die hier in Rede stehenden Fähigkeiten und Fertigkeiten zu vermitteln. Während meines Studiums lehrten beispielsweise einige Professoren, Patentschriften besäßen keinerlei wissenschaftlichen Wert und seien deshalb bei der wissenschaftlich anspruchsvollen Bearbeitung eines Themas (z. B. im Rahmen einer Diplomarbeit) nicht zu berücksichtigen. Diese Hochschullehrer waren durchaus in der Lage, wertvolle Grundlagenforschung zu betreiben, indes gaben sie jene schädliche Einschränkung prägend der nächsten Generation weiter. Die Studenten bzw. Absolventen handelten zunächst danach – wer will schon ein "schlechter" Wissenschaftler sein?

Noch schwerer wiegt, daß einige Hochschullehrer die Anforderungen der Praxis nicht ausreichend kennen und demzufolge bei der erwünschten praxisorientierten Ausbildung der Studenten keine glaubhaften Vorbilder sein können.

Nimmt nun ein derart ausgebildeter Absolvent seine Tätigkeit in der Industrie auf, so findet er ein Bild vor, das sich in kaum einem Punkt mit den Vorstellungen und Erwartungen deckt, die er während des Studiums entwickelt hat.

Beginnt der Absolvent in der Produktion, so wird von ihm meist nur operatives Geschick und Organisationstalent verlangt. Wer überdurchschnittliche Fachkenntnisse zeigt und praktisch anwendet, gilt bereits als Spitzenkraft, auch wenn er nichts Neues einführt. Eingriffe in die Technologie werden von Leitern der mittleren Ebene nicht selten sogar untersagt. Im Erfolgsfalle wird gelobt, wer Neuerervorschläge einreicht und sich für die Durchsetzung von Neuerungen engagiert. Erfinderisches Niveau wird dabei durchaus nicht gefordert. Wer in dieser Hinsicht Aktivitäten entwickelt, bekommt sogar nicht selten zu hören: "Kümmere Dich um Deine eigentliche Arbeit." Erfinden wird im krassen Gegensatz zur objektiven Notwendigkeit als "zusätzliche" Arbeit angesehen. Die Gefahr der sprachlichen Gleichsetzung von "zusätzlich" und "überflüssig" ist heute leider noch immer eine praktische Gefahr.

Startet der Absolvent im Bereich der Instandhaltung, so sind die Leistungsanforderungen oftmals noch geringer. Wer brav repariert, gilt bereits als vollkommen tauglich. Neues wird oft erst dann eingeführt, wenn eine Kette von

[257] Hier wird der DDR-Sachstand 1987/1988 geschildert. Ich habe diesen Abschnitt während der Endredaktion bewußt inhaltlich nicht verändert.

Wiederholungsstörungen an einem vorhandenen Aggregat die Änderung zwingend erforderlich macht. An schutzfähige Lösungen wird dabei so gut wie nie gedacht. Es ist bzw. war keineswegs ein Einzelfall, wenn im Bereich der Technischen Direktion großer Betriebe jahrelang kein Patent angemeldet wurde.[257]

Nimmt der Absolvent seine Tätigkeit im Forschungsbereich auf, so wird ihm alsbald klargemacht, daß man schutzfähige Ergebnisse von ihm erwartet. Zwar wird dabei weitgehende Praxisrelevanz gefordert, jedoch gibt es im Rahmen der Schutzrechtsstrategie des Unternehmens begrenzt verfügbaren Investmittel ersatzweise auch die Möglichkeit, nicht sofort überführbare Ergebnisse vorausschauend anzumelden.

Wir sehen also, daß der Absolvent recht unvorbereitet in die Praxis eintritt. Teils werden von ihm überhaupt keine Erfindungen verlangt, obwohl die zwingende volkswirtschaftliche Notwendigkeit ohne jeden Zweifel besteht, teils verlangt man von ihm sofort schutzfähige Lösungen, obwohl ihm in methodischer wie in formal-schutzrechtlicher Hinsicht wesentliche Voraussetzungen und Kenntnisse fehlen.

In der DDR vermittelten seit 1980 Erfinderschulen der Kammer der Technik (KDT) die fehlenden Kenntnisse, Fähigkeiten und Fertigkeiten. Organisation und Leitung lagen zunächst in den Händen der Sekretäre für Weiterbildung des KDT-Präsidiums bzw. der KDT-Bezirksvorstände, wurden aber bald weitgehend von den Betriebsakademien übernommen bzw. direkt von den KDT-Betriebssektionen organisiert. Als Fachberater fungierten die Kommission Wissenschaftlich-technisches Schöpfertum sowie der Lektor für Erfinderschulen beim Amt für Erfindungs- und Patentwesen, Herrlich. Er leistete gemeinsam mit Busch, Michalek, Rindfleisch, Speicher, Thiel und Zadek Pionierarbeit beim Auf- und Ausbau der Erfinderschulen.

Die Erfinderschulen (Grundkurse) wurden in Form von zwei einwöchigen Internatslehrgängen durchgeführt. Vor Beginn der ersten Lehrgangswoche wurde von jedem Teilnehmer die individuelle Vorbereitung anhand des Lehrgangsmaterials (insbesondere der Lehrbriefe [166]) erwartet. Zwischen den im Abstand von mehreren Monaten durchgeführten Internatslehrgängen sowie nach Abschluß der zweiten Lehrgangswoche wurde selbständige Arbeit verlangt.

Als besonders zweckmäßig hatten sich folgende Prinzipien erwiesen:

– Der Unterricht wurde überwiegend von bewährten Erfindern durchgeführt. Dies gab den Teilnehmern die Sicherheit, daß die erteilten Hinweise praktisch anwendbar sind. Pro Lehrgang wurde gewöhnlich mit drei Trainingsgruppen gearbeitet. Plenarvorträge wechselten mit Übungen in den Trainingsgruppen ab. Bewährt hatte sich, mehr als 50 Prozent der Zeit für das praktische Training anzusetzen. Folgende Regeln galten:

– Vorteilhafter als die Delegierung von Einzelpersonen ist die Teilnahme von multidisziplinär zusammengesetzten Forschungs- und Entwicklungskollektiven. Konstrukteure, Forscher, Technologen und Kollektivleiter lernen und arbeiten zusammen.

Die Teilnehmer sollten möglichst jung sein. Jedes Kollektiv arbeitet analog den realen betrieblichen Bedingungen an einer konkreten Aufgabe. Ziel ist im allgemeinen die Ausarbeitung mehrerer Erfindungen. Auf diese Weise wird Methodik mit unmittelbarer Praxisbezogenheit verbunden.

– Auf die Vorteile der Delegierung von Arbeitsgruppen hat in einem sehr ähnlichen Zusammenhang auch Schlicksupp ([6], S. 104) hingewiesen. Kehrt ein frisch geschulter Lehrgangsteilnehmer – geladen mit Begeisterung, guten Vorsätzen und neuen methodischen Erkenntnissen – in die Arbeitsgruppe zurück, so winken die Daheimgebliebenen nicht selten geringschätzig ab, wenn der Kollege sein neuerworbenes Wissen zu

[258] So betonen Bausdorf und Heyse überwiegend den psychologischen Aspekt. In Zusammenarbeit zwischen Bauakademie und Carl Zeiss Jena wurde ein anderthalbjähriges Kreativitätstraining [301] für junge Spitzenkräfte geschaffen. Integriert war eine KDT-Erfinderschule. Auch der Versuch, das Gedankengut der KDT-Erfinderschulen bereits Schülern der 8. und 9. Klassen zu vermitteln, hat sich im Prinzip bewährt [302]. Von Herrlich wurde mit gutem Erfolg versucht, eine Erfinderschule für alle Studenten in das Ausbildungsprogramm zu integrieren.

[259] Geschieht dies didaktisch qualifiziert, so sollten sich die Trainer im Rahmen solcher Beiträge völlig zurückhalten. Anderenfalls sind kurze methodische Bemerkungen zweckmäßig. Schulmeisterliches Auftreten verfehlt die beabsichtigte Wirkung. Je unauffälliger der Trainer die Teilnehmer lenkt, desto sicherer führt er sie zum Erfolg.

[301] Lehrbriefreihe "Grundlagen des wissenschaftlich-technischen Schöpfertums in Forschungs- und Entwicklungsprozessen". – Hrsg.: Bauakademie der DDR, Direktion Kader und Weiterbildung, Abt. Wissenschaftspsychologie, sowie Kombinat Carl Zeiss Jena, Forschungszentrum, Fachdirektion Kader und Bildung, Kombinatsakademie; Wiss. Gesamtleitung: Heyse, V.; Bausdorf, J. – Berlin, Jena: 1982/83

[302] Papert, K.: Schüler lernen das Erfinden. – In: Techn. Gemeinschaft. – Berlin **36** (1988) 5. – S. 3/4

Zufriedene Menschen wünschen keine Veränderung.
H. G. Wells

nutzen bzw. weiterzugeben versucht. Dies liegt ganz einfach daran, daß die nicht geschulte Arbeitsgruppe mit den gleichen Vorurteilen belastet ist, deren Abbau auch bei ihrem nunmehr überzeugten Kollegen während des Lehrganges immerhin mehrere Tage beansprucht hat, wobei methodisch versierte Trainer zur Verfügung standen. Gerade dieser Schulungsabschnitt kann aber auf sekundärem Wege nur von ausgesprochenen Pädagogik-Naturtalenten überzeugend weitervermittelt werden. Waren dagegen alle Mitglieder der Arbeitsgruppe gleichzeitig Schüler bewährter Erfinder, so sind beste Voraussetzungen für die gemeinsame Arbeit gegeben.
– Ausgehend von der gern unterschlagenen Binsenweisheit, daß außergewöhnliche Leistungen überdurchschnittliche Anstrengungen erfordern, wurden im Lehrgang von Montag bis Freitag etwa 45 Stunden für Vorlesungen, Seminare, Übungen, Training und abendliche Gruppendiskussionen veranschlagt.
Anfänglich wurde methodisch viel experimentiert. Inzwischen wird nach einheitlichen Rahmenlehrplänen unterrichtet. Das heißt aber durchaus nicht, Neigungen, Fähigkeiten und spezielle methodische Erkenntnisse der Trainer fänden keine Berücksichtigung. Im Gegenteil: innerhalb der einheitlichen Lehrpläne wurde mit einer erfreulichen Variationsbreite gearbeitet.[258]

Nach den von mir seit 1987 als Leittrainer der Erfinderschulen unseres Unternehmens gesammelten Erfahrungen kommt dem Motivationstraining entscheidende Bedeutung zu. Bereits zu Beginn der ersten Lehrgangswoche sollte eine lockere, dabei aber eindeutig leistungsorientierte Atmosphäre ge-

8.2.3. Ständige Erfinderkollektive

Grundsätzlich sollte vom Prinzip der Rollenkomplementarität [20] ausgegan-

schaffen werden. Förderlich sind besonders die abendlichen Kreativitätsspiele. Sie gehören zum Lehrprogramm; deshalb ist es nicht zweckmäßig, die Internatslehrgänge in räumlicher Nähe zum Werk bzw. zum Wohnort der meisten Teilnehmer abzuhalten. Für manchen Teilnehmer ist die Versuchung, mit dieser oder jener Ausrede nach dem Abendessen zu verschwinden, einfach zu groß.
Ferner hat sich gezeigt, daß die Arbeit in den Trainingsgruppen deutlich bevorzugt werden sollte. Jede Gruppe besteht zweckmäßigerweise aus "Fachleuten" und "fachfremden Fachleuten". Beispielsweise wurden zu unseren Erfinderschulen nicht nur Chemiker, sondern auch Mühlenbauer, Projektanten, Elektroniker und Mikrobiologen eingeladen. Die im Plenum abgehandelten methodischen Leitlinien sollten in den Gruppen stets unmittelbar auf die konkret bearbeiteten Aufgaben angewandt werden. Weniger wirksam ist die ausführliche Behandlung eines einzigen Beispiels im Plenum.
Besonders überzeugend wirkt, wenn fachlich-methodische "Aha"-Erlebnisse didaktisch befähigter Teilnehmer operativ in das Lehrprogramm eingebaut werden. Mehrfach äußerten sich Teilnehmer am Ende der ersten Lehrgangswoche etwa in folgendem Sinne: "Es war ein Erlebnis", "Für mich taten sich neue Welten auf", "Ich hätte nie geglaubt, daß man das Problem so einfach lösen kann". Der Leittrainer sollte dann die Gelegenheit beim Schopfe packen und die betreffenden Teilnehmer überzeugen, ihre selbsterlebten Beispiele zum Thema "Beseitigen von Denkblockaden" während der zweiten Lehrgangswoche allen anderen Teilnehmern in Form eines Kurzvortrages zu erläutern.[259]

gen werden. Ideengeneratoren, Experten, Kritiker und Realisatoren machen den harten Kern des erfolgreichen Erfinderkollektivs aus. Dabei kommt es primär nicht auf die Zahl der Mitglieder an. Beispielsweise gibt es Fälle, in denen der potentielle Realisator zunächst auch als kompetenter Kritiker auftritt. Ein solches Kollektiv wäre, die übrigen Voraussetzungen als gegeben angenommen, bereits mit drei Mitgliedern optimal besetzt. Andererseits können in bestimmten Fällen auch mehr als vier Mitglieder zweckmäßig sein, was z. B. bedeutet, daß einzelne Rollen doppelt besetzt sind. Nicht zu empfehlen sind zu große Kollektive. Finden sich auf der Liste der Erfinder zehn bis fünfzehn Namen, so darf bezweifelt werden, daß der schöpferische Anteil jedes Einzelnen auch tatsächlich nachzuweisen ist.

Interdisziplinäres Arbeiten ist meist günstiger als das alleinige Arbeiten hochqualifizierter Fachleute innerhalb eines engen Fachgebietes. In der chemischen Industrie hat sich die Gemeinschaftsarbeit zwischen Chemikern, Verfahrenstechnikern und Apparatebauern bestens bewährt.[260]

Von Bedeutung ist auch das Alter der Mitglieder eines solchen Kollektivs. In dieser Hinsicht bestehen viele Analogien zu den Wissenschaftlichen Schulen. Vor allem sollten die alterstypischen Vorteile kombiniert werden: weitgehende Unbefangenheit, Kreativität und höchste fluide Intelligenz der jungen Leute; umfassende Erfahrung, ausgeprägtes Assoziationsvermögen und zunehmende kristalline Intelligenz der älteren Experten (s. dazu Abschn. 8.2.1.).

Was die Charaktereigenschaften der Mitglieder betrifft, so sind gegenüber dem landläufigen Bild der verschworenen, harmonischen Gemeinschaft bestimmte Abstriche erforderlich. Besonders kreative Menschen sind oftmals Individualisten, unangepaßt, unausgeglichen, manchmal störrisch, nicht immer liebenswürdig, schwierig zu reglementieren. Weniger kreative Leute brillieren hingegen nicht selten durch Charme, Liebenswürdigkeit, diplomatisches Gespür – nur leisten sie eben nicht so viel wie die hochkreativen Kollektivmitglieder. Zwar ist soziale Harmonie wichtig, jedoch rangiert ein solches Ziel bei hochschöpferischen Kollektiven nicht an erster Stelle.

Untersuchungen des Leipziger Zentralinstituts für Jugendforschung [303] haben eindeutig ergeben, daß zu viel soziale Harmonie den schöpferischen Effekt ebenso behindert wie zu wenig Harmonie. Zu starkes Streben nach unbedingter sozialer Harmonie absorbiert die schöpferische Kraft weitgehend für die Bewältigung sozialer Probleme und Problemchen. Für den effektiven Meinungsstreit und das Streben nach Leistung reicht die Kraft dann nicht mehr aus. Bei wirklich schöpferischen Kollektiven sind demgemäß Sympathien und Antipathien zwar wichtig, aber im Zweifelsfalle nicht bestimmend für das Arbeitsergebnis. Sympathisch ist letztlich derjenige, der sich für das gemeinsame Ziel tatsächlich engagiert und nicht etwa nur tönende Reden schwingt.[261]

Weil sich die besondere Eignung des einzelnen Kolektivmitgliedes für die Übernahme bestimmter Teilaufgaben meist erst nach längerer Zeit herausstellt, sind ständige Erfinderkollektive den zeitweiligen Erfinderkollektiven von vornherein überlegen. In ständigen Erfinderkollektiven bilden sich die Rollen ziemlich zwanglos heraus und bleiben dann oft auf Dauer bestehen. Dazu trägt auch das aus der Psychologie bekannte Wechselspiel zwischen Fremdbild und Eigenbild bei.

Gilt man bei seinen Partnern als fähiger Ideengenerator, so stimuliert dieser Ruf die eigene Leistungsmotivation erheblich. ("Schließlich kann ich die anderen doch nicht enttäuschen.") Ein weiteres Kollektivmitglied ist vielleicht eher als pfiffiger Schutzrechtskenner geschätzt, der mit traumwandlerischer Sicherheit vorhersieht, was der Prüfer zu der geplanten Anmeldung sagen könnte. Wer sich diesen Ruf einmal erworben hat, möchte auch weiterhin als Spezialist auf diesem Teilgebiet wirken. Auch der fähige Rechercheur versucht seinen selbsterworbenen Ruf im Kollektiv ständig zu festigen. Gleiches gilt für

---

[260] Das Abdriften der fachlichen Interessen im Laufe des Berufslebens führt ohnehin dazu, daß beispielsweise ein Industriechemiker teilweise auch Apparatebauer-Kenntnisse erwirbt. Ihm bleibt dann – wenigstens in einer Übergangsperiode – die Betriebsblindheit des berufsmäßigen Apparatebauers erspart. Der umgekehrte Weg wird seltener beschritten, wohl deshalb, weil es der Chemie aus der Sicht des Nichtchemikers an Anschaulichkeit mangelt.

[261] Unter solchen Umständen haben Verläßlichkeit, Fleiß sowie die Übernahme und pünktliche Erledigung konkreter Teilaufträge erstrangige Bedeutung für die praktische Zusammenarbeit. Nur aus Ideengeneratoren bestehende Kollektive sind praktisch nicht arbeitsfähig, gemessen an Zahl und Güte der überführten Erfindungen (Mängel in Experimentalausführung und Überleitung; alle haben hochfliegende Ideen, keiner möchte sich in den Niederungen der Praxis tummeln).

[303] Mehlhorn, Hans-Georg: Vortrag auf der Jahrestagung der KDT-AGr(Z) "Rationalisierung der geistig-schöpferischen Arbeit", Leipzig, 12. 9. 1984

[262] "Ein Kollektiv ist am stärksten, wenn es aus Individualitäten besteht, die viel Gemeinsames aufweisen, in dem aber jeder einfach deswegen unersetzlich ist, weil seine Art, sein Können, seine Interessen, seine Haltungen, sein individuelles Profil in das Ensemble der kollektiven Bemühungen gehören, dort ihren Platz finden." ([304], S. 41)

[263] Im übrigen sind solche Praktiken ungesetzlich [305].

[264] Gilde sagt dazu: "Die persönliche Motivation spielt eine entscheidende Rolle für Kreaivität. Ich wollte immer besser sein als andere. Ein gesundes Maß Egoismus, den braucht der Erfinder, der Mensch, der darauf drängt, etwas zu verändern. Immer besser sein zu wollen als andere – glauben Sie, ohne diesen eigenen Anspruch an sich wäre Katharina Witt die in aller Welt gefeierte Primaballerina des Eiskunstlaufens geworden?" [306]

[304] Drefenstedt, Edgar: Optimale Entwicklung jedes Schülers und die Qualität des Unterrichts. – Berlin: Volk und Wissen, 1985

[305] Wer ist Miturheber? – In: neuerer. – Berlin **36** (1987) 2. – S. 31

[306] Immer besser sein als andere – das gilt bestimmt nicht nur für Katharina Witt. – "Freiheit"-Gespräch mit Prof. Dr. Dr. rer. nat. habil. Werner Gilde. – In: Freiheit, Halle, 23. 2. 1988, S. 5

[307] Rundtischgespräch der KDT-AGr(Z) "Rationalisierung der geistig-schöpferischen Arbeit" mit M. v. Ardenne, Dresden – Weißer Hirsch, 29. 8. 1984

die Vertreter aller übrigen Rollen: der Experte macht seinem an sich unbestrittenen Expertenstatus alle Ehre, der Kritiker wird immer kritischer.[262]

Ideal sind solche Fälle, in denen der dienstliche Leiter des Kollektivs zugleich die in kreativer Hinsicht unangefochtene Spitzenkraft ist. Ist er nicht der eigentliche Ideengenerator, so sollte er eine der anderen Rollen überzeugend ausfüllen können. Außerordentlich schädlich wirkt sich hingegen aus, wenn der Leiter – nur weil er Leiter ist – in jeder Anmeldung "drinhängt", obwohl alle wissen, daß er zum Ergebnis nichts beigetragen hat. Diese Unsitte ist noch immer landesweit verbreitet und begrenzt die Leistungsfähigkeit eines im wesentlichen aus schöpferischen Mitgliedern bestehenden Kollektivs erheblich.[263]

Wichtig ist die Gleichberechtigung der Partner im Kollektiv. Natürlich muß der Leiter im Zweifelsfalle entscheiden bzw. in der Lage sein, endlose Debatten abzubrechen, dies sollte aber nicht per Machtspruch, sondern stets mit sachlicher Begründung erfolgen. Ohne Konsens leidet in solchen Fällen die Motivation der Kollektivmitglieder.

Jede Aufgabe sollte nicht nur unter fachlichen, sondern auch unter methodischen Gesichtspunkten gesehen werden. Das heißt nicht, daß alle Kollektivmitglieder methodische Neigungen haben müssen. Jedoch sollte ein Kollektivmitglied stets die methodische Leitlinie verfolgen und klarstellen, welche Arbeitsschritte eingespart werden können, weil z. B. das Kollektiv bereits analoge Aufgaben im Zusammenhang mit früheren Erfindungen gelöst hat. So wird vermieden, daß das in jedem Kollektiv durchaus wichtige spontane Element überhand nimmt. Auch läßt sich der Wert von Spontanideen durch einen besonnenen Methodiker weit besser feststellen als durch den Spontanideen-Generator selbst.

Wichtig ist die klare Arbeitsteilung, bezogen auf die jeweils konkrete Aufgabe. Stets sollte vereinbart werden, wer bis wann was macht ("w-w-w"-System!).

Selbst in sehr gut arbeitenden Kollektiven sind kurze Protokolle zweckmäßig, sonst bleibt zu viel in der Sphäre der kühnen Projekte und Versprechungen hängen. Die Arbeitsverteilung entspricht zweckmäßigerweise den sich herausbildenden Rollen (s. o.). Es kann aber auch sinnvoll sein, die Rollen ab und an zu tauschen. Sehr gute Realisatoren und fleißige Rechercheure wissen manchmal nicht, wie mühsam es sein kann, den erfinderischen Gedanken in einer Erfindungsbeschreibung zu fixieren. Deshalb sollte jeder jede Teilarbeit mindestens einmal gemacht haben, um den Partner neben sich – und damit dessen besondere Fähigkeiten – wirklich schätzen zu lernen.

Unbedingt klar sein muß, daß das Leistungsprinzip gilt. In einer Umgebung, die viel vom Leistungsprinzip geredet und nichts für dessen Durchsetzung getan hat, war das besonders wichtig. Auch gesellschaftliche Motivation entsteht letztlich nur aus persönlicher Motivation.[264]

Dementsprechend sollte gegen Ende der gemeinsamen Arbeit an einer neuen Erfindung auch unmißverständlich über die konkreten Anteile jedes einzelnen gesprochen werden. Aber, wie gesagt, erst gegen Ende der Arbeit, d. h. kurz vor Abgabe der Erfindungsbeschreibung. Dann ist es ohnehin erforderlich. Wird zu früh darüber gesprochen, lähmt das die schöpferische Arbeit ("Das Fell des Bären sollte erst verteilt werden, wenn der Bär erlegt ist."). M. v. Ardenne betont diesen Aspekt, der naturgemäß ganz besonders für Grundlagenentwicklungen gilt: "Wissenschaft sollte um der Erkenntnis willen und nicht des Lohnes wegen betrieben werden." [307] Andererseits ist technisch nützliche Arbeit ihres Lohnes wert, und so sollte im Kollektiv klar besprochen werden, welche Anteile dem einzelnen zukommen. Das funktioniert nur, wenn jeder im Bedarfsfalle den Partnern genau erklären kann, was er gemacht hat und welcher

[265] Der reine "Erfindergehilfe" konnte in der DDR (3. DB zur Schutzrechtsverordnung, GBl. T. I Nr. 7/1978) eine Prämie in Höhe von maximal 20 Prozent der Erfindervergütung erhalten.

[266] Das Piesteritzer Erfinderkollektiv "Natriumhypophosphitherstellung auf Phosphorschlammbasis" ist diesen Weg gegangen. In den Methodikkapiteln haben wir bereits viele Beispiele zum Hypophosphit-Verfahrenskomplex kennengelernt [29, 80, 82, 94, 169, 187, 236]. Weitere wichtige Verfahrenselemente wurden durch zusätzliche Schutzrechte gesichert [308–311]. Die im Produktionsbetrieb entwickelte und in den industriellen Maßstab überführte eigene Technologie arbeitet weitgehend störungsfrei. Ferner haben wir das Verfahren inzwischen komplett in Lizenz vergeben [312].

[308] Zobel, D.; Ebersbach, K.-H.; Wenzel, R.: Verfahren zur Umsetzung reaktionsträger phosphorhaltiger Schlämme. – DD-PS 153 106 v. 15. 9. 1980, ert. 23. 12. 81

[309] Zobel, D.; Gisbier, D.: Verfahren zur Herstellung von Natriumhypophosphit aus Phosphorschlamm. – DD-PS 158 321 v. 2. 6. 1981, ert. 12. 1. 1983

[310] Zobel, D.; Pietzner, E.; Gisbier, D.; Krause, R.: Verfahren zur Verminderung der Viskosität gealterten Phosphorschlammes. – DD-PS 210 176 v. 1. 7. 1982, ert. 30. 5. 1984

[311] Gisbier, D.; Zobel, D.; Pietzner, E.; Erthel, L.; Ebersbach, K.-H.: Verfahren zur Herstellung reiner unterphosphoriger Säure. – DD-PS 260 185 v. 29. 7. 1986, ert. 21. 9. 1988

[312] Zobel, D.: Der Piesteritzer Hypophosphitprozeß. – In: Chem. Technik – Leipzig **42** (1990) 2. – S. 47–51

schöpferische Anteil am Gesamtergebnis von ihm erbracht wurde. Dafür gelten klare Regeln, die zwischen Miturhebern und Helfern unterscheiden. Helfer (juristisch: "Gehilfen") sind gemäß Definition des Gesetzgebers alle, die ausschließlich mit konstruktiven Details und/oder der praktischen Überführung befaßt sind. Vom Miturheber wird hingegen verlangt, daß er einen nachweisbaren Beitrag beim Finden des neuen Lösungsprinzips leistet [305].[265, 257]

In der Praxis ist es allerdings problematisch, derart scharfe Grenzen zu ziehen. Auch sind die "Nur"-Überführungsschritte meist besonders schwierig, nervenaufreibend und langwierig. Ferner stellt sich oft erst beim Anfahren einer neuen Technologie heraus, welche im Pilotmaßstab nicht absehbaren Schwierigkeiten dann letztlich doch auftreten. Deshalb ist die formal geringere Bewertung der Überleitung und des Anfahrens völlig fehl am Platze. Eine Unterschätzung dieser Stufen auf Grund formaljuristischer Erwägungen entfällt, wenn das Erfinderkollektiv zugleich Überleitungs- und Betreiberkollektiv ist.

Nach eigenen Erfahrungen wird dann mit besonders hohem Engagement gearbeitet. Auch gleichen sich eventuelle Ungenauigkeiten oder versehentliche Ungerechtigkeiten beim Festlegen der Anteile stets wieder aus. Das Kollektiv arbeitet seit Jahren zusammen, und jeder weiß, daß seine Arbeit geschätzt und schließlich insgesamt auch angemessen honoriert wird. Auf diesem Wege läßt sich eine unmittelbare Form der Gewinnbeteiligung realisieren, die zusätzlich stark motivierend wirkt. Das ist insbesondere dann der Fall, wenn eine im Produktionsbetrieb vom Kollektiv entwickelte und überführte Technologie ständig intensiviert wird, wobei laufend neue Patente genommen werden. Völlig selbstverständlich ist, daß in einem solchen Kollektiv niemals Methodik um ihrer selbst willen betrieben wird. Demgemäß werden neben den Basiserfindungen auch zahlreiche pragmatische, den realen Verhältnissen und den

gegebenen Überführungsmöglichkeiten angepaßte Erfindungen angemeldet.[266]

In Forschungskollektiven sollte analog verfahren werden. Die Verantwortung sollte nicht mit der Übergabe an die Produktion, d. h. an andere, enden. Das Erfinderkollektiv sollte die Produktionseinführung, wenn möglich sogar einige Jahre die laufende Produktion, vollverantwortlich übernehmen. Dieses System ist keineswegs neu. Es erklärt die überragenden Erfolge der deutschen chemischen Industrie gegen Ende des 19. Jh. und in den ersten Jahrzehnten unseres Jahrhunderts.

So verstanden, vereint kollektives Erfinden in höchstem Maße unternehmerische und persönliche Motivation. Was zählt, sind nicht flammende Reden, sondern persönliche und damit zugleich für die Gemeinschaft wirksame Leistungen. Ein solches Kollektiv entspricht in besonderem Maße dem Synergismusprinzip: Die Gemeinschaftsleistung liegt weit über der Summe der Einzelleistungen.

Gemeinschaftssinn und persönliche Motivation, Fleiß, Leistungsstreben, Berufsehre, Sachkenntnis, Spaß an der schöpferischen Arbeit, das mit Geld nicht zu bezahlende Gefühl, von geachteten Partnern geachtet zu werden, und schließlich die Freude an der technischen Überführung selbstgeschaffener Lösungen gehen dabei fließend ineinander über.

Eine so verstandene Gemeinschaftsarbeit kann nicht dringend genug empfohlen werden.

Ich wünsche Freude an der Arbeit, Glück und Erfolg!

Quellennachweis

Wir danken dem Eulenspiegel Verlag, Berlin, für die freundliche Genehmigung zum Abdruck der Abbildungen 2 und 28 aus [19] sowie der Abbildungen 31, 61, 62 und 63 aus [134].

Namen- und Autorenverzeichnis

Albrecht, E. 133
Altmann, K. 142
Al'tšuller, G. S. 7, 10, 21, 24, 26, 49, 50, 51, 52, 54, 59, 60, 61, 62, 63, 64, 70, 72, 75, 77, 81, 109, 111, 113, 118, 131, 133, 167, 193
Al'tov, G. (d.i. G. S. Al'tšuller) 193, 200
Ardenne, M. v. 6, 12, 17, 18, 58, 148, 181, 182, 185, 203, 208
Asiev, R. 95

Bacon, R. 177
Bausdorf, J. 206
Baum, S. 35
Baumbach, F. 121
Becher, J. J. 181
Becker, R. 48
Beethoven, L. van 19
Beier, G. 86
Beljaev, A. 200
Benkwitz, H. 142
Berlin, H. 194, 195
Bernal, J. D. 134
Bernard, C. 182
Berzelius, J. J. 187
Bick, H. 146
Bienengräber, A. 198
Bödecker, V. 101
Böttcher, H. 53
Boettcher, P. 146
Bohr, N. 43
Borodastov, G. V. 148
Brand, L. 6, 175
Branly 166
Braun, W. v. 188
Brecht, B. 184
Breuer, M. 106
Brix, J. 99
Broikanne, G. 101
Brüning, M. 98
Bublath, J. 149
Buehler 80
Büttner, L. 142
Burckhardt, M. 70
Burmeister, J. 142
Busch, H. 131
Busch, K. 6, 37, 124, 175, 205
Busch, W. 170
Byron, G. G. 111

Čajkovskij, P. 19
Carelman, J. 89, 90
Carlyle, T. 23
Čechov, A. 44
Chazanovskij, P. M. 188
Christian, P. 72
Christmann, C. 6, 37, 121
Chladni, E. F. F. 149
Ciais, A. 73
Cichon, M. L. 49
Colani, L. 36
Conrad, W. 136
Consden, R. 138

Daguerre, L. J. M. 39
Dalton, J. 186
Daniel, D. 142
da Vinci, L. 148
Davy, H. 186
De Bono, E. 177, 200
Defregger, F. v. 202
Demin, P. 35
Denisov, S. D. 148
De Nora 33
Dewert, H. 112
Döllen, H. 32
Dore, J. E. 77
Dornhege, B. 93
Drefenstedt. E. 208
Driemeier, G. 69
Dumas, A. 25
Durant, W. 39

Ebeling, W. 165
Ebersbach, K.-H. 66, 68, 151, 157, 209
Eckermann, J. P. 189
Eder, J. M. 165
Edison, T. A. 14, 20, 185, 187, 202
Efimov, V. A. 148
Ehrlich, P. 187
Eichler, W. 142
Eilhauer, H.-D. 135
Einstein, A. 184, 201
Eisel, U. 95
Engelmeyer, P. K. v. 122
Enghofer, E. 73
Epperlein, J. 6, 52, 53, 116
Erthel, L. 66, 68, 209
Eyth, M. 17

Faraday, M. 186, 202
Feige, K.-D. 175
Feistel, R. 165
Fenzl, F. 122
Fermi, E. 186
Filatov, V. J. 60
Fischer, A. 6
Foltin, F. 121
Formanik, B. I. 47
Forth, E. 35
Franklin, B. 186
Fuchs, U. 70
Fülöp-Miller, R. 185

Gall, J. 117
Garbe, D. 146
Gauß, F. 186, 202
Geisler, H. 85
Gelman, A. 173
Gerlach, M. 142
Gilde, W. 14, 26, 44, 45, 46, 53, 127, 152, 183, 208
Gisbier, D. 66, 68, 85, 157, 170, 209
Gisbier, J. 35
Glaeser, J. 98
Goering, W. 69
Görisch, V. 74
Goethe, J. W. v. 20, 28, 59, 185, 204
Gončarov, A. H. 148
Gordon, A. H. 29, 138
Gottschalk, W. 121

Namen- und Autorenverzeichnis

Gourmont, R. de 164
Gräfen, H. 97
Graichen, E. 142
Greguss, F. 35
Gresch, H. 112
Griffith 145
Grimm, R. 174
Gröbner, L. 107
Grünberg, H. U. 148, 176
Grummert, U. 101
Gruschke, G. 121
Gutkin 118
Gutzer, H. 6, 40, 192

Haag, G. 134
Haberkalt, C. 35
Häußer, E. 6
Hager, C. 86
Hahn, O. 187
Hais, J. M. 138
Haken, H. 165
Hanschuck, P. 37
Hansen, F. 110, 175
Hauschild, F. 74
Heidrich, G. 154
Heim, W. 92
Heinbockel, R. 71
Heine, H. 130
Heinz, D. 95
Heinze, D. 121
Heister, M. 6
Heller, K. 146
Helmholtz, H. V. 19, 34, 202
Hemmerling, J. 6, 121
Hergett, U. 121
Herrig, D. 6, 121, 122, 148, 174, 175, 176
Herrlich, M. 6, 9, 20, 24, 58, 110, 121, 122, 125, 149, 205, 206
Hertz, H. 160, 166
Heuter, P. 104
Heyde, E. 195
Heyse, V. 206
Hilscher, E. 102
Hirsch, R.-W. 100
Hochkirch, H. 33
Hölter, H. 112
Hoffmann, K. 188
Holland, H. 33
Hoppe 138
Horn, F. 96
Hornauer, W. 70
Hoyer, W. 146
Hubble, E. 180
Hull, R. 195
Huth, W. 69

Ickes, P. 71
Ingelbüscher, H. 112
Irrling, H.-J. 119

Jemeljanow 49
Jochen, R. 154, 156
Jones, D. E. H. 149
Junge, K. H. 80
Jurev, W. 166

Kahmann, B. 6, 176
Kaki, H. 80
Kamerlingh Onnes, H. 163
Kauke, M. 203
Kant, H. 139
Kant, I. 63
Kapp, E. 35
Karcev, V. 25, 188
Kašpirovski 185
Katsura, Y. 89
Kekulé, A. 19
Keller, R. T. 15
Keller, S. 116
Kersten, J. 65
Kesselring, F. 110
Kessler, H. 146
Keucher, J. 95
Kimura, M. 79
Kipf, H. 121
Kitaigorodskij, A. 196
Klassen, V. I. 105
Klebe, I. 190
Klebe, J. 190
Klingberg, F. 190
Koch, P. 54
Kochmann, W. 47
Kohler, M. 98
Kolditz, L. 101
Koltschus, H.-L. 169
Koller, R. 148
Kollontai, A. 17
Konerding, K. 68
Kooji, N. 80
Kowalski, E. 27
Krambrock, W. 169
Kramer, O. v. 35
Kraus, K. 44, 179
Krause, H. 35
Krause, R. 209
Kreher, K. 102
Kroupa, S. 35
Kuerten, H. 91
Kühnhenrich, P. H. 102
Kühnlein, H. 33
Küng, H. R. 33
Küttner, L. 19
Kulwatz, G. 33
Kunze, M. 107
Kursawe, W. 70
Kurth, K.-J. 37
Kustov, V. P. 148

Lammers, A. 151
Lanchester 188
Lange, H. 6
Lange, V. N. 179
Lankow, S. 37
La Rochefoucault, F. 191
Lebedev, J. S. 35
Lechle, W. 102
Lechner, L. 175
Leibniz, G. W. 24, 186
Lem, S. 27, 177, 200
Lenbach, F. v. 202
Lengren, Z. 21, 90, 198

Namen- und Autorenverzeichnis

Leva, M. 103
Lichtenberg, G. Chr. 44, 64, 140, 162, 183, 189, 194, 196
Liebig, J. v. 187
Liedloff, B. 6, 85
Linde, H.-J. 125
Lippert, S. 137
Lodge 166
Lomar, E. 101
Lomonossov, M. W. 186
Lorenz, F. R. 67
Luedemann, G. 146
Lüttich, G. 94

Macek, K. 138
Mach, E. 29
Magnier, P. 101
Magnus, G. 202
Makart, H. 202
Mann, T. 14
Margraf, A. 76
Martin, A. J. P. 138
Matthes, F. 33, 119
Matthias, W. 138, 139
Matschiner, B. 121
Matzeit, J. 69
Mauersberger, H 17, 20, 187
Mayr, K. P. 78
Mc Gilvery, J. D. 145
Melcher, H. 184
Mehlhorn, G. 12, 13, 28, 43
Mehlhorn, H.-G. 12, 13, 28, 29, 43, 203, 207
Mendeleev, D. I. 19
Merkenich, K. 145
Mertens, W. 71
Mertke, K.-P. 69
Meyer, H. J. 20
Michalek, G. 205
Mitsukawa, Y. 87
Möller, W. 98
Möws, H. 176
Molnar, G. 33
Morgenstern, K. 84
Mühlfriedel, I. 151, 157
Müller, H. A. 6, 122, 125, 176
Müller, I. F. 95
Müller, J. 113
Muschelknautz 98
Musiol, G. 148
Muslin 110
Murphy, E. 188

Nagel, M. 70
Nakagawa, Y. N. 151
Nakai, Y. 93
Nehring, A. 157
Neis, C. 106
Neubauer, J. 104
Nitsche, E. 82
Novalis (Fr. Freiherr v. Hardenberg) 147
Nowatzyk, H. 83
Nußbaum, H. 65

Ockham, W. 129
Ogawa, Y. 80

Osborne, A. 23, 24
Oswald, Y. 121
Ostwald, W. 17, 39, 184, 187, 201, 202
Otsuka, S. 147

Panholzer, W. 142
Papert, K. 206
Parkinson, C. N. 26, 187, 195
Paturi, F. R. 35
Patzig, D. 93
Patzwaldt, H. 49, 132, 133
Pauer, H.-D. 192
Pause, M. 146
Peter, L. J. 17, 21, 42, 127, 195
Pfaundler, L. 149
Pfeffer, W. 39
Pflug, D. 146
Pietzner, E. 66, 85, 157, 209
Piloty, K. v. 202
Piontek, G. 85
Platon 178
Polanyi, M. 142
Polovinkin, A. I. 110, 113, 175, 194
Popov, A. S. 166
Porta, G. della 182
Posselt, H.-J. 142
Preisler, W. 6, 173, 175
Presse, G. 148
Priestley, J. 39
Prokop, G. 43

Raabe, W. 108
Raebiger, N. 91
Rädeker, W. 97
Raschig, F. 159
Rasputin, G. 185
Rathmann, H. 70
Raudsepp, E. 26
Reball, S. 148
Reimann, H. 70
Reimann, W. 107
Reindel 138
Rieger, H. 86
Rindfleisch, H.-J. 6, 54, 60, 137, 205
Robinson, J. H. 177
Roda Roda, A. 41
Rose, K. 69
Rossmann, S. 33
Roth, K.-H. 148
Rothbart, K. 100
Rubik, E. 42
Rudy, H. 81
Rüdrich, G. 6, 148, 176
Rust, R. 85, 154

Sabatier, P. 48
Sakal, T. 87
St. Ives 145
Sauer, H. 6
Schäfer, D. 69
Scheffler, E. 130
Scheiber, A. 98
Schenk, O. 16
Schewitzer, E. 35
Schlegel, F. 167

Namen- und Autorenverzeichnis

Schlegel, W. v. 119
Schlicksupp, H. 16, 205
Schiller, S. 187
Schlosser, W. 91
Schmeckel, C. 121
Schmidt, A. 136
Schmidt, H. W. 101
Schmidt-Menke, P. 80
Schmitt, E. 94, 197, 198
Schnitzer, J. G. 35
Schönfeld, M. 35
Schrauber, H. 134
Schubert, J. 148, 162, 163, 165
Schüler, W. 173
Schülke, U. 100
Schütt, E. 117
Schüttauf, B. 113
Schumann, E. 173
Schwerdtfeger, E. 138
Seibel, K. 73
Seiffarth, J. 145
Seitz, I. 71
Seljucki, A. B. 49, 151
Selye, H. 18
Seneca, L. A. 201
Siemsen, W. 95
Simon, D. 119
Speicher, K. 17, 137, 205
Stachowski, K.-H. 85
Stahl, W. 47
Starke, C.-D. 26
Stengel, H.-G. 187
Strittmatter, E. 15, 34
Subarev, V. V. 148
Suchotin, A. K. 18, 186
Synge, R. L. M. 138
Szent-Györgyi, A. v. 15
Szigeti, W. 159

Teichmann, H. 95
Thalheim, D. 121
Thiel, R. 6, 49, 54, 60, 132, 133, 205
Thomas 145
Thornagel, N. 186
Toyoshima, K. 80
Tsuda, J. 100
Twain, M. 44, 59

Ulmann, G. 16
Unland, G. 69
Usemann, K. 181

Vallourec, S. A. 65
Variot, G. 73
Vauck, W. R. A. 6
Verne, J. 200
Vogel, H. W. 40, 48
Voronkov 118

Wagner, H. 149
Wagner, P. 71
Warburg, E. 149
Weber, E. 85
Wehlan, H. 121
Wehner, G. 33

Wells, H. G. 206
Wenzel, R. 151, 209
Wessel, H. 89
Wiedholz, R. 86
Wilde, O. 44
Wilsmann, A. C. 182
Wind, H. 102
Wöhler, F. 187
Wund, J. 78

Yamamoto, M. 89

Zadek, G. 54, 110, 122, 205
Zehner, P. 91
Ziebig, M. 121
Ziegler, P. 154
Zlotin, B. L. 60
Zobel, D. 5, 31, 33, 46, 66, 68, 70, 74, 96, 114, 121, 145, 151, 154, 156, 157, 170, 209
Zöllner, F. 185
Zwicky, F. 40, 179, 185
Zworykin 18

Sachverzeichnis

Abdeckvorrichtung (Matrjoška-Beispiel) 78
ABER (Anforderungen, Bedingungen, Erwartungen, Restriktionen) 24
Abgasreinigung 70
Abscheidung (feinster Stäube) 90
Abstrahieren 63
Abstraktionsebene 148
Abstraktionsgrad 122
Abstraktionshöhe 125
Abstraktionsschritt 37
Abtastprozeß 189
Abtrennen 67
Abwerfen (nicht notwendiger Teile) 107
Ähnliches (in Wechselwirkung mit Ähnlichem) 106
Äußerlichkeiten 39
Algorithmus 70
Alternativwaschmittel 144
Al'tšuller-Prinzipien 81
Analogie, synektische 33
Analogieeffekte 162, 163
Analogien 29, 33, 57, 63, 65, 78
Analogisieren 32, 29, 66, 78
Analogieweite 125
Anhörung 32
Anmeldeerfordernisse 9
Anpaßprinzip 85, 117
Anregungen 13, 35
Ansätze, heuristische 141
Antagonismus 73, 74
Applizieren 110
Aquarienbelüftung 146
Arbeitsweise
 intermittierende 93
 kontinuierliche 93
 methodisch-systemwissenschaftliche 123
Arbeitszeit, störfreie 19
ARIS 10, 49, 50, 59, 71, 108, 109, 113, 173, 193
Arzneimittelanmeldungen 73
Aspekt, historischer 137
Aspektverschiebungen 44
Assoziationen 21, 76, 86, 160, 174, 193
Assoziationsfeld 118
Assoziationshilfe 102
Assoziationskette 159
Assoziationsmaterial 43
Assoziationsobjekte 19
Assoziationsvermögen 15, 182
Asymmetrie 71
Atemtechnik (der Amazonasfische) 85
Aufgaben, erfinderische 14, 51, 54
Aufgabenstellung („überbestimmte" bzw. „vergiftete") 50, 53
Auflösung, anodische 46
Auftriebskraft 79
Ausbildungsrichtung (ältere, jüngere) 76
Auslasten 110
Auslastungsgrad 22
Ausschleusen, gezieltes 69
Ausschlußmethode 39
Auto, ideales 40
Autopflegemittel 33
Autoritätssprüche 28
Axiome (und Paradoxa) 179

Barkhausen-Effekt 163
Barnett-Effekt 161
Basiserfindungen 133
Bastlerbücher (als Quellen für Effekte) 149
Bedienungsmannschaft, intelligente 86
Bedingungen, optimale 70
Bedürfnis, gesellschaftliches 54
Begabung 13, 25
Begeisterung 202
Begriffe, korrespondierende 13
Begriffspaar, hierarchisch gegliedertes 78
Belichtungs- und Entwicklungseffekte 165
Belichtungskapazität 48
Beobachtungsfähigkeit 14
Bestimmungsgröße 51
Betonkiesspektrum 67
Betriebsblindheit 48, 56
Bewertungsmethoden 173
Bildzerleger 59
Biogasfermentierbehälter 105
Bionik, umgekehrte 37
Biotechnologie 38
Black-box-Darstellung 57
Blödel-Standard 199
Blutersatzmittel („Modell-Blut") 100
Bosch-Löcher 97
brainstorming 24
Braunsche Röhre 59
Bremsfaktoren 13
Brückenbildung 67
Bunsenbrenner 98
Bunsen-Ventil 104

Carbidkalkhydrat (nachgasendes) 150
Carbidofengas 69
Challenger-Katastrophe 188
Chlorella-Alge 38
Chrie 28
Computer 22, 43
computer aided creativity („CAC") 174
Computersimulation 130
Computerterminologie 76
Cotton-Mouton-Effekt 163

Delphi-Methode 27
Demistersystem, zweistufiges 70
Denkblockaden 43, 139
Denken 46, 60
 deduktives 178
 divergentes 29
 divergentes und konvergentes 12
 konventionelles 21
 spielerisches 196, 200
 unkonventionelles 46
 wissenschaftliches 178
Denkerschulen 28
Denkfelder 152
Denkmethodik 5
Denkniveau 179, 180
Denkprinzipien 5
Denkstrukturen 202
 hochkreative 46
De-Nora-Fallfilmzelle 33
Deo-Roller 82
Destillation (unter vermindertem Druck) 155, 156

Sachverzeichnis

Diebstahlsicherung 81
Dilettanten 184, 185
Dispersitätsgrad 145
Doppelerfindungen 18
Dotieren (von Halbleitern) 166
Drainageapparatur 147
Dreckeffekt 166, 167
Dreiakt 122
Dreieck, technisches 140
Dünnschichtverdampfungsverfahren 73
Dufour-Effekt 161
Durchgang, schneller 94, 95, 96
Durchschnittsfachmann 126

Echinocorys ovatus 36
Effekt
 negativer 96
 physikalischer 72, 147
 physikalischer bzw. physikochemischer 48
 überadditiver 73
 überraschender 72
 unerwünschter (technisch schädlicher) 56
Effekte
 chemische, biochemische oder biologisch determinierte 149
 fotografische 165
 naturgesetzliche 147
 pneumatische und hydraulische 103
Effektekombination 72, 73
Eierkistenprinzip 65
Eierschneider 94
Eigenmotivation 191, 194
Eindampfer 66
Eindampfung 156
Einspritzkondensator 153, 155
Einstein-De-Haas-Effekt 161
Einzelwerkzeug 71
Eisbärenfell 39
Elektrophoretisches Potential 161
Elektroschock (zur Saatgutbehandlung) 95
Elektrostriktion 163
Emotionen 14
Endresultat, ideales 56, 58, 173
Entdeckung 9, 147
Entgasen (von Flüssigkeiten) 158
Entspannungsübungen 191
Erfinderfibel 5, 46
Erfinderschulen 194, 204
Erfindungsaufgaben 54, 57
Erfindungsaufgaben, Standards zum Lösen von 62
Erfindungsgenesen 137
Erfindungsmethodik, Struktur der 120
Erkenntnisprozeß 18
Erleuchtung 18
Erteilungsverfahren 33
Erwartungshaltungen 191
Eselsbrücke 192
Etappen (des erfinderischen Schaffens) 122
Ethanol 38
Ettingshausen-Effekt 161
Ettingshausen-Nernst-Effekt 161
Experten 25, 26, 27, 184, 206
Expertensysteme 175
Express-Information 33

Extraktionsanlage 64

Fachkenntnisse 27, 45, 48
Fachliteratur (blockierende Wirkung) 183
Fachmann (s. a. Experte) 184
Fachterminologie 60
Fächer, dreidimensionaler 79
Fähigkeit (des Wollens) 202
Fähigkeiten, intuitive 20
Faktoren, frustrationserzeugende 190
Fallfilm-/Fallstrom-Absorber 33
Fallfilmverdampfer 33, 66
Fallstromverdampfer 33
Falzverschluß 35
Faservliese 38
Fehlentscheidungen, kreative 27
Feinststaub 69
Fermentierbehälter 104
Fernsehen 58, 59
Fertigungstechnologie, vorbeugende 81
Filter, biologisch aktiv 70
Flächendichtung 66
Flaschenhals (bottle neck) 128
Fleck, blinder 21
Flüssigkeitssäule, „hängende" 103
Flüssigkeitsverdrängung (als Beispiel für das Anpaß-Prinzip) 89
Fluoreszenzfleck 59
Folien, dünne 103, 104, 112
Formen, höhere 101, 102
Formulierung (der Patentschrift aus erfindungsmethodischer Sicht) 121
Formulierung, irreführende 45
Formulierungen, paradoxe 44
Fragetechnik 28
Fremdmotivation 191
85-%-Regel 26, 135
Funktionen 71, 74
Funktionsmodell 170
Funktionsprinzip 57
Funktionsverknüpfungen 57

Galvanomagnetische Effekte 163
Gasreinigungsapparat 72
Gebiete, fachfremde 57
Gebilde-Struktur-Prinzip 33, 88
Gedächtniskapazität 192
Gedächtnislegierungen (memory alloys) 80
Gedankengänge, „seriöse" und „unseriöse" 22
Gedankensplitter, kreative 20
Gefrierschutzmittel-Wasser-Mischungen 99
Gehirn 22
Gemeinschaftsarbeit (störende und fördernde Bedingungen) 207
Geruchsverschluß 104
Gesetze (der Entwicklung technischer Systeme) 167
Gewächshaus (Matrjoška-Beispiel) 78
Gewässerüberdüngung 143
Gleichartigkeit (der verwendeten Werkstoffe) 106
Gleichberechtigung (der Partner im Kollektiv) 208
Gleichgewichtszustand 64
Grauwerte (des Gehirns) 174

215

Sachverzeichnis

Grundregeln 23
Grund-und-Boden-Äquivalent 38
Grundoperationen 119

Haber-Bosch-Verfahren 97
Haifischzahn-Prinzip 99
Haufwerke 67
Hauptwiderspruch 58
Haushaltschere, multifunktionelle 72
Heuristik 28
Hierarchie 13, 25
Hierarchienschreck 13
Hinderer, hinhaltender 26
Hobby, technisches 14
Hochkreative 12
Hochtechnologie-Bauelemente 76
Hohlelektrode 69
Hubmischer 91
Hüllrohre (im Betonbau) 65
Humor 196
Hydratationsgeschwindigkeit 145
Hypophosphit 121
Hypohosphit-Phosphit-Aufschlußmasse 74
Hypothese 180

Ideal, Abweichung vom 60
Idealmodell 42
Idealzustand, Annäherung an den 168
Ideen, „unlogische" 45
Ideenbearbeitung 194
Ideengeneratoren 24, 25, 206, 207, 208
Ideenkartei 191
Ideenkette 153, 160
Ideenkonferenz 23, 24, 26, 49
 inverse 25
Ideenproduktion 24
Ideensammlung 193
Ideensuchraum des Erfinders 126
Ideentöter 26, 27
IER (Ideales Endresultat) 49, 50, 51, 56, 128, 172
Imagination 15
Impulsarbeitsweise 93
Informationen (Verbleib im Gehirn) 192
Informationsaufnahme 19
Inkubation 19
Innenschalung 35
Intelligenz
 fluide und kristalline 203
 künstliche 176
Intelligenztest 12
Intuition 17, 18, 19, 20, 25
Ist-Soll-Vergleich 127
Ist-Zustands-Analyse 130

Kaleidoskopprinzip 20, 40
Kapillarwirkung (der Wollfasern) 146
Karikaturen (erfinderische Nutzung von K.) 200
Kartoffelmodelle 100
Kaskade 66
Kasten, morphologischer 41
Kastenprofile 35
Kataphorese 161
Kausalitätsermittlung 129
Kerr-Effekt 163

Kettenglied, schwächstes 128
Killerphrasen 26
Kläranlage 83
Klärschlamm 142
Klärvorrichtung 66
Klassieren 68
Klassieren (von Schüttgütern, automatisches) 170
Knetmaschinen 91
Körper, schwarzer 39
Kohleelektrodenmasse 107
Kollektiv-schöpferische Arbeit 201
Kolonnensumpfentwässerung, automatische 153, 155
Kombination 19, 40, 41, 51, 71, 72, 198, 200
Kombinationserfindung 26, 71
Kombinationsmöglichkeiten 43
Kombinationsprinzip 73
Kombinationswerkzeuge 71
Kombinatorik 42
Kombinieren, intuitives 22
Kommunikationsbreite 125
Kompaktfiltereinheit 78
Kompensieren 60
Komplementärprinzipien 111, 112
Kompromisse 49, 52
Konflikte 16
Konkretisierungsstufen 125
Konsequenz 59
Konstruktion 122
Kontrastwahrheiten 44
Kontrollsystem, inneres 45
Konzeption 122
Kopie 38
Korrosion
 Chlorid-Korrosion 97
 Spannungsriß-Korrosion 97
Kreativität 5, 13
Kreativität, künstliche 176
Kreativitätstraining 29
Kritik 24, 206
Kristallisation 68
Kristallisationsprozeß 67, 84, 96
Kündigung, innere 191
Kürzester Weg 81
Kugelschreiber 82
Kulmination 19
Kunstherz 37

Laboratoriumswaschflasche 74
Labornutsche (zur Schnellfiltration unter Eigenvakuum) 153
Labyrinthdichtung 35
Lärmbekämpfung (mittels Lärm) 97
Läuterbottisch 155
Lager, berührungslose magnetische 79
Langzeit-Wäscher 112
Lawineneffekt (beim brainstorming) 23
Leichtbauweise 35, 36
Leistungsgrenze 134
Leitbild 49
Lösung, nicht vollständige 90
Lösungsgenossen 85, 92
Lösungsprinzipien 57, 119
Logik 18

Sachverzeichnis

Lichtgitterrost 65
Lichtleitkabel 39
Liniendichtung 66
Ludwig-Soret-Effekt 161

Maddrellsches Salz 100
Magnetostriktion 163
Makrosystem und Mikrosystem 142, 144, 160
Mañana-Gesetz 26
Markieren 110
Markt, Forderungen des M. 135
Maschine
 ideale 26, 51, 82, 170
 multifunktionelle 70
Massagegerät, pneumatisches 37
Matrjoška 73, 76, 77
Medium, träges 109
Mehrzwecknutzung 73, 75, 76
Memory-Schaltelemente 80
Mensch-Maschine-Programm 175
Menschenverstand, „gesunder" 48
Methode
 historische 130
 induktive 177
 traditionelle 62
Methodik 11
Mikroalgen 38
Mikroobjekt 142
Mikroorganismenstämme 38
Miniaturisieren 110
Minimumfaktor 143
Mittel, konventionelle 34
Mittel-Zweck-Beziehung 147
Mnemotechnik 192
Modelle (Arbeiten mit M.) 100
Modellsysteme 101
Morphologie 49
Motivation 190, 192
Murphysche Gesetze 128, 186, 188
Mutterlauge 74
Mystizismus 39

Na-Ca-Polyphosphate 81
Nachbargebiete 15
Naßprozeßphosphorsäure 104
Naßwäsche 69
Natriumhypophosphit 68, 170
Naturgesetze 34
Nebenfunktionen 98
Nebenwirkungen 58
Negativemotionen 191
Neigungen 12, 13, 25
Neugier, schöpferische 14
Neuheit 9
Nichtfachmann 184
Nicht-Kommunikation 42
Nicht-Silberhalogenid-Fotografie 53
Nicht-Übertragung (vorliegender Kenntnisse) 145
Nipkow-Scheibe 59
Nitinol-Elemente 80

Oberbegriffe 116
Oberflächenspannung 108
Oberprinzip 78
Oberprogramm, heuristisches 10, 60
Obersystem 152, 168
Objekte
 analoge 19
 unmögliche 190
Operationsfeld (des Erfinders) 54
Operator MZK 139
Optimierung 51, 53, 84, 139
Ordnung, hierarchische (der Effekte) 164
Organprojektion 34
Orthophosphate 41
Oxydationsmittel 109
O_2-Mehrschritt-Therapie 181

Paläobionik 35
Papierchromatographie (ideengeschichtliche Entwicklungsdarstellung) 138
Paradigmata 28
Paradoxa 44, 56, 179
Paradoxon
 aerodynamisches 179
 hydrostatisches 103
Patent-Chinesisch 85
Patentanspruch 151
Patentklassifikation, internationale 33
Peltier-Effekt 161
Peristaltik 37
Persönlichkeitsstruktur (des Erfinders) 16
Peter-Phrasen-Indikator 42
Phantasie 14, 17, 24, 182
 gezügelte 182
Phantasie und Denken 18
Phantastik 196
Pharmakologie 73
Phase I/Phase II (Modifikationen des $Na_5P_3O_{10}$) 145
Phasen, evolutionäre und revolutionäre 135
Phasenübergänge 109
Phosphate, kondensierte 40, 41, 100
Phosphor 74
Phosphorsäure 70
Phosphorschlamm 74
Physikbücher (antiquarische, als Quellen für Effekte) 149
Piezoelektrischer Effekt 161
Pioniererfindungen 184
Plasmanutzung 111
Polyphosphate 40, 41, 80
Portevin-Le-Chatelier-Effekt 163
Prinzip/Umkehrprinzip-Paare 65
Prinzipien 59, 74, 198
 geringeren Verallgemeinerungsgrades 115
Prinzipienliste, fachspezifische 118
Prinzipienlösungen 77
Prinzipienhierarchie 111
Probieren 34
Problemanalyse 60
Problemkern 56
Problemsensibilität 15
Programme (zum rechnerunterstützten Erfinden) 176
Provisorien (kreativitätsfördernde Wirkung) 187
Provokationseffekt 132, 133
Prozeßanalyse 57, 129, 130
Prozessionsmarionette 17

217

Sachverzeichnis

Prozeßstufen (technologisch wichtige) 82
Pseudo-Umkehrung 47
Pseudoaxiome 182
Pseudosolarisation 48
Pylon 78, 79

Qualität 24
Qualitätssprung 18, 137
Quantität 24
Quellen 63
Quenchen 95

Radialdruck 79
Reaktanzen 93
Realisator 206
Rechercheur 207
Redundanz 52
Reinigungsoperation 121
Reis, polierter 87
Reißverschlußprinzip 116
Resonanz 110
Restriktionen 13
Righi-Leduc-Effekt 163
Risikobereitschaft 13
Rohranstreicher 89
Röhrchenwärmetauscher 91
Rollenkomplementarität 25, 206
Routine 14
Routineaufgaben 16
Rückkopplungen 57
Rührwerk (nach dem Anpaß-Prinzip) 87
Rüttler 89

Sachkenntnis 15
Säuresäge 142
Sandwich-Leichtbauweise 65
Sanieren (von Schornsteininnenwänden) 107
Schachcomputer 189
Schaumschicht 31
Schaumzerstörer 86
Schiffsrat 27
Schlammfilterpresse 94
Schnellfiltration (unter Eigenvakuum) 153
Schöpfertum 196, 197
Schüttelkolben 116
Schüttgüter 67, 169
Schutzvoraussetzungen 9
screening 130
Seebeck-Effekt 161
Seeigelspezies 36
Seewasser-Entsalzungsanlagen 99
Segnersches Wasserrad 103
Segregation 87, 88, 172
Sekundärideen 23
Selbstbedienung 97, 98
Selbstkritik 24
Sicherheitsglas 81
Signalisieren, optisches 112, 191
Silberhalogenidfotografie 52, 53
Sinterprozeß 69
Solarisation 48
Sonnenenergienutzung 99
Speichervermögen 174
Spezialbunker 87
Spezialist 27

Sphärische Form 84
Spinnerei 24
Spirulina maxima 38
Spontanideen 208
Sprachspielereien 44, 200
Stahl, korrosionsträger 96
Stand der Technik 54
Standardisieren 111
Standards (zur Lösung ausgewählter Erfindungsaufgaben) 151
Standards (zur Veränderung von Systemen) 151
Standardsprüche 45
Stapelfähigkeit 77
Steinzeitkünstler 46
Stoff-Feld-Betrachtungsweise 140, 193
Strategie 57
Strukturanalyse 57
Studien, ideengeschichtliche 136, 137
Suchraum 43
Suchwinkel 49, 50
Synektik 25, 29, 31, 49, 104
Synergismus 73, 130, 164
System 51
 kompliziertes 117
 „Lebenslinien" technischer Systeme 131
 locker konzipiertes 117
 selbstregulierendes 31
 technisches 131
Systemanalyse 56, 59
Systemanalytiker 58
Systemaufwand 195
Systemdefekte 57
Systemelemente („Teilsystemprozeßanalyse") 70

Tabelle, morphologische 40, 43
Technik
 alte 155
 Stand der 120
Teilfunktionen 71
Teilnehmerkreis (an einer Ideenkonferenz) 23
Teilsystemfunktionsanalyse 57, 128, 167
Teleskop 76
Temperature Rise Test (TRT) 145
Terrazzo-Visionen 18
Thermostifte 106
threshold treatment 81
Tiefschacht 84
Toilettenspülungen 85
Trägheits-Vektor („TV") 21, 22, 24, 27
Träume 19
Trainingseffekt 12
Trampelmatte 37
Transformation (von Stoff/Feld-Systemen) 151
Transport 129
Transportprozesse 82
Trennverfahren 169
Trial-and-error-Methode 49
Triebkraft 70
Trinatriumphosphat 170
Trinkwasserschnellfilter 154
Trommelzellenfilter 47
Turbulenzen 35

Sachverzeichnis

Übergänge (Entwicklungstendenzen in der Technik-Entwicklung) 143
Überkompensation 97
Überlagerung 96
Übertragung 29
Ultraschalltechnologie (zum totalen Ersatz von Waschmitteln) 144
Umgehungswege 152
Umhüllungen, elastische 103, 104, 112
Umkehrungsprinzip 43, 44, 65, 82, 84, 177
Umkehrung 43, 67, 82, 94, 97
Umwandeln 96
Umweltenergienutzung 111
Umweltreize 19
Universalprinzipien 114, 115, 116, 118
Unterkühlung von Schmelzen 163
Unterkühlungseffekt 163
Unterverfahren 116
Ursache-Wirkungs-Zusammenhang 147

Vakuum, autogenes 154
Vakuumnutzung 110
Variable 41
Varianten 41
Venturi-Systeme 70
VEPOL (Stoff-Feld-Paarungen) 140
Verändern (von Farbe und Durchsichtigkeit) 105
Verändern (der Umgebung) 92
Veredeln 110
Verfahren, heuristische 113
Verfahrensfunktionsprinzip 170, 171
Verknüpfungen 19, 30, 182
Vernunft 24
Versuchsserien 22
Verteilungsgesetz (nach Nernst) 64
Vertikalanbau (von Pflanzen) 91
Vielleicht-Betrachtungen 174
Vogelflug 37
von-Neumann-Prinzip 174
Von-Selbst-Arbeitsweise 99
Von-Selbst-Lösung 104, 154
Vorbeugen 81, 97
Vorbildwirkung 195, 202
Vorführeffekt 166, 167
Vorher-Ausführungen 80, 81
Vor-Ort-Abgasreinigung 71
Vor-Ort-Arbeitsweise 82
Vor-Ort-Farbdosierung 90
Vorschriften 12
Vorspannung 80
Vorstellungskraft 15
Vorurteile 13, 45, 59

Wahrnehmungseffekte 165
Wärmepumpe 47
Wärmepumpenprinzip 48
Wankel-Prinzip 37
Waschen, phosphatfreies 144
Waschflasche 30
Wasserbauwerk 102, 103
Wasserknappheit 85
Wassermagnetisierung 105
Wassersäule, „hängende" 156, 157
Wasservorlage 31

„W-Fragen" 28
Wegwerftechnolgien 101
Wehnelt-Zylinder 59
Werkstoffe 38
Werthaltungen 16
Wertheim-Effekt 161
Widerspruch 51, 53
  systemimmanenter 79
  technisch-naturgesetzmäßiger 52, 56, 58, 59
  technisch-ökonomischer 52, 56, 58
  technisch-technologischer 52, 56, 58, 59
Widersprüche
  dialektische 44
  Prinzipien zur Lösung technischer 61
Widerspruchsdialektik 52
Widerspruchsformulierung 121
Wiedemann-Effekt 181
Wiederverwendbarkeit 77, 78
Wirkung 29, 39
Wirkung (hypnotische W. bestehender technischer Gebilde) 83
Wissenschaftsorganisator 203

Zauberwürfel 42
Zerlegen 64, 65
Zettelkasten 191
Zielstrebigkeit 22
Zinseszinsformel 135
Zuchtleistungen 95
Zuchtwahl 34
Zugabemenge (selbstregulierend gesteuert) 142
Zusätze 92
Zuspätkommen (von Erfindungen) 108
Zustandsänderung 58
Zyklon 68, 69

*Aus unserem
Sachbuchprogramm
empfehlen wir Ihnen:*

Heinz Weiß
Umwelt und Magnetismus
Im Lichte der Wissenschaft/Im Dunkel des Aberglaubens
130 Seiten, 92 überwiegend farbige Abbildungen, 12 Tabellen, Leinen, 42,- DM
Bestellangaben: ISBN 3-326-00598-9/Weiß, Umwelt-Magnetismus
Sind Magnetfelder ein Umweltfaktor für Menschen, Tiere und Pflanzen?

∗

Peter Fritzsch
Elektrizität aus dem Sonnenlicht
175 Seiten, 257 Abbildungen, Leinen, 35,- DM
Bestellangaben: ISBN 3-326-00462-1/Fritzsch, Elektrizität
Photovoltaik – eine Energietechnologie, mit der die Zukunft bereits begonnen hat

∗

Johannes Ranft
Bausteine des Universums
191 Seiten, 179 Abbildungen, 12 Tabellen, Leinen, 42,- DM
Bestellangaben: ISBN 3-326-00520-2/Ranft, Bausteine-Universum
Gibt es letzte Bausteine unserer Welt? Entstehen in fernen Welten des Kosmos noch jetzt Teilchen?

∗

Inge Klebe und Joachim Klebe
Die sieben Farben des Regenbogens
160 Seiten, 208 Abbildungen, Leinen, 44,- DM
Bestellangaben: ISBN 3-326-00599-7/Klebe, Farben
Die verschiedenen Aspekte des Phänomens Farbe und seiner Anwendungen

Ihre Bestellung richten Sie bitte an den örtlichen Buchhandel, den Verlag oder an unsere Verlagsauslieferung:

*Kunst und Wissen Erich Bieber GmbH
Postfach 10 28 44*

W-7000 Stuttgart 10

DEUTSCHER VERLAG DER WISSENSCHAFTEN
JOHANNES-DIECKMANN-STR. 10, 1080 BERLIN